편두통
Migraine

편두통
Migraine

올리버 색스

강창래 옮김

안승철 감수

천상의 도시의 환영
1180년경 빙겐의 힐데가르트 수녀가 쓴《주님의 길을 알라Scivias》에 실려 있는 그림. 편두통 으로 생긴 여러 가지 환영을 재구성한 것이다(부록1 참조).

부모님을
추억하며

일러두기

1. 번호 주는 저자 주로 각주 처리하였다.

2. ◆는 옮긴이 주로 각주 처리하였다.

3. 본문에 실린 그림에 대해

플라톤은 이렇게 말했다. "소크라테스는 카르미데스Charmides가 그 까다로운 성질을 누그러뜨리기 전에는 그의 두통에 대해 어떤 약도 처방해주지 않았을 것이다." 머리와 눈을 함께 치료해야 하듯 육체와 영혼도 함께 치료해야 하기 때문이다.

로버트 버턴 Robert Burton

질병에서 유기체의 생명 표현을 본 사람이라면 누구나 질병을 장애물로 보지는 않을 것이다. 그 생명 표현을 보면 질병은 환자가 만드는 것이 분명하다. 질병은 환자의 걷는 모습이나 말하는 방식, 얼굴 표정, 손동작, 환자가 그린 그림, 환자가 지은 집, 그가 하는 일 또는 그가 생각하는 방식과 같은 종류의 것이다. 이것들은 환자를 통제하는 힘의 상징이며, 내가 그래야 한다고 생각할 때 조절하려고 시도하는 대상이다.

조지 그로덱 George Groddeck

차례

부록

편두통 상태에서는 다양한 인식 변화가 생길 수 있는데, 가장 기묘하고 심한 것이 모자이크 비전이다. 이 그림은 화가 폴 베이트먼Paul Bateman이 그린 자화상이다(화가의 허락을 받아 실음).

두통과 관련된 모습들은 2,000년 동안 조금도 변하지 않았다. 편두통 증상도 그렇지만 환자들이 편두통을 겪어내는 방법, 편두통 발생 형태, 편두통을 촉발하는 요인들, 환자가 편두통과 함께 또는 편두통과 싸우면서 살아가는 방식들 모두가 그대로다. 따라서 이 문제를 생생하고 자세히 다루는 일은 늘 의미심장하다.

많은 편두통 환자들은 자신에게 일어나는 증상이 무엇인지 모른다. 특히 처음으로 편두통 아우라 또는 고전적 편두통을 겪는 환자들이 더 그렇다. 그들은 자신이 앓고 있는 병이 뇌졸중이나 뇌종양은 아닌지, 또는 그것이 무엇이든 상관없이 두려워한다. 증상에 따라서는 자신이 미쳐가는 것은 아닌지, 아주 이상한 히스테리증을 앓고 있는 것은 아닌지 심하게 걱정할 수도 있다. 이런 환자들의 경우 자기의 병이 실제로는 대단치 않은 것이며 부자연스러운 것도, 중병도 아님을 알게 되면 상당히 안심할 것이다.

편두통은 주기적으로 재발하기는 하지만 근본적으로는 양성 상태benign condition이며, 잘 알려진 병이기도 하다. 몽테뉴는 이렇게 썼다. "모르고 있을 때 그 병에 대한 공포가 당신을 떨게 만든다." 물론 어떤 환자가 이 책을 읽는다고 해서 치료가 되지는 않을 것이다. 그러나 적어도 자기가 앓는 것이 무엇인지, 그 병의 의미가 무엇인지는 알 수 있고, 그러고 나면 더이상 편두통이 두렵지 않을 것이다.

이 책에서는 편두통의 모습을 그려 보여주는 정도를 넘어서 건강과 질병에 대해, 그리고 인간은 왜 잠깐 동안이라도 가끔 병들 필요가 있는지에 대해 깊이 다룬다. 그리고 몸과 마음의 조화에 대해 숙고하고 슬라이드처럼 심신心身의 상태를 투명하게 보여주는 전형적인 예로서 편두통을 고찰한다. 마지막으로 편두통은 많은 동물들에게서 볼 수 있는, 유사한 생물학적 반응이라는 점을 깊이 따져본다. 편두통을 인간이 가진 본질적인 조건이라는 점에서 광범위하게 다루어보는 일은 그 나름 의미가 있으며, 이것이 곧 변치 않는 편두통의 분류체계를 만들어낸다고 본다.

최근 여러 해 동안 이 책이 다시 논쟁거리가 되었다. 내 생각에 이 모든 문제는 요약본 때문에 생긴 것 같다. 원작에서 다루었던 자세한 내용을 생략하거나, 노골적인 표현을 순화시키는 방법으로 책을 "대중적인 것" 또는 "실용적인 것"으로 만들었다. 이렇게 줄인 것은 잘못이며, 책은 일반 독자 누구라도 전체를 볼 수 있는 원래 형태일 때 가장 강한 힘을 지닌다고 생각하게 되었다.

분명히 지난 20년간 편두통의 메커니즘을 이해하는 데 중요한 발전이 있었다. 그리고 편두통을 다루는 데 도움이 되는 새로운 약과 요법도 나왔다. 덕분에 오늘날의 편두통 환자는 1970년대의 환자들에 비해 훨씬 나은 치료 기회를 얻을 수 있게 되었다. 그런 점을 고려해서 나는 이 책에 여러 가지를 덧붙였다. 우선 16장을 새로 썼는데, 여기서는 지난 20년간 발견된 생리학적·약리학적인 흥미로운 발견과 현재 가능한 새로운 편두통 치료법을 다루었다. 또 세 개의 장에 후기를 덧붙였는데, 여기서는 '카오스와 의식 이론'과 관련된 편두통을 다루었다. 그리고 더 많은 병력 사례와 역사적 내용을 담은 부록과 수많은 각주를 달았다. 이렇게 해서 현재의 판본이 《편두통》 판본 가운데 가장 최신일 뿐 아니라 가장 알찬 책이 되도록 만들었다.

《편두통》의 원래 원고(1967~1968) 5부에서는 편두통 아우라가 가진 아주 복잡한 기하학적 형태를 재검토하고 깊이 있는 분석을 시도했지만, 그다지 성공적이지 않았다. 지금 이 시점에도 그런 시도는 아직은 시기상조라는 느낌이 든다. 그래서 그 부분을 책에서 뺐다. 그런데 동료인 랠프 시겔Ralph Siegel과 함께 편두통 아우라 현상을 설명하고 일반적인 이론을 다루기 위해 다시 연구할 기회를 얻었다. 그것은 큰 기쁨이었다. 25년 전이라면 불가능했을 일이다. 그래서 결국 1992년 판에도 5부가 들어 있게 되었다.

1992년 2월, 뉴욕에서
올리버 울프 색스

1970년 초판 서문

첫 환자를 보았을 때만 해도 나는 편두통을 단지 특이한 종류의 두통이라고만 생각했다. 더 많은 환자를 보면서 두통이 편두통의 유일한 증상도 아니고, 편두통 발작이 일어날 때마다 언제나 두통이 오는 것도 아니라는 점을 분명히 알게 되었다. 나는 파악하기 어려운 이 병에 대해 좀더 깊이 조사했는데, 알면 알수록 점점 더 복잡해지기만 할 뿐, 어떤 것이라고 규정하기도 어려웠고 더 잘 이해할 수도 없었다. 그래서 편두통을 다룬 문헌을 파고들었다. 문헌 속을 헤매는 동안 더 잘 알 것 같은 때도 있었고 더 헷갈릴 때도 있었다. 결국 나는 다시 편두통 환자들에게로 돌아왔다. 그들은 어떤 책보다 편두통에 대해 더 잘 설명해주었는데, 1,000명이 넘는 환자를 본 뒤에야 비로소 편두통을 제대로 이해할 수 있었다.

내가 알게 된 많은 병력들은 워낙 복잡해서 처음에는 당황스러웠지만 나중에는 오히려 즐거웠다. 아주 미묘한 인식장애와 언어장애, 그리고 정서장애와 사고장애가 몇 분 만에 인식 가능한 모든 자율신경

장애로 변화해가는 무엇인가를 발견했기 때문이다. 말하자면 고전적 편두통을 겪고 있는 환자들 모두가 신경학 백과사전이나 다를 바 없었다.

환자들의 고통을 보고, 치료를 원하는 그들의 호소를 들으면서 미리 공부해둔 신경학적 지식을 되새길 수 있었다. 어떤 환자들은 약을 써서 도울 수 있었고, 어떤 환자들은 관심을 보이는 것만으로도 효과가 있었다. 아주 심각한 경우에는 환자들의 생활에서 정서적인 부분을 자세하게, 지속적으로 조사한 뒤에야 치료를 위한 노력이 효과를 발휘했다. 편두통 발작은 대개 정서적인 문제 때문에 일어난다. 그러니 이 문제의 앞뒤 상황을 자세하게 알아내지 않고서는 결코 제대로 치료할 수 없었다.

나는 또 일종의 복시複視, double-vision가 필요함을 깨달았다. 편두통은 신경계에서 일어날 수 있는 모든 것으로 만들어진 하나의 구조물이며, 동시에 정서적 또는 생물학적 목적을 위해 선택된 전략으로 파악해야 한다는 사실을 알게 되었던 것이다.

이 책에서 나는 편두통을 육체적이면서 상징적인 사건으로 묘사하면서 이 두 가지 관점을 유지하려고 노력했다. 1부에서는 환자들이 경험하고 의사들이 관찰한 편두통의 발작 형태를 묘사하는 데 집중했다. 2부에서는 독립적이고 반복적인 편두통 발작을 촉발하는 육체적·생리적·심리적인 상황에 관심을 기울였다. 3부에서는 두 가지를 다루었다. 하나는 편두통 발작의 생리적인 메커니즘에 대한 것이고, 다른 하나는 편두통과 관련된 여러 가지 장애가 수행하는 생물학적·심리학적 역할에 대한 것이다. 4부에서는 편두통 치료법에 역점을 두었으며, 필연적으로 이 책의 앞부분을 보완하면서 결론으로 이어진다.

나는 가능한 한 쉬운 말을 썼고, 필요할 때에는 전문용어를 썼다. 이 책의 2부까지는 주로 서술적이지만 3부는 설명적이고 이론적이다. 나는 자유롭게 어쩌면 지나치게 자유로웠을지도 모르겠지만, 사실을 서술하고 그 의미가 무엇인지를 묻는 질문 사이를 오갔다. 또한 준거의 틀이 지속적으로 확장되었는데, 우리가 고려하지 않을 수 없는 많고 다양한, 가끔은 아주 이상하기도 한 실상들 때문에 어쩔 수 없었다.

세 부류의 독자들이 이 책을 즐겁게 읽었으면 좋겠다. 맨 먼저 편두통은 어떤 병이고, 그 치료법은 무엇인지 알고 싶은 편두통 환자들과 그들의 의사들이다. 두 번째로는 이 책이 좀 다양한 논의를 담고 있긴 하지만, 편두통을 제대로 다루고 있는 자세한 참고서를 찾는 학생이나 연구자들이다. 마지막으로 무엇이든 깊이 성찰하는 습관을 가진 일반 독자들이다(꼭 의사일 필요는 없다!). 독자들은 이 책에서 몸과 마음은 절대적으로 연결되어 있음을 되풀이해서 보게 될 것이다. 편두통은 정신생리학적인 반응 전체를 보여주는 모델이고, 그 이야기 속에서 인간과 동물의 생체기능에는 낯익은 유사점이 수없이 많다는 사실을 발견할 수 있을 것이다.

1970년,
올리버 울프 색스

추천 서문

편두통으로 인한 고통에 대한 묘사는 적어도 지난 2,000년 동안 계속되었다. 대략 25만 년의 역사를 가진 현생인류는 어느 세대에서나 장애의 집합체인 편두통을 경험해왔음이 틀림없다. 그러나 편두통에 대해 알려진 바는 아주 적고 연구조차 제대로 이루어지지 않았다. 이는 일반 대중이나 의료 관계 전문가 모두가 알고 있는 사실이었다. 그러던 것이 1970년이 되어서야 비로소 런던의 병원에서 편두통을 치료할 수 있도록 정리가 되었다.

편두통은 의학, 특히 신경학 교과서에 한 항목으로 올라가 있다. 그러나 간질이나 신경통 같은 다른 간헐성 장애intermittent disorder와 함께 짤막하게 다루어지는 것이 보통이다. 바쁜 의사들에게 편두통은 그 중요도에 비해 아주 많은 시간을 들여서 치료해야 하는 병쯤으로 취급된다. 편두통의 주요 증상은 기능장애가 없는 두통이다. 물론 편두통에 구토나 시각장애 같은 증상들이 동반된다는 것은 잘 알려진 사실이다. 이 때문에 시각장애, 두통, 구토가 차례대로 일어날 때에만 편두통이라는 진단을 내리기도 한다. 의사에 따라서는 환자가 더 이상 찾아오지 않기를 바라는 마음으로 "그것과 더불어 살아가는 방법을 배우라"는 판에 박힌 싱거운 충고와 함께 약간의 알약을 주기도 한다. 현상학적인 관점에서 말하자면, 어느 모로 보나 매력적인 이 병이 가진 증상의 다양성과 복잡성을 충분히 이해하지 못해서 생기는 문제도 많다. 유감스럽게도 많은 의사들이 절망에 빠진 환자가 "비주류 의술fringe medicine"의 시술에 몸을 맡기게 되면 기꺼워한다. 대개 그 결과는 재앙에 가까울 뿐 아니라 돈도 아주 많이 든다.

이 모든 상황이 의료계 전부의 책임은 아닐까? 권위 있거나 "결정적인" 교과서의 이름이 떠오르는가? 이런 상태에 대해 연구할 수 있는, 설비를 제대로 갖추고 잘 조직된 시설이 많은가? 산업재해나 기관지암 또는 촌충에 대한 통계처럼 이 문제 전체에 대한 광범위한 통계가 있는가? 학생으로서 편두통에 대해 한번이라도 강의를 들어본 적이 있는가? 편두통은 단지 가끔 일어나는 성가신 두통이 아니며, 누군가는 지겹도록 겪어야 한다는 설명을 들어본 적이 있는가? 아마 대부분은 그렇지 않을 것이다. 편두통이 유전자와 개성 그리고 개인의 생활방식을 보여준다는 사실은 최근에야 알려졌다.

편두통 발작 과정에서 연구가 많이 부족한 또다른 분야는 편두통으로 표현되는 생리적 장애에 대한 것이다. 편두통 발작을 잘 관찰해보면, 그 과정이 인간에 대한 완벽한 생리적 실험과 다를 바 없음을 알 수 있다. 이는 다른 어떤 상황에서도 찾아볼 수 없는 점이다. 우리는 정상적인 사람의 기능이 조금씩 붕괴되어가는 과정을 보게 되는데, 그것은 뇌졸중이나 뇌종양 환자에게서 나타나는 모습과 꼭 같다. 다만 그 장애가 영구적으로 지속되지 않을 따름이다. 몇 분이나 1시간쯤 안에 그 발작은 끝이 난다. 여러 가지 증상들, 말하자면 실어증, 반신마비,

복시증, 현기증, 구토, 장기능장애, 신체 수분 균형의 변화, 인격장애들을 포함한 증상이 사라져버린다. 이런 상황에 대해서도 연구는 거의 이루어지지 않고 있다. 그나마 변변치 않은 정도로, 대부분 마취시킨 동물들을 대상으로 연구가 이루어지는 것 같다. 그러나 다들 알고 있듯이 그 동물들은 편두통을 갖고 있지 않을 것이다.

이런 관심과 경험, 생리학적 지식, 치료 계획의 불균형을 바로잡기 위해서 필요한 작업이 있다. 편두통과 관련된 시간과 공간 모두를 아우르는 전반적인 상황, 그리고 편두통 환자가 겪기도 하고 만들어내기도 하는 변화무쌍한 편두통 발작 과정의 패턴과 요인들을 정리한 개요를 작성하는 일이다. 이 제반 상황에서 환자의 사회적인 활동 범위와 직장 동료들 그리고 특히 의사는 꼭 필요한 요소일 것이다.

올리버 색스 박사는 오랫동안 부족했던 전체 그림을 그려서 보여주는 일을 해왔다. 임상학 분야에서의 대단히 정력적인 활동을 통해 그는 편두통이라는 주제와 관련된 현대의 지식을 거의 모두 한자리에 모아놓았다. 그가 거의 혼자서 써낸 이 책에서 사소하더라도 빠뜨린 부분을 찾으려고 시도했는데, 이 일은 신경학자에게 재미있는 공부거리였다. 그럼에도 빠뜨린 부분을 찾아내기란 너무나 어려웠다.

편두통 전반에 걸쳐 비밀을 밝히려는 올리버 색스 박사의 투지가 충분한 성과를 낼 수 있기를 기대한다. 이와 같은 성공은 개별 환자에게는 물론 의사들과 의료계, 나아가 사회 전체에도 큰 도움이 될 것이 틀림없다.

윌리엄 구디

편두통은 인류의 적잖은 소수에게 영향을 미쳐왔다. 어떤 문명에서나 발생했고 역사의 여명기 기록에서부터 찾아볼 수 있다. 편두통이 시저나 바울, 칸트, 프로이트에게 채찍이나 격려였다면, 아무도 모르게 조용히 그 고통을 겪어야 했던 이름 없는 수많은 사람들에게는 일상이었다. 그 형태와 증상은 버턴Burton이 처량하게 말했던 것처럼 "프로테우스(그리스 신화에 나오는 신으로 자유자재로 변신한다―옮긴이)도 그렇게 다채로울 수 없을 만큼 변칙적이고, 기묘하며, 각양각색이고, 끝도 없다." 그 성질과 원인은 히포크라테스를 헷갈리게 했고 2,000년 동안 논쟁의 주제가 되어왔다.

편두통의 주요 임상적 특징들, 그러니까 주기성, 환경과 특성의 관련성, 신체적·정서적인 증상들 모두에 대해서는 이미 2세기가 시작되기 전에 분명하게 알려졌다. 아레타에우스Aretaeus♦는 편두통을 헤테로크라니아heterocrania(머리 한쪽에서 일어나는 격렬한 두통을 뜻함―옮긴이)라는 이름으로 다음과 같이 묘사했다.

어떤 경우에는 머리 전체가 아프고, 가끔은 오른쪽, 또 가끔은 왼쪽, 또는 이마, 또는 숫구멍이 아프다. 그리고 이런 발작은 같은 날에도 옮겨다닌다. (…) 이것을 헤테로크라니아라고 부른다. 절대로 가볍지 않은 병이다. (…) 가끔 꼴사납고 무서운 증상을 일으킨다. (…) 욕지기가 생기고, 담즙을 게워내기도 하며, 환자를 쇠약하게 만든다. (…) 심한 무기력증에 머리가 무겁고 불안해진다. 그리고 생활이 괴로워진다. 이 환자들은 빛을 피하려고 하기 때문에 어둠이 그들의 병을 어루만져준다. 그들에게는 어떤 것도 즐겁게 보이거나 즐겁게 들리지 않는다. (…) 환자들은 생활이 괴로워서 죽기만을 바란다.

동시대인이었던 펠롭스Pelops는 간질에 앞서 나타나기도 하는 이 감각 증상을 아우라◆◆라고 이름 붙여 묘사했다. 아레타에우스는 편두통이 시작되기 전에 나타나는 비슷한 증상을 다음과 같이 관찰했다.

보라색이나 검은색 섬광들이 시야에 나타나기도 하고, 한꺼번에 뒤섞여 보이기도 하는데, 하늘에 섬광들의 무지개가 펼쳐진다.

아레타에우스의 관찰 이후 알렉산더 트랄리아누스Alexander

◆　고대 그리스에서 가장 유명한 의사 가운데 한 명이었지만, 그의 생애에 대해서는 별로 알려진 바가 없다. 그가 어느 나라에 살았는지, 정확하게 어느 시대 사람이었는지도 알 수 없다. 네로 아니면 베스파시아누스 치세였던 기원후 1세기경 인물이 아닌가 짐작되며, 8권의 저작물이 남아 있다.

◆◆　아우라aura는 어떤 사람이나 장소 등을 감싸는 미묘한 분위기를 말한다. 신경학에서는 대개 '조짐'으로 번역하는데, 이 책에서는 '아우라'에 대해 아주 광범위하게 설명하기 때문에 단순히 '조짐'이라고 번역하기에는 무리가 있었다. 따라서 문맥에 맞춰 '아우라'와 '조짐'을 번갈아 썼다.

Trallianus의 논문이 나오기까지 400년의 세월이 흘렀다. 그 사이에는 편두통의 성질에 대한 이 명백한 고대의 이론이 되풀이되었으며, 계속된 관찰을 통해 아레타에우스의 간결한 묘사가 확인되었고 정교하게 다듬어졌다. 용어를 살펴보면 헤테로크라니아heterocrania, 홀로크라니아holocrania, 헤미크라니아hemicrania 같은 낱말들이 여러 세기 동안 경쟁적으로 쓰였다(hetero는 서로 다른, hemi는 반半, holo는 전체, crania는 두통이라는 의미를 가진다. 그래서 헤테로크라니아나 헤미크라니아는 머리의 어느 한쪽에 국한된 두통이라는 뜻이고, 홀로크라니아는 머리 전체에 걸친 두통을 뜻한다─감수자). 이 가운데 헤미크라니아가 마침내 경쟁자들을 물리치고 살아남았다. 그 뒤 수없이 많은 음역音譯 과정을 거쳐 오늘날 우리가 쓰는 용어인 편두통(migraine 또는 megrim)이 되었다. 일반적으로는 어지럼증을 동반한 두통sick-headache, 구토를 동반한 두통bilious-headache(또는 cephalgia biliosa), 시력 저하를 동반한 두통blind-headache 같은 말들이 여러 세기 동안 쓰였다.[1]

히포크라테스 시대부터 의사들의 생각을 지배했던 편두통 성

---

1 옥스퍼드 영어사전은 이 음역 과정과 용례를 보여주는 전체 목록을 제공한다. 그 일부를 인용하면 다음과 같다.
Mygrane, Megryne, Migrane, Mygrame, Migrym, Myegrym, Midgrame, Midgramme, Mygrim, Magryme, Maigram, Meigryme, Megrym, Megrome, Meagrim….
영어에서 이 용어는 14세기에 쓰인 "편두통과 다른 쪽 머리에서 나는 모든 고통the mygrame and other euyll passyons of the head"이라는 구절에서 처음 쓰인 것이 분명하다. 프랑스어 편두통Migraine은 이보다 한 세기 일찍 쓰였다.
편두통의 시각적인 아우라를 나타낼 때는 (다른 기본적인 시각적 환각에서처럼) 대개 Suffusio라는 용어를 쓴다. 그리고 Suffusio dimidans, Suffusio scintillans, Suffusio scotoma, Suffusio objecta emarginans 등과 같이 구체적으로 기술하는 용어로 쓰인다.

질에 대한 이론에는 두 종류가 있었다. 18세기 말이 되어서도 둘 다 여전히 심각한 토론의 대상이었고, 두 종류 모두 다양하게 변형되어 오늘날까지 광범위하게 대중의 동의를 강요하고 있다. 그러니 이 두 가지 고전적인 이론의 발전 과정을 추적하는 일은 필요 이상으로 넘치는 일이 아니라 꼭 필요한 일이다. 따라서 두 가지 이론인 체액 이론과 교감 交感, sympathetic 이론을 살펴볼 것이다.

노란색이나 검은색 담즙이 지나치면 까다로운 감정, 냉소적인 유머 또는 인생에 대한 편견만 가지게 될 뿐 아니라 구토성 두통으로 담즙을 토하고 내장이 뒤집히게 된다고 생각했다.[2] 이 이론의 핵심과 그것이 암시하는 치료 형태의 핵심은 알렉산더가 분명하게 표현했다.

만일 담즙 과다로 두통이 자주 생긴다면 담즙을 정화하고 빼내는 요법으로 치료해야 한다.

수없이 많이 갈라져나온 이론과 치료법들은 담즙을 정화하고 빼내는 요법에 역사적인 정당성을 부여했고, 이들 가운데 다수가 오늘날에도 쓰이고 있다. 위와 창자에 담즙이 가득 찰 수 있다고 생각해서 옛날부터 토제吐劑, 완하제緩下劑, 하제下劑, 변통便通약 등을 써왔다. 기름진 음식은 담즙을 위胃로 흐르게 만들기 때문에 편두통이 심한 사람은

2　체액 이론의 한 변종에 의하면 편두통은 지라와 지라액splenetic humor 탓이다. 만성 편두통 환자였던 포프Pope는 이런 관념을 〈지라의 동굴Cave of Spleen〉이라는 시에 담았다.

혐오스러운 대낮의 섬광을 가려주는 그늘에서
지라는 그녀의 시름에 잠긴 침대 위에서 영원히 탄식하고
고통은 그녀의 곁에, 편두통은 그녀의 머리에.

금욕적인 식사를 해야만 한다. 그래서 평생 편두통에 시달렸던 금욕적인 포더길Fothergill은 다음과 같은 것들을 특히 위험하다고 여겼다.

> 녹인 버터(서양 요리에서 가장 기본적인 소스 가운데 하나—옮긴이), 기름 진 육류, 버터를 바른 뜨거운 토스트, 강하고 홉hop 맛이 나는 맥아주 같은 것들….

이와 비슷하게 변비(즉 장내에 담즙이 차므로)가 편두통 발작을 촉발하거나 전조가 될 수 있다고 여겨왔고 아직도 그렇게 생각한다. 마찬가지로 담즙을 근원적으로 줄이거나(아직도 편두통 치료에 여러 가지 "간장약"을 권한다), 혈액 내 담즙의 농도가 지나치게 높아졌을 때 이를 낮출 수 있다면(그래서 특히 16세기와 17세기에는 편두통을 치료하기 위해 사혈瀉血을 권했다) 편두통 발작을 방지할 수 있다. 따라서 편두통의 원인을 설명하는 현대 화학 이론이 고대의 체액 학설을 학문적으로 이어받았다고 해도 지나친 억지는 아닐 것이다.

다양한 교감 이론들은 체액 이론들과 같은 시대적 기원을 가지고 함께 발전해왔다. 이런 이론들은 다음과 같은 내용을 담고 있다. 편두통은 하나 이상의 내장(위, 창자, 자궁 등)에서 시작된 말초적 기원을 가지고 내장들끼리의 내적인 교신이라는 특별한 형태로 온몸으로 퍼져나간다. 의식 작용의 이면에 숨어 있는 이 신비로운 형태의 교신을 그리스어로는 'sympathy', 로마어로는 'consensus'라고 했으며, 머리와 내장이 연결되어 있다는 점에서 특히 중요하게 생각했다("mirum inter caput et viscera commercium"◆).

교감이라는 고전적 개념은 토머스 윌리스Thomas Willis(1621~1675)에 의해 되살아나 좀더 정밀하게 다듬어졌다. 그는 자궁이 몸 속에서 이리저리 움직이기 때문에 히스테리가 발생한다는, 히포크라테스의 생각을 폐기했다. 대신 자궁이 히스테리라는 현상을 온몸으로 나 있는 수많은 미세한 길을 따라 방사한다고 생각했다. 그는 이 개념을 확장해서 편두통이 온몸으로 전파된다고 보았고, 이를 다른 발작성 장애에도 적용했다.

3세기 전에 윌리스는 신경장애 전체를 정밀하게 관찰하기 시작했다(《광포한 정신에 관하여De Anima Brutorum》). 이 작업에는 편두통에 관한 최초의 현대적인 논문으로 인정할 만한 한 부분(《두통에 관하여De Cephalalgia》)이 포함되어 있었는데, 이것은 아레타에우스 시대 이래 처음으로 분명한 발전을 보인 것이었다. 그는 중세에 이루어진 편두통과 간질 그리고 또다른 발작적인 반응에 대한 엄청난 양의 관찰과 성찰을 체계화한 다음, 무척이나 정확하고 합리적인 임상 관찰에 다음과 같이 덧붙였다.[3] 우리는 그가 남긴 두통을 앓는 한 부인과의 상담 기록에서 더없이 잘 묘사된 편두통의 모습을 볼 수 있다.

여러 해 전부터 나는 지체 높은 귀족 부인을 방문해왔다. 그녀는 20년

♦   mirum은 wonderful, amazing과 같은 뜻이고, inter는 between과 같고, caput 는 머리라는 뜻이며, et는 and로 inter(between) A et(and) B처럼 쓰였다. viscera는 내장으로 현대 영어와 같다. commercium은 commerce의 어원으로 여기 서는 communication과 같은 뜻으로 보면 된다. 그래서 이 말은 "머리와 내장의 의사소통으로 만들어진 경이로움" 정도로 번역될 수 있다.

3   편두통의 전구증상으로 드문 것 가운데 하나가 폭식증bulimia이다. 윌리스는 다른 환자에게서 이것을 관찰했다.

이 병의 특발特發성 발작이 시작되기 전날이었다. 저녁 때 그녀는 배가 몹시 고파서 아주 많이 먹었다. 걸신들린 것처럼 보였다. 이 신호가 전조가 되어 다음 날 아침, 아주 확실하게 두통이 왔다. 이런 전조가 있었는데도 발작이 일어나지 않은 경우는 없었다.

이 넘도록 거의 끊임없이 두통에 시달려왔는데 처음으로 그 고통이 일시적으로 멈췄을 때 (…) 이 병으로 무척이나 괴로워했다. 그녀는 피보 Feavour가의 한 사람으로 건강하게 자라다가 12세 때부터 두통에 시달리게 되었다. 두통은 아무 이유도 없이 자주 생겨났는데 대개 가벼운 경우가 많았다. 머리 한쪽에서만 일어나는 것도 아니었다. 한쪽이 아픈가 하면 반대편이 아프기도 했다. 온 머리가 아픈 경우도 자주 있었다. 아픈 동안(하루 밤낮으로 끝나는 경우는 별로 없고 이틀이나 사흘, 길게는 나흘 동안 지속되기도 했다)에는 빛과 말소리, 소음이나 어떤 움직임도 참아내지 못했다. 그녀는 침대에 꼿꼿하게 앉아 있었고, 방은 어둡게 했으며, 누구와도 말하지 않았고, 잠을 자거나 제대로 생활하지도 못했다. 두통에 시달리는 동안에는 잠을 설치기도 했지만 깊은 잠을 자기도 했는데 그렇게 자고 일어나면 한결 나았다. (…) 예전에도 발작이 드물게 나타난 것은 아니었지만, 그래도 한 달에 20일쯤은 거의 일어나지 않았다. 그러나 시간이 지나면서 더 자주 발작이 나타났는데, 최근에 들어서는 괜찮은 날이 거의 없을 정도다.

이 사례에서 보여주듯이, 윌리스는 이런 발작을 일으키거나 자극하는 여러 이유들을 잘 알고 있었다. "장기 조직이 약하거나 나쁜 경우 (…) 타고났거나 유전적일 수도 있고 (…) 멀리 떨어져 있는 몸의 일부분 또는 내장들의 자극 때문에 (…) 계절의 변화, 환경 상태, 해와 달의 위대한 힘, 격정 그리고 잘못된 식습관 때문에 일어나기도 한다." 그는 또 편두통이 대부분 견디기 어렵긴 하지만 양성이라는 것도 잘 알고 있었다.

이 병이 비록 20년 넘게 귀족 부인을 지독하게 괴롭혔지만 (…) 뇌의 경계 가까운 곳에 자리 잡고서 오랫동안 그 성채를 포위하고 있었지만 아직 점령하지는 않았다. 이 병든 부인은 어지러움이나 현기증, 경련과 함께 오는 갑작스러운 불쾌감이나 우울증, 또다른 어떤 마비성 증상을 겪지 않았으며 중요한 정신적 능력은 충분히 건강했다.

윌리스가 되살려낸 또다른 고전적인 개념 하나는 신경계에서 주기적으로 갑작스럽게 폭발하는 경향이 있는 특발성idiopathy이다. 편두통성 신경계 또는 간질성 신경계는 언제든지 (신체적 또는 정서적인) 여러 이유로 발작을 일으킬 수 있고, 윌리스가 추론만으로 그 존재를 알았던 교감신경에 의해 발작의 아주 소소한 효과까지 온몸으로 퍼진다.

교감신경 이론은 특히 18세기에 널리 받아들여져서 정교하게 다듬어졌다. 편두통이 분명하게 시작되기 전에 위장장애가 먼저 오기도 하며, 구토가 발작 전체를 빠르게 끝낼 수도 있다는 것을 관찰했던 티소Tissot는 이렇게 제안했다.

통증이 생기는 부위는 위胃에서 조금씩 만들어진다. 그러다가 어느 정도에 이르면 눈확위신경supraorbital nerve의 모든 지류에 격렬한 통증을 일으킬 만큼 강해진다고 보는 것이 가장 그럴듯하다.

티소와 동시대 사람으로 이 권위 있는 교감신경 이론을 차용했던 로버트 휘트Robert Whytt는 다음과 같은 것을 관찰했다. "대개 자궁의 염증에 동반되는 구토, 두통 등에 생기는 열과 통증, 월경 주기가 다가오면 겪게 되는 심한 복통 등에 뒤이어 나타나는 욕지기, 식욕장애…" 휘트는 인체에 대해 숨어 있지만 직접적으로 한 끝에서 다른 끝으로 이어지는, 교감신경 통로로 가득 차 있다고 보았다. 내장에서 시작된 편두통 기운이나 히스테리가 이 통로를 통해 전달된다는 것이다.

18세기에 살았던 최고의 임상 관찰자들, 말하자면 티소(편두통에 관한 많은 저서를 썼다. 그의 1790년 논문은 윌리스가 쓴 〈두통에 관하여〉의 진정한 계승작이다), 휘트, 체인Cheyne, 컬런Cullen, 시드넘Sydenham 등과 같은 사람들이 신체적 증상과 정서적 증상을 두고 어떤 자의적인 구분도 하지 않았다는 사실을 새기는 것은 중요하다. 그들은 모든 증상을 뭉뚱그려 통합적인 "신경장애"로 간주했다. 휘트도 다음과 같이 이 모든 것을 한꺼번에 아울러 다루면서 '서로 긴밀하게 관련된 증상들'이라고 보았다.

> 차고 뜨거운 특별한 감각, 신체 여러 부위에서 나타나는 특별한 통증, 기절과 허황된 경련, 강직증과 강직성 경련tetanus(근육이 한 번 수축하면 오랫동안 계속되는 심한 경련—옮긴이), 위와 장 속의 가스 (…) 검은 것을 토해내기, 갑작스럽고 많은 양의 맑은 오줌 (…) 심장의 심계항진 palpitation(불규칙하거나 빠른 심장박동이 느껴지는 증상—옮긴이), 맥박의 변화, 주기적인 두통, 현기증과 신경발작 (…) 우울, 낙담 (…) 광란상태madness, 가위눌림 또는 몽마.♦

나눌 수 없는 정신생리학적 반응이라는 개념에 대한 핵심적인 믿음은 19세기가 시작되면서 깨졌다. 그동안 윌리스와 휘트가 생각했던 신경장애는 신경과와 정신과 의사를 엄격하게 구분하게 된 것처럼

♦ 몽마夢魔, incubi는 가위눌림의 한 형태로, 꿈속에서 악마에게 겁탈을 당하는 것을 말한다. 단수형은 incubus다. 이 경우는 특히 잠자는 여자를 범하는 상상 속의 악마고, 잠자는 남자와 정을 통하는 여자 몽마는 succubus라고 한다. 여기서 incubi를 쓴 것은 보통 '사람'이라고 할 때 man을 쓰는 것과 같은 형태로 이해할 수 있다.

'기질적인 것'과 '기능적인 것'으로 엄격하게 나뉘어졌다. 한편 리베잉과 잭슨은 편두통을 내면적인 부분이 없는 정신생리학적인 어떤 것으로 분리할 수 없다고 설명했다. 사실이 그렇긴 하지만, 그런 생각은 그들이 살았던 세기에 일반화되었던 편견과는 어긋나는 특별한 것이었다.

19세기에 들어서면서 편두통에 대한 무척 뛰어난 묘사들이 아주 많이 나타났다. 대부분이 그동안 의학 문헌에서 사라져버린 것만 같았던 생생함을 담고 있다. 풍부한 옛 문헌들을 되돌아보면, 편두통에 대해서 기록했던 의사들이 편두통을 직접 겪었거나 그 현상에 대한 묘사를 일로 삼았음을 알 수 있다. 그런 범주에 드는 사람으로는 19세기 첫 10년 동안에 헤버든Heberden과 월라스턴Wollaston이 있었고, 두 번째, 세 번째 10년 동안에는 애버크롬비Abercrombie와 피오리 Piorry, 패리Parry가 있었다. 세기의 중반쯤에는 롬버그Romberg와 시먼즈Symonds, 홀Hall, 묄렌도르프Möllendorff가 있었다. 의학 분야에서 일하지 않은 사람 가운데도 아주 멋진 묘사를 제공한 이들이 있었는데, 천문학자인 허셜Herschel과 에어리Airy 부자父子가 뛰어났다.

그러나 대부분의 묘사는 편두통 발작의 신체적인 측면만 그렸을 뿐 발작의 정서적인 요소와 전조, 효용에 대해서는 다루지 않았다. 19세기의 이론들도 이전과 마찬가지로 보편성이 부족했고 대개는 이런저런 형태에 대한 구체적인 구조적 병인病因에 관심을 보였다. 혈관 이론들이 인기가 매우 높았는데, 일반적인 다혈증general plethora, 뇌충혈cerebral congestion 또는 뇌혈관의 구체적인 팽창과 수축을 상정한 것이었다. 또한 지엽적인 요소들에 많은 비중을 두었는데, 예를 들면 뇌하수체가 붓는다거나 눈에 염증이 생긴다거나 하는 식이었다. 세기 중반쯤에 이르러서는 유전적인 결함과 수음도 병인으로 등장했는데(이는 간질과 정신병을 설명하는 데도 쓰였다), 이런 이론들은 나중에 나온 자가중독auto-intoxication, 전염성 병소infective foci 등의 이론에서 그랬던 것처럼 확실히 시대착오적인 것이었다. 드러난 작동 방식은 육체적인데 묵시적으로는 도덕적이었기 때문이다.

빅토리아시대의 걸작 〈편두통, 어지럼증을 동반한 두통 그리고 관련 장애에 대하여On Megrim, Sick-Headache, and some Allied Disorders〉라는 제목의 에드워드 리베잉Edward Liveing의 논문에는 경의를 표하지 않을 수 없다. 이 논문은 1863년에서 1865년 사이에 쓰였지만 1873년에야 출간되었다. 리베잉은 가워스의 통찰력과 학식 그리고 허글링스 잭슨Hughlings Jackson의 넓고 깊은 상상력을 자신의 주제에 적용시켜 편두통 경험 전체를 포괄해 정리했으며, 편두통의 위치를 "관련된 변성變性 장애"라는 광범위한 연관 분야의 한가운데에 자리 잡게 했다. 잭슨이 위계적으로 조직된 신경계 기능의 발달과 소멸을 보여주기 위해 간질을 이용했듯이, 리베잉도 편두통에 대한 자료를 사용해 그에 필적할 만한 작업을 해냈다. 역사적인 깊이와 보편성을 가진 접근법으로 쓰인 의학 에세이라면 그 타당성을 인정받아야 하는데, 그런 점에서 리베잉의 논문은 유일무이한 걸작이다.

리베잉 이론의 핵심(이런 면에서 그는 동시대인들보다 윌리스와 휘트에 훨씬 더 가까웠다)은 편두통의 다양성은 수적으로 한이 없다는 점, 그리고 이것들을 다른 많은 발작적인 반응과 함께 다루었다는 것이다. 대단한 보편성과 설득력을 가진 '신경계 폭풍nerve-storm'이라는 그의 이론은 다른 어떤 이론에서도 설명하지 못했던 편두통 발작의 특징인 갑작스럽다거나 점진적인 변형에 대해 설명하고 있다. 가워스도 같은 명제를 설명한 적이 있는데 편두통, 기절, 미주迷走신경 발작, 현기증, 수면장애 등을 서로 관련지어서 묘사하거나 혹은 간질과 연관지어 묘사했다. 만일 이것들이 자기네들 사이에서 불가사의할 정도로 변형이 가능하다면 이 모든 신경계 폭풍은 상호적이라는 말이 된다.

현 세기에 이루어지는 편두통 연구의 특징은 진보와 퇴보를 모두 경험하고 있다는 것이다. 기술과 수량 면에서 많아지고 정교해진 점은 진보라 할 수 있고, 지식의 전문화로 인해 분리되지 않아야 할 것으로 보이는 주제를 나누고 조각냈다는 점에서는 퇴보라 할 수 있다. 총체적인 이해를 잃어버림으로써 지식과 전문 기술을 얻었다는 것은 역사의 아이러니다.

편두통은 시작될 때부터 신체적인 것이다. 그러나 병이 진행되면서 점차 정서적이고 상징적인 것이 된다. 편두통은 생리적·정서적 요구 모두를 표현하며 정신생리학적 반응의 원형이다. 그러므로 편두통을 이해하려는 생각들을 통합하려면 신경학과 정신의학 양쪽 모두(생리학자 캐넌Cannon과 분석학자 그로덱Groddeck에 의해 파악되고 다가가게 된 수렴점)에, 그리고 동시에 기초해야만 한다. 결국 편두통은 하나의 배타적인 인체 작용으로 인식해서는 안 되고, 인체의 구체적인 필요와 인체의 신경계에 맞춰진 생물학적 작용의 한 형태로 보아야만 한다.

우리는 편두통 조각들을 모두 하나로 모아 다시 한번 일관된 전체로 제시해야만 한다. 그동안 이 주제의 세세한 부분에 대한 우리의 지식을 확장하고 구체화하는 전문적인 내용을 담은 문건과 논문은 수없이 많았다. 그러나 리베잉 시대 이후 지금까지 종합적인 시론試論은 없었다.

1부

편두통 증상

첫 번째 문제는 편두통이라는 낱말에서 시작된다. 이 낱말에는 격렬한 두통이 이 병의 특징이라는 뜻이 담겨 있다. 그러나 두통head-ache은 절대로 편두통의 유일한 증상이 아니며, 실제로 편두통 발작의 필수 증상도 아니다. 앞으로 편두통의 온갖 특징을 다 보여주는 여러 형태의 발작을 임상학, 생리학, 약리학 등의 방식으로 다루겠지만, 그 중에 두통은 많지 않을 것이다. 편두통이라는 낱말을 오랫동안 관습적으로 사용해왔다는 것을 기억해야 하지만, 이 말을 온갖 사전에서 규정하고 있는 한계 너머로 훨씬 더 확장시킬 수 있어야 한다.

복잡한 편두통에는 다양한 증후군들이 있고 이런 증상들은 다른 증상들과 겹치거나 연결되거나 변형되기도 한다. 이 가운데 가장 자주 발생하는 것은 일반 편두통Common Migraine인데, 편두통 두통이라는 기본적인 증상을 중심으로 무리 짓고 있는 온갖 종류의 편두통 증상들을 찾아볼 수 있다(1장). 두통을 제외한 요소들이 다른 비슷한 임상 양상으로 나타나는 편두통을 우리는 편두통 유사증상migraine equivalent이라고 부를 것이다. 이 제목 아래, 주기적으로 되풀이해서 나타나는 발작으로 욕지기와 구토, 복통, 설사, 발열, 졸음, 기분 변화 같은 것을 다룰 것이다(2장). 이와 함께, 편두통과 관계가 조금 멀기는 하지만 다른 특정 형태의 뚜렷한 발작과 반응들도 살펴보아야 한다. 바로 멀미, 기절, 미주신경 발작vagal attack 등이다.

특히 격렬하고 드라마틱한 형태의 발작인 편두통 아우라에 대해서는 따로 다룬다. 그런 아우라는 독립적으로 발생하기도 하고, 그 뒤에 두통이나 욕지기, 또다른 모습의 복합적인 편두통이 따르기도 한다. 뒤따르는 이런 증후군 전부를 가리켜 고전적 편두통classical migraine이라고 한다(3장).

위에서 언급한 증후군과 달리 어느 정도 독립적인 증후군은 편두통의 매우 특징적인 변종인데, 이는 여러 가지 이름으로 불린다. 그 가운데 가장 적절한 이름은 편두통성 신경통migrainous neuralgia이다. 아주 드물지만, 오랫동안 지속되는 신경학적인 결함neurological deficit이 일반 편두통이나 고전적 편두통에 이어서 나타나기도 한다. 이런 경우를 반신마비성hemiplegic 또는 눈마비성ophthalmoplegic 편두통이라고 부른다.

가성 편두통pseudo-migraine에 대해서도 언급할 것이다. 이것은 기질적인 병변organic lesion♦이 진짜 편두통을 모사해내는 것이다(4장).

1부는 이미 쓰이고 있는 용어들을 사용해서, 온갖 종류의 편두통 발작에 나타나는 공통된 형식상의 특징, 즉 편두통의 일반적인 구조를 정의하려고 시도하면서 마무리할 것이다.

♦　여기서 organic을 기질적이라고 번역한 것은 functional(기능적인)이라는 낱말과 반대되는 개념으로 쓰이기 때문이다.

1장

일반 편두통

건강했지만 20세 무렵부터 나는 편두통에 시달렸다. 3~4주마다 고통을 겪어야만 했다. (…) 나는 무척 혼란스러운 느낌으로 잠에서 깨어난다. 그리고 오른쪽 관자놀이 부분에 가벼운 통증을 느끼는데, 한낮이 되면 고통이 가장 심하지만 그래도 정중선正中線을 넘지는 않는다. 그 고통은 대개 저녁이 되면 차츰 사라진다. 휴식 중일 때는 견딜 만하지만 격렬한 움직임이 시작되면 고통은 관자동맥temporal artery(관자놀이에 있는 동맥—옮긴이)의 맥박에 맞춰 반응한다. 시간이 지나도 반대쪽은 여전히 정상이지만 아픈 쪽의 동맥은 단단한 밧줄처럼 느껴진다. 얼굴은 창백해지고 눈이 움푹 들어가버린다. 오른쪽 눈은 작아지고 붉어진다. 발작이 한창일 때는 아주 격렬해지면서 욕지기가 난다. (…) 아마 가벼운 위장장애가 남을 것이다. 다음 날 머리가죽을 만지면 아플 때가 많다. (…) 발작 뒤 일정 기간 동안은 예전 같으면 벌써 발작을 일으켰을 만한 영향을 받아도 무사했다(뒤부아레이몽du Bois Reymond♦, 1860).

일반 편두통의 주요 증상은 두통과 욕지기다. 그러나 환자가 알아채지 못하는 가벼운 장애와 생리학적인 변화와 함께 이를 보완하는 다양하고 중요한 다른 증상이 나타나기도 한다. 모든 증상 가운데 가장 우선하는 것은 뒤부아레이몽이 말한, 신체와 정신이 경험하게 되는 "무척 혼란스러운 느낌"인데 환자가 묘사하기에는 너무 힘들거나 불가능하다. 편두통의 특성은 그 증상이 엄청나게 다양하다는 데에 있다. 환자마다 일어나는 발작이 다르기도 하지만 같은 환자에게서 계속되는 발작도 다양하다.

이것이 일반 편두통의 재료들이다. 편두통 증상은 절대로 도식적으로 분리되어 일어나지 않고 하나의 증상이 다른 증상과 다양한 방법으로 연결된다. 우리는 이 증상들을 알아가면서 그 목록을 만들고 하나하나를 묘사할 것이다. 어떤 증상들은 종종 드라마틱한 순서로 분명하게 나타나지만, 또다른 증상들은 발작으로 이어지는 기본적인 과정을 인식할 수 있을 만큼 특정한 형태의 배열을 만들면서 결합하기도 한다.

두통

통증의 특징은 지나치게 다양했다. 망치로 두드리는 것 같거나 지끈거리거나 찌르는 느낌이 가장 많았다. (…) [다른 경우에는] 압착하는 듯 무지근하고 (…) 벌어지는 느낌으로 후벼 파고 (…) 콕콕 찌르고 (…) 찢

◆　프랑스식 이름인데 독일 학자다. 자료를 찾아보면 형제였던 두 사람의 뒤부아레이몽이 등장한다. 한 사람은 수학자였던 폴 구스타브 뒤부아레이몽(1831~1889)이고, 다른 한 사람은 심리학자이자 의사였던 에밀 뒤부아레이몽(1818~1896)이다. 이 장에서 인용한 뒤부아레이몽은 짐작하건대 심리학자이자 의사였던 에밀 뒤부아레이몽이 아닌가 싶다.

어지는 듯하고 (…) 잡아 늘이는 듯하고 (…) 뚫어대고 (…) 사방으로 퍼져나가고 (…) 가끔은 쐐기가 머릿속으로 파고들거나 궤양처럼 느껴지기도 했고, 머리가 깨지거나 안에서 바깥쪽으로 밀어내는 것 같을 때도 있었다(피터스Peters, 1853).

오랫동안 편두통은 한쪽 관자놀이가 욱신거리는 통증으로 묘사되었는데, 이런 형태는 드물지 않다. 그러나 편두통의 특징을 생각해보면, 발작 과정에서 겪게 될 인식 가능한 모든 두통을 설명하기 위해 지속적으로 나타나는 위치나 성질 또는 강렬함의 정도를 구체적으로 기록하기란 불가능하다.

통증의 위치에 대해 아주 색다른 경험을 했던 울프Wolff는 1963년에 이렇게 말했다.

통증이 심한 곳은 관자놀이, 눈확위supra-orbital, 앞머리, 눈 뒤쪽, 정수리, 귀 뒤쪽, 뒷머리 부분이다. (…) 그리고 뺨에서 윗니와 아랫니, 코 기저 부분, 눈의 정중앙을 가르는 곳, 목과 온목동맥common carotid artery(머릿속을 지나는 좌우 한 쌍의 동맥—옮긴이)이 있는 부분과 어깨 위까지 내려가기도 한다.

편두통의 두통 발작은 대개 확산되지만, 몸의 한쪽에서 시작되는 경우가 그렇지 않은 경우보다 훨씬 많은 것 같다. 대개는 정해진 쪽에서 발작이 일어나는데, 소수의 환자들은 확산되지 않고 평생 왼쪽이나 오른쪽 통증만 겪을 수도 있다. 더 일반적으로 보면 이것은 상대적인 선택일 뿐이고, 심각한 통증을 동반하는 경우가 많다. 한쪽에는 심한 두통이 자주, 반대쪽에는 좀 약한 두통이 가끔 생기는 것이다. 많은 환자들은 연달아 일어나는 발작에서, 또는 한 번의 발작을 겪는 동안에도 심한 두통이 한쪽에서 다른 쪽으로 교대로 일어난다고 호소한다. 적어도 3분의 1쯤의 환자들은 발작이 시작될 때부터 양쪽 두통 또는 온머리 두통을 겪는다.

편두통 두통의 특성은 비슷하면서도 다양하다. 심하게 욱신거리는 경우는 전체 환자의 반이 안 되고, 시작할 때만 그럴 뿐 곧 지속적인 통증으로 이어진다. 발작하는 내내 심하게 지끈거리는 경우는 드문데, 이는 편두통이 있는데도 육체적인 활동을 무리해서 계속하는 사람들에게 주로 나타난다. 지끈거림은 동맥의 맥박에 동조하는데, 그 맥박의 움직임이 두개골 바깥 동맥extracranial artery으로 드러나기도 한다.

그 강도는 동맥 맥박의 증가 정도에 비례하는데(울프), 환부의 동맥이나 온목동맥 또는 가끔은 눈알을 눌러주면 통증이 완화되기도 한다. 그러나 눈알을 눌렀던 손가락을 떼면 곧바로 다시 동맥의 맥박이 격렬해지고 두통이 뒤따른다. 그렇다고 혈관성 두통에서 지끈거림이 꼭 일어나는 것도 아니다. 또한 지끈거리는 증상이 없다고 해서 두통이 덜한 것도 아니다. 능동적으로든 수동적으로든 머리를 흔들거나 기침, 재채기, 구토할 때 전달되는 힘 때문에 대부분의 혈관성 두통은 더 심해질 수 있다. 그런 통증은 휴식을 취하거나 머리를 고정시키는 부목을 댐으로써 최소화할 수 있다. 또한 반대 압력을 가함으로써 통증이 완화될 수도 있기 때문에 많은 편두통 환자들은 통증이 심한 관자놀이 부분을 베개로 누르거나 두통이 있는 부분을 손으로 누르기도 한다.

편두통이 지속되는 시간은 아주 다양하다. 극단적으로 심한 발작 상태(편두통성 신경통)에서의 통증은 몇 분 정도 지속될 뿐이다. 그러나 일반 편두통은 대개 8~24시간 지속되며, 3시간 이하인 경우는 아주 드물다. 가끔은 통증이 며칠 동안 지속되거나 일주일을 넘기기도 한다. 아주 오랫동안 발작이 지속되면 조직이 뚜렷하게 변하기도 하는데, 외관상으로도 관자동맥이 딱딱해져서 닿으면 심하게 아플 것 같아 보인다. 그 주변 살갗도 아주 예민해져서 두통이 가라앉은 뒤에도 하루 이상 그 상태가 지속된다. 드물게 일어나는 일이지만 아팠던 혈관 근처에 수종水腫이나 혈종血腫이 생기기도 한다.

편두통의 통증 강도는 극단적으로 다양하다. 아무것도 할 수 없을 만큼 지독하거나, 머리가 흔들리거나 기침할 때 잠깐 통증을 느끼는 정도로 아주 약할 때도 있다.[1] 발작 기간 동안 똑같은 강도로 죽 이어지지도 않는다. 대개 몇 분 동안 강해졌다가 약해진다고들 하는데, 훨씬 더 긴 시간 동안 진정되었다가 격렬해지기를 되풀이하기도 한다. 특히 지연된 월경성 편두통일 때 그렇다.

편두통 두통은 다른 형태의 머리 통증이 먼저 오거나 동시에 생기면서 복잡해지는 경우가 허다하다. 특히 목과 뒤통수 부위에 집중되는 전형적인 "긴장성 두통"이 편두통을 일으키거나 편두통과 함께 오기도 한다. 발작 기간 동안 발작이 쉬지 않고 계속되거나 과민하거나 불안할 때 특히 그렇다. 이런 긴장성 두통은 편두통의 필수적인 증상이 아니라 부차적인 반응으로 보아야 한다.

---

1 오래된 문서에 "쪼개지는" 듯한 느낌의 두통에 대한 특별한 예가 나온다. 티소 (1790)는 그의 논문에서 이렇게 썼다. "C. 파이슨Pison(내과의사)은 두개골의 봉합선이 쪼개지고 있음이 틀림없다고 느낄 만큼 지독한 편두통 발작을 경험했다. (…) 스탈파트 반 데르 비엘Stalpart Van der Viel은 실제로 정원사 부인의 두개골 봉합선이 편두통 발작으로 쪼개지는 것을 보았다."

욕지기와 동반하는 증상들

트림이 난다. 향기도, 아무 맛도 없거나 참을 수 없을 만큼 역겹다. 가끔은 쓰고 불쾌한 맛을 가진 체액이 뒤섞여서 끈적끈적한 체액과 침이 입안으로 잔뜩 흘러든다. 음식이 지독하게 역겹다. 전반적인 위약감인가 … 가스가 갑자기 위를 발작적으로 팽창시키고 트림을 하게 되면서 일시적인 안도감을 느낀다. 또는 구토가 일어나기도 한다(피터스, 1853).

욕지기는 일반 편두통을 겪는 동안에 발작이 사소하면서 간헐적이든, 지속적이면서 지독하든 상관없이 언제나 생긴다. '욕지기nausea'라는 낱말은 문자 그대로의 의미로, 그리고 비유적인 의미로 써왔고 지금도 마찬가지다. 욕지기는 구체적인 느낌일 뿐 아니라 심리 상태며 행동 패턴이기도 하다. 욕지기가 나면 음식이나 모든 것을 외면하고 내향적으로 바뀐다. 대부분의 편두통 환자들은 뚜렷한 욕지기가 없어도 발작 기간 동안에는 먹는 것을 싫어한다. 먹거나 보거나 냄새를 맡거나 심지어는 음식 생각만 해도 심각한 욕지기가 일어날 수 있음을 알기 때문이다. 그래서 우리는 이것을 잠재적인 욕지기라고 말할 수 있다.

국부적이고 조직적인, 다양한 다른 증상들은 욕지기와 함께 오는 경우가 많다. 도로 삼키거나 뱉어내야 할 만큼 늘어난 타액 분비와 쓴 맛의 위장 내용물의 역류(속쓰림waterbrash)는 욕지기 느낌을 동반할 뿐 아니라 몇 분 앞서 나타나기도 한다. 입안에 침이나 역류된 위장 내용물이 가득 차면 심한 구토성 두통이 임박했음을 알게 되는데 이는 드물지 않은 증상이다. 이런 신호에 맞춰 적시에 적절하게 투약하면 더 이상의 증상이 일어나지 않을 수 있다.

욕지기가 시작되면 딸꾹질, 트림, 헛구역질, 구토와 같은 여러 가지 형태로 내장이 사정visceral ejaculation(저자가 비유적으로 만든 말로 보인다—감수자)하도록 자극한다. 운이 좋은 환자라면, 구토를 함으로써 욕지기만이 아니라 전체 편두통 발작까지 완전히 끝내기도 한다. 그러나 더 일반적으로는 구토를 한다고 해서 전체 편두통 발작이 멈추지는 않으며 그 대신 동시에 발생하는, 심하게 악화된 혈관성 두통으로 고통받는다. 만약 욕지기 증세가 나타나면, 이는 두통이나 다른 형태의 통증보다 훨씬 더 견디기 힘들다. 많은 환자들의 경우, 특히 젊은 환자들에게는 욕지기와 구토가 임상 양상의 대부분인데, 이것이 일반 편두통으로 겪게 되는 최악의 괴로움이다.

구토가 계속되면 처음에는 위장의 내용물을 비우지만 다음에는 담즙을 게워내고, 마지막에는 '헛dry'구역질heaving이나 구역질 retching을 반복하게 된다. 이렇게 되풀이되는 구토는 심하게 흘리는 땀과 설사와 함께 환자의 수분과 전해질을 심각하게 고갈시키는 주요 원인이 된다. 그로 인해 긴 발작을 겪은 환자를 탈진하게 만들기도 한다.

얼굴 상태

뒤부아레이몽이 소개한 "붉은 편두통", "하얀 편두통"과 같은 회화繪畵적인 용어는 실제 상황을 묘사할 때 쓸 만한 표현이다. 붉은 편두통의 경우 얼굴이 검붉어지는데, 이 용어에는 오래된 이야기가 담겨 있다.

머릿속이 뒤죽박죽되면서 충혈되는데, 눈이 튀어나오면서 얼굴은 붓고 홍조를 띠며 밝아진다. (…) 머리와 얼굴에 엄청난 열이 나고 (…) 목동맥과 관자동맥이 지끈거린다(피터스, 1853).

피터스가 묘사했던 한껏 부은 외모는 확실히 일반적이지는 않다. 아마 일반 편두통을 앓는 환자 열 명 가운데 한 명도 안 될 것이다. 붉은 편두통에 걸리기 쉬운 환자들은 화를 내거나 당황하면 얼굴이 붉어지는 특성이 있는데, 얼굴 홍반紅斑은 그들의 "스타일"이라고 말할 수 있다.

사례40

60세 된 성마른 성격의 이 남자는 어린 시절부터 심한 멀미와 담즙병에 시달렸으며 18세부터 편두통을 앓았다. 얼굴색은 쇠고기처럼 붉었으며 눈과 코의 소동맥이 조금 팽창되어 있었다. 잦은 화로 얼굴이 붉어져 있었는데, 그렇지 않은 때도 언제나 옅은 붉은색 불빛처럼 달아올라 있었다. 그것은 확실히 만성적인 과민 상태로 인한 심리적 반응이었다. 편두통이 시작되기 몇 분 전부터 얼굴이 시뻘게지는데, 편두통을 앓는 내내 얼굴이 붉었다.

우리에게 훨씬 더 익숙한 모습은 하얀 편두통이다. 얼굴이 파리하거나 심지어 잿빛으로 보이며, 야위고 일그러져 초췌하기까지 하다. 눈은 작고 쑥 들어가며, 다크서클이 둥근 원처럼 보인다. 이런 변화는 수술쇼크surgical shock(수술 후 혹은 수술 도중에 발생하는 쇼크로 과다출혈, 감염 등이 그 원인이다─감수자)를 연상시킬 만큼 선명할 수도 있다. 심각한 욕지기가 있으면 아주 창백해진다. 가끔은 편두통 발작이 시작되고 몇 분 안에 얼굴이 붉어졌다가 곧바로 창백해지는데, 피터스의 묘사처럼 마치 "피라는 피는 모두 머리에서 다리로 갑자기 몰려가버린 것" 같다.

얼굴이나 두피에 부종이 생길 수도 있는데, 독립된 증상일 때도 있고 일반적인 체액 잔류와 부종의 결과일 때도 있다(56쪽 '체액 균형의 변화'를 보라). 환자에 따라서는 발작 초기에 얼굴, 혀, 입술이 붓기도 하는데, 그 증상은 혈관신경계 부종을 연상시킨다. 내가 관찰했던 한 환자는 발작이 시작되자, 두통이 오기 전에 몇 분 동안 얼굴 한쪽의 눈확 주변이 심하게 부어올랐다. 그러나 일반적으로는 두개골 바깥 혈관extracranial vessel이 계속 팽창된 뒤 얼굴과 두피에 부종이 발달하며, 울프와 다른 사람들이 보여주었던 것처럼 관련된 혈관 주변에 체액 삼투와 무균 염증이 동반된다. 부종 상태의 피부는 언제나 예민해서 통증 역치(자극에 대해 반응하는 분계점—옮긴이)를 낮춘다.

눈에 나타나는 증상

편두통 발작이 시작되기 전이나 발작하는 동안, 눈에 나타나는 증상을 환자가 자발적으로 보여주지 않아도 외형상의 변화는 거의 언제나 발견된다. 대개 눈동자의 작은 혈관들이 충혈되는데, 특히 심한 발작을 일으키는 경우에는 눈이 극도로 충혈되기도 한다(편두통성 신경통의 특징이다). 눈이 촉촉해(결막부종) 보이기도 하는데, 그것은 눈물이 많아졌기 때문이다. 이것은 침의 과다 분비와 비슷한 증상으로, 종종 함께 일어나기도 한다. 또는 혈관상vascular bed의 삼투성 염증exudative inflammation♦ 때문에 눈이 침침해지기도 한다. 그렇지 않으면 눈은 빛을 잃고 움푹 들어간다. 진짜 안구함몰enophthalmos(눈알꺼짐)이 일어날 수도 있다.

안구에 생기는 이런 변화가 심해지면 여러 증상을 동반할 수도 있다. 아픈 눈이 심하게 가렵고 빛이 고통스럽게 느껴지며, 시야가 흐려진다. 때로는 아무것도 할 수 없을 만큼 시야가 심하게 흐려질 수도 있

♦   염증에 반응하면서 삼투성 변화가 두드러지는 경우를 이른다. 삼투란 염증이 생겼을 때 액체 따위가 밖에서 안으로 스며드는 것을 말한다.

다("시력 저하를 동반한 두통-blind-headache"). 그럴 때는 각막에 생긴 걸쭉한 삼출물♦♦ 때문에 망막혈관을 뚜렷하게 관찰할 수도 없다.

코에 나타나는 증상

신중하게 질문해보면 적어도 4분의 1 정도의 환자가 발작하는 동안 코에 '답답함'을 느낀다고 한다. 그런데도 편두통에 대한 묘사를 보면 코에 나타나는 증상에 주의를 기울이는 경우가 거의 없다. 검사를 해보면 비갑개鼻甲介의 충혈과 자색반紫色斑을 보인다. 이런 증상과 결과가 나타나면, 대개 환자나 의사 모두가 '누漏, sinus'나 '알레르기'로 인한 두통으로 오진한다.

코에 나타나는 또다른 증상으로는 발작이 시작되거나 사라질 때 심한 카타르(조직은 파괴되지 않고 점막이 헐면서 부어오르는 삼출성 염증—옮긴이)성 분비물이 생기는 것을 들 수 있다. 불쾌감과 두통이 콧물 흘림과 함께 나타나는 이 증상은 '감기'나 다른 바이러스성 감염과 비슷하기 때문에 편두통이 아닌 다른 병으로 종종 오진하는데, 충분히 이해할 만하다. 그러나 이 감기가 주말마다 온다거나 심각한 정서장애 뒤에 온다면, 분명하게 바른 진단을 할 수 있다.

다음 병력은 편두통이 일어날 때 생길 수 있는 코의 증상과 다른 분비물로 인해 어떻게 잘못된 진단을 내릴 수 있는지를 잘 보여준다. 그리고 나중에 다룰 전구증상前驅症狀, premonitory symptom(잠복해 있는 전염병이나 뇌출혈, 전간癲癎 따위가 일어나기 직전에 나타나는 증상—옮긴이)에 대한 예이기도 하다.

♦♦　염증이 생겼을 때 핏줄이나 아주 작은 구멍에서 조직 속으로 스며나오는 세포 성분이나 액체 성분으로, 진물이나 고름 따위가 있다.

사례20

거의 30년 동안이나 유별나게 복잡한 형태의 일반 편두통을 앓았던 53세 된 여자의 이야기다. 그녀는 한때 편두통이 발작하기 전날 밤에는 "무척이나 행복한 감정"을 느끼기도 했다. 그런데 최근에는 초저녁도 되기 전에 참을 수 없는 하품과 함께 심한 졸음이 몰려왔다. 그녀는 이 심한 졸음이 "부자연스럽고 (…) 참을 수 없으며 (…) 불쾌하다"고 강조했다. 그녀는 일쩍 잠이 들었고 길고 깊은 잠을 잤다.

다음 날 아침에 깨어날 때, 그녀의 설명에 따르면 "뒤죽박죽인 느낌인데 (…) 온몸이 어떻게든 움직이긴 하지만 몸 안에 있는 모든 것도 함께 움직이기 시작한다"는 것이다. 이런 불안한 기분과 몸속의 움직임은 과다한 카타르, 침의 과다 분비, 눈물 과다 분비, 땀 흘림, 이뇨 작용, 구토와 설사 같은 분비 활동을 확산시키는 자연치유 수단으로 이어진다. 이런 몸속의 움직임이 2~3시간 동안 대규모로 일어난 뒤 그녀는 왼쪽 머리가 강하게 지끈거리는 두통을 겪는다.

복부 증상과 비정상적인 장운동

일반 편두통을 앓는 성인 가운데 열에 하나 꼴로, 발작이 일어나는 동안 복통이나 비정상적인 장운동을 호소한다. 젊은 환자일수록 그 비율이 상당히 높다. 여기서 이야기하는 일반 편두통의 사소한 증상 가운데 하나인 복부 증상은 이른바 "복부 편두통abdominal migraine"(2장 참조)의 특별한 또는 유일한 증상일 것이다.

두 종류의 복통은 꽤 자주 묘사된다. 하나는 강렬하고 지속적이며 후벼 파는 듯한 "신경통" 같은 통증으로, 주로 복부 위쪽에서 느껴지는데 가끔 등으로까지 퍼지기도 한다. 천공성 궤양이나 담낭염 또는 췌장염의 통증과 비슷하다. 좀더 많은 환자가 산통產痛으로 묘사하기도 하고, 종종 오른쪽 아래 사분면의 통증을 호소하기 때문에 맹장염(충수염 혹은 막창자꼬리염)으로 간주되는 일도 드물지 않다.

복부 팽창, 장음 감소(장의 운동이 감소하면서 소리가 들리지 않는 것을 말한다—감수자), 변비 같은 것들이 편두통 초기에 또는 전구증상으로 일어나는 경향이 있다. 이 단계에서 조영제를 이용한 검사를 해보면 위장 내부 전체에서 울혈鬱血◆과 팽창을 확인할 수 있다. 이런 증상은 발작의 후반부 또는 마무리 단계에서 장 전체에 일어나는 연동운동의 증가로 이어진다. 이는 산통, 설사, 위장의 역류처럼 임상적으로 분명해 보인다.

혼수상태와 기면◆◆상태

많은 환자들이, 특히 의지가 강하며 강박관념을 가진 사람들이 편두통에 조금도 꺾이지 않고 일상적인 일과 놀이를 유지할 수 있다고 주장한다. 하지만 심각한 편두통은 그 특성상 얼마간의 무기력감과 쉬고 싶은 마음이 들게 만든다. 혈관성 두통은 머리의 움직임에 아주 예민하게 반응하기 때문에 몸이 알아서 스스로 움직이지 못하게 막는다. 그러나 이런 점이 발작의 유일한 또는 중요한 메커니즘이라고 볼 수는 없다. 많은 환자들은 발작이 일어나는 동안 스스로 쇠약해짐을 느끼고, 골격근骨格筋의 탄력 감소를 보인다. 많은 이들이 주눅 들고 숨으

◆   몸 안의 장기나 조직에 정맥의 피가 몰린 증상. 혈관 안의 이물이나 혈전 따위로, 국소적으로 일어나는 경우와 우심부전右心不全이나 심낭염 따위로 전신적으로 일어나는 경우가 있다(국립국어원 표준국어대사전 참고).

◆◆   졸음증이라고도 하며, 항상 꾸벅꾸벅 졸거나 잠이 들어 있는 상태를 말한다. 열이 몹시 오르거나 아주 쇠약하거나 졸림뇌염, 물뇌증 따위에 걸렸을 때에 나타나는 증상이다(국립국어원 표준국어대사전 참고).

려고 하며, 수동적인 상태가 되고 기면상태가 되기도 한다.

　잠과 편두통의 관계는 복잡하면서도 근본적이어서 여러 가지 다른 맥락에서 다룰 것이다. 말하자면 편두통의 가장 격렬한 형태(편두통 아우라와 고전적 편두통)에서 기절과 혼수상태의 발생률, 잠자는 동안 발생하는 경향이 있는 모든 종류의 편두통, 꿈과 가위눌림 상태와 편두통과의 추정되는 관계 같은 것들이다. 이 시점에서 우리는 복합적인 관계에 놓여 있는, 세 가지 측면에 대해 관심을 가져야 한다. 그것은 바로, 일반 편두통을 겪는 동안이나 발작 이전에 나타나는 강한 기면상태 또는 인사불성 상태, 유별나게 짧은 잠에 의한 발작의 우발적인 중단, 많은 발작들이 자연스럽게 끝나는 전형적인 긴 잠이다.

　편두통으로 인한 인사불성에 대해서라면 리베잉의 논문보다 더 생생하고 정확한 묘사를 그 어디서도 찾을 수 없을 것이다.

　〔그는 이렇게 썼다〕 기면상태와 비교적 자연스럽고 적절한 잠을 구별하는 것은 중요하다. 적절한 잠은 대부분의 사례에서 발작을 끝나게 하거나, 가끔은 짧게 줄여주기도 한다. 반대로 기면상태는 몹시 불편하고 불쾌하며, 가끔 코마〔혼수상태〕에 가까워지기도 한다.

　리베잉은 기면상태에 대해 다음과 같은 내성內省적인 묘사를 인용하면서, 이런 기면상태를 천식 발작 전에 종종 나타나는 의식 수준의 변화와 비교한다.

　발작이 가까워졌음을 알려주는 증상은 오후 4시에 시작되었다. 대개 머리가 꽉 찬 것 같고, 눈은 둔하고 무거웠으며, 불쾌한 기면상태가 되었다. 이런 상태가 아주 심해져서 나는 저녁 시간의 대부분을 혼수상태로 지냈다. 이 지긋지긋한 기면상태는 대개 발작이 시작되었다는 것을 알아채지 못하게 만든다.

나는 내가 경험했던 환자의 사례를 인용했다(51쪽, 사례20). 그 이야기에서 환자는 발작의 전구증상으로 위의 사례와 아주 비슷한, 불가항력적이고 불쾌한 느낌의 기면상태를 묘사한 바 있다. 그리고 이런 묘사는 다양하게 증식되기도 한다. 가끔 이런 기면상태는 다른 증상보다 몇 분 또는 몇 시간 앞서 나타나는데, 경우에 따라서는 두통이나 다른 증상이 같은 비율로 나타나기도 한다. 계속되는 하품은 이런 기면상태의 특징적인 모습인데, 아마도 혼수상태에 빠지지 않으려는 각성 메커니즘의 작용 때문인 것 같다. 편두통성 기면상태는 끈적끈적하고 불쾌하면서 '불가항력적'일 뿐 아니라, 거의 정신착란을 일으킬 만큼 생생하고 소름 끼치면서도 일관성 없는 꿈으로 채워지는 경향마저 있다. 그러니 거기에 굴복하지 않는 것이 최선이다.[2] 그러나 일부 환자들은 편두통 발작이 시작되는 그 언저리쯤에 짧고 깊은 잠을 자면 계속되는 발작을 막아주기도 한다는 사실을 이미 알고 있었다.

---

2 오페라 〈아이올란테Iolanthe〉에 나오는 "악몽"이라는 노래는 악몽만이 아니라 편두통 섬망migraine delirium에 대해서도 멋지게 묘사한다(이 노래는 편두통의 11가지 증상에 대해 이야기한다). 이 오페라를 만든 길버트Gilbert와 설리번Sullivan♦은 이렇게 말했다. "당신의 잠은 깨어 있는 것이 훨씬 좋을 만큼 무서운 꿈으로 가득하다."
♦길버트와 설리번은 빅토리아시대의 통속적인 오페라의 작사가와 작곡가다. 이들은 14편의 오페라를 함께 만들었는데, 〈아이올란테〉가 일곱 번째 작품이다. 차이콥스키의 오페라 〈이올란타Iolanta〉(Iolanthe라고도 함)와는 별개의 작품이다.

사례18

고전적 편두통과 일반 편두통을 모두 앓고 있으며, 다른 때에는 야간 천식과 몽유병을 겪어온 24세 된 남자의 이야기다. 그는 편두통이 시작되면 곧바로 "사람들이 깨우지 못할 만큼 아주 깊은 잠"에 빠진다는 것을 알고 있었다. 만일 그렇게 잘 수 있는 상황이라면 1시간쯤 뒤에는 아주 상쾌한 기분으로 잠에서 깨어날 수 있었고, 그가 가진 증상들은 완전히 사라졌다. 그러나 그렇게 잠이 들지 못하면, 그날은 남은 시간 내내 발작을 겪어야 했다.

치유력이 있는 이런 잠을 자는 시간은 아주 짧은 것 같다. 리베잉은 전형적인 복부 편두통을 앓는 정원사의 예를 든 적이 있다. 이 환자는 발작이 시작될 때 나무 아래에 누워 10분간 잠을 잘 수만 있다면 심한 발작에서 빠져나올 수 있었다.

어지러움, 현기증, 실신, 기절

편두통 아우라나 고전적 편두통을 앓는 사람들에게 진성 현기증은 자주 나타나는 증상이지만, 일반 편두통의 발작 과정에서 나타나는 진성 현기증은 매우 예외적인 것으로 보아야 한다. 반면 '가벼운 현기증lightheadedness' 같은 좀 덜한 상태는 매우 흔하게 나타나는 증상이다. 셀비Selby와 랜스Lance(1960)는 온갖 종류의 편두통을 앓는 500명의 환자에 대한 임상 연구에서 "환자의 약 72퍼센트가 어지러움, 가벼운 현기증, 불안정함을 호소한다"는 사실을 알게 되었다. 더 나아가 그들은 "396명 가운데 60명의 환자가 두통 발작과 관련해서 의식을 잃는 것"을 보았다.

이런 증상이 일어나는 이유는 물론 다양한데, 그 이유에는 중추에서 의식 수준을 직접 억제하는 메커니즘의 작용만이 아니라 통증과 욕지기, 혈관운동신경 파괴, 체액 손실이나 체액 고갈로 인한 쇠약, 근육 쇠약과 근筋무력증 등이 포함된다.

체액 균형의 변화

다수의 편두통 환자들은 발작과 함께 체중이 늘거나 옷, 반지, 벨트, 신발 등이 여유 없이 빡빡해진다고 호소한다. 울프는 정확한 실험 조사를 통해 이런 증상들을 다루었다. 그가 연구했던 환자들의 3분의 1 이상이 두통 단계에 앞서 어느 정도 몸무게가 늘어났다. 그러나 실험상에서 두통은 이뇨나 수분 공급의 영향을 받을 수 없기 때문에, 울프는 "몸무게의 증가나 광범위한 체액 잔류 현상은 우연이 아니라 두통과 동시에 일어난다"는 결론에 이르렀다. 이는 복합적인 편두통에서 서로 다른 증상들끼리의 상관관계에 대해 논할 때 우리가 참고하게 될 중요한 결론이다.

체액이 잔류되는 동안에 오줌 양은 줄어들고 매우 농축된다.[3] 이후 잔류된 체액은 편두통 발작이 사그라들면서 가끔은 다른 분비 활동과 함께 풍부한 이뇨 작용을 통해 배출된다.

사례35

24세 된 이 여자 환자는 변함없는 월경성 편두통을 앓아왔다. 그리고 달마다 한두 차례 더 발작이 있었다. 월경성 발작이나 그 밖의 다른 발

---

[3] 지적인 여자 환자가 있었는데 그 환자의 말은 믿을 만했다. 그녀는 체액이 잔류되는 동안 특히 과일 향기가 많이 나는데, 그것이 이따금 생기는 편두통을 시작하게 만든다고 생각했다. 불행히도 내가 그녀를 보았던 6개월간 한 번도 편두통 발작이 일어나지 않았기 때문에 그 향기의 성질과 원인을 확인할 기회는 없었다.

작에 앞서 10파운드(≒4.53킬로그램) 정도 몸무게가 늘어났다. 체액은 대동맥, 발, 손, 얼굴로 퍼져나갔고, 축적되는 데는 이틀 정도의 시간이 걸렸다. 이렇게 체액이 잔류할 때, 그녀의 말을 빌리자면 "신경성 에너지가 엄청나게 증가"했는데 가만있지 못하고, 과잉 행동, 수다, 불면증 같은 증상으로 나타났다. 그리고 24~36시간 정도 장 경련과 혈관성 두통이 이어진다. 이런 발작은 오줌을 많이 누거나 눈물을 많이 흘리면 수그러들었다.

열

많은 환자들이 일반 편두통이 발작하는 동안 열이 있다는 느낌을 호소한다. 실제로 얼굴이 붉어지고 손발이 검푸르게 변하고 차가워진다. 떨거나 땀을 흘리거나 열이 나고 식기를 되풀이하는데, 이런 증상들은 두통이 시작될 때 함께 또는 앞서 나타나기도 한다. 위의 증상들에 반드시 열이 동반되는 것은 아니지만, 두통이 있을 때는 열이 날수도 있고 꽤 심각해질 수도 있다. 특히 젊은 환자들이 그렇다.

사례60

8세 때부터 일반 편두통을 앓아온 20세 된 남자 환자의 이야기다. 그는 강한 욕지기, 창백함, 위장 불안, 오한, 식은땀, 유별난 한기와 함께 두통을 앓는다. 한창 심하게 발작하는 동안 그를 검사할 기회가 있었는데, 입안 체온이 섭씨 39.72도였다.

사소한 증상들

편두통이 몸의 한쪽에만 오는 경우에 한쪽 눈동자의 축소, 안검하수眼瞼下垂◆, 안구함몰(호너증후군Honer's Syndrom〔교감신경계 약화로 인해 안구함몰, 안검하수, 축동, 동측의 발한發汗 감소 등이 나타난다―감수자))이 두드러진 비대칭을 만들 수도 있다. 그러나 눈동자 크기가 계속 그대로인 것은 아니다. 발작 초기나 통증이 아주 심할 때는 눈동자가 커지기도 하고, 발작 후기나 욕지기가 올라오거나 기면상태가 되거나 쓰러지면 눈동자가 작아지기도 한다. 맥박 수에 따라서도 이와 비슷한 증상이 일어난다. 또 초기의 심박급속증心拍急速症, tachycardia은 쇠약해진 느린 맥박(대개 분당 60번 이하의 맥박―옮긴이)으로 이어지기 쉽다. 느린 맥박이 있을 때는 종종 심각한 저혈압이 함께 나타나기도 하고, 자세가 바뀌면(예컨대 앉았다가 일어설 때―옮긴이) 어지러움을 호소하거나 기절하는 경우도 있다. 예민한 환자들은 아주 지독한 발작이 일어나는 동안 맥박과 눈동자의 변화에 대해 언급하기도 한다.

사례51

어릴 때부터 편두통과 만성 심박급속증을 앓아온 48세의 남자 이야기다. 그는 발작하는 동안 자신의 맥박이 느려진 데에 충격을 받았다. 그리고 정상일 때는 큰 눈동자가 아주 작아졌다. 나는 그가 발작하는 동안 심하게 창백해지고 발한이 있으며, 눈이 충혈되고 눈동자가 핀의 끝처럼 작아지고 맥박이 느려져서 45번밖에 뛰지 않는 증상들을 확인할 수 있었다.

♦ '눈꺼풀처짐'이라고도 한다. 한자말의 '안검'은 눈꺼풀이고, '하수'는 처짐이라는 뜻이다. 눈꺼풀이 제대로 떠지지 않아 정면을 바라볼 때 눈의 중심 위치인 중심각막되비침midcorneal reflection과 윗눈꺼풀 가장자리 사이의 거리가 2밀리미터 이하, 또는 두 눈의 이 거리의 차이가 2밀리미터 이상인 경우를 말한다(서울대학교병원 제공, 네이버 의학상세정보 참조).

편두통의 결과로 생길 수 있는 기묘하고 사소한 생리적인 기능의 변화는 끝도 없이 많다. 이들을 완전하게 목록화할 수 있다면 멋진 진서珍書가 될 것이다. 아니면 '두통 때문에 일어나는 광범위한 혈관성 변화'와 '영양 작용에 관한 우발적인 변화'에 대한 간략한 참고자료를 만들어도 충분하지 않을까.

우리는 앞에서 이미, 관련된 두피 정맥 주변에 자발적 삼출이나 반상 출혈이 일어나는 것을 살펴보았다. 나는 한 "붉은" 편두통 환자를 관찰할 기회가 있었는데, 그는 온몸이 발개졌다가 발작 후기에는 특발성 반상 출혈들이 대정맥과 팔다리에 생겼다. 또다른 환자는 25세의 여자였는데, 편두통이 오면 양쪽 손바닥에 통증을 느꼈다. 발작이 일어나는 동안에 두 손이 발갛게 충혈되었는데, 이런 증상은 울프가 말한 "손바닥 편두통palmar migraine"과 아주 비슷하다.

또 울프의 논문에는 편두통을 앓게 되면서 머리카락이 세고 빠지는 경우가 기록되어 있는데, 그 가운데 하나가 내가 본 환자를 떠올리게 했다. 언제나 왼쪽에 심한 두통을 겪고 있었으며 매우 심각한 발작을 자주 일으키는 중년의 여자였는데, 20대 중반에 왼쪽 머리에 뚜렷하게 한 줄로 흰머리가 생겼다. 그녀의 나머지 머리카락은 오래도록 칠흑처럼 새까만 상태였다.

기질적인 과민성

머리에 닿는 어떤 것도 견딜 수 없고, 아주 엷은 빛이나 작은 소리도 힘들어하고, 시계가 째깍거리며 돌아가는 소리조차 참을 수 없는 환자라면 도와줄 길이 없다(티소, 1778).

과민성과 광선공포증은 편두통 발작 중에 나타나는 매우 일반적인 증상으로, 울프와 다른 의사들은 이를 편두통 진단에 도움이 되는 특징적인 모습으로 받아들였다.

편두통 상태에 동반되는 두 종류의 과민성이 관심을 끄는데, 첫 번째는 '기분 변화와 방어적인 은둔'이라는 측면이다. 이는 많은 편두통 환자에게 아주 일반적인 행동이며 사회적인 태도다. 두 번째는 '광범위한 감각신경 흥분과 흥분성' 때문에 생기는 과민성의 형태에 관한 것이다. 오래전 티소의 말에서 느낄 수 있는 것처럼, 이런 환자는 너무 심하게 과민해서 어떤 감각 자극도 견딜 수 없어 한다. 특히 편두통 환자들은 광선공포증이 되기 쉽다. 국부적으로나 전체적으로 빛에 의한 자극이 심하게 불편해진다. 그리고 빛을 피하려고 하는 것이 발작의 전 기간 중에 보이는 가장 뚜렷한 외형적 특성이다. 이런 광선공포증은 결막의 충혈이나 염증 때문에 생기기도 한다. 앞에서 설명했듯이 눈이 심하게 가렵고 욱신거리는 통증도 함께 온다. 그러나 광선공포증의 주된 요인은 중추의 과민성과 감각기관의 흥분이다. 여기에 아주 생생하고 길게 남아 있는 시각적 잔상과 격렬한 시각적 심상을 동반하기도 한다. 앨버레즈는 자신이 경험한 이런 증상을 마치 그림을 그리듯 묘사한 적이 있다. 편두통 발작 초기에 그는 텔레비전 화면에서 휘황찬란한 잔상을 보았고, 그 때문에 그 장면을 제대로 볼 수가 없었다. 예민한 환자들은 이를 스스로 알아차리는 경우가 많은데, 그럴 때 눈을 감으면 자동적으로 시각적 집중포화를 맞게 된다. 빠르게 움직이는 색깔과 이미지들이 만화경처럼 눈앞에 전개되는 것이다. 그림들은 엉성하기도 하고 꿈처럼 잘 짜여져 보이기도 한다.

소리를 과장해서 받아들이거나 과민하게 반응하는 소리공포증phonophobia도 마찬가지로 심각한 발작의 특징이다. 멀리서 들리는 소리, 교통 소음 또는 탁탁거리는 소리들까지 참을 수 없을 만큼 크게 들려 환자를 공포스럽게 만든다.

이런 상태의 특징은 과장해서 받아들이는 것인데, 냄새도 왜곡해서 맡을 때가 많다. 우아한 향수 냄새가 악취로 느껴져서 욕지기와 같은 극단적인 반응을 일으킬 수도 있다. 미각도 마찬가지다. 아주 담백한 먹을거리에서 강하고 구역질 나는 맛을 느끼기도 한다.

이런 종류의 감각기관의 흥분은 두통이 시작되면서 일어나고 대개 편두통 발작 초기에 생긴다는 특성을 새겨둘 필요가 있다. 나머지 발작에서는 감각이 억제되고 무감각해질 때가 많다. 피터스의 말에 따르면 "총체적인 지각력의 둔화에 의해…" 그렇게 된다. 일반 편두통이 있는 동안 감각기능과 지각의 역치가 변하는 것은 환자들에게는 어쨌든 고통스러운 일이다. 그럼에도 이런 변화는 편두통 아우라나 고전적 편두통의 특징인 강렬한 환각과 감각기능의 왜곡에 비하면 아주 가벼운 증상에 속한다.

기분 변화

감정 상태와 편두통의 상관관계는 무척이나 복합적이다. 따라서 이 주제를 되풀이해서 검토할 것이다. 편두통 발작의 시작부터 원인과 효과를 구별하고, 이것이 지속되는 동안 아주 신중하게 묻고 관찰하면 분명한 차이점들이 자연스럽게 드러날 것이다. 그리고 발작을 촉진하는 역할을 한 이전의 기분이나 감정으로부터 편두통 증상의 특징적인 감정 변화를 분석해보는 일이 필요할지도 모른다. 그다음에는 발작 그 자체에 대한 정서적인 결과를 분석하는 일이 필요할 것이다.

이런 요인들을 제대로 다루어보면 격심한 감정 변화는 단지 편두통 발작이 일어나는 동안에만 생기며, 그런 변화가 환자들에게는 늘 일어나는 한결같은 특징이라는 사실에 연이어 놀랄 것이다. 더욱이 이런 기분 변화는 단지 통증이나 욕지기 등에 대한 반응일 뿐만 아니라, 그 자체가 발작할 때 생기는 다른 많은 증상들과 함께 나타나는 중요한 증상임이 분명하게 드러난다. 아주 심한 기분 변화는 발작 전후에 일어날 수도 있는데, 그것은 이 장의 결론 부분에서 다룰 것이다. 일반 편두통에서 임상적으로 인지되는 기간에 일어나는 가장 중요한 감정적 변화는 발작 초기에 불안하고 과민해져서 생기는 과잉 운동 상태와 발작하는 동안 무감각해지고 우울해지는 것이다.

불안한 과민성이 어떤 것인가에 대해서는 앞에서 이미 대략 설명했다. 환자는 가만있지 못하고 동요하는데, 만일 침대에 누워 있다면 침구를 다시 정돈하고 편한 자리를 찾지 못해 끊임없이 이리저리 움직인다. 감각적인 방해만이 아니라 사교적인 방해도 참지 못하는데, 환자의 짜증 수준은 극단적이 된다. 환자가 자신을 습관적인 일의 일상으로 몰아넣으려고 하면 할수록 상태는 더 악화된다. 이런 악순환 때문에 발작 중에 나타나는 다른 증상들도 따라서 악화된다.

발작이 한창일 때와 발작이 연장될 때 나타나는 형태는 매우 다르다. 육체적·감정적 태도는 고통, 우울함, 무기력함을 받아들이는 정도에 따라 달라진다. 환자들은 내외적인 요인에 의해 활동할 수밖에 없는 경우가 아니면 병과 고독, 은둔 쪽으로 빠져든다. 그럴 경우 감정적으로 몹시 쇠약해지는데, 종종 심각해져서 자살에까지 이를 수 있다. 아래는 18세기의 이야기에서 가져온 것이다.

처음으로 위장이 불편하다고 느낄 때부터 그 영혼들은 시들기 시작한다. 즐거운 생각이나 느낌이 사라져버릴 때까지 점점 더 쇠약해진다. 환자는 자신이 너무나 비참한 사람임을 인식하게 되고, 절대로 달라지지 않을 것처럼 느낀다.

이 오래된 묘사는 진짜 우울증이 어떤 것인지 잘 보여주는데, 괴로움은 끝이 없을 것이라는 완전한 절망감이 표현되어 있다. 이 우울증은 그동안 환자가 수없이 겪어온, 짧은 기간 동안에 일어나는 양성 발작에 의한 적절한 반응을 훨씬 넘어선 것임이 분명하다.

우울증은 분노와 불만을 동반한다. 그리고 매우 심각한 편두통이 있을 때는 자기 자신까지 포함해서 모든 사람과 모든 것에 대한 절망과 공포, 혐오가 뒤섞여서 찾아오기도 한다. 격렬한 감정 속에서 느끼는 이 같은 무기력한 상태는 환자 자신이나 환자의 가족 모두에게 무척이나 견디기 힘든 시간이다. 발작 중에 있는 몹시 무기력하고 우울해진 환자를 돌보는 의사들은 이런 잠재적인 심각성을 결코 과소평가해서는 안 된다.

일반 편두통의 증상군

지금까지 우리는 일반 편두통의 주요 증상들을 하나가 다른 하나와 상관없이 무작위로 일어나는 것처럼 각각을 살펴보았다. 그러나 어떤 증상 집단은 어느 정도 일관되게 발생하는 경향이 있다. 심각한 혈관성 두통은 대개 눈의 충혈이나 결막부종♦, 코 안쪽의 혈관 울혈, 얼굴 홍조 등과 같은 두개골 바깥 혈관의 팽창과 관련되어 나타난다. 어떤 환자들에게는 위와 장의 팽창, 복통 그리고 이어지는 설사와

♦   결막은 눈(안구)을 외부에서 감싸고 있는 조직으로, 흰자위를 덮고 있는 구결막과 윗눈꺼풀을 뒤집거나 아래눈꺼풀을 당겼을 때 진한 분홍색으로 보이는 검결막으로 나뉜다. 검은자 주위의 흰 부분인 구결막이 부풀어 오른 것을 결막부종이라고 한다. 결막에도 혈관과 림프관이 존재하며 이를 통해 혈액 및 림프액이 순환하는데, 염증으로 인해 손상된 결막의 혈관벽에서 여출액(염증 반응으로 생긴 액체)이 빠져나와 구결막의 아랫부분에 고여서 부종이 나타나게 된다. 심한 경우 물집처럼 부풀어 올라 검은자를 가리기도 한다(서울대학교병원 제공, 네이버 의학상세정보 참고).

구토 같은 위와 내장의 증상이 군집을 이룬다. '충격'적인 상황은 하얀 편두통에서 보인다. 창백해지고 손발이 차가워지며, 식은땀이 많이 나고 한기가 들고 몸이 떨리며 맥박이 가늘고 느려지며, 자세성 저혈압이 나타난다. 이런 상황은 아주 심각한 욕지기와 함께 나타나지만 욕지기가 대단하지 않을 때도 일어날 수 있다. 이런 증상들의 군집은 분명 생리적으로 적절한 관련이 있음을 알 수 있고, 이것들이 함께 발생할 것이라는 짐작도 할 수 있다. 그러나 특히 발작의 시작이나 전구prodrome 단계 또는 해소기에 나타나기 쉬운 다른 증상군의 결합 형태는 아직 덜 알려졌다. 그러니 우리는 이렇게 생각할 수 있다. 앞쪽의 경우 배고픔, 목마름, 변비, 생리적이고 정서적인 과잉 행동의 기질은 서로 연관되어 있고, 뒤쪽의 경우 많은 분비 활동을 보이는 증상들의 성향은 일제히 한꺼번에 진행된다는 것이다.

일반 편두통이 일어나는 순서

환자들은 편두통 발작에 대해서 하나의 증상 또는 수많은 증상을 보인다는 관점에서 묘사하는 경향이 있다. 그러므로 증상의 우선순위나 순서가 있다는 사실이 분명해지기 전에는 되풀이되는 발작에 대해 끈기 있게 질문하고 관찰할 필요가 있다. 그런 순서에 대한 평가는 곧바로 용어와 정의에 대한 문제로 이어진다. 발작의 순서는 어떤 증상들로 '적절하게' 구성되는가? 어디서 시작해서 어디서 끝나는가?[4]

---

4 이 문제는 다소 뜻밖의 대답과 함께 거세게 제기되었다. 나는 유명한 소설가인 한 환자에게 편두통의 시작에 대해서 물어본 적이 있다(사례12). 그는 이렇게 대답했다. "당신은 편두통 발작이 이런저런 증상, 또는 이런저런 현상과 함께 시작된다고 말하지만 그건 내가 겪었던 방식과 다릅니다. 내 경우에는 한 가지 증상이 아니라 한꺼번에 시작합니다. (…) 전체를 느껴요. 처음에는 아주 작은 것이 오른쪽에서 시작하죠.

일반적으로 이해되고 묘사되는 일반 편두통은 혈관성 두통, 욕지기, 내장 활동의 증가(구토, 설사 등), 분비샘 활동의 증가(타액 분비, 눈물 흘림 등), 근력 약화와 이완, 기면과 우울증 들로 채워진다. 그러나 편두통이 이런 증상들로 시작되거나 끝나는 것은 아니며, 임상적·생리적으로 반대되는 증상들과 상태가 앞서거니 뒤서거니 하면서 나타나기도 한다.

우리가 눈치채지 못하는 사이에 천천히 발작의 초기 단계로 접어드는 전조나 전구증상에 관해 인식하고 이들에 대해서도 이야기해 볼 수 있을 것이다. 이런 전구증상이나 초기 증상들 가운데 어떤 것은 국부적이고 어떤 것은 전체적이며, 어떤 것은 생리적이고 어떤 것은 정서적이다. 우리는 체액 잔류와 목마름, 장의 팽창과 변비 상태, 근육의 긴장과 고혈압 상태를 좀더 일반적인 육체적 전구증상에 포함시켜야 한다. 또 감정적이거나 정신신체적인 전구증상들 가운데 불안 또는 이상황홀감을 띠는 배고픈 상태, 불안한 과잉 행동, 불면증, 각성 상태, 감정의 고양 상태와 같은 것들을 인식해야 한다. 심각한 일반 편두통을 겪은 조지 엘리엇은 발작이 일어나기 전날 "위험하게 좋은" 감정에 대해 말했다. 그런 상태가 격렬하고 극단적이 되면 거의 미칠 정도로 강해질 수도 있다.

(…) 마치 희미한 점 같습니다. 익숙한 한 점이 지평선 위에 있어요. (…) 이 점이 조금씩 가까워지면서 점점 커집니다. 비행기를 탔다고 가정한다면, 멀리 보이는 희미한 목적지 같아요. 구름을 뚫고 내려갈수록 점점 더 또렷하게 보이는 겁니다." 그러고는 이렇게 덧붙였다. "편두통은 확대됩니다. 단지 크기만 바뀔 뿐이에요. 모든 것이 시작될 때부터 그곳에 있었던 겁니다."
이런 크기에 대한 거대한 변화로서의 "확대"는 편두통 증상들에 대한 아주 다른 느낌을 가지게 해준다. 고전적인 증상인 정적인 것이 아니라 (카오스이론의 관점에서) 역동적이고 일시적인 것으로 보게 만든다.

사례63

중년의 이 남자는 평소에 냉정한 성격이었고 가까이하기 어려울 만큼 엄격한 외모와 태도를 지녔다. 그는 어릴 때부터 일반 편두통을 드물게 앓았는데, 발작의 전구증상인 흥분이 조금 당황스럽다고 했다. 두통이 일어나기 전 2~3시간 동안 그는 '탈바꿈'을 한다. 머릿속에서는 생각이 격렬하게 움직이고 있음을 느끼고, 거의 통제할 수 없을 정도로 웃거나 노래하거나 휘파람을 불거나 춤을 춘다.

편두통 전의 흥분 상태는 불쾌하며, 예민하거나 들뜬 불안 상태다. 아주 드문 일이지만 그런 상태는 거의 공황 상태나 정신병에 이를 수도 있다. 이런 타입의 정서적인 전구증상은 특히 일반적인 월경전증후군의 일부로 나타난다.

사례71

아주 심각한 폭풍 같은 월경증후군을 가진 29세의 여자 이야기다. 월경 전 단계는 이틀 동안 체액 잔류량이 늘면서 드러난다. 이때 불안감과 민감성이 점차 강하게 확산된다. 잠을 깊게 자지 못하고 악몽 때문에 깨기도 한다. 월경이 시작되기 몇 시간 전에 감정적인 동요는 최고조에 이른다. 이때 환자는 신경질적이고 난폭해지며 환각을 보기도 한다. 월경이 시작되면 몇 시간 안에 정서적인 상태는 정상으로 돌아오고, 다음 날에는 심각한 혈관성 두통과 심한 복통이 온다.

일반 편두통 또는 매우 다양한 편두통 발작의 해소는 17세기부터 알려진 세 가지 방식으로 진행되는 것 같다. 우선 자연스러운 과정을 거치면서 끝날 수 있는데, 이는 대개 잠을 자는 것으로 끝이 난다.

편두통 발작이 일어난 뒤에 자는 잠은 마치 간질발작 뒤에 자는 잠처럼 길고 깊을 뿐 아니라 개운하다. 두 번째로는 한 가지 이상의 분비 활동과 더불어 점차적으로 통증이 줄어들면서 끝이 난다. 150년 전에 칼메유Calmeil가 썼던 것처럼 말이다.

가끔은 구토가 편두통을 끝내기도 한다. 눈물을 많이 흘리거나 오줌을 많이 누어도 같은 결과가 온다. 발이나 손, 얼굴 한쪽에서 많은 땀을 흘림으로써, 또는 코피를 흘리거나 자연스러운 정맥의 출혈이나 코를 통해 점액질을 내보냄으로써 지독한 두통이 끝나기도 한다.

물론 칼메유의 목록에는 편두통이 끝날 때 비슷한 이유로 나타나기도 하는 많은 양의 설사와 월경 방출도 덧붙여야 한다. 우울하고 칩거하고 싶거나, 격렬하고 짜증스러운 편두통의 혐오스러운 기분들은 해소 단계에서 누그러드는 경향이 있다. 생리적인 분비와 함께 사라지는 것이다. '분비에 의한 해소'는 슬퍼서 울었을 때 일어나는 생리적·정신적 수준에서 오는 카타르시스와 닮은 데가 있다. 다음의 사례는 이런 여러 문제들을 잘 설명해준다.

사례68

32세 된 이 남자는 야심에 찬 창조적인 수학자였다. 그는 일주일 단위로 정신생리학적인psychophysiological 주기에 맞춰 살았다. 단순한 일상적인 일만이 아니라 그 어떤 것도 그에게는 '쓸모없는 것'이어서 일을 쉬는 주말이 되면 무엇에든 성마르고 예민해지면서 짜증스러워졌다. 금요일 밤에는 잠들기가 어려웠고, 토요일에는 견디기 힘들었으며, 일요일 아침에는 심한 편두통으로 잠에서 깼다. 어쩔 수 없이 그날 대부분을 침대에서 지낸다. 저녁때가 되면 적당히 땀을 흘리고 많은 양의 맑은 오줌을 눔으로써 그 상태에서 벗어나기 시작한다. 격렬했던 고통은 이런 분비물을 내보내면서 함께 사라졌다. 발작을 겪은 다음에 그는 무척이나 개운하고 평온해지며, 다음 주의 일 속으로 들어가게 해줄 창조적인 에너지가 파도처럼 밀려옴을 느낀다.

편두통을 사라지게 하는 세 번째 형태는 위기 상황이다. 갑작스러운 육체나 정신의 격렬한 활동은 몇 분 안에 발작을 멈추게 만든다.

육체적으로 격렬한 운동이 발작을 방지하거나 현재의 발작을 중지시킬 수도 있다. 일요일 늦게 편두통으로 잠에서 깨는 많은 환자들의 경우, 일찍 일어나서 격렬한 신체 활동을 하면 발작을 예방할 수 있다는 사실을 알고 있다. 내 환자 가운데 난폭한 성격을 가진 근육질의 이탈리아 사람이 있는데, 그는 집에 있을 때 편두통이 오면 섹스를 한다. 직장에서 발작이 시작되면 팔씨름을 하거나 동료와 술을 마시는데, 모두 5분이나 10분 안에 효과를 본다. 갑작스러운 놀람이나 분노 또는 다른 강렬한 감정도 거의 몇 초 안에 편두통을 사라지게 만든다. 발작을 어떻게 멈추게 만드느냐고 묻자 한 환자는 이렇게 대답했다. "나를 흥분시켜야만 합니다. (…) 주변을 달리거나 고함을 지르거나 싸웁니다. 그러면 편두통이 사라져요." 여러 형태의 본능적인 발작성 활동도 같은 결과를 가져올 수 있는데, 심한 구토가 오래된 예다. 다른 경우에도 같은 결과를 얻을 수 있다.

사례66

언제나 발작적인 구토로 편두통을 해소했던 이 환자는 중년에 위궤양이 생겼고, 위 절제술과 미주신경 섬유 절제술을 받아야만 했다. 수술을 받은 뒤 처음 편두통이 왔을 때 그는 토할 수 없다는 것을 깨닫고 절망스러워 했다. 그런데 갑자기 아주 심하게 재채기를 시작했고 재채기가 가라앉자 편두통도 사라졌다. 그 이후부터 그는 발작을 끝내기 위해 코를 실룩거렸다. 그것은 자기도 모르게 따랐던 18세기식 처방이다.

또다른 환자들의 경우, 발작을 재빨리 끝내려고 딸꾹질이나 트림을 되풀이하기도 한다. 심한 경우 폭식으로 발작이 일어나지 않게 만들기도 한다. 대부분의 편두통 환자에게서 이런 종류의 끔찍한 행동을 볼 수 있다. 먹음으로써 구원받는다The relief comes with the act of eating.[5] 격렬한 육체적·본능적·정서적 활동 가운데 어느 것이든 활용할 수 있는데, 이런 방법에서 공통된 요소는 각성이다. 환자는 마치 잠에서 깨어나는 것처럼 편두통에서 깨어난다. 뒤에서 편두통을 치료하기 위한 약물에 대해 이야기할 때 다른 상황을 보게 될 텐데, 그런 경우의 대부분은 병이 너무 깊어 생리적으로 쇠약해진 상태라 생체organism를 깨워낼 수가 없다.

앞에서 편두통과 잠의 유사점에 대해 언급했다. 이 유사점은 심각하지만 짧고 강한 발작 끝에 오기도 하는 극단적인 개운함이나 거의 다시 태어나는 느낌을 통해 극적으로 표현된다(67쪽 사례68을 보라). 이런 상태는 단지 편두통 발작 이전의 상태로 회복된다는 의미가 아니라 각성, 그러니까 편두통의 기압골이 지나간 뒤에 되튀어 오른다는 것을 뜻한다. 리베잉은 "[환자는] 다른 존재로 깨어난다"고 말했다. 행

---

5   파블로프는 수면 상태hypnoidal state의 개가 먹음으로써 깨어나는 빈도에 대해 말했던 적이 있다. 종종 긁거나 재채기가 뒤따르는 먹는 행위는 개가 최면 같은 상태에서 깨어나게 만드는데, 파블로프는 이것을 "자연 치유적인autocurative" 반사작용이라고 불렀다.

복하고 상쾌한 느낌으로 되뛰어 오르는 것은 특히, 대부분 심한 월경성 편두통 이후에 찾아온다. 반면 구토, 설사, 체액 손실과 함께 길게 늘어진 발작 뒤에는 이런 상태가 찾아오지 않는다. 이런 발작들은 환자를 "재충전"시키지 못하기 때문에 회복을 위한 요양이 필요하다.

간질의 경우 많은 환자들에게 발작 이전에는 흥분과 간대성근경련間代性筋痙攣, myoclonic♦이, 발작 이후에는 혼미와 극도의 피로감이 찾아올 수 있다는 점을 인정하면서도 간질을 단지 경련이라는 관점에서 묘사할 수도 있다. 이런 발작의 격렬함과 난폭함이 발작이라는 뜻만을 가진 "간질epilepsy"이라는 용어의 사용에 정당성을 부여해준다. 그러나 편두통처럼 훨씬 더 길게 늘어지는 발작성 반응인 경우, 그 낱말의 의미를 두통 단계나 또다른 어떤 단계로 한정할 수는 없다. 임상적으로, 생리학적으로 또는 의미론적으로 보아도 그렇다. 전 과정, 그러니까 전구 단계, 본격 발작, 해소 그리고 회복으로 다시 단계를 나눌 수 있는 이 과정이 "편두통"이다. 그렇지 않으면 편두통의 성질을 이해할 수 없을 것이다.

후기(1992)

편두통의 증상군과 발작의 순서를 잘 정리해 설명한다면 "편

♦ 일련의 근육들이 불규칙적, 비대칭적으로 쇼크와 비슷하게 수축하는 현상을 뜻한다. 이와 같은 근 수축은 같은 근 부위에 계속적으로 나타난다. 한 개 근에 깜박거리는 정도로 강하게 나타날 수도 있으며, 일련의 많은 근들이 갑작스럽게 수축해 팔 또는 다리가 심하게 움직일 정도로 나타나기도 한다. 흔하게는 근 수축에 의거하는 능동적 간대성근경련positive myoclonus이지만, 고정자세불능증asterixis과 같은 짧은 순간의 근 활동성 상실로 자세를 못 잡는 수동적 간대성근경련negative myoclonus도 있다. 간대성근경련의 본질이 무엇인지는 아직 정확하게 밝혀지지 않았다(희귀난처성질환헬프라인, 국립보건연구원, 질병관리본부 자료 참고).

두통의 불안한 성질, '치료'의 어려움, 발작 과정을 예측하기 어렵다는 점, '불안정'하다고 말하는 것이 가장 바람직한 복잡한 상태"라는 특성을 지나치게 단순화하거나 불충분하게 강조하게 될지도 모른다. 뒤부아레이몽은 발작이 시작되면 "무척 혼란스러운 느낌"이 든다고 말했으며, 또다른 환자들은 단지 "불안정한" 느낌이라고 했다. 이런 불안정한 상태에서 어떤 환자는 뜨거움이나 차가움, 또는 이 두 가지를 모두 느낀다(예를 들어, 190~191쪽 사례9를 보라). 붓고 빽빽해지거나 산만하고 불쾌할 수도 있다. 유별나게 긴장하거나 무기력해지거나 아니면 둘 다일 수도 있다. 그리고 두통이나 다른 통증, 갖가지 긴장과 불편함이 생길 수 있는데, 이것들은 오락가락한다. 모든 것이 왔다 갔다 해서 어떤 것도 안정적이지 않다. 만일 인체의 전체 열상熱像이나 스캔, 또는 몸 안을 영상으로 볼 수 있다면 혈관상이 열리고 닫히는 것, 소화관의 연동운동이 가속되거나 멈추는 것, 내장이 꿈틀거리거나 죄는 것, 분비물이 갑자기 증가하거나 줄어드는 것을 보게 될 것이다. 이런 장면은 신경계가 마치 무엇을 해야 할지 결정하지 못하는 것처럼 느껴진다.

편두통 발작 전에 나타나는 '무척 혼란스러운 느낌'을 만드는 동요하는 상태의 핵심은 '단속斷續적임, 불안정함, 변이성, 갈피를 잡을 수 없음'과 같은 것이다. 아주 드물지만, 몇 분이나 몇 시간 뒤에 이런 불안정함이 가라앉기도 한다. '건강' 상태, 좀더 일반적으로 말하면 병이 치유되는 상태가 되거나 교과서에 쓰여 있는 바로 그 확정된 편두통 증상을 보여주는 안정된 형태의 "병"이 되는 것이다. 편두통은 불안정하고 혼란스러우며, 전혀 평형상태가 아닌 불안한(또는 준準안정된met-astable) 상태로 시작한다. 이어 빠르든 늦든 상대적으로 안정적인 상태인 '건강한' 또는 '병적인' 상태가 된다. 그러나 이 안정되는 순간에, 혹은 건강한 순간에 다시 감질나는 변화가 생긴다. 모든 것이 다 좋아질 것이라고 약속하는 듯하지만, 곧바로 강력한 힘이 다른 쪽으로 방향을 틀어버린다.

맥켄지McKenzie는 파킨슨병을 "조직된 혼란an organized chaos" 이라고 불렀던 적이 있다. 이것은 편두통에도 꼭 들어맞는 진실이다. 먼저 '혼란'이 생기고 그다음에 잘 조직된 '병든 질서'가 생긴다. 어떤 것이 더 지독한지는 알기 어렵다! 편두통이 시작될 때는 불안정성과 유동성 때문에 불쾌하고, 그다음에는 변하지 않는 가혹한 영속성 때문에 괴롭다. 대개 치료는 편두통이 확고한 고정 형태로 '굳어지기' 전, 즉 초기에만 가능하다.

여기서 "혼란"이라는 용어는 말뜻 이상의 불안정, 동요, 갑작스러운 변화를 뜻할 수 있다. 우리는 여기서 다른 복잡계(예를 들면 기후 같은 것)에서 볼 수 있는 것과 비슷한 것을 볼 수도 있다. 그래서 혼란이라는 개념과 복잡하고 역동적인 시스템에 대한 이론(카오스이론)을 이해해야 할지도 모른다. 편두통도 이런 방식으로, 말하자면 신경계의 행동과 규칙의 복잡하고 역동적인 무질서라는 관점에서 생각해보는 것이 중요할 수 있다. 우리가 '건강'이라고 부르는 정교한 통제 (그리고 그 통제 범위)는 역설적이게도 혼란에 바탕을 둔 것일지 모른다. 신경계가 그렇다는 것은 이미 알려진 사실이다(5부를 보라). 특히 아마도 자율신경계 덕분에, 즉 자율신경계의 미세조정 능력과 항상성(생명 현상이 제대로 일어날 수 있도록, 예컨대 신체 내부의 체온·화학적 성분 등이 평형을 조절해 일정한 상태를 유지하는 성질—옮긴이)과 통제력 덕분일 것이다. 이는 특히 편두통 환자에게 그럴 텐데, 어떤 '결정적인' 시점에는 아무리 사소한 스트레스라고 해도 생리적 불균형을 일으킬 수 있다. 이 불균형은 조용히 치유되지 않고 빠르게 더 심한 불균형이나 과잉 보상으로 발전할 수 있고, 이런 역할을 되풀이하면서 빠르게 확대되어 우리가 "편두통"이라고 부르는 마지막 단계에까지 이르는 것이다. 편두통은 어떤 시점에 신경계를 끌어당겨 혼란에 빠뜨리는 '이상한 끌개strange attractor' 역할을 하는 것일 수도 있다.

2장
편두통 유사증상

    일반 편두통을 구성하는 여러 증상들을 생각해보면, 일반 편두통이라는 용어를 어떤 하나의 증상으로 규정할 수 없다. 편두통은 수많은 요소들의 총합이고 그 구성도 복잡하다. 일반적인 형태에 속하는 경우라고 해도 주요한 요소는 역시 극단적으로 다양하다. 그 가운데 두통은 가장 중요한 증상이다. 그럼에도 그저 부수적인 증상일 때도 있고 전혀 나타나지 않는 경우조차 있다. "편두통 유사증상migraine equivalent"이란 용어는 편두통의 일반적인 모습을 모두 갖고 있는데도, 특별히 두통이라는 요소가 없는 복합적인 증상을 가리킨다.

    이 용어는 경련이 없는 간질 증상을 가진 "간질 유사증상"이라는 용어와 비교할 수 있다. 우리는 이 편두통 유사증상이라는 용어를 다음과 같은 경우에 사용할 것이다. 그것은 바로, 주기적으로 일정 기간 동안 일어나며 임상적으로 편두통 발작과 비슷하고, 같은 형태의 감정적·신체적인 전구증상에 의해 촉발되는 단속적이며 두통이 없는 발작이 일어나는 경우다. 편두통 유사증상과 간질 유사증상의 임상적인 관련성은 생리학적·약학적 유사성을 통해 확인될 것이다.

오래전 저자들은 다른 여러 종류의 편두통("위장성 편두통gastric megrim", "시각적 편두통visual megrim" 등)에 대한 생생한 사례를 제공했지만, 리베잉은 그 발작들의 상호 변환을 추적했고 이런 맥락 속에서 '변형 transformation'과 '변태metamorphosis'에 대해 설명했다. 그는 천식·간질·현기증·위통·흉부 통증·후두경련으로 이어지는 편두통의 미친 듯한 변형을 말하고 싶었던 것이다.

편두통 유사증상이라는 개념은 대개 공감을 얻지 못했다. "복부 편두통"이라는 진단은 대부분의 의사에게 말도 안 된다는 평가를 받을지도 모른다. 의사들은 아마도 정확한 진단을 위해 끝없는 검사와 진단 개복술negative laparotomy을 시행한 뒤에야, 그리고 전형적인 혈관성 두통이 갑작스럽게 복통 발작으로 변형된 뒤에야 비로소 빅토리아 시대 방식으로 표현하자면, '시체를 파내서 재고해볼' 것이다.

편두통 환자들을 치료하는 집중적인 경험은 의사들이 자신이 이전에 가졌던 선입견이 무엇이든 상관없이 많은 환자들이 복통이나 가슴 통증, 열 등의 반복적이고 단속적이며, 갑작스러운 발작으로 고통받는다는 사실을 반드시 확신하게 만들어준다. 그리고 이런 증상들은 두통이 없다는 점만 빼면 편두통의 임상적인 기준에 들어맞는다. 따라서 여기서는 다음과 같은 증상에 대해 논의할 것이다. 반복적인 구토, "구토발작", "복부 편두통", "흉부 편두통", 그리고 체온이나 기분, 의식 수준의 정기적인 신경성 장애 등이다.

이런 격렬하고 주기적이며 발작적인 증상 외에도 편두통과 관련된 아주 다양한 상태, 예를 들면 멀미, "숙취", 레세핀reserpine(진통·진정·혈압강하제—옮긴이) 반응 등과 같은 상태가 나타난다. 이에 대해서는 2부에서 다룰 것이다.

주기적인 구토와 구토발작

우리는 청소년기의 편두통을 구성하는 요소 가운데 하나인 욕지기의 심각성과 빈도를 관찰해왔다. 그것은 많은 경우에 편두통 반응 가운데 중요한 증상으로, 종종 구토발작이라는 그럴 듯한 이름으로 불리기도 한다. 셀비와 랜스는 대규모의 사례 시리즈에서 다음과 같은 수치를 제공해주었다.

> 〔편두통 환자의〕 198건의 사례 가운데 31퍼센트가 빈발하는 구토발작을 일으켰다. 또다른 139명의 환자들 가운데 59퍼센트가 구토발작을 경험한 병력이 있거나 어린 시절에 심각한 멀미를 겪었다.

내가 치료했던 경우를 가지고 발생 수치 자료를 만들지는 않았다. 하지만 셀비와 랜스가 제공한 수치와 비슷한 정도인, 편두통 환자들 거의 반쯤이 한두 번 구토발작 증상으로 고통받았으리라고 짐작할 수 있다. 심각한 욕지기는 언제나 다양한 자율신경계 증상을 동반한다. 예를 들면 창백해지거나 몸이 심하게 떨리거나 땀을 많이 흘리는 등의 증상이 함께 일어나는 것이다. 의사들은 이런 발작의 대부분은 어린 시절의 무분별한 식사 때문이고, 또 어른이 되어서는 "내장성 독감gastric flu"(병명은 이렇지만 사실 독감과는 상관없는 일종의 장염이다—감수자)이나 쓸개의 병 때문이라고 확신한다.

아마도 이런 발작들은 일생 동안 지속될 것이다. 아니면 조금씩 발전하거나 갑작스럽게 바뀌어 '어른의' 형태인 일반 편두통이 될 것이다. 다음 사례는 발키스트Vahlquist와 학젤Hackzell(1949)이 제공한 것으로, 젊은 환자에게 이런 발작이 시작되어 발달하는 과정을 잘 보여준다.

그는 태어난 지 10개월이 되었을 때 공습 사이렌 소리에 심하게 놀랐다. 그 이후에 비정상적인 공포 반응과 파보르 녹터누스pavor nocturnus♦ 증상을 보였다. (…) 한 살이 되었을 때 그는 전형적인 발작을 처음으로 경험하게 된다. 갑자기 창백해지면서 오래지 않아 심각한 구토를 일으켰다. 그런 다음 두 해 동안 그에게는 주 단위로 여러 가지 발작이 일어났다. 언제나 같은 형태였다. (…) 세 살쯤 되었을 때 그는 발작이 일어나는 동안 두통을 호소하기 시작했다. (…) 그 발작들은 대개 깊은 잠을 자는 것으로 끝났다.

말이 나온 김에 언급하자면, 이런 형태의 주기적인 구토는 대개 짜증을 동반한 비정상적인 분노 반응과 함께 온다는 것을 기억해야 할 것이다.

복부 편두통

어떤 종류의 편두통에서든 증상은 복합적이어서 "구토발작"과 "복부 편두통"을 구별하는 것도 무척 자의적이다. 복부 편두통의 경우 주요한 증상은 지속적이고 심각한 상복부 통증인데, 이것은 다양한 자

♦　어린아이들에게 찾아오는 전형적인 증상으로, 파보르 녹터누스는 정서적인 방해 요소 때문에 잠을 제대로 자지 못하는 것을 말한다. 그 이유는 불안이나 공포 때문일 수도 있다. 헐떡거리거나 신음 소리를 내거나 찢어지는 듯한 비명을 지르기도 한다. 악몽을 꾸는 경우와는 다르게 이때는 급속안구운동REM이 일어나지 않는다. 아이는 의식이 충분한 상태가 아니어서 다음 날 아침에는 자기가 했던 행동을 기억하지 못한다. 수면장애의 한 종류로, 일반적으로는 밤의 공포, 잠의 공포라고도 한다(Definition of Pavor Nocturnus By Brandon Peters, M.D., About.com Guide, Created: July 21, 2009, About.com Health's Disease and Condition content is reviewed by our Medical Review Board 참조).

율신경계 증상들을 동반한다. 다음은 리베잉의 논문에서 발췌한 예리한 관찰이다.

나는 무척 건강했지만 열여섯 살 때 위장의 주기적인 발작으로 심한 통증을 처음 느꼈다. (…) 발작은 아무 때나 시작되었는데, 왜 그러는지 도무지 알 수 없었다. 소화불량이 있었던 것도 아니고 장에 문제가 있었던 것도 아니었다. (…) 통증은 상복부의 알 수 없는 불편함이 심해지면서 시작되었다. 이 통증은 이후 2~3시간 정도 지속적으로 격렬해지다가 가라앉았다. 가장 심할 때는 참을 수 없을 정도였고 메스꺼웠다. 그렇다고 배가 콕콕 쩌르는 것처럼 아픈 것도 아니었다. 이 통증은 언제나 냉기와 함께 찾아왔고, 손발 끝이 차가워지고 맥박은 몹시 느려지면서 욕지기를 느꼈다. (…) 통증이 잦아들기 시작하면 대개 장이 있는 부위에서 움직임을 느낄 수 있었다. (…) 발작은 아팠던 부위에 아주 살짝 가볍게 남아서 완전히 사라지는 데는 하루나 이틀이 걸렸지만, 그때도 역시 조금도 편치 않았다.

몇 년 뒤, 이 환자의 복부 발작은 멈췄지만 대신 고전적 편두통으로 발전해서 원래와 비슷한 주기인 3~4주마다 한 번씩 발작을 일으켰다.

나는 일반 편두통이나 고전적 편두통 증상을 보이며 나와 상담한 (전체 1,200명 가운데) 40명도 더 되는 환자들에 대한 기록을 가지고 있다. 그 기록을 보면 그들도 몇 달이나 몇 년 전에 위와 비슷한 복부 발작을 경험했다고 말했다. 환자들은 대개 맥박의 느려짐과 또다른 자율신경계 증상이 복통과 함께 온다고 말했다. 이런 환자에 대해서는 이미 사례51(58쪽)에서 다루었다. 그 환자는 5년간 일반 편두통 대신에 복부 통증을 겪었는데 어떤 발작에서나 맥박이 느려지고, 눈동자가 작아지고, 눈이 충혈되고, 창백해졌다. 나는 세 명의 환자에게서 '고전적인 복부 편두통'이라고 불릴 만한 증상에 대한 묘사를 들은 적이 있다.

사례10

32세 된 이 남자는 10세 때부터 고전적 편두통을 앓아왔는데, 발작은 아주 정확하게 4주마다 찾아왔다. 경우에 따라서는 편두통 암점migraine scotoma(의학 용어로는 '암점'이 맞지만 이 책에서는 시야결손에 해당한다—감수자) 뒤에 두통이 오는 것이 아니라 6~10시간가량 지속되는 심각한 복통과 욕지기가 이어졌다.

아이들에게서 일어나는 복부 편두통을 보여줄 뿐만 아니라, 진단 문제를 일으킬 수도 있는 아주 뛰어난 사례는 파쿼Farquhar(1956)가 제공한 적이 있다.

주기적인 설사

우리는 일반 편두통 증상으로, 특히 발작의 후기 단계에서 나타나는 설사의 빈도를 관찰했다. 설사 그 자체만 보면 심한 변비 때문에 생기는 일도 많고, 일반 편두통 발작처럼 같은 환경에서 같은 주기로 일어나는 독립된 증상으로 생각할 수도 있다. 아주 일반적인 불평 가운데 하나가 "주말 설사"에 대한 것이다. 이런 신경성 설사는 무분별한 식사 패턴이나 식중독 또는 설사를 일으키는 내장성 독감 등을 그 이유로 보는 경향이 있다. 이런 경향은 설명이 통하지 않을 때까지, 그리고 환자나 의사가 그 발작이 주기적이고 상황으로 볼 때 편두통과 유사하다는 것을 알아챌 때까지 어어진다.

특히 심한 정서적 스트레스가 만성적인 환자들 가운데 어느 정도는 별개의 편두통성 설사라는 부드러운 형태가 만성 점액질의 설사로, 드물게는 진성 궤양성 대장염으로 발전하기도 한다. 그런 환자들의 경우에는 처음부터 장이 '표적기관target-organ'은 아니었는지 의심이 들기도 한다(13장을 보라).

주기적인 열

고열은 심각한 일반 편두통을 겪는 동안, 특히 아이들에게 일어날 확률이 높다. 또 이것은 그 나름대로의 이유 때문에 생기는 별도의 주기적인 증상으로, 일반 편두통과 교대로 일어난다고 추측할 수도 있다.

나는 과거에 주기적인 신경성 발열을 경험했으며, 현재는 일반 편두통 또는 고전적 편두통을 앓는 6명의 환자를 만나고 있다. 이런 경우에 감별진단(증세가 유사한 특징이 있는 질병을 비교·검토해 초진 때의 병명을 확인하는 진단법—옮긴이)은 힘들고 까다롭다. 기질적 질병에 대한 모든 가능한 이유들을 고려해야 할 뿐 아니라, 그것들 가운데 하나를 제외하려면 그런 증상에 대한 기능적인 또는 신경계의 원인을 상정해야 하기 때문이다. 다음 사례는 울프의 이야기를 요약한 것이다.

이 환자는 43세 된 기술자로, 1928년부터 때때로 일어나는 발열 발작으로 고통을 겪기 시작했다. 심하면 열이 섭씨 40도에 이르기도 했는데, 1940년까지 그 병을 앓았다. 특별히 관심을 가지게 된 이유는 환자의 아버지도 "구토성 두통"과 욕지기, 구토와 함께 비슷한 간헐적인 발열 발작을 겪어왔다는 점 때문이었다. (…)

청소년 후반기를 지나면서 이 환자는 주기적인 두통을 겪기 시작했다.

(…) 특히 정서적인 억압을 받으면 자주 그랬는데, 편두통이라는 진단을 받았다. (…) 열성熱性 발작이 일어나기 전에 전구증상들이 있었다. (…) 불안하고 무엇에도 집중하기가 어려웠다. 체온은 최고점까지 빠르게 치솟았지만, 12시간 내에 정상으로 돌아왔다. 백혈구는 대략 1만 5,000개로 증가했다. 발열이 끝나면 그는 특별하게 행복하고, 정신이 맑아지면서 "정화된" 느낌을 받았다.

이 감탄스러운 사례는 열성 편두통 유사증상의 발작도 일반 편두통 발작과 비슷한 순서로 일어나기도 한다는 것을 보여준다. 사전에 징후를 보이는 '자극'이 있고 발작 뒤에는 재충전되는 과정이 나타난다. 아마도 이 환자의 경우에는 발열 때문에 그의 정서적인 문제와 일반적인 상황, 그리고 짐작되는 발작 메커니즘과 관련된 치료법 논의를 계속할 수 없었던 게 아닌가 싶다.

흉부 편두통

흉부 편두통precordial migraine(흉통과 함께 오거나 유사 협심증적인 편두통)은 가슴 통증이 일반 편두통이나 고전적 편두통의 중요한 증상으로 나타나는 경우를 말한다. 또는 가슴 통증이 협심증적이거나 선행적으로 나타나기보다는 편두통 형태인, 주기적이며 발작적으로 나타나는 경우를 가리킨다.

이 증상은 드물다. 내 경우 1,000명이 넘는 환자들을 치료했지만, 겨우 두 번 겪었을 뿐이다. 한 번은 일반 편두통과 함께, 한 번은 고전적 편두통과 함께 왔다. 다음은 고전적인 발작이 가슴 통증과 함께 번갈아가면서 나타났던 사례다.

사례58

청소년기부터 고전적 편두통 발작을 겪어온 61세의 여자 환자 이야기
다. 발작의 대부분은 섬광✦과 지각知覺이상이 몸의 양 측면에서 일어나
면서 시작되었는데, 이후 몸 한쪽에서 일어나는 강렬한 혈관성 두통과
욕지기, 복부 통증으로 이어졌다. 이런 심각한 발작이 있는 동안 가슴에
는 고통스러운 긴장감이 이어졌다. 통증은 왼쪽 어깨뼈로, 그리고 왼쪽
팔로 전달되었다. 그런 상태가 대개 2~3시간 지속되었다.

가슴 통증은 운동을 하거나 심박동 기록이 비정상이 되어도 더 심해지
지는 않았다. 니트로글리세린으로는 통증이 완화되지 않았지만, 에고
타민ergotamine(맥각麥角알칼로이드의 하나로, 자궁 근육 수축이나 편두통
치료에 쓰인다—옮긴이)을 쓰면 다른 동반 증상들까지 사라지게 할 수
있었다.

가끔 이 환자에게는 독립된 증상으로 이와 비슷한 가슴 통증이 생기기
도 했는데, 편두통 시야결손과 지각이상 증세로 인해 일어나는 경우도
있었다.

　　이런 발작에 대한 설명과 진단은 피츠휴Fitz-Hugh(1940)가 충분
히 다루었다.

✦　　scintillation. 가지각색의 강렬하게 번쩍이는 빛을 말하는데, 이는 편두통 기운
이 있을 때 나타난다. 이런 증상은 편두통 발작이 시작되는 초기에 일어날 수 있다
(From Teri Robert, former About.com Guide, Created: October 16, 2006,
About.com Health's Disease and Condition content is reviewed by the
Medical Review Board 참고).

주기적인 잠과 가수면 상태

심각한 일반 편두통에 동반하거나 선행하는 졸음은 그 자체로 이유가 있다고 짐작할 수 있다. 그리고 이것은 편두통적인 어떤 것을 드러내는 유일한 증상일 수도 있다. 다음 사례는 편두통이 잠과 비슷한 증상으로 '변형'되는 과정을 잘 보여준다.

사례76

환자는 약 20년간 한 주에 적어도 두 번은 아주 심한 일반 편두통을 겪는 수녀였다. 처음에는 예방과 증상 완화를 위한 치료만 했다. 그것은 그녀가 개인적인 문제를 말하고 싶어 하지 않았기 때문에 선택한 방법이었다. 석 달이 지난 뒤에 그녀의 두통은 갑자기 사라졌고, 그 대신 한 주에 한두 번씩 거의 인사불성에 가까운 잠에 빠져들었다. 이런 발작은 10~15시간 지속되었다. 그녀는 평소 밤에 잠을 자는 시간까지 더해서 아주 긴 잠을 자고 일어났는데, 그전에는 한번도 그런 적이 없었다.

우리는 식후 편두통에서 자주 일어나는 무기력증에 대해서 살펴본 적이 있는데, 다음은 식후 무기력증이 독립적인 증상으로 일어나는 상황을 잘 보여준다.

사례49

이 환자는 비정상적으로 보일 만큼 일에 미친 기술자였다. 그는 "나는 절대 일을 멈추지 않는다. 잠을 자지 않아도 된다면 좋겠다"고 말했다. 그는 편두통 같거나 그와 유사한 여러 증상들 때문에 고통스러워 했다. 식후에 억지로라도 빠른 걸음으로 산책하지 않으면 속절없이 무기력해졌다. 그는 그런 상황을 다음과 같이 묘사했다. "나는 가수면 상태에 빠저든다. 주변의 소리를 들을 수는 있지만 움직일 수는 없다. 식은땀으로 푹 젖고 맥박은 아주 느려진다." 이런 상태가 1~2시간가량 지속된다. 드문 일이지만 이보다 길거나 짧은 경우도 있다. 이렇게 말해도 될지 모르겠지만, 그는 "깨어난다". 강하게 재충전된 힘을 느끼면서.

이 단계도 간단하게 기억해두면 좋을 것 같다. 편두통적인 수면증과 무기력증은 다르지만, 종종 더 짧은 가수면 상태와 교대로 일어난다. 예를 들면 발작성 수면, '데이메어daymare'(깨어 있을 때 악몽을 꾸는 듯한 체험을 하게 된다—옮긴이), 몽유병적인 행동 같은 증상들로, 뒤에서 이들의 관계에 대해 다룰 것이다.

주기적인 기분 변화

우리는 이미 일반 편두통과 함께 나타나는 감정 상태에 대해 다룬 적이 있다. 마냥 행복해하거나 예민한 전구증상 단계, 본격적인 발작 단계에 함께 나타나는 두려움과 우울증, 그리고 극도의 희열을 느끼는 상태에 대한 것들이었다. 이들 가운데 어떤 것이든 아니면 모두 다, 짧게는 몇 시간에서 길어야 2~3일 정도로 상대적으로 짧게 지속되는 별개의 주기적인 증상으로 볼 수 있다. 대개 1시간 정도 지속되는 아주 격렬한 이런 기분 변화는 편두통 아우라와 비슷하거나 그에 수반되는 것이다. 우리는 지금 우울증 발작이나 짧아진 조울증 주기에 관심을 한정하고 있는지도 모른다. 그리고 이런 증상은 이전에 고통을 받은 적이 있는, 의심의 여지없이 확실한 (고전적, 일반, 복부 등) 편두통의 휴지기에 일어나는 것일 수도 있다. 앨버레즈는 다음과 같은 사례를 인용하면서, 이런 편두통과 유사한 증상이 일어나는 것에 대해 주의를 환기시킨 적이 있다.

56세 된 여인은 하루나 이틀 동안 지속되는 심한 우울증 기간에 대해 불평했다. 그녀의 주치의는 폐경기가 그런 상황을 만드는 이유일지 모른다고 보았지만, 나는 이것이 가벼운 한쪽 두통과 함께 나타나는 편두통임을 알아챘다. 이후 그녀가 소녀 시절에 전형적인 편두통성 구토가 있었다는 것과 (…) 40세가 되어서는 지독한 헛구역질을 동반한 심한 편두통성 두통을 겪었다는 사실을 알게 되었다.

내 경험에서 보자면, 다음 이야기 속의 환자가 제공해준 대단히 명백한 사례가 있다. 이 이야기의 일부는 앞서 다른 맥락에서 언급했다.

사례10

32세 된 이 남자는 어린 시절부터 고전적 두통과 고전적인 복부 편두통을 겪어왔다. 발작은 한 달 간격으로 상당히 정기적으로 찾아왔다. 20대 중반에는 1년이 넘도록 그런 발작을 겪지 않았다. 그러나 이 기간 동안 심한 우울증 뒤에 찾아오는 정기적인 희열 발작attack of elation으로 인해 마찬가지로 고통을 받아야 했다. 이 모든 발작은 이틀 이상 지속되지 않았다.

이런 유사한 정서적인 발작들은 지속 시간이 짧은 것이 특징이다. 일반적으로 알려진 것처럼, 조울증 주기는 여러 주 동안 지속되며 더 긴 경우도 많다. 주기가 한 달인 이런 형태의 유사한 정서적인 발작들(용감하게 말하면 '미친 짓들lunacies'이라는 용어를 쓸 수도 있다)은 월경증후군에서 가장 일반적으로 나타난다.

월경증후군

여성들의 경우, 적잖은 소수의 사람들이 월경 기간 무렵에 정서 장애와 자율신경계장애를 뚜렷하게 경험한다. 그린Greene은 "100명당 대략 20명쯤이 월경 전 편두통을 가끔 겪는다"고 추측했다. 만일 두통 없는 자율신경계장애와 정서장애를 겪는 사람들을 포함한다면, 그 수는 훨씬 많아질 것이다. 사실 이렇게 말할 수도 있다. 월경 주기는 환자가 설사 알아채지 못할지 모르지만, 언제나 생리적 장애의 정도와 관련되어 있다. 그 장애는 월경에 앞서 정신생리학적인 각성으로 방향을 잡는 경향이 있으며, '진정'되고 나면 월경 뒤에 회복이 뒤따른다.

각성 기간에는 '긴장', 걱정, 과잉 행동, 불면증, 체액 정체, 갈증, 변비, 복부 팽창 등이 나타나는데, 아주 드물지만 천식이나 정신병, 간질도 나타난다. 한편 진정 기간에는 무기력증, 우울증, 혈관성 두통, 본능적인 과잉 행동, 창백함, 발한 등이 분명하게 나타날 수도 있다. 즉, 지금까지 묘사해왔던 편두통의 거의 모든 증상이 응축되어 월경을 둘러싼 생물학적인 혼란으로 나타나는 것 같다.

이렇게 보면 월경증후군과 편두통과의 특별한 관계는 한 환자의 일생 동안 다른 형태의 월경증후군이 번갈아가며 나타나는 일이 잦다는 데서 찾을 수 있다. 말하자면 한 번은 혈관성 두통이 주가 되고, 또다른 경우에는 내장 경련이 주가 되기도 하는 것이다. 다음 사례는 두 종류의 월경성 편두통 사이에서 일어나는 갑작스러운 '변형'을 잘 보여준다.

사례32

이 환자는 17세에서 30세 사이에, 월경 기간 동안 심한 복부 경련(아마도 내장 경련인 듯하다)을 앓았던 적이 있는 37세의 여자였다. 그런데 그

나이에 갑자기 이런 증상들이 없어지고, 대신에 전형적인 월경 전 편두통 두통을 앓게 되었다.

다른 환자들은 대개 여러 해 동안 심한 월경증후군을 겪고, 그 증후군이 없어진 뒤에는 생리 기간과 상관없이 발작적인 두통이나 복통을 경험한다. 그러다가 마지막에 월경성 장애라는 원래 형태로 돌아가는 것 같다.

그런 월경증후군의 정확한 시점과 월경과의 생리학적이고 심리학적인 관계는 8장에서 자세하게 다룰 것이다.

교번交番과 변형

1장에서 묘사했던 것처럼, 편두통의 일반적인 형태와 순서라는 관점에서 보면 복부, 흉부, 열성, 정서 등의 증상들이 개별적으로는 그 초점이 다르다. 그렇다고 해도 이들 모두를 "유사 편두통"이라고 불러도 괜찮을 것 같다. 이런 증상들에는 그렇게 인정할 만한 유사점이 있을 뿐만 아니라 다른 여러 가지 발작적인 병이나 반응도 있는데, 그것들은 한 개인이 살아가는 동안 서서히 또는 갑작스럽게 편두통 발작을 '대체'하는 것 같다. 이들은 또 대개 원래의 편두통과 같은 주기로, 또는 아주 비슷한 상황에 반응해 일어난다.

발작적인 천식, 협심증, 후두경련 등을 편두통 유사증상이라고 부르는 것은 분명 어처구니없는 일이다. 그런데 임상 관찰을 해보면 가끔 이들이 편두통 발작과 유사한 생리적 작용을 하는 것은 아닌지 의문을 갖지 않을 수 없다. 이런 맥락에서의 의미론적인 논쟁으로는 얻을 것이 없다. 이 시점에서 우리는 좀 애매하지만 리베잉이 사용했던 "관련 장애allied disorder"라는 용어로 만족할 수도 있을 것 같다.

헤버든(1802)은 "편두통은 천식이 시작되면 멎는다"는 관찰을 이미 기록한 바 있다. 한 환자가 일생 동안 겪어 온 어떤 종류의 발작 증세가 다른 것으로 갑작스럽게 변형된다는 사실은 의심의 여지가 없어 보인다. 나 역시 내가 보살피던 환자들 가운데 적어도 20여 명이 대개의 경우 발작 증세가 갑자기 그런 식으로 교체되는 것을 본 적이 있다. 다음 사례의 일부분은 앞서 본 적이 있을 텐데, 그런 변형의 전형적인 모습을 보여준다.

사례18

이 환자는 24세 된 남자로 8세 때까지 악몽과 몽유병 증세로 자주 고통받았다. 13세 때까지는 주로 밤에 천식으로 고생했고, 그 뒤로는 고전적 편두통과 일반 편두통을 겪었다. 고전적 편두통은 아주 정확하게 일요일 오후마다 정기적으로 찾아왔다. 그에게 맥각 혼합물을 투여했더니 그런 발작들을 쉽게 중단시킬 수 있었다. 그렇게 치료한 지 3개월쯤 지났을 때 갑자기 편두통 전구증상들까지 없어졌다. 그런데 몇 주 뒤에 그는 나를 찾아와 화를 내며 불평했다. 오래전에 없어졌던 천식 발작이 다시 시작되었다는 것이었다. 특히 일요일 오후에 천식이 찾아온다고 했다. 그는 천식보다는 편두통이 덜 끔찍하고 차라리 낫다며, 그런 변화를 유감스러워했다.

그는 내 초기 환자들 가운데 한 사람이었다. 이 경험으로 나는 단순한 증상 치료는 관련 장애 목록에 있는 증상들을 끝없이 되풀이하게 만드는 일밖에 되지 않음을 일찍이 깨달았다. 다음 장에서 이런 특별하면서도 이해에 도움이 되는 구체적인 사례를 다룰 것이다.

편두통과 신경성 협심증 또는 후두경련 발작의 상호 변형에 관련해서는 유사한 병력들을 모아서 비슷한 방법으로 다루어볼 수도 있을 것 같다. 신경성 협심증의 이런 변형에 대해 헤버든은 일찍부터 잘 알고 있었다. 그는 이렇게 썼다. "지금 앓고 있는 두통과 이런 병의 발작이 번갈아가며 환자를 괴롭히는 경우에 (…) 사례가 부족한 것은 아니다." 발작을 일으키는 특정 환자의 경우, 운동에 의해 악화되지도 않고 심전도상의 변화를 수반하지도 않는 심허혈angina sine dolore(통증이 없는 관상동맥부전증으로 보인다—감수자)이 편두통과 번갈아 나타나 감별 진단을 어렵게 한다. 다음은 보몬트Beaumont(1952)가 기록한 사례로, 두 종류의 발작이 공유하는 것으로 보이는 일반적인 임상의 근거를 보여준다.

그 환자는 갑자기 곧 죽을 것 같은 느낌에 사로잡혔다. 창백해지고 움직이지 못했지만 아직 통증은 없었다. 발작하는 동안 침을 흘리거나 구토가 일어날 수 있다. 트림을 심하게 하거나 많은 양의 오줌을 누게 되면 발작이 멈추기도 한다.

편두통 발작들과 상호 변형되기도 하는 신경성 후두경련♦은 아주 격렬한 발작 반응의 또다른 예다. 이를 설명하는 아주 적절한 예는 리베잉이 보여주었다. 우리는 그의 환자 'A씨'가 겪은 복부 편두통(16~19세 사이에 정기적으로 발작했다)에 대해 언급한 적이 있다. 그 환자는 이후 19~37세까지 고전적 편두통 발작을 경험했다. 마지막에는 결국

♦ 크루프croup, 급성 폐쇄성 후두염이라고도 한다. 바이러스나 세균이 후두 점막에 침투해 염증을 일으켜 발생한다. 특징적인 기침이 나고 호흡곤란 및 흉벽 함몰 등의 증상이 나타난다(서울대학교병원 제공, 네이버 의학상세정보 참고).

고전적 편두통이 '사라졌고' 대신 정기적으로 발작하는 후두경련으로 고통받았다.

(…) 1시간쯤 잔 뒤, 그는 갑자기 깨어나 침대 밖으로 뛰쳐나간다. 그러고는 옷깃의 밴드를 쥐어뜯으며 숨을 쉬기 위해 삑삑거리는 숨소리를 크게 내려고 무척이나 애를 쓴다. 계속되는 참기 힘든 고통을 겪고 몇 분이 지나면 후두경련은 진정되고 다시 호흡이 편해진다. 이런 발작은 아주 불규칙적으로 일어났다. 그 간격은 여러 달이 되는 경우도 있지만, 대개는 며칠 밤 사이에 두세 번 일어났다.

편두통의 경계

가워스(1907)는 "간질의 경계"라는 강좌 시리즈의 서문에서 간질과 비슷하지만 간질이 아닌 발작에 대해 다루는 의도를 설명한 적이 있다. 그는 여기서 여러 가지를 다루었는데 기절, 미주신경 발작, 어지럼증, 수면증 그리고 특히 편두통에도 관심을 가졌다. 가장 확실하게 알아볼 수 있는 간질의 형태는 갑작스럽고, 짧은 시간 지속되며, 의식을 잃는다는 특징이 있다. 자, 그렇다면 생각해보자. 가워스는 이렇게 주장한다.

확장된 가벼운 간질발작, 발작의 요소들은 의식을 잃어도 끝나지 않고 지속된다. 나타나는 현상이 매우 달라서 그 성질을 추정할 수도 없다.

가워스는 '확장된 간질'이라는 용어를 썼는데, 그 이유는 그가 묘사한 많은 발작들을 분류하려고 했기 때문인 듯하다. 예를 들면 그는 다음의 사례를 간질과 거의 유사한 전형적인 미주신경 발작의 예로 들었다.

20세의 남자로 군인 장교였다. 발작이 자주 일어나지는 않았다. 18세 이후로 2년 동안 6개월에 한 번 꼴로 일어났다. 그날 아침 그는 일찍부터 아주 정신이 맑았는데, 그것은 가끔 보였던 전조였다. 그는 아주 갑작스럽게 꿈꾸는 듯한 상태가 되었다. 무엇을 회상하는 듯, 혹은 예전에 이미 경험했던 것을 다시 느끼는 듯한 그런 상태가 찾아왔다. 간질발작에서처럼 그 상태는 순간적이지 않고 지속되었다. 시작과 함께, 또는 시작되고 오래지 않아 그의 손과 발은 차가워졌다. (⋯) 얼굴도 차가워지더니 점점 창백해졌고, 몸도 탈진 상태가 되었다. 그러더니 금방 거의 움직일 수 없는 정도가 되어버렸다. 바로 앉으려고 하면 곧바로 뒤로 넘어졌다. 그의 손과 발 끝은 얼음장처럼 차가웠는데, 보기에도 그랬다. 탈진이 너무 심했기 때문에, 그는 한 번에 하나나 둘 정도의 낱말밖에 말할 수 없었다. 그의 맥박은 점점 약해져서 거의 느낄 수 없을 정도가 되었다. 그때까지는 의식을 완전히 잃지 않았다. 그는 스스로 죽어간다고 느꼈으며 육체의 존재도 사라지는 것 같다고 했다. 그런 상태가 30분쯤 지속되더니 정신 상태가 좋아지고 발도 덜 차가워졌다. 상태가 나아진 것이다. 그런데 2~3분이 지나자, 이번에는 몸을 떨고 이를 딱딱거리면서 몸이 심하게 뻣뻣해지기 시작했다. (⋯) 그러고는 몇 분 뒤 곧 나올 것 같은 배뇨 기운을 느꼈는데, 종일 무척 많은 양의 오줌이 나왔다. (⋯) 그날 내내 그는 창백했다.

독자들은 이 놀랄 만큼 자세한 묘사에서 지금까지 우리가 말한 '편두통적인' 많은 증상들을 찾을 수 있을 것이다. 행복감을 느끼는 사전 느낌이나 발작 지속 시간, 장시간 지속되는 이뇨와 함께 상태가 호전되는 등 모두 일반 편두통 발작이 진행되는 과정에서 보았던 것들이다. 그렇다면 어떤 근거로 이 발작을 아주 짧고 심각한, 말하자면 응축된condensed 편두통이라 부르지 않고 확장된extended 간질이라고 불러야 할까?

우리가 이 장에서 다루었던 모든 편두통 유사증상의 패턴은 실제로는 훨씬 더 축약된 형태로 나타난다. 레녹스Lennox와 레녹스 Lennox(1960)는 〈자율신경 또는 사이뇌성 간질autonomic or diencephalic epilepsy〉이라는 제목의 글에서 많은 점을 시사하는 사례들을 제공했다. 자율신경계의 발작은 간질이나 편두통으로 발전하기도 하고 간질이나 편두통이 자율신경계 발작을 유발하기도 한다. 그렇지 않을 때는 그런 발작들이 교대로 일어나기도 한다.

편두통의 경우 자율신경과 관련한 증상이 광범위하게 나타난다는 점에서, 그리고 간질의 경우 갑작스럽게 의식을 잃는다는 점에서, 편두통과 간질 모두에서 임상적인 관련을 보이는 분명하고도 중요한 발작의 형태는 졸도다. 졸도는 편두통이 반복되면서 드물지 않게 일어난다. 또한 졸도는 편두통 발작의 하나로 거의 주기적으로 일어나거나, 편두통을 촉발하는 자극적인 유사한 환경에서 일어나기도 한다. 그리고 사람에 따라서는 미주신경 발작처럼 극적이고 갑작스러운 졸도에서 몽롱하지만 의식을 잃지는 않는, 자율신경의 반응이 길어지는 쪽으로 바뀌어가는 임상 양상의 지속적인 변이를 관찰할 수도 있을 것이다. 가워스가 검토했던 더 짧은 발작들, 예를 들어 현기증이나 기면발작嗜眠發作, narcolepsy(갑작스럽게 잠이 들어버리는 증상—옮긴이), 탈력발작脫力發作, cataplexy(공포나 분노, 웃음 같은 강렬한 감정으로 인해 의식을 잃지 않은 상태에서 갑작스럽게 쓰러지는 증상—옮긴이) 등은 다음 장에서 검토할 것이다. 이들은 우리가 앞서 다루었던 일반 편두통이나 편두통 유사증상의 증상이라기보다는 편두통 아우라와 관련된 것이다.

편두통과 비슷하면서도 편두통이 아닌 이런 종류의 지독한 발작을 가리켜 편두통성 발작이라고 부른다. 이 역시 편두통과 유사하게 주기적으로 반복되며 집안 내력인 경우가 많다.

여기서 우리는 편두통성 반응이라는 용어를 따로 만들어 쓸 것이다. 이것은 저절로 일어나거나 주기적으로 되풀이되는 것이 아니라 특정한 상황의 영향을 받아 생기는 것으로, 임상학적으로 편두통과 아주 비슷한 양상을 보이는 특정 반응 형태를 가리킨다. 우리는 편두통 환자의 특징이면서 일반적이기도 한 열heat or fever과 탈진, 수동적인 동작passive motion(의도하지 않은 움직임. 예를 들면 물리치료 기계로 몸을 움직이는 동작 같은 것을 가리킨다—옮긴이), 특정 약물 등에 대한 과잉 반응을 이 범주에 넣지 않을 수 없다. 편두통과 편두통성 반응을 구별하는 것은 순전히 편의성 때문이다. 멀미를 편두통 발작이라고 하는 것은 지나친 일이지만, 편의상 편두통성 반응이라고 부를 수는 있다. 그리고 이런 관련성을 뒷받침해주는 차원에서 보면, 편두통을 앓는 어른들 가운데 많은 수(셸비와 랜스에 따르면 거의 50퍼센트)가 어린 시절에 심각한 멀미를 경험했다. 숙취도 비슷한데 숙취로 인한 혈관성 두통, 불안감, 무기력, 욕지기, 자책성 우울증penitential depression 등은 편두통성 반응으로 고려해볼 만한 것들이다. 편두통 환자들은 대개 알코올을 거의 견뎌내지 못한다. 깨어날 때 지독한 욕지기나 두통 같은 여러 증상으로 고통을 겪기도 하고, 그다음 날까지 지독한 숙취로 고생한다. 열을 동반한 두통과 자율신경계의 반응도 편두통성 반응과 질적인 면에서 비슷하다고 볼 수 있다.

이와 유사한 것으로 다양한 약물 반응을 들 수 있다. 이는 급성이거나 아亞급성(급성과 만성의 중간 성질—옮긴이)으로, 확산된 중추 반응과 자율신경 반응이라는 특성을 가지고 있으며, 편두통 발작과 실신발작 둘 다와 비슷하다. "아질산염양 부작용-nitritoid crisis=nitritoid reaction"(수혈에 속발續發하는 부작용—옮긴이)에 대한 다음 이야기는 굿맨 Goodman과 길먼Gilman(1955)의 글에서 발췌한 것이다.

28세 된 보통의 건강한 남자에게 아질산염 0.18그램을 경구투여했다. (…) 하품을 하더니 점점 더 뚜렷한 증세를 보이기 시작했다. 호흡이 깊어지고 한숨을 쉬었다. 안절부절못하고, 트림을 하더니 꼬르르 하는 소리가 배에서 났다. 그러더니 갑작스레 식은땀을 온몸에서 흘렸다. 20분쯤 지나자 피부는 잿빛이 되었고, 피험자는 늘어져버렸다. (…) 혈압계의 눈금을 읽을 수가 없었다. (…) 의식불명 상태가 되었다.

이와 유사하게 격렬한 반응이 내장 팽창이나 내장 손상, 반사작용이나 출혈성 혈압강하, 독성과 대사장애metabolic insult(예컨대 저혈당증), 알레르기성 과민 반응 들 뒤에 일어날 수도 있다.

우리는 나중에 이런 반응들이 편두통 반응의 유용한 '모델'을 제공하는지에 대해서 다룰 것이다. 이 장에서는 편두통 경계의 임상적인 관련성과 그 부분을 언급하는 것으로 만족하자.

다른 장애와의 교번과 공존

개인사에서 아주 다양한 (서로 임상적이고 생리적인 관련성을 가진) 증상들이 동시에 또는 주기적으로 일어나는 다양한 형태의 증후군을 가진 환자들이 있다. 이런 환자들의 경우, 두 가지 관련 증상이 교대로 나타나는 사례보다 훨씬 더 복잡하다.

사례49

31세 된 이 기술자는 식후마비 증상과 관련해서 앞에서 이야기한 적이 있다. 그는 다음과 같은 다양한 증상으로도 고통을 겪었다.

a. 허리를 구부리거나 흔들거나 기침을 하면 나타나는 지속적인 '잠재성' 혈관성 두통.

b. 일반 편두통 발작.

c. 기질적인 이유를 알 수 없는 도한盜汗, night sweat(잠자는 동안에 심하게 땀을 흘리는 증상. 아주 심한 경우에는 자다가 잠옷을 몇 번이나 갈아입어야 한다―옮긴이).

d. 야간성 타액분비과다.

e. 복통과 설사―조영제를 이용해 내장을 촬영contrast study해보면 언제나 음성이었다.

f. 기립성 저혈압.

g. 수면마비(뇌는 깨어났지만 몸의 근육은 깨어나지 않은 상태라 움직일 수가 없다. 환청이나 환각을 동반하기도 하며, 흔히 가위눌림이라고 한다―옮긴이), 발작성 수면(갑작스럽게 잠들어버리는 증상―옮긴이), 탈력발작과 같은 발작이 가끔 일어난다.

그는 이런 점만 빼면 아주 건강하다.

사례75

편두통 아우라와 고전적 편두통을 겪고 있는 35세의 의사인 이 환자는 번갈아 나타나는 증상으로 복부 편두통, 구토발작, 혼수성 편두통 유사증상, "미주신경 발작"(가워스가 묘사한 형태와 대단히 유사한 발작), 그리

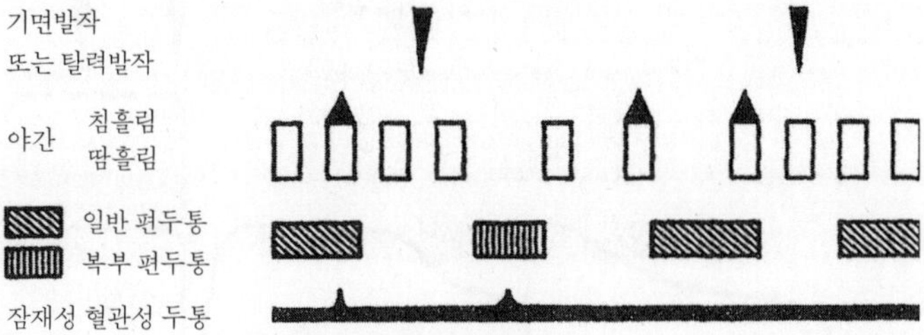

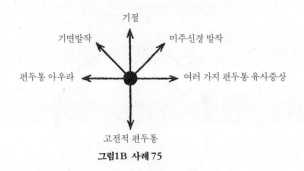

그림1A 사례49

그림1B 사례75

고 좀 드물지만 기절과 기면발작까지 겪었다. 이 모든 반응들은 상황의 변화에 따라 일어나는데 탈진이나 격렬한 정서적 스트레스가 있을 때, 특히 이런 요소들이 합쳐질 때 나타난다. 그는 자신에게 어떤 신체 반응이 나타날지 알 수가 없었다. 모든 증상이 비슷했고, 일어날 확률도 마찬가지였다.

사례64

다음과 같은 병력을 가진 다多증상적인 여자 이야기다. 여러 단계가 이어졌는데, 20세까지는 주로 밤에 나타나는 내인성 천식을 앓았고, 20~37세 사이에는 십이지장궤양을 반복적으로 겪었으며, 38세에는 관절염이 처음으로 발병했다. 이런 증상들과 함께 혈관성 부종과 일반 편두통 발작이 자주 일어나기 시작했다. 뒤에 나타난 증상들은 하나

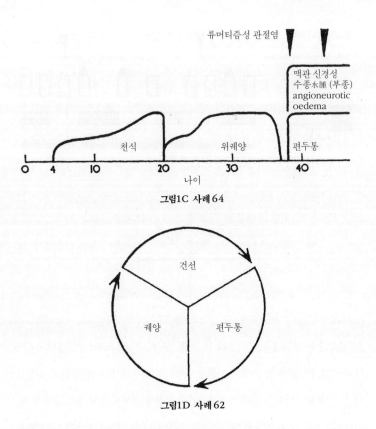

그림1C 사례 64

그림1D 사례 62

로 합쳐졌고, 43세부터는 편두통 발작이 얼굴과 눈 주위에 부종을 일
으켰다.

사례62

51세 된 여자로 자세한 사회력과 정서적 병력은 2부에서 다룬다. 그녀는
20년 넘게 세 가지 신체적 증상으로 고통받았는데, 일반 편두통과 궤양
성 대장염 그리고 건선乾癬이었다. 세 증상 가운데 하나가 다른 증상으
로 바뀌기 전까지 여러 달이 지속되었다. 그녀는 끝없이 순환하는 증상
속에 갇혀 살았다.

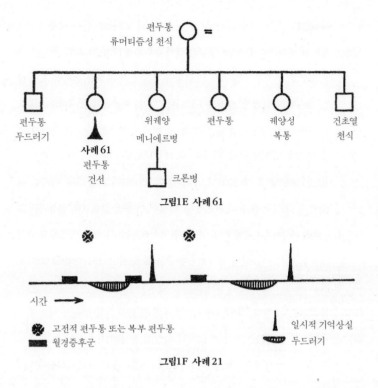

그림1E 사례 61

그림1F 사례 21

고전적 편두통 또는 복부 편두통
월경증후군

일시적 기억상실
두드러기

사례61

마른버짐으로 겉모습이 엉망이었음에도 불구하고, 일반 편두통 치료를 위해 찾아온 38세의 여자 이야기다. 그녀의 가족에게는 여러 형태의 기능성 질병 병력이 있었다. 편두통, 건초열(꽃가루로 인해 눈·코·목구멍 등에 카타르가 생기는 것―옮긴이), 천식, 두드러기, 메니에르병(알레르기성 미로수증迷路水症, 난청·현기증·구역질 등이 따른다―옮긴이), 위궤양, 궤양성 대장염, 크론병(만성장염) 같은 것들이다. 이렇게 고통받는 가족이 자살하고 싶은 감정을 피하기란 사실 어렵다.

사례21

심각한 신경과민 증상과 다양한 신체증후군을 함께 겪고 있는 아주 지적인 25세 여자의 이야기다. 어릴 때부터 고전적 편두통을 겪었고, 뚜렷한 가족력이 있었다. 발작은 대개 새벽에 가위눌림이나 야간공포증으로 시작된다. 그리고 잠을 깨기 전, 두 번째 단계에서 악몽의 환상과 암점 형태의 영향을 받아 생기는 피그먼트(조각난 이미지, 510쪽 '용어 사전' 참고)가 합쳐지기도 하고, 두통이 오기도 한다. 가끔 그런 아우라 뒤에 두통이 없는 복통이 따르는데, 이것이 아우라 없는 월경전증후군과 관련된다. 이때의 체액 잔류, 변비, 불안함은 배뇨과다, 설사 그리고 월경 유출로 이어진다. 이런 월경전증후군과 함께 혈관성 두통이 생길 때도 있고, 생기지 않을 때도 있다. 그녀는 '졸도'하거나 실신한다. 그리고 비록 늘 같지는 않지만 대개는 편두통성 두통이 뒤따른다. 또한 정서적인 스트레스가 증가하는 동안 두드러기 발작에 시달린다. 두통에 따른 문제를 잘 치료하자 복부 발작과 두드러기로 초점이 옮겨가 더 심해졌다.

감별진단과 명명법nomenclature

혈관성 두통의 주요 증상들이 없는 경우라면, 이 장에서 우리가 다루었던 발작의 형태들을 감별진단하기가 만만찮게 어려울 수 있다. 아마 의학에서 이처럼 잘못된 진단과 처치들, 그리고 좋은 의도이긴 하지만 완전히 잘못된 내·외과적인 처치로 가득 찬 분야도 없을 것이다. 예를 들어 응급 상황이나 다를 바 없는 척수에 발생하는 복부 편두통은 수많은 경우에 하게 되는 응급 개복술을 하게 될지도 모른다. 이 경우에 이유를 알 수 없는 엄청난 복부 통증이 올 때까지 소극적으로 기다리기만 하는 것은 옳지 않다. 그러나 만약 복부 편두통의 경우라면 진단 개복술을 시술하는 충수염이나 복막염과 달리 상황을 지켜

보는 편이 훨씬 낫다는 점은 의심할 여지가 없다. 제대로 된 진단은 발작이 되풀이되고 이들이 양성良性이며 일시적인 성질을 가졌다는 것이 드러날 때에야 분명해질 것이다. 따라서 많은 경우에 정체를 알기 어려운 편두통 유사증상에 대한 진단은 지속적인 관찰이 필요하고, 또 실제로 시간이 지난 뒤에야 진단할 수 있다.

우리는 지금까지 상대적으로 개별적이고, 제한된 그리고 뚜렷하게 발작적인 증상들만을 다루었다. 그리고 그것을 강조하기 위해 명백한 병력에 대한 사례만을 도식적으로 골랐다. 그러나 경험해본 증상들과 구할 수 있는 병력에 대한 사례는 특정 증상의 관점에서 보면 실제로는 아주 애매한 것일지 모른다. 불안감 정도의 특성을 가진 발작은 가벼운 바이러스성 질병으로 간주되기 쉽고, 또 가벼운 기면상태나 우울증처럼 감정과 의식이 교번하는 특성을 가진 발작은 순전히 정서적인 반응으로 여겨질 수도 있다. 바이러스성 질병이나 정서적인 반응 모두가 편두통에서 일어나는 많은 임상적인 증상(비록 그것들이 편두통만의 특징적인 증상은 아니지만)을 공유한다. 이 때문에 좀더 명확한 증상이나 발작을 일으키는 결정적인 요인들을 알아낼 수 없다면, 감별진단으로는 결코 명료하게 밝혀내기 어려울 것이다.

'진단'이라는 인위적인 뚜렷한 경계를 넘어서면 편두통이라는 용어에 대한 정의가 한계점에 다다른, 모호한 의미의 영역으로 들어선다. 그 중앙에 우리는 분명, 말할 것도 없이 일반 편두통을 놓을 것이다. 그 둘레에는 아주 다양한 형태로 나타나는 편두통 유사증상을 배치하고, 그리고 편두통을 구성하는 다른 여러 요소들을 해부·분해해서 덩어리로 만들어 보일 수 있다. 그 너머에는 그것이 마치 자신의 일인양 편두통을 위해 자신들의 소임을 다하는, 편두통과 유사한 반응들이 포진하고 있는 경계 부위를 확인할 수 있을 것이다.

편두통의 핵심에 대해서는 분명하고 간결하게 정의되어 있다. 하지만 편두통은 외부로 확산되어 편두통을 둘러싸고 있는 이와 관련된 광대한 증상들과 합쳐진다. 존재하는 유일한 경계는 단지 질병분류학적인 명료함과 임상에서의 효과에 의해 우리가 받아들일 수밖에 없는 그런 것들이다. 앞서 살펴보았듯이 편두통에 관한 한, 경계와 한계가 없으므로 우리가 만들어가는 수밖에 없다.

3장
편두통 아우라와 고전적 편두통

들어가며

편두통의 핵심이 무엇인지 알아보기 위해서 우리는 조금 전에 이 책에서 가장 길고, 가장 이상한 장으로 들어섰다. 이곳은 경이와 비밀의 왕국이다.

밖에서 찾아 헤매던 경이로움을 우리는 스스로 지니고 다닌다. 아프리카의 모든 것, 그리고 아프리카의 경이로움이 우리 안에 있다.

토머스 브라우니 경의 이 말은 편두통 아우라에 완벽하게 들어맞는 묘사다. 우리 내면에는 경이로운, 진짜 아프리카가 있다. 경험과 탐구 그리고 깊은 생각을 통해 천체의 모습을, 자신의 우주를 그릴 수 있다.

편두통 아우라는 그것만으로도 한 권의 책이 된다. 그렇지 않을 경우, 리베잉이 그랬던 것처럼 편두통에 대한 책이 쓰인다면 편두통 아우라는 가장 중요한 항목이 되어야 한다. 그런데 혼란스럽게도 거꾸로도 가능하다. 리베잉 이래 어느 누구도 편두통 아우라에 대해 그 몫만큼을 할당하지 않았다. 책의 내용을 업데이트하면 할수록 편두통 아우라에 대한 분량은 더 적어진다.

우리가 고전적 편두통이라고 할 때 고전적classical이라는 말은 일반적common이라는 낱말과 반대되는 의미를 가지고 있다. 그런데 아우라가 있는 편두통을 고전적 편두통이라고 부른다는 것을 생각해보면, 아우라는 일반적이지 않은 것이며 심하게는 신비로운 것이라는 의미까지 담고 있다.

이것은 논증할 수 있는 거짓이고, 초점이 잘못된 질문 때문에 생긴 결과다. 또한 잘못된 답을 만들어내는 어리석은 가정이다. 내과의사로서 70년의 경험을 쏟아 부은 앨버레즈 같은 열정적이고 열린 마음을 가진 관찰자는 아우라가 일반적으로 생각하는 것보다 훨씬 더 일반적이며, 편두통의 다른 어떤 것보다 훨씬 더 일반적이라고 생각했다. 이 점에 대해 나도 완벽하게 동의한다.

시작하는 단계니, 우선 다음과 같은 일반적인 관점에 대해서 이야기해야겠다.

아우라 그 자체는 절대 희귀하지 않다. 그러나 아우라에 대한 적절한 묘사는 아주 드물다. 아우라는 너무나 중요한 현상이기 때문에 이를 제대로 묘사한 글이 꼭 필요하다. 그런 글이 있다면 편두통만이 아니라 뇌와 마음의 가장 기본적이고 근본적인 메커니즘에 대해서도 잘 이해할 수 있을 것이다. 그런데 불행히도 아우라에 대해 잘 묘사한 글은 찾아보기 어렵다. 대개의 아우라가 너무나 이상해서 말로는 설명할 수 없기 때문이다. 기묘하고 두려워서 생각조차 꺼려지기 때문에 잘 묘사된 글이 더더욱 드문 것이다.

해석도 이해도 되지 않지만, 리베잉은 그것에 대해 두드러지게 강조했다. 그 이야기는 리베잉과 그의 환자들이 뛰어넘을 수 없었던 이상하고 이해할 수 없는 한계였다. 그래서 그는 결국 이렇게 썼다. "자신의 발작에 대해 생각하고 설명할 수 없어서, 그저 그 발작들은 공포스럽다고만 말하는 환자들이 있었다. 물론 이 말은 분명히 발작이 일으킨 고통에 대한 설명이 되지는 못했다." 그러니 편두통 아우라라는 주제는 이해할 수 없고 소통 불가능해 보인다. 그런데 바로 이것이 문제의 핵심이다.

'아우라'라는 용어는 거의 2,000년 동안, 곧 간질발작으로 발전하게 되는 환각이라는 뜻으로 쓰였다.[1] 그리고 100년 정도는 어떤 발작이, 말하자면 고전적 편두통이 시작됨을 알리거나 가끔은 편두통 발작의 유일한 징후로 여겨지는 증상과 유사한 것을 가리키는 용어로 쓰였다.

여기서는 지금까지 다루어온 것들과는 다른 것으로 보이는 격렬하고 이상한 증상들을 아우라의 구성 요소로 다루어볼 기회를 가질 것이다. 사실 아우라 뒤에 혈관성 두통, 욕지기, 확산된 자율신경장애 등이 전혀 나타나지 않는다면, 우리는 그것이 편두통의 특성임을 알아채기가 너무나 힘들지도 모른다. 이런 어려움은 환자들이 몇 분 동안 지속되는 독립된 아우라를 겪을 때, 그리고 두통이나 자율신경계장애가 뒤따르지 않을 때 드물지 않게 드러난다. 가워스가 말했던 것처럼

---

1   가워스는 이 용어의 유래와 원뜻을 다음과 같이 설명했다. 아우라라는 용어는 맨 먼저 갈레노스의 스승이었던 펠롭스가 사용했다. 그는 발작이 시작되기 전에 나타나는 이 현상에 매혹되었다. 그에게 이 현상을 설명한 환자들은 이를 "차가운 증기"라고 불렀다. 그는 이것이 정말로 공기를 머금고 혈관을 지나가는 것일 수 있다고 제안하면서, 그리스어로 즉, "영성의 증기spirituous vapour"라고 이름 붙였다.

이런 사례들은 아주 혼란스럽고, 무척 중요하면서도 오해되기 쉽다.

그런 불확실성은 (편두통) 아우라에 대한 내용과 (편두통) 두통에 대한 내용이 역사적으로 양분되어 다루어져온 데에서도 확인할 수 있다. 여러 세기 동안 이것들은 따로 출판되었고, 그 두 가지 현상에 대한 어떤 관련성도 제기되지 않았다.

편두통 아우라의 징후는 아주 다양해서, 단순하고 복합적인 환각만이 아니라 강렬한 감정 상태, 말하기와 상상하기에 대한 장애와 결손, 공간과 시간 인식에서의 전위轉位, 꿈을 꾸는 듯한 상태, 정신착란이나 환각 상태 같은 것들까지 포함된다. 오래된 의학적 종교 문헌을 살펴보면 '환각', '무아지경', '황홀경' 등을 가리키는 내용이 무수히 많지만, 이들이 어떤 성질인지는 아직도 수수께끼다. 다른 많은 과정에서 이와 유사한 증상들이 나타날 수 있고, 좀더 복합적으로 묘사되었던 현상들은 사실상 간질이나 졸중apoplectic, 중독, 또는 편두통과 다를 바 없는 히스테리 발작이거나 정신병적이거나 꿈꾸는 듯한 상태거나 아니면 원래 최면상태였는지도 모른다.

이 가운데 단 하나의 두드러진 예외는 힐데가르트Hildegard (1098~1179)가 쓴 "환영"인데, 이는 분명히 편두통이었다. 이것은 부록 1에서 다룬다.

이처럼 시각 현상만을 다룬 이야기들은 중세 동안 지속적으로 나타난다. 그러나 시각 현상이 아닌, 편두통 때문에 만들어진 것이 분명해 보이는 아우라 현상에 대한 이야기를 찾으려면 그보다 600년은 더 지나야 한다.

다음의 세 가지 이야기는 모두 19세기 초에 쓰였고 리베잉이 인용한 것으로, 편두통 아우라가 가진 매우 중요한 특징을 설명해준다. 그 특징들은 시각적으로(암점), 촉각적으로(지각이상증), 또 실어증의 형태로 나타난다. 12세기의 힐데가르트에서부터 현세기의 래슐리Lashely 와 앨버레즈까지 아우라를 묘사하는 많은 최고의 글들은, 고전적 편두통과 더 일반적으로는 고립된 편두통 아우라에 시달리는 사람들이 스스로를 관찰하며 쓴 것이라는 점을 알게 될 것이다.

나는 갑작스럽게 아무것도 보이지 않는 경험을 자주 한다. 평소에는 잘 보이지만 특정 물체를 보려고 하면 좀더 흐릿하거나, 덜 흐릿하기는 하지만 갈색의 어떤 것이 눈과 물체 사이에 끼어들어서 제대로 보지 못하게 된다. 아주 보이지 않을 때도 있다. (…)
이런 상태가 조금 지속되다가 위쪽이나 아래쪽 가장자리에 지그재그 형태의 빛이 경계를 이루며 나타나서 거의 직각으로 반짝거리는데, 그 범위 전체가 그렇게 보인다. 그 섬광은 눈 한쪽에서만 나타난다. 그렇지만 한 눈으로 보든 두 눈으로 보든 마찬가지로 섬광과 구름이 보인다. (…) 그 구름과 섬광은 20~30분쯤 지속되는데 (…) 두통이 따르지는 않는다. (…) [그렇지만] 대개 트림과 같은 위장 운동과 함께 사라진다(패리 Parry).

혀끝에서 시작해서 얼굴의 한 부분, 손가락이나 발가락 끝까지 그것(지각이상 증세)은 조금씩 조금씩 뇌척수의 중심축cerebrospinal axis을 타고 나갔다가, 처음 증상이 시작되었던 부분 근처에서 잇따라 사라진다. (…) 손에서 느껴지는 전율은 시각적인 이미지의 진동을 떠올리게 한다(피오리Piorry).

(눈이 보이지 않게 되고) 15분쯤 지났을 때 그녀는 오른손 새끼손가락이 마비되는 것을 느꼈다. 마비는 그곳에서 시작해 천천히 손과 팔 전체

로 퍼졌고, 그 부분의 감각을 완전히 잃어버렸다. 그러나 움직일 수 있는 힘을 잃은 것은 아니었다. 그런 다음 마비되는 느낌이 머리 오른쪽 부분으로 번졌다. 그곳에서 다시 위장이 있는 아래쪽으로 확산되는 것 같았다. 마비가 머리 오른쪽에까지 와닿았을 때 그녀는 압박감으로 조금 혼란스러워했고, 질문에 대한 대답이 늦어졌으며 당황스러워했다. 그녀의 '말하기'는 그런 상황에 심하게 영향을 받았다. 마비가 위장에까지 번지면 토할 때도 있었다(애버크롬비Abercrombie).

선택적인 마비 부위(혀, 손, 발)와 주변 부위에서의 구심 경로는 필연적으로 초기에 간질 아우라를 관찰했던 사람들을 떠오르게 한다. 리베잉도 그들 중 하나로, 그는 1863년과 1865년 사이에 그 두 종류의 현상을 아주 뚜렷이 구별하게 하는 글을 썼다.

3부에서 편두통 아우라 증상을 일으킬 수 있는 원인들을 다룰 때 다시 옛글을 참고할 것이므로, 지금은 이에 대해 더 언급하지 않겠다.

이제 우리가 해야 할 일은 일어날 가능성이 있는 아우라 증상 전체에 대한 체계적인 목록을 만드는 것이다. 그 증상들은 아주 다양해서 다음과 같은 주제들을 바탕으로 생각해보아야 할 것이다.

a. 특정한 시각적, 촉각적, 또다른 감각적 환각
b. 감각의 역치와 피자극성의 총체적인 변화
c. 의식과 근육 긴장 수준에서의 변화
d. 기분과 정서의 변화
e. 높은 수준의 통합기능장애—인지, 관념화, 기억, 말하기

이런 구분은 순전히 논의의 편의를 위해 선택한 것이다. 따라서 서로를 배제하는 의미는 조금도 없다. 일반 편두통처럼 편두통 아우라도 사실상 복합적인 것이고, 가능성이 있는 다양한 요소들로 이루어져 있다. 무심코 묘사한 것이 섬광암점scintillating scotoma 같은 단 하나의 증상을 가리킬 수도 있다. 그러나 환자를 문진해보면 거의 언제나 복합적이며, 아주 미묘해서 묘사하기 어려운 여러 가지 현상들이 동시에 일어난다는 것을 알 수 있다.

지금부터 아우라를 순차적으로 하나씩 열거할 텐데, 이런 분류는 단지 설명하기 위한 것임을 기억해두기 바란다. 그리고 늘 이런 식으로 일어나는 아우라의 복잡하고 복합적인 성질을 설명하기 위해 각각의 병력에 대한 준비된 사례들을 덧붙일 것이다.

구체적인 환각: 시각

편두통 아우라가 발작하는 동안에는 아주 다양한 시각적 환각을 경험하게 된다.

가장 단순한 환각은 빛나는 별들이나 불꽃, 번쩍임 또는 단순한 기하학적인 형태가 시야를 가로지르며 춤을 추는 것이다. 이런 형태의 안내섬광♦은 대개 하얗지만 아주 밝은 분광색spectral colours일 때도 있다. 이는 수백 가지일 수도 있고 떼를 지어서 빠르게 시야를 가로지르기도 한다(환자들은 이를 스크린에서 삐 하고 나타나는 '깜박 신호'에 비유하기도 한다). 다음 사례(가워스, 1892)에서처럼 안내섬광은 나머지 부분과

♦   眼內閃光, phosphene. 감각 차단, 최면, 심리적 스트레스, 피로 등의 내적 상태에 있
       거나, 안구를 누르거나 머리를 강하게 부딪히는 등 외적 자극을 받았을 때 나타나
       는 빛의 패턴이다(《종교의 위기》, 우에다 노리유키, 푸른숲, 1999)

가끔 분리되기도 한다.

반맹半盲, hemianopia(바라보는 점을 경계로 시야의 오른쪽이나 왼쪽 절반이 보이지 않는 증상—옮긴이) 뒤에 특유의 두통을 앓고 있는 한 환자는 밝은 빛을 볼 때마다 눈앞에 빛나는 별이 생긴다고 호소했다. 가끔 그 별들 가운데 더 밝은 별 하나가 시야의 오른쪽 아랫부분 구석에서 출발해서 대개는 아주 빠르게 1초 만에, 가끔은 좀 느리게 시야를 가로질러 움직인다. 그 별은 왼쪽에 닿으면 부서져서 파란 구역으로 남게 되는데, 거기서 반짝이는 점들이 움직인다.[2]

또 어떤 경우에는 시야에 정교한 단 하나의 안내섬광이 생겨서 정해진 길을 따라 이리저리 움직인다. 그러다가 갑자기 사라지는데, 그러고 나면 눈부시게 강한 빛의 흔적이 남거나 아무것도 보이지 않는 상태가 된다(111쪽 그림2A). 이 주제에 관해 가워스가 쓴 글에서 이런 종류의 안내섬광에 대한 최고의 묘사를 찾을 수 있다(1904).

(…) 다른 경우에, 변하지 않고 내내 그대로인 별 모양의 물체가 방사상으로 움직인다. 그것은 대개 시야의 수평선 바로 아래 오른쪽 반의 가장자리 근처에서 나타난다. 여섯 개의 뾰족한 잎 모양의 투사 영상인데 빨간색과 파란색으로 번갈아가며 변한다. (…) (그것은) 천천히 왼쪽 위로 움직여 초점을 지나 중앙선 조금 너머까지 간다. 그러고는 다시 출발했던 위치로 돌아오는데, 이 경로를 따라 한 번이나 두 번 정도 같은 길로

---

2   이 병력은 여러 형태의 편두통 아우라를 자극하는 구체적인 빛의 용량에 관심을 가지게 한다. 이 주제에 대해서는 8장에서 좀더 자세하게 다룬다.

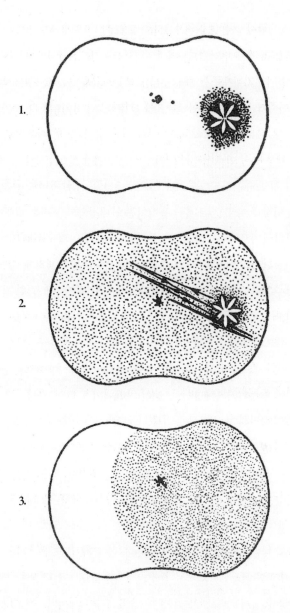

그림2A 편두통 암점의 변형들. 움직이는 별모양 스펙트럼, 가워스(1904)에서 재인용.

움직인다. 그런 다음 시야의 오른쪽 가장자리로 지나간다. (…) 마지막 경로를 두세 번 되풀이해서 움직이다가 갑자기 사라진다. (…) (눈을 떴을 때) 그 환자는 언제나 스펙트럼이 지나가지 않은 시야의 한 부분을 통해서만 볼 수 있다는 것을 알게 되었다.

비록 이런 안내섬광이 (위의 사례에서 묘사한 것처럼) 시야의 반이나 4분의 1 정도에 제한된다고 해도 그것들은 드물지 않게 중앙선을 가로지른다. 이렇게 빠르게 떼 지어 움직이는 안내섬광의 무리는 한쪽 눈에서만 나타나기보다는 양쪽 눈 모두에서 나타나는 경우가 더 많다. 안내섬광은 환자가 인식할 수 있는 이미지로, 가끔은 상세하게 설명되기도 한다. 그래서 어떤 환자들(셀비와 랜스 사례 시리즈에서)은 곧추 선 꼬리가 달린 작고 하얀 스컹크들이 시야의 사분면을 가로지르며 줄지어 움직인다고 묘사하기도 한다.[3]

일반적으로 겪는 기본적인 다른 환각의 경우, 시야에 파문이 일거나 빛이 일렁거리거나 파도 모양이 나타나기도 한다. 환자들은 이를 바람에 찰랑거리는 물이나 물결무늬 비단(무아레moire라고도 한다―옮긴이)을 통해 보는 것에 비유한다(138쪽 그림5-A와 5-B를 보라).

간단한 안내섬광이 지나가는 동안이나 지나간 뒤에 눈을 감으면 환자들은 시각적인 혼란과 환각을 겪게 된다. 격자, 작게 깎은 면, 쪽

---

3   허글링스 잭슨은 생리학적으로 비정상적인 상태일 때 기본적인 환각에서 이미지가 정교해지는 경향에 대해 다음과 같은 주석을 달았다. "한 건강한 남자가 안구 내부에 점들로 이루어진 파리자리muscae(별자리 이름―옮긴이)를 가지고 있었다. 그것들은 눈앞에서 움직이는 점과 필름처럼 느껴졌는데, 이를 사라지게 만들면(알코올진전섬망振顫譫妄의 경우처럼) 초기 수준의 해체가 있고, 그런 다음 그는 쥐를 보았다. 거칠게 말하자면 파리자리가 동물로 변하는 것이다."

매붙임 무늬가 주를 이루는데 그것들은 모자이크, 벌집, 터키 양탄자 등이나 무아레 무늬를 연상시킨다. 이런 기본적인 허상의 이미지들은 눈부시게 빛나고 색색이며, 아주 불안정하면서 별안간 심하게 변화하는 경향이 있다.

이처럼 스치며 쉬 사라지는 안내섬광은 대개 시각적 아우라의 핵심으로 들어가는 서막에 지나지 않는다. 대개의 경우(비록 다 그렇지는 않지만) 환자들은 편두통 암점이 있는 그들의 시야에서 좀더 정교한 환각이 보다 길게 지속되는 상태를 경험한다. 보통 이런 현상에 더 많은 기술적記述的 용어들이 사용된다. 예를 들어 이 암점들은 형태(와 색깔) 때문에 편두통 스펙트럼이라고 불린다. 그리고 가장자리들의 구조(성곽도시의 성벽을 연상시키는)는 요새 스펙트럼fortification spectra(타이촙시아 teichopsia(그리스어로 성벽이라는 뜻임—옮긴이))이라는 용어를 만들어냈다. 또한 섬광암점이라는 용어는 야광성 편두통 스펙트럼의 깜박거림을 의미하며, 음성암점negative scotoma은 부분적으로 또는 완전히 보이지 않게 되는 상태를 이르는데, 그것은 가끔 섬광암점을 뒤따르거나 섬광암점에 앞서 일어난다.

대부분의 편두통 암점들은 반쪽 시야에 있는 초점fixation-point 근처에서 갑작스럽게 눈부신 빛으로 나타난다. 그 자리에서 암점은 점점 커져 거대한 초승달이나 편자 모양이 되어 시야의 가장자리로 천천히 움직인다. 그 주관적인 밝음의 정도는 눈이 부셔서 눈을 뜰 수 없을 정도다. 래슐리는 그것을 정오 햇살의 하얀 표면에 비유했다. 암점 주변부에는 그처럼 밝은 빛이 강렬하고 순수한 스펙트럼 컬러들로 바뀌어가며 반짝이고, 주변부의 가장자리는 많은 색깔의 무지개빛으로 채워지기도 한다. 이때 암점의 확장된 가장자리는 '요새 스펙트럼'이라는 용어에 어울리는 지그재그 모양으로 보인다(114쪽 그림2B). 그리고 그것

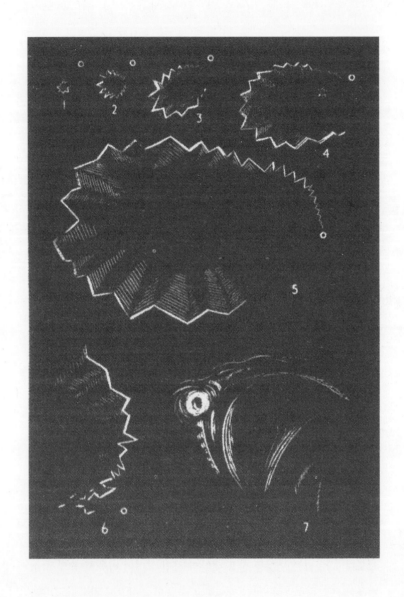

그림2B 편두통 암점의 변형들.
팽창하는 각角 스펙트럼(에어리, 1868), 가워스(1904)에서 재인용.

3장 편두통 아우라와 고전적 편두통

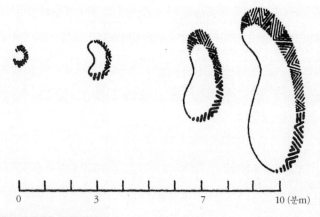

0	3	7	10 (분·m)

그림3B 섬광암점의 경로와 구조.
시야 내부에서 암점의 확장과 발달. 래슐리(1941)에서 인용.

은 언제나 작고 선명한 각도로 쪼개져서 교차하는 선이 된다. 래슐리
의 스케치들에서 분명하게 볼 수 있는 '말馬막이 방책'은 암점의 아래
쪽이 좀더 거칠다(117쪽 그림3A). 암점이 발광發光하는 부분 전체에 특유
의 격렬한 움직임이나 번쩍거림이 있는데, 그 효과는 19세기에 쓰인 묘
사에서 아주 잘 드러난다.

그것은 물방개 같은 작은 수서곤충들이 햇살 아래 수면 위에서 떼 지어
움직일 때 볼 수 있는, 빠르게 회전해 만들어내는 효과와 비교할 수 있다.

반짝이는 속도는 점멸융합 빈도수보다 낮지만 너무 빨라서 셀
수는 없다. 간접적인 방법으로 그 빈도를 짐작해보면, 1초에 8회에서
12회 정도인 것 같다. 섬광암점은 일정한 간격으로 진행되는데, 이웃하
는 초점에서 시야의 가장자리까지 지나가는 데 대개 10~20분 정도 걸
린다(그림3B).

편두통 암점들의 모습을 가장 자세히 묘사한 것은 에어리의 글 (1868)이 아닌가 싶다. 다음의 이야기들은 리베잉과 가워스가 에어리의 양해를 구하지 않고 발췌해서 재구성한 것이다. 에어리가 말한 암점들의 단계는 그림2B에서 볼 수 있다.

밝은 별 모양의 물체, 조금 각진 구球형이 갑자기 연결된 시야에 나타나 (…) 빠르게 확대된다. 처음에는 둥근 지그재그인데 안쪽의 윤곽선은 흐리다. 크기가 불어나면서 윤곽선은 깨지고 전체가 커지는 만큼 그 간격도 넓어진다. 그러고는 원래 둥근 윤곽은 타원형이 된다. 대충 짐작하기로 그 형태는 시야의 가장자리와 동심원을 이룰 것이다. (…) 외곽선들은 직각이거나 더 넓은 각으로 만나고 (…) 조금 각진 이 타원형이 시야의 반쪽 대부분을 차지하면 윗부분이 팽창한다. 그것은 초점 인근에서 생긴 약간의 저항을 극복하는 것처럼 보이는데 (…) 그래서 앞에서 말한 그 부분에서 불쑥 튀어나오게 하고, 윤곽의 각진 부분이 커지게 만든다. (…) 이 마지막 단계가 끝나면 윤곽선의 바깥 아랫부분이 사라진다. 중심 가까이에서 일어난 이 마지막 팽창은 아주 빠르게 진행된다. 그러고는 빛을 뿌리며 날아가는 소용돌이치는 빛의 중심에서 끝이 난다. 그렇게 모든 것이 끝나고 나면 두통이 시작된다.

다른 어딘가에서 에어리는 빠르게 "격렬해지고 전율하는 움직임"과 "능보稜堡(주요 요새의 아래쪽에 설치하는 방비시설로 변칙 5각형 모양을 하고 있다―옮긴이) 모양"의 암점 윤곽선에 대해 말한 적이 있다(그는 이것을 '타이촙시아'라고 부르자고 제안했다). 그는 또 그 모습을 "우아하게 채색된 테두리 장식"이라고도 했는데, 이 장관壯觀의 흠은 두통이 뒤따른다는 것뿐이었다.

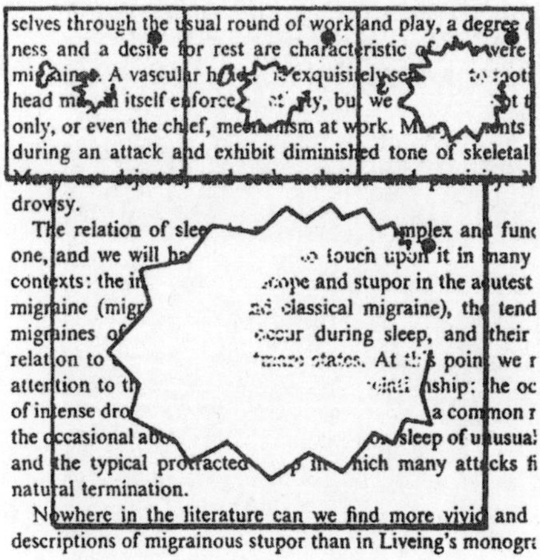

```
selves through the usual round of work and play, a degree
ness and a desire for rest are characteristic of ... were
migraines. A vascular h... is exquisitely se... to ...ot
head m... in itself e...force... ...ly, but we ... ...t t
only, or even the chief, me...anism at work. M... ...nts
during an attack and exhibit diminished tone of skeletal
Many are dejected, and seek seclusion and passivity;
drowsy.
   The relation of slee... ...mplex and func
one, and we will ha... ...o touch upon it in many
contexts: the i... ...ope and stupor in the a...utest
migraine (migr... ...d classical migraine), th... tend
migraines o... ...ccur during sleep, and their
relation to ... ...m... ...tates. At th... point we r
attention to t... ...nti... ...ship: the oc
of intense dro... ...a common r
the occasional ab... ...n sleep of unusual
and the typical pro...racted ... i...hich many att...cks f...
natural termination.
   Nowhere in the literature can we find more vivid and
descriptions of migrainous stupor than in Liveing's monogra
```

그림2C (왼쪽) 편두통 암점의 변형들.
팽창하는 음성암점, 가워스(1904)에서 재인용.
그림3A (오른쪽) 섬광암점의 경로.
섬광암점의 전진하는 가장자리에서 나타나는 미세한 교차선 구조(말막이 방책), 래슐리
(1941)에서 인용.

　　　발광하는 암점의 가장자리는 시각적 감수성의 회복 과정이 진

행되는 경계 지역 뒤로 완전히 보이지 않는 초승달 같은 그림자를 끌고

간다(그림2C와 3A). 에어리는 또한 원래의 암점이 진행되고 몇 분 안에(즉

초점 근처에서 시각적인 감수성이 회복되자마자 곧) 두 번째 집중적인 번쩍거림

이 가끔 뒤따라 나타난다고(그리고 그 증상은 드물지 않다고) 말했던 적이

있다.

　　　이것은 아주 일반적인 형태의 편두통 암점에서 볼 수 있는 장

면이다(가워스의 팽창하는 각角 스펙트럼). 그러나 같은 부분에서 여러 가지

중요한 변종 형태가 생길 수도 있다. 암점에 대한 적절한 이론을 얻으려

면 이 존재는 꼭 논의되어야만 한다. 모든 암점이 초점 근처에서 시작

하는 것은 아니다. 많은 환자들은 지속적으로 그리고 가끔씩 암점이

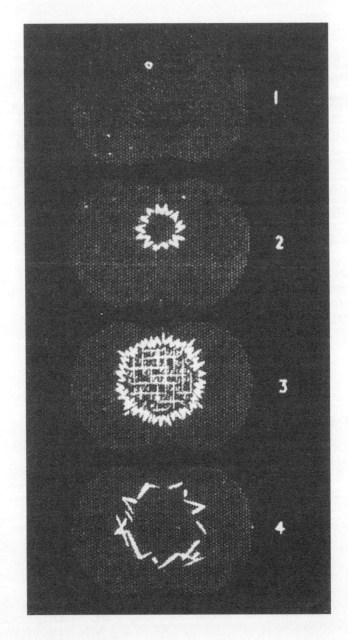

그림2D 편두통 암점의 변형들.
근점성(중심의 주변) 스펙트럼, 가워스(1904)에서 재인용.

아주 유별나게, 또는 시야의 주변에서 시작되는 것을 경험하기도 한다 (가워스의 방사상 스펙트럼). 팽창하는 암점들은 교대로 또는 동시에 반쪽 시야의 양쪽 모두에 나타날 수도 있다. 그리고 앞쪽의 경우에서처럼 계속되는 변화가 몇 시간 동안 지속되는 아우라 '상태'를 만들어내기 도 한다. 특히 두 개의 반쪽 시야(가워스의 중앙과 중앙 주변의 스펙트럼)에서 정확하게 동시에 진행되는 양쪽의 암점들은 이론적으로 매우 중요하 며, 특별한 미학적인 매력도 갖고 있다(그림2D). 이런 아우라들의 존재 는 편두통 아우라의 기준을 몸 한쪽에서만 일어나는 지엽적인 과정이 라고 생각하는 사람들에게는 아주 어려운 문제가 된다(10장과 11장을 보 라).[4] 빛나는 암점이나 음성암점은 중앙만이 아니라 사분면의 높은 곳 에 위치하거나 또는 비규칙적으로 흩어져 있기도 한다. 느낌이 좋은 이 패턴은 아치 모양의 스펙트럼으로 시야의 중심이나 양쪽 모두에 자리 잡는다(그림2E). 가워스는 이들이 중심 주변에 있는 스펙트럼의 조각들 이라고 생각했다. 이 스펙트럼은 거의 2,000년 전에 아레타에우스가 하늘에 뜬 무지개의 모습에 비유해 묘사했던 것이다.

음성암점은 대개 섬광암점에 이어 나타나는데 앞서는 경우도 있고, 그 대신에 생기는 경우도 종종 있다. 피질시각상실의 모든 징후 와 마찬가지로 음성암점은 마지막에 우연히, 즉 이등분된 얼굴이나 어 떤 페이지에서 특정 낱말이나 그림이 사라지는 것을 갑작스럽게 보게 됨으로써 발견하는 것 같다. 그러나 관찰력이 좋은 환자들은 음성암점 본유의 특징인 특별하게 '눈부신' 성질에 대해 지속적으로 말해왔는

---

4   가워스는 중앙의 음성암점에 대해 이야기했다. "완벽하게 대칭이 되는 중심 시야를 상실하는 증상은 한쪽 반구 기능에 일어난 허위 장애로는 결코 설명할 수 없다. 완 벽하게 대칭적인 (양쪽 반구의) 동시적인 기능의 억제 (…) 로만 설명할 수 있다."

그림2E 편두통 암점의 변형들.
무지개 스펙트럼, 가워스(1904)에서 재인용.

데, 우리는 이에 주목할 필요가 있다. 다음은 리베잉이 인용한 오래된 묘사다.

> 내 시야가 갑자기 혼란스러워졌다. 한쪽이 다른 쪽보다 더 심했는데 마치 태양을 쳐다본 사람 같았다.

(만약 그런 일이 일어난다면) 우리는 이 눈부신 성질 그 자체와 '눈이 멀게 되는' 휘황찬란한 번쩍임의 차이를 비교해보지 않을 수 없다. 결국 환각과 시각의 민감성이 사라지는 현상이라기보다는 뇌의 비시각적인 구역이 자극된 결과일 수 있다는 의구심이 든다. 이 가설에 대해서는 나중에 검증해볼 것이다. 지금 단계에서는 단지 그런 선행 자극에 대한 묘사에 주목하고자 한다.

사례67

어릴 때부터 고전적 편두통과 독립적인 아우라를 경험해온 32세의 내과의사에 대한 이야기다. 암점들은 언제나 음성이었지만, 이에 앞서 흥분성 자극이 먼저 나타났다. 그는 이렇게 말했다. "암페타민을 먹은 것처럼 흥분된 감정으로 시작됩니다. 내게 무슨 일이 일어나고 있다는 것은 알죠. 그러면 나는 주위를 둘러보기 시작해요. 빛과 관련된 일들이 일어나는 것을 보고 놀라죠. 그러고 나면 내 시야의 일부를 잃었다는 것을 알게 됩니다."

이 사례에서 우리는 지속적인 흥분 상태 동안에, 그런 상황에도 불구하고 음성암점이 나타나고 있음을 알 수 있다. 다른 환자들은 정반대, 그러니까 지독한 졸음과 함께 섬광암점이 나타난다. 이들의 경우, 자극과 억제라는 모순이 동시에 일어나는 것이다.

촉각적인 환각

시각적인 증상에 대한 많은 관찰기록들은 편두통 아우라의 촉각성 환각에도 적용될 수 있을지 모른다. 양성(지각이상증)이거나 혹은 음성(무감각증) 환각이 있을 수 있다. 지각이상증에는 시각적인 번쩍거림의 횟수만큼 특유의 전율이나 떨림이 있다. 비록 촉각성 환각이 시각적 징후보다 훨씬 덜 일반적이지만 암점들과 함께 또는 앞서거나 뒤이어 일어나기도 하고, 암점이 없을 때 나타나기도 한다. 이 증상의 경우, 같은 환자에게 되풀이되어 일어나기는 하지만 늘 그런 것은 아니다.

암점들이 대개 망막의 노란 점과 관련되어 나타나는 것처럼, 가장 흥분되기 쉽고 촉각이 대규모로 분포되어 있는 부분, 그러니까 혀와 입 근처, 손, 흔치 않지만 발 같은 부위에 이런 증상이 나타난다고 단언하는 경우가 많다. 그러나 아주 드물게는 몸통 부분, 허벅지, 또는 촉각이 분포된 다른 부분에서 시작되기도 한다.

가벼운 지각이상증이나 잠깐 동안의 지각이상증이 원래 시작되었던 곳에 남아 있을 수 있다. 더 일반적으로는 마치 구심력이 작용하듯 이들이 몸의 말단에서 몸의 중심 방향으로 퍼진다. 따라서 우리가 두 가지 중요한 차이점만 기억한다면, 이 증상을 간질병 아우라인 잭슨 발작jacksonian march에 비유하는 것도 적절해 보인다. 편두통 지각이상증의 중심이 되는 흐름은 섬광암점의 흐름과 마찬가지로 간질 지각이상증의 흐름에 비해 매우 느리다. 편두통 아우라가 한 번 '휩쓸고 지나가는 데' 대략 20~30분 정도 걸리는 반면, 편두통 상태에서 지각이상증은 몇 시간 동안 반복해서 나타나거나 또는 암점 주기와 번갈아 나타나기도 한다. 두 번째로, 대개 몸의 한쪽에서 시작하는 간질과는 대조적으로 편두통 아우라의 지각이상증은 반 이상이 몸의 양측면에서 시작하거나 양 측면으로 발전한다. 이 양측성은 특히 입술과 혀의 지각이상증에서 일반적으로 나타난다. 사실 이렇게까지 말하기도 한다. 만일 아우라 증상이 한쪽이나 다른 한쪽에서 절대로 떠나지 않는다는 환자의 말이 믿을 만하다면, 편두통이라는 진단 자체를 의심해보아야 한다(197쪽 사례26을 보라).

편두통 지각이상증은 두 가지 가운데 어느 한 경로로 확산된다. 즉 신체 표면의 인접한 부분으로 직접 확산되거나, 촉각이 분포된 다른 어느 부분에서 별도로 다시 시작된다.

다른 감각에서의 환각

편두통 아우라에서 다른 특정한 감각의 환각은 드물다. 그러나 나는 대부분의 이야기에서 주장하는 것보다 훨씬 흔하다고 생각한다. 청각적 환각은 귀가 잘 들리지 않거나 아예 들리지 않는 장애가 앞서거니 뒤서거니 하면서 쉬쉬거리거나 으르렁거리는 소리 또는 웅성거리는 소음의 형태를 띤다. 후각의 환각에 대해서는 여러 명의 환자가 설명하는 것을 들은 적이 있다. 냄새는 강렬하고 불쾌하며 이상할 정도로 익숙하지만, 설명하기가 어려우며 강한 기시감에 젖어들 때가 많다고 했다. 그것은 갈고리이랑 발작◆을 연상시킨다. 미각은 아마도 특정 감각의 환각 가운데 가장 드문 경우가 아닐까 싶다.

내장과 상복부의 다양한 증상이 편두통 아우라가 있는 동안 발생할 수도 있다. 아마 강한 욕지기가 가장 흔할 텐데, 예민한 환자라면 두통 등과 함께 나타나는 욕지기와 구별할 수 있을 것이다.

몇몇 환자들은 상복부에서의 다양한 느낌을 묘사했는데, 그중 한 환자는 명치에서 "진동하는 철사"를 느꼈다고 했다(151~152쪽 사례 19를 보라). 가슴을 지나 목으로 뭔가가 올라가는 듯하며, 트림을 하거나 억지로 삼키게 만드는 상황을 동반하는 느낌이었다고 했다.

동작에서의 환각에는 두 가지 형태가 있는 것 같다. 하나는 드물게 가워스가 만든 용어인 "운동감각motor sensation"으로, 말하자면 사실상 아무런 움직임이 없는데도 팔이나 다리 하나가 움직였다거나 몸이 새로운 자세를 취했다거나 하는 느낌이다. 그리고 또 하나는 아마도 모든 아우라 가운데 훨씬 더 흔하면서도 가장 참기 힘든 증상일 텐

◆ uncinate seizure. 갈고리이랑 발작은 일종의 정신-신체적 간질psychosomatic epilepsy 또는 관자엽 간질temporal lobe epilepsy의 하나로, 간질발작의 전조로는 나타나지 않는 기분 나쁜 냄새를 느끼며(후각 환각olfactory hallucination), 강한 감정적인 느낌이 일어나기도 하고, 물체가 갑자기 크게 보이거나 작게 보이는 감각성 환각이 나타나기도 한다. 발작 중에는 입과 혀를 이상하게 움직이거나 의미 없이 걷거나 때로는 피아노를 연주하거나 차를 모는 등 상당히 숙련된 행동을 할 수도 있다. 발작이 끝난 후에는 보통 발작 중에 일어났던 일을 전혀 기억하지 못하며, 완전한 의식 상태로 돌아오기까지는 몇 분에서 몇 시간이 걸리기도 한다. 이를 복합부분간질complex partial seizure이라고도 한다(이원택·박경아 공저, 《의학 신경해부학》, 고려의학, 2008 참고).

데, 비틀거림이나 엄청난 욕지기, 잦은 구토를 동반한 갑작스럽고 강렬한 현기증이다. 다음의 묘사는 리베잉이 채록한 것인데, 우리가 상상할 수 있는 모든 편두통 증상을 다 겪은 불행한 A씨와 관련된 것이다.

> 그의 편두통 발작은 대개 눈이 보이지 않으면서 시작되는데, 현기증은 극히 드물고 가벼웠다. 그런 가운데 강한 현기증 발작을 한두 번 정도 겪었는데 그것은 일반적인 발작 대신에 일어나는 것 같았다. 어느 날 아침, 잠에서 깨어 침대에서 움직이거나 일어나기 전이었는데 방에 있는 모든 물건들이 수직권에서 아주 빠른 속도로 오른쪽에서 왼쪽으로 빙빙 돌며 자신에게 경고를 보내고 있었다. (…) 아주 대단한 현기증이었다. 눈을 감고 꼼짝도 못하고 누워 있었는데, 일반적인 발작인 눈이 보이지 않는 증상과 비슷한 정도의 시간이 지난 뒤에야 진정되었다.

편두통 환각들의 유사객관성pseudo-objectivity

우리는 환각이라는 용어를 편두통 아우라가 있는 동안 일어나는 감각적인 경험이라는 뜻으로 사용한다. 이 말은 많은 사람들에게 하찮은 듯한 느낌을 주긴 하지만, 이 용어의 사용은 타당하다고 할 수 있다. 환각 경험의 전형적인 특징은 이런 것들이다. 코노르스키Konor-ski가 "겨냥 반사targeting reflex"(코노르스키, 1967, 174~181쪽)라고 했던 것처럼, 환각은 실재를 오해해서 지각에 반응을 일으키는 것이다. 따라서 꿈이야말로 진짜 환각이라 할 수 있다. 꿈은 진짜처럼 경험되고 투영된 환각을 훑어보는 눈의 겨냥 반사(잠이라는 말과 모순되는 "급속안구운동REM")와 함께하기 때문이다. 편두통 아우라의 비정상적인 느낌은 꿈의 느낌과는 대조적으로 (비록 그것들도 몽롱하거나 잠이 든 상태에서 일어나기도 하지만) 완전히 깨어 의식하는 상태에서 경험하게 된다. 게다가 대개의 환자들은 그 경험들이 진짜라고 오해하지도 않는다. 그럼에도 아주 지적인 환자들조차도 아우라의 느낌을 객관적인 실재로 보고 싶어 하는 경향이 있다. 지각이상증이 있는 환자들은 증상이 나타난 손을 내려다보거나 비비기도 한다. 음성암점과 함께 많은 아우라를 경험했던 아주 지적인 내과의사인 사례67(120~121쪽)의 환자는 자신이 편두통 아우라를 겪고 있다고 깨닫기 전에는 언제나 방의 조명에 문제가 있다고 느꼈다. 많은 환자들이 편두통으로 빛이 일렁거리기 시작하면 안경을 벗어서 정성스럽게 닦는다. 이런 객관화는 섬광암점이나 후각적인 환각을 경험하는 경우에 특히 충격적일 수 있다. 가워스(1904)는 이 "무의식적인 객관화"의 강력함과 완고함에 대해서, 그리고 눈 위쪽에서 각진 왕관 모양이나 무지개가 보인다(120쪽 그림2E에서 환자가 그린 것처럼)고 주장하는 주변암점pericentral scotomata을 가진 환자에 대해서 말한 적이 있다. 편두통 아우라가 만들어내는 환상을 충분히 경험했던 사례75(96~97쪽)의 환자는 후각적인 아우라를 경험할 때 언제나 그 냄새가 어디서 나는지를 찾기 시작한다. 이후에 묘사되는 아주 심한 아우라에서, 주관적인 느낌은 환자를 완전히 압도할 수도 있고 마치 꿈속에서 완전한 실제 상황을 겪는 것처럼 경험될 수도 있다.

감각 역치의 일반적인 변화

앞에서 우리가 묘사했던 구체적인 환각에 더하거나 대신해서 감각기능의 강화 또는 마비가 확산될 수 있다. 이런 변화는 일반 편두통을 설명할 때 언급한 적이 있지만, 편두통 아우라에서는 더 심할 수도 있다.

어떤 환자들은 시야가 전반적으로 밝아진다고 한다. 섬광암점을 한번도 경험해본 적이 없는 내 환자 한 사람은 이렇게 말했다. "수

천 와트짜리 전구가 방에 켜져 있는 것 같았어요." 이런 확산된 시각적 자극에 대한 흔적은 이 경우에 일어날 수 있는 강렬하고 평소보다 오래 끌고, 가끔은 거의 휘황찬란한 잔상과 눈을 감으면 보이는 아주 빛나는 시각적 이미지의 한바탕 소동 같은 것을 보여준다. 비슷한 현상이 청각에서도 일어날 수 있는데, 아주 작은 소리도 엄청나게 크게 들리고 길게 늘어진 메아리나 잔향殘響이 소리가 그친 뒤에도 몇 초 동안 지속된다. 촉각에서도 비슷한 현상이 일어나는데, 아주 가볍게 스치는 정도가 참을 수 없을 만큼 확대된다. 이런 전반적인 과민함 때문에 거의 고문당하는 것과 같은 상황이 되어버린다. 환자들은 스스로를 보호하지 않으면, 자신의 환경 또는 내면의 이미지와 환각 때문에 받게 되는 감각의 자극으로 괴로움을 겪게 된다. 이런 상태는 상대적인 감각의 소멸이나 가끔은 절대적인 소멸로 이어지는데, 특히 실신할 정도로 심각한 아우라를 겪기도 한다. 이런 과정은 간질이 발작했을 때 더 심하게 겪을 수도 있는 지독한 감각의 소멸을 떠올리게 한다. 가워스가 말했던 것처럼. "순간 모든 것이 조용해진다. 그런 다음 깜깜해지고, 의식을 잃는다"(150~151쪽 사례19를 보라).

의식과 자세성 긴장의 변화

편두통 아우라는 여러 형태의 확실한 환각이나 흥분된 상태로 나타나는데, 모두 꽤 각성된 상태로 시작하는 것 같다(120~121쪽 사례67과 154쪽 사례69에서 알 수 있는 것처럼). 그런 각성 상태는 가끔 극단으로 치닫기도 하는데, 편두통의 지나친 전구증상과 구별하기가 어려울 수도 있다.

양성이 음성환각으로 이어지는 것과 마찬가지로, 의식과 근육의 긴장이 총체적인 각성 상태가 되는 극단적인 조심성과 긴장, 심한 경계 단계는 의식 수준과 긴장도가 감소되는 상태로 이어진다. 좀 가벼운 경우라면 이런 상태를 단지 둔감하고 무기력해졌다고 느낄 수도 있다. 그러나 극단적인 경우라면 의식을 완전히 잃어버릴 수도 있다. 그리고(또는) 근육의 긴장을 거의 잃어버리고 탈력발작 수준이 되기도 한다.

편두통성 실신은 간질병의 가벼운 발작처럼 결코 갑작스럽게 시작하고 갑작스럽게 끝나지 않는다. 환자는 몇 분 동안 그 과정 속에 스며들었다가 이와 마찬가지로 점진적인 형태로 힘을 되찾는다. 우리는 이런 정황 속에서 편두통성 실신을 3단계로 나누어 인식하면 편리하다. 먼저 무기력한 마비 상태가 되고, 두 번째는 인사불성 상태가 되는데 환자는 이 상황에서 대개는 불쾌한 느낌을 주는 '강제된' 생각과 이미지로 고통을 겪는다. 리베잉은 이 단계를 "진저리나는 가수면 상태"라고 했다. 이때 강제된 생생한 이미지는 운동불능과 관련이 있다 (이 상태는 기면증이나 "수면마비" 증상을 떠올리게 한다). 세 번째는 혼수상태인데, (대소변의) 실금을 동반하는 경우가 많다. 그리고 아주 드물게 발작적인 행동이 일어나기도 한다.

편두통성 실신의 전체 발생률을 짐작하기는 어렵다. 왜냐하면 편두통성 실신은 한 환자에게 일생에 한두 번 일어나는 정도인데, 대개는 그 발생 사실을 잊어버리거나 숨길 수 있기 때문이다. 리스Lees와 와킨스Watkins는 다음 사례에 "뇌바닥동맥형 편두통"이라는 이름을 붙여서 보고했다.

24세의 이 여자는 이마 두통과 실신으로 이어지는 양쪽 시각장애와 입술, 혀, 한쪽 팔이 마비되는 발작을 주기적으로 겪어왔다. (…) 한번은 발작이 극한에 이르렀는데, 그녀는 의식을 잃었고 대소변을 통제하지 못했다.

나는 편두통 아우라 또는 고전적 편두통을 가진 환자를 100명 넘게 보아왔지만, 어느 정도 규칙적으로 실신하는 사람은 네 명뿐이었다. 그러나 우발적인 편두통성 실신의 발생률은 아주 높을 수 있다. 셀비와 랜스는 "(396명 가운데) 60명의 환자가 두통 발작과 함께 의식을 잃었다"는 것을 알게 되었다. 또한 이 60명 가운데 18명은 '간질발작을 연상시키는 특징'과 함께 의식장애가 심했다.

구체적인 운동장애

"간질발작을 연상시키는 특징들"이라고 하면 대부분의 환자들은 인사불성 상태와 경련을 떠올린다. 우리는 앞에서 편두통 발작이 일어나는 동안에 생기는 의식장애나 의식 상실과 관련된 상황에 대해 다루었다. 그렇다면 이제 간질모양epileptoid(간질병질이라고도 한다. 임상적으로는 전혀 발작 증상을 보이지 않는데 간질병의 특징을 분명하게 보이는 경우를 말한다—옮긴이)의 진성 경련이나 발작이 편두통의 요소로 일어나지 않을 수는 없는지 의문을 가져야만 한다. 만일 진성 경련이나 발작이 편두통에서 일어난다고 인정한다고 해도, 이와 같은 운동장애 증상은 간질병에서 일어나는 그와 대응되는 증상보다 훨씬 드물다는 사실을 부인할 수 없다. 그럼에도 우리는 편두통의 높은 수준의 장애는 단지 감각적인 것뿐이라는 흔하고 독단적인 주장에 대해 질문해야 한다. 근육 경련에 대한 이야기들은 그 주제에 대해 쓴 고전적인 글, 특히 티소와 리베잉, 가워스의 글에서 찾을 수 있다.

12세 된 어린 소녀는 왼쪽 눈, 왼쪽 관자놀이, 왼쪽 귀를 점령한 격한 편두통 때문에 갑작스럽게 아팠다. 동시에 마치 개미 떼가 있는 것처럼 따끔거리는 느낌을 받았는데, 이 느낌은 왼쪽 새끼손가락에서 시작해서 다음 손가락들로, 팔목으로, 팔로, 목으로 옮겨가더니 경련성 움직임으로 머리를 심하게 움츠리게 만들었다. 아래턱까지 번진 이 발작은 온몸에 힘이 빠지는 증상을 동반했지만, 그래도 의식을 잃지는 않았다. 이 잔인한 발작은 담즙을 토하고 나서야 끝이 났다(티소, 1790).

한 환자에게 일어난 증상으로, 늘 두통이 시작되기 전에 갑자기 종아리가 따끔거렸다. 두통이 시작된 뒤에는 종아리 근육에 고통스러운 쥐가 나는데, 그 두통은 몇 분밖에 지속되지 않는다. 또다른 때에는 같은 환자인데도, 얼굴이 갑자기 진홍색으로 변하고 머리에 심한 통증이 온다. 이 통증은 같은 쪽 다리로 내려가서 몇 분 동안 다리가 오그라드는 듯한 경련을 일으켰다(가워스, 1892).

이런 발작에 대해 가워스는 이렇게 말한다. "이 경우는 일반적인 유형에서 너무 심하게 벗어나 있기 때문에 가끔은 그런 특성을 편두통으로 분류해야 할지 말아야 할지 의심스럽다."

팔이나 다리에 일어나는 일시적인 운동 쇠약motor weakness(길게 끄는 반신불수 상태와는 대조적이다. 이것에 대해서는 다음 장에서 다룬다)은 드물지 않으며 지각이상증에 뒤따르기도 한다. 환자들에게 묻고 조사한 바에 따르면, 그런 경우에 분명한 쇠약함은 마비장애라기보다 운동장애로 보인다. 그러나 내가 이 아우라 단계가 진행되는 동안 얼마간 보았거나 조사해본 또다른 환자들의 경우에는 사지에 힘이 빠지고 무반사적이며 정말로 마비가 왔다.

나는 편두통 아우라가 있는 동안 경련을 일으키는 환자를 본 적은 없다. 다만 (고전적 편두통이나 독립적으로 일어나는 아우라를 가졌던 전체 150명의 환자들 가운데) 3명의 환자에게서 자신들이 발작하는 동안 그와 같은 경련이 일어나는 것을 다른 사람들이 지켜보았다는 이야기를 듣기는 했다. 또한 편두통 아우라가 한창일 때 그런 경련이 있었음을 믿을 만한 관찰자들이 되풀이해서 증언한 적은 있다. 사실 그런 이야기는 고대에서부터 찾아볼 수 있다. 그런 발작의 원형은 2세기에 아레타에우스가 묘사한 적이 있는데, 편두통 스펙트럼을 본 뒤에 의식을 잃고 경련을 일으킨 사람에 대한 이야기였다.

우리는 이런 발작을 어떻게 분류해야 할까? 편두통성 발작이 있는 이례적인 편두통인가, 편두통 병질의 특성을 가진 이례적인 간질인가, 아니면 편두통에 겹쳐진 간질발작인가? 레녹스는 이런 경우를 "잡종 발작hybrid seizure"이라고 표현함으로써 이 딜레마를 멋지게 피해갔다. 그리고 아직까지 이보다 더 좋은 용어를 들어보지 못했다.

나는 편두통 아우라에서 안면경련만이 아니라 무도병(몸의 일부가 갑자기 제멋대로 움직이거나 경련을 일으키는 증상—옮긴이) 형태를 보이는 복합적인 운동성 흥분이 시작되는 환자를 종종 보아왔다. 그것은 좌불안석증에서 볼 수 있는 극단적인 운동성 불안이나 민감성, 충동이 생기는 이유와는 대조적인 증상들이다.

마치 춤을 추듯 다리를 움직이거나 반짝이는 빛처럼 짧고 빠르게 발작적으로 움직이는 무도병의 원인은 대뇌피질이 아니라 정상적인 자각을 중재하는 뇌의 더 깊숙한 부분인 바닥핵basal ganglia과 상부 뇌줄기腦幹, upper brainstem에서 찾을 수 있다. 편두통이 발작하는 동안 일어나는 무도병에 대한 이런 관찰은 편두통이 각성장애의 한 형태며 수면의 낯선 중간 영역 어디엔가에 있는 어떤 것으로서, 그것은 흔히 짐작하듯이 표면적인 곳에 있는 대뇌피질이 아니라 뇌줄기 깊은 곳에 원인이 있는 장애라는 뜻이다.

감정과 기분의 변화

일반 편두통이나 편두통 유사증상보다 앞서거나 뒤에 나타날 수 있는 기분장애에 대해 묘사한 적이 있다. 이제 우리는 그런 기분 변화보다 좀더 격렬하고 더 드라마틱하며 성질이 다른 증상들을 함께 다룰 것이다. 그 증상들은 심각한 편두통 아우라를 겪는 동안 일어날 수 있는, 뚜렷하게 돌발적으로 폭발하는 너무나 강렬한 '강제된' 감정의 변화다.

편두통성 기절처럼 이는 상대적으로 드문 증상이고, 환자가 발작을 일으킬 때마다 일관성 있게 나타나는 경우는 매우 드물다. 그럼에도 심각한 아우라를 자주 겪는 환자들의 대부분은 종종 그런 갑작스러운 감정 변화를 경험한다. 어릴 때부터 고전적 편두통과 독립적인 편두통 아우라를 겪었던 한 환자는(152~153쪽 사례11, 그에 대한 자세한 이야기는 나중에 하겠지만) 마음이 불편하기는 했지만 평정심을 잃지는 않았다. 그런데 아우라를 겪는 동안 '아주 끔찍하게 불길한 느낌'을 경험한 적이 있다. 그동안 그녀가 겪었던 다른 발작과 달리 아주 특별한 경험이었는데, 그녀에게 완전히 익숙해지고 이미 충분히 단련된 일반적인 발작 과정에서 느끼는 단순한 불안감이 아님을 그녀도 깨달았다.

그런 돌발적이고 강렬한 감정 변화에 대해서는 옛날 문헌들에도 많은 기록이 남아 있다. 특히 리베잉(편두통 발작에 대한 글)과 가워스(간질에서 일어나는 발작에 대한 글)의 기록을 들 수 있는데, 리베잉은 이렇게 기록했다. "자신의 발작에 대해 생각하고 설명할 수 없어서, 그저 그 발작들을 공포스럽다고만 말하는" 환자들이 있었다. 그들이 말하는 내용은 "분명 발작이 일으킨 고통에 대한 설명이라고 볼 수 없었다." 가워스는 간질과 관련해서 관찰한 기록을 남겼다. 비록 그가 다른 종류의 감정 변화에 대한 병력을 제공했지만, 정서적인 아우라는 대개 공포감("약한 두려움이나 강한 공포감")의 형태를 띤다. 이러한 공포감의 매우 심각한 형태는 아주 끔찍하게 강렬한 느낌에 도달하게 되는데, 그런 상태는 환자에게 곧 죽을 것만 같다는 느낌을 준다. 죽음의 공포라는 이런 느낌을 옛날 의사들은 "앙고르 아니미Angor Animi"(게어드너병Gairdner's disease이라고도 하는데, 대개 협심증 환자에게 나타나는 죽음에 대한 공포감을 말한다―옮긴이)라고 불렀는데, 이보다 더 좋은 용어는 없어 보인다. 이런 종류의 공포감은 협심증, 폐색전肺塞栓증 등의 경우에도 나타난다. 그러나 감정적인 반응이 언제나 이 방향으로만 나타나는 것은 아니다. 환자들에 따라서는 아우라를 겪는 동안 가벼운 희열을 경험하기도 하며 (153쪽 사례16을 보라), 드물게는 아주 깊은 경외감이나 황홀감을 보이기도 한다(이 장의 후기를 보라). 그런 감정 변화는 강렬하지만 두려움이나 황홀감이 가지는 진지함은 없는 것 같다. 그리고 그런 경험은 단지 환자에게는 재미있다거나 우습다는 느낌을, 또는 관찰자에게는 '바보스럽다'는 느낌을 주기도 한다(153~154쪽 사례65를 보라). 셀비와 랜스는 그런 경우를 "분명히 히스테릭한 행동"이라고 잘라서 말했다.

가워스는 한 간질 환자에 대해 기록하면서, 의식을 잃거나 경련을 일으키기 직전에 접하는 순수한 도덕적인 느낌("무슨 일이 일어났든 상관없이 환자는 갑자기 [도덕적으로] 잘못된 것 같다고 느낀다")에 대해서 썼다. 아우라 상태에서 강력하고 갑작스럽게 나타날 수 있는 복합적인 감정은 부조리한 감정이다. 이런 갑작스러운 감정 상태(순전히 감정적인 것이라고 말할 수는 없지만) 가운데 가장 흔한 경우는 환자 스스로가 갑자기 이상하다는 낯선 느낌을 받게 되는 것이다. 그것은 독립된 하나의 감정으로 나타날 수도 있고, 또는 우리가 다루었던 다른 감정적인 상태들과 함께 나타날 수도 있다. 그 이상하다는 느낌은 심각한 시간감각장애를 동반하는 경우가 많다.

정리하자면, 편두통 아우라에서 일어나는 감정적인 상태의 특징으로 다음과 같은 느낌을 들 수 있다.

a. 갑작스럽게 시작한다.

b. 그 원인을 알 수 없는, 의식의 전면에 나타나는 내용들과 부조화를 이룰 때가 많다.

c. 너무나 강렬한 성질을 가지고 있다.

d. 수동적이며 '강제로' 감정 변화가 일어난다.

e. 짧게 지속된다(몇 분 이상 지속되는 경우는 아주 드물다).

f. 정적이고 시간이 정지된 느낌을 준다. 이런 상태는 깊어지고 강렬해질 수도 있지만, 어떤 '일'이 일어났다는 느낌이 없는데도 생길 수 있다.

g. 적절하게 묘사하기가 불가능하거나 아주 어렵다.

아주 강렬하게 강제된 감정 상태는 편두통이나 간질 때문에 뇌에서 일어나는 발작의 경우만이 아니라 정신분열증, 마약으로 인한 정신병, 몹시 흥분되거나 중독된 상태, 히스테리 상태이거나 황홀경에 빠지거나 꿈을 꾸는 상태에서도 일어난다. 이 시점에서 우리는 윌리엄 제임스William James가 말하는 "신비주의적인" 상태에 대한 성질을 설명하는 항목들을 떠올리지 않을 수 없다. 그것은 "형언할 수 없음, 지적 사색에 잠기는 성질, 무상함, 수동성"이다.

최고 통합 기능의 변화

유명한 임상 관찰자들은 편두통의 뇌장애들은 단지 원시적인 수준에서 일어나며, 그것들이 일으키는 알아채기 힘들 만큼 미묘한 장애들은 간질이나 인체에 다른 병이 있음을 나타내는 것이라고 알고 있었다. 그러나 그들은 잘못 알고 있었다. 수많은 복합적인 뇌 증상은 분명히 편두통 때문에 일어나는 것일 수 있다. 그 증상들은 간질에서 그와 대응되는 증상들만큼 그 수도 무척 많고 다양하다.

높은 수준의 뇌 기능 변화는 대부분의 편두통 아우라에서 발생한다. 하지만 그 미묘함이나 이상함 때문에, 혹은 환자가 아우라를 겪고 있을 때는 고도의 지적인 또는 신체적인 활동을 하지 못하기 때문에 알아채지 못할 수 있다고 짐작할 수 있다. 그래서 자신의 편두통을 신중하게 관찰했던 앨버레즈는 어느 날 자신의 아우라가 단지 '순수하고' 독립된 시각 현상만이 아니었다는 것을 어떻게 알게 되었는지에 대해 다음과 같이 묘사했다.

가끔 눈이 흐릿해져서 편안하게 읽을 수가 없을 때 나는 가족들에게 손으로 편지를 쓰면서 시간을 보낸다. 나중에 그 편지를 다시 읽어보면 내가 쓰려고 생각했던 내용과는 다른 말을 썼다는 것을 알게 된다.

이렇게 미묘한 난독증이나 실어증과 같은 종류의 결함이 왜 대부분의 환자들에게 관심을 끌지 못하는지 쉽게 이해할 수 있다. 그런 증상의 정확한 성질을 알아내기 위해서는 종종 유도 심문이 필요하다. 많은 환자들이 편두통 아우라를 겪는 동안 '이상하거나' '혼란스러운' 느낌을 받게 되는데, 그 때문에 동작이 어설퍼지거나 운전할 수 없다고 인정할지 모른다. 즉, 그들은 섬광암점이나 지각이상 등에 맞물려 일어나는 증상에 대해 알 수는 있지만, 한번도 경험해보지 못한 어떤 것이어서 설명하기가 매우 어렵고, 그러다 보니 자신의 증상을 호소할 때 이를 피하거나 빼먹는 경우가 많은 것이다. 편두통 아우라의 미묘한 증상을 규정하기 위해서는 대단한 인내와 정밀함이 필요하고, 그렇게만 된다면 자주 나타나는 이런 중요한 증상에 대해 잘 알게 될 것이다. 그래서 이렇게 말할 수 있다. 좀더 복잡한 뇌기능장애는 대개(비록 언제나 그런 것은 아니지만) 단순한 현상 이후에 나타나며, 정교한 진행 과정을 묘사할 수도 있다. 그러니까 아주 단순한 시각적인 증상들(점, 선, 별 등)이 섬광암점으로 이어지고, 그다음에는 지각의 이상한 변화(줌zoom 비전, 모자이크 비전 같은 것들)를 겪게 되고, 마지막으로 정교한 환상이나 꿈과 같은 상태로 막을 내린다. 따라서 우리는 다음과 같은 중요한 장애의 범주를 알 수 있다.

a. 시각 인식의 복합적인 장애(릴리퓨션Lilliputian이나 브로브디냐기언Brob-dingnagian♦, 줌, 모자이크, 시네마토그래픽 비전 등에 대한 적절한 묘사에서 볼 수 있다).

b. 몸을 사용할 때와 인지할 때의 복합적인 어려움(행위상실증apraxic과 인식불능증agnosic 같은 증상).

c. 모든 범위의 말하기나 언어장애.

d. 두 개나 여러 개의 의식이 있는 상태, 종종 기시감이나 미시감未視感, jamais vu 같은 것이 함께한다. 그리고 시간지각time-perception의 장애나 혼란 등이 있다.

e. 정교한 꿈, 악몽, 가수면 상태 또는 지나친 흥분 상태.

이런 범주는 편의상 나눈 것일 뿐이다. 그리고 전혀 서로 배타

♦ 릴리퓨션과 브로브디냐기언은 조녀선 스위프트의 소설《걸리버 여행기》에 나오는 소인국Lilliput과 거인국Brobdingnag 사람으로, 릴리퓨션은 미시증micropsia, 브로브디냐기언은 거시증macropsia을 이른다

적으로 일어나지 않으며 여러 수준에서 겹친다. 이런 장애들 모두나 또는 많은 장애들이 심각한 편두통 아우라가 있을 때 동시에 발생한다. 우선 이런 증상들의 몇 가지를 아주 자세하게 설명한 다음 이들을 잘 보여주는 병력을 살펴볼 것이다.

릴리퓨션 비전(미시증micropsia)이란 대상물의 크기가 작게 보이는 증상이고, 브로브디냐기언 비전(거시증macropsia)이란 크게 보이는 증상이다. 이 용어들은 때로는 뚜렷하게 시계視界 쪽으로 접근한다거나 후퇴한다는 뜻으로 쓰기도 하는데, 변하지 않는 거리를 묘사하는 대안으로 쓰이거나 환각이나 왜곡된 크기를 묘사할 때 쓴다. 이런 변화들이 갑자기가 아니라 점진적으로 일어난다면 환자는 줌 비전을 경험할 것이다. 마치 줌 렌즈를 통해 초점의 길이를 변화시키면서 관찰하는 것처럼 크기가 확장되거나 축소되는 것이다. 물론 그런 지각 변화에 대한 가장 유명한 묘사는 루이스 캐롤이 했는데, 그는 이런 종류의 고전적 편두통을 드라마틱하게 겪었던 사람이다. 섬광암점은 외부에 있는 것이 아니므로 크기나 거리와는 상관없는 '인공물'로 투사된다(154쪽 사례69와 120쪽 그림2E를 보라).

모자이크와 시네마틱 비전

모자이크 비전이라는 용어는 시각적인 이미지가 조각나서 만들어진 비규칙적인 면과 수정 같은 다각형 면들이 모자이크처럼 잘 맞춰진 것으로 보인다는 뜻이다. 면들의 크기는 아주 다양하다. 그 면이 극단적으로 미세하다면 시계는 수정 같은 훈색暈色(광물의 내부나 표면에서 볼 수 있는 색으로, 선이 분명하지 않고 보일 듯 말 듯 희미한 엷은 무지개 같은 빛깔을 말한다―옮긴이)으로, 또는 점묘화가의 그림을 연상시키는 '점'들의 모습으로 보일 것이다(그림4-B). 그 면이 좀더 커진다면 시각적인 이미

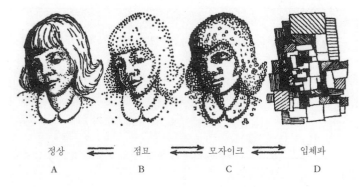

정상 ⇌ 점묘 ⇌ 모자이크 ⇌ 입체파
A   B   C   D

그림4 편두통 아우라를 경험하는 동안 나타나는 모자이크 비전의 단계.

지는 고전적인 모자이크와 비슷한 모습을 떠거나(그림4-C), 심지어는 입체파 그림과 같은 모습으로 보이기도 한다(4장 앞쪽의 도판6을 보라). 그 면들이 전체 그림에서 크기 경쟁을 한다면 마지막에는 무엇인지 알 수 없게 되어버릴 것이다(그림4-D). 그래서 특별한 형태의 인식불능증을 경험하게 된다.

시네마토그래픽 비전은 움직임에 따른 착시 현상을 상실할 때 생기는 시각적인 경험을 말한다. 그럴 때 환자는 마치 영화 필름이 아주 천천히 돌아가는 것처럼 단지 빠르게 바뀌는 '정지된 그림들'을 연속적으로 볼 뿐이다. 점멸하는 속도는 편두통 암점이나 지각이상증에서 섬광이 반짝이는 속도와 같다(초당6~12번). 그렇지만 정상적인 움직임으로 회복되는 아우라 도중이거나, (특히 지나친 기쁨에 들뜬 아우라 상태인 경우) 지속적으로 조절되는 시각적 환각에서는 속도가 빨라질·수도 있다.[5]

---

5   모자이크와 시네마틱 비전에 대한 이야기는 내 개인적인 사연을 기술한《나는 침대에서 내 다리를 주웠다》(알마, 2012), 153~160쪽에서 아주 자세히 다루었다.

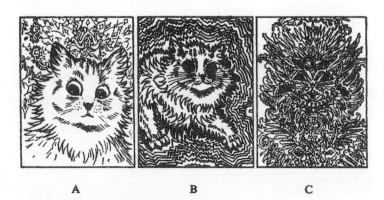

A   B   C

그림5 정신병이 심한 경우에 생기는 시각적 환영.
이 고양이 그림들은 정신분열증을 앓고 있던 루이스 웨인이 정신병이 심할 때 그린 것이다. 이런 패턴은 편두통 아우라가 있을 때 나타나는 지각의 변화와 비슷하다. 그림5-A는 얼굴 배경이 반짝이는 별 같은 모양으로 가득 차기 시작했다. 그림5-B는 초점에서 뻗어나온 선들이 동심원 형태의 일렁이는 파도 모양으로 퍼져나갔다. 그림5-C에서는 전체 이미지가 모자이크 패턴으로 변형되었다.

이런 드문 증상들은 간질발작이 일어나는 동안이나 그보다 더 자주 일어나는 심각한 정신병 발작(약물 때문이든 정신분열증 때문이든) 동안에 생기는 것으로 기록되어왔다. 고양이 그림으로 유명한 루이스 웨인Louis Wain은 심각한 정신분열증을 앓게 되면서 단계에 따라 나타나는 모자이크 비전을 포함한 다양한 착시를 경험했다. 그 때문에 그는 자신의 경험을 바탕으로 뛰어난 기록을 남길 수 있었다(그림5).

모자이크와 시네마틱 비전 현상은 무척 중요하다. 그것들은 뇌와 마음이 시간과 공간을 어떻게 구성하는지, 시공간이 부서지거나 정돈되지 않을 때 무슨 일이 일어나는지를 우리에게 실례를 들어 보여주기 때문이다.

그동안 관찰했던 것처럼, 암점에서 공간이라는 개념은 시야가 사라지면 함께 사라지고 환자는 '흔적도, 공간도 또는 위치도 없는 곳에' 남게 된다. 모자이크와 시네마틱 비전에서 환자는 '생명'도 없고 유기체의 개인적 특성도 전혀 없는, 무생물의 수정 같은 특성을 지닌 중간 상태를 보게 되는 것 같다.

이 역시 암점들처럼 이상한 공포감을 자극하는 것으로 보인다.[6]

다른 장애들

편두통 아우라에서 시각적으로 오인誤認되는 여러 가지 형태들에 대해서 설명했다. 아우라를 겪는 동안 물체는 어색할 정도로 예리한 외형을 가지며, 도식적이고 삼차원이 아닌 납작한 상태이고, 과장된 원근법이 적용된다.[7] 또 가끔은 환자가 동시실인증simultagnosia으로 고통받을 수도 있는데, 이때의 동시실인증은 한 번에 하나 이상의 물

---

6   최근에 "모자이크 비전"이라는 이름의 전시회에서는 편두통 환자들이 발작했을 때 보게 되는 시각적인 경험을 그린 그림들을 전시했다. 이 전시회는 적어도 어느 정도 심한 편두통 아우라를 겪을 때 모자이크 비전을 경험하는 일은 그리 희귀하지 않다는 점을 말해주었다. 우선 이 그림들에서는 시야 전체 또는 부분적으로 다각형 격자무늬 같은 모습이 드러났으며, 또한 이미지가 스스로 '다각형화'되었다. 이처럼 총체적인 지각장애에서 시공간의 파괴는 지각/피질 영역에 프랙털(차원분열도형) 또는 프랙털의 특성이 나타날 때 함께 발생하는 것으로 보인다(17장 '편두통 아우라와 환각 상수'를 보라).

7   편두통에서 일어나는 복합적인 환각에 대한 특히 세밀한 묘사는 클리Klee가 제공했다. 불행하게도 나는 이 책을 끝낼 때까지 그런 환자를 만나지 못했다. 클리는 편두통 아우라가 있는 동안에 생기는 변형시증變形視症, metamorphopsia의 여러 형태─윤곽의 비틀림, 단안복시單眼複視, 명암의 차이가 줄어드는 증상(그래서 가끔 실제로 눈이 멀기도 한다), 시각 이미지에서 선으로 된 요소가 파도 모양이나 동심원으로 된 광륜의 형태로 보이는 것(그림5-B와 비교해보라) 등─에 대해서 묘사했다. 그는 또 시각적인 이미지에서 색깔이 변하는 사례 그리고 미시증이나 거시증과는 다른 증상으로, 시야에서 잘못 배치되어 이상하게 보이는 현상에 대해서도 기록했다. 양성과 음성의 고전적인 암점은 클리에게는 상대적으로 드물게 나타났다. 단순하면서도 복합적인 시각적 환각들은 한쪽에만 치우쳐 분포되지 않고 매우 자주 양쪽으로 확산되었다. 내 경험에 따르면, 이런 발견은 출판된 다른 대부분의 이야기와 상반되는 것이긴 하다.

체를 인식할 수 없어서 복합적인 시각 이미지를 구성하지 못하는 상태를 말한다.[8]

비슷한 현상들이 몸의 이미지와 몸의 운동과 관련해서 일어날 수 있다. 가끔 (특히 강렬한 지각마비가 한쪽 팔/한쪽 다리에서 일어난 뒤에) 몸의 일부가 확대되거나, 줄어들거나, 뒤틀리거나, 없어지는 느낌을 받기도 한다. 또 손에 어떤 물체를 쥔 느낌을 적절하게 음미하거나 인식하는 것이 불가능할 수도 있다(이 경우에 환자는 운동이라는 요소에서 감각을 명확하게 구별할 수가 없다. 왜냐하면 감각이 끊임없이 활동하면서 돌아다니기 때문이다. 이런 상황을 행위상실성인식불능증apractagnosia이라고 불러야 할 것이다). 이런 종류의 감각과 운동의 심각한 결함이 기본적인 무감각증이나 마비로

---

8   나는 최근에 한 환자를 만났는데, 그는 섬광암점에 이어 시각적인 지각불능증에 대해 아주 뚜렷하게 묘사했다. 예를 들어 그는 이런 상태에서는 시계를 보고 시간을 읽어내기가 무척 어렵다는 것을 알게 되었다. 그는 우선 손을 응시했고, 그다음에는 시계를, 그러고는 숫자들을 보아야만 했는데, 이런 방법으로 아주 느릿느릿하고 고생스럽게 시간을 "골똘하게 생각하며 알아냈다". 만일 그가 평소에 하듯이 시계 문자판을 힐끗 보았다면 시간을 도저히 알아낼 수 없었을 것이다. 실제로 그 시계는 자신의 '얼굴'인 문자판을 잃어버렸는데, 그것은 부서지고 분해되어 부분 부분으로 조각나서 환자는 더이상 유기적으로 연결된 전체를 종합적으로 인식할 수 없다. 그런 질적인 또는 '종합적인' 인식을 상실하는 경우는 당황스러울 정도로 편두통에서 오히려 더 자주 일어났다.
특히 뚜렷하고 당황스러운 이런 장애의 형태는 갑자스럽게 얼굴을 인식하지 못하기도 한다. 익숙한 것을 보지 못하고, 하나의 전체로 인식하지 못해서 결국 얼굴이라는 것을 알아보지 못하는 것이다. 이런 특이한 (그리고 놀랍고 가끔 우습기도 한) 장애를 얼굴인식불능증이라고 한다(나는 이것에 대해서《아내를 모자로 착각한 남자》의 타이틀 스토리에서 자세하게 묘사했다). 이와 비슷한 종합인식장애가 청각에서도 일어날 수 있다. 소리가 특색을 잃어버리는 상태가 되는 것이다. 느낌이 없고 음색도 없어져서 완전히 무성음처럼 들린다. 편두통성 실失음악증을 앓는 동안에도 이와 마찬가지로 음색과 음악적인 특징을 잃어버려 음악이 인식할 수 없는 단순한 소음이 되기도 한다. 그런 때는 얼굴인식불능증으로 얼굴이라는 개념 자체를 잃어버리듯이, 그리고 문자판이라는 개념 자체가 사라져버린 시계를 보며 혼란스러워하는 내 환자가 그랬던 것처럼, 음악이라는 개념 자체를 잃어버리게 된다.

오인될 때도 많다. 우리는 프리브람Karl Pribram이 활동암점scotomata of action(아마도 암점이라는 낱말이 시각적인 환각을 일으키는 것이어서, 그 뜻을 원용해 활동장애를 이렇게 부르는 것으로 보인다—옮긴이)이라고 불렀던, 복합적인 감각-운동 과제를 계획할 때의 어려움을 별도로 고려해야만 한다. 이는 실제로 매우 중요한데, 예를 들어 환자들이 편두통 아우라가 있을 때 자신이 운전을 할 수 없다거나, 긴 문장을 구성할 수 없다거나, 복합적인 과정이 필요한 행동을 할 수 없다거나 하는 것을 알게 해주기 때문이다.

루리야Luria는 이 같은 종류의 말하기장애를 "역동적 실어증 dynamic aphasia"이라고 불렀다. 편두통 아우라가 있는 동안에는 다른 종류의 실어증이 나타날 수도 있다. 가장 일반적인 예가 표현실어증인데, 이것은 입술과 혀의 양 측면 지각이상증과 입과 목 근육을 사용하는 데 어려움을 겪는 운동불능증과 함께 오기도 한다. 가끔은 청각 오인이나 환청에 뒤따라 일어나기도 하는데, 말소리가 '소음'처럼 들리고 음소 구조 식별력을 잃어버리는 감각실어증이 올 수도 있다.[9]

---

9 우리는 편두통 아우라가 있을 때 나타나는 아주 심각한 형태의 감각과 운동 그리고 개념적인 증상을 다루고 있는데, 이는 그런 증상과 관련된 대뇌의 장애 형태를 확실히 밝히기 위해서다. 그러나 그런 증상들은 아주 가벼운 장애에 지나지 않는 형태로 나타날 때도 많다. 특히 여러 가지 형태로 실수를 하는 경향을 보이는데 예를 들어 잘못 듣거나, 물건을 늘 두던 자리에 두지 않아 어디에 두었는지 잊어버리거나, 낱말을 잘못 읽거나, 말실수를 하거나, 사소한 것을 깜박하고 잊어버리거나 하는 것 등이다. 프로이트는 고전적인 편두통을 앓았는데, 그런 실수에 대해서 이렇게 말했다. "말실수는 피곤하거나 두통이 있거나 편두통 발작이 시작된다는 것을 느낄 때 자주 하게 된다. 이런 상황에서는 적절한 이름을 잊어버리는 일이 무척 잦다. 사람들은 으레 적절한 명칭을 떠올리지 못하면 편두통 발작이 시작되는 경고로 받아들인다"(프로이트, 1920). 프로이트는 사실 편두통 때문에 고통을 받기는 했지만, 한편으로는 그것이 정신물리학과 생물학적인 반응의 본보기라는 점에 매혹되었다. 1895년 3월 프로이트는 편두통의 성질과 이유에 대한 자신의 여러 가지 생각을 요

편두통 아우라의 가장 이상하고 강렬한 증상들 가운데 묘사하거나 분석하기 가장 어려운 것은, 밑도 끝도 없이 익숙하고 확실하게 안다는 느낌이 생기는 경우(기시감) 또는 그 반대로 갑작스럽게 이상하고 낯선 느낌이 생기는 경우(미시감)다. 이런 상태는 누구나 가끔 잠깐 동안 경험하는 것이다. 그러나 편두통 아우라(간질 아우라, 정신병 등과 같이)가 있을 때는 아주 강력하고 상대적으로 긴 시간 동안 일어난다는 점에서 다르다. 이런 상태들은 가끔 다른 여러 종류의 감정과 함께한다. 시간이 멈춰 섰다고 생각하거나 그런 생각이 신비스러울 정도로 되풀이된다. 꿈을 꾸는 듯하거나 순간적으로 다른 세상으로 옮겨갔다는 느낌이 든다. 또 기시감 속에서 강한 향수를 느끼기도 하는데, 가끔은 오랫동안 잊고 있던 기억들이 마구 솟아오르기도 한다. 기시감 속에서 투시력이 생긴 듯하거나 미시감 속에서 세상이 또는 자기 자신이 새롭게 만들어진 듯한 느낌이 들기도 한다. 이런 경우에는 언제나 의식이 두 개인 것처럼 느껴진다.

> (1) 의식에 반쯤은 의존적인 상태(꿈을 꾸는 듯한 상태)와 (2) 정상적인 의식이 남아 있으니, 따라서 두 개의 의식이 있는 셈이다. (…) 정신적인 복시mental diplopia다.

허글링스 잭슨은 의식이 두 개가 되는 상황에 대해 묘사한 적이 있다.[10] 기시감이라는 느낌과 이와 함께 나타나는 증상에 대해 이

약 정리해서 빌헬름 플리스Wilhelm Fliess(1858~1928)에게 한 부를 보냈다고 한다. 그가 이 주제에 대해서 출판하지 않았다는 것은 매우 안타까운 일이다.

10 다양한 심리학적 그리고 생리학적 이론들이 기시감과 이와 관련된 증상을 설명하기 위해서 발달했다. 프로이트는 초자연적인 경험을 억압된 물질의 갑작스러운 순

만큼 오해의 여지없이 적절하게 잘 묘사한 글은 지금껏 본 적이 없다. 오히려 가장 생생한 묘사는 의학서가 아닌 다른 종류의 글에서 찾을 수 있다.

우리는 가끔씩 우리에게 밀려드는 어떤 느낌을 경험한다. 기억도 희미한 오래전 언젠가에 바로 지금과 같은 사람들, 물건들, 상황들에 둘러싸여 있었다는 느낌이 들고, 지금 하려는 말이나 행동이 그 오래전 같은 상황에서 이미 했던 것이라는 생각이 갑자기 떠오르면서 다음에 이어질 말이 무엇인지도 정확하게 알고 있다는 느낌 말이다.

—디킨스Dickens, 《데이비드 카퍼필드》

잊었던 꿈의 눈빛처럼
신비스럽고 희미한 빛으로
나를 만지는 무엇인가가 있다, 있는 것 같다.

무엇인가가 있는 것처럼 그 무엇을 느꼈고
무슨 일인가 일어났다. 내가 모르는 곳에서.
어떤 말로도 표현할 수 없는 것처럼.

—테니슨Tennyson, 〈두 목소리The Two Voices〉

아편의 경이로움 가운데 하나는 낯선 방이 늘 지내던 방이라는 생각이

환 때문이라고 했다. 그러나 에프론Efron은 기시감, 실어증, 주관적인 시간 왜곡이 서로 관련되어 있다면, 이는 신경계의 "시간 표지법time-labeling"에 변화가 생긴 것이라고 보았다. 이 두 이론은 서로 다른 관점에서 설명하고 있지만 완벽하게 조화된다.

들게 해준다는 것인데, 낯익고 추억이 가득 찬 방으로 즉시 바꿔준다.[11]

—콕도Cocteau, 〈아편Opium〉

편두통 아우라와 관련된 "꿈꾸는 듯한 상태"와 "섬망"이라는 용어는 그 뜻부터 명확하게 할 필요가 있다. 꿈꾸는 듯한 상태의 한 종류는 기시감, 그리고 두 개의 의식 상태와 관련이 있다. 이런 경우에는 발작할 때마다 변치 않고 되풀이되는 판에 박힌 꿈의 전개나 기억의 전개 또는 "강제 회상forced reminiscence"이 있을 수도 있다. 이런 과정은 아마 편두통보다는 (정신운동성Psychomotor) 간질에서 더 일반적이겠지만, 분명히 발작의 끝 무렵에 일어난다. 펜필드Penfield와 페로Perot(1963)는 이런 현상을 놀랄 만큼 자세하게 조사했는데, 뇌의 특정 부분을 자극함으로써 그런 모습을 보이게 하는 데 성공했다. 그들은 그 현상들이 명백히 과거 경험의 복사본으로서, 뇌에 저장된 그대로 꿈으로 풀려나오는 '화석화된' 것으로 본다. 그 현상은 원래의 지각 경험과 같은 속도로 활성화되어 풀려나온, 기억된 이미지로 보인다.

이처럼 판에 박힌 듯 되풀이되는 과정과는 다르지만, 마찬가지

11　강제 회상과 기시감에 대한 경험들이 간질, 편두통, 정신병 등에서 특히 일반적이라는 사실을 알게 되면, 많은 사람들이 자신의 육체적 건강과 정신적 문제를 걱정한다. 이는 허글링스 잭슨의 말에서 확인할 수 있다. "(그는 이렇게 썼다) 너무나 자주 심각할 정도로 긍정적인 정신 상태가 된다면 간질을 의심해야 하지만 (…) 나는 절대로 (…) 다른 증상 없이 발작적으로 나타난 '회상'만을 보고 간질이라고 진단하지는 않는다. 나는 한번도 '회상' 하나만의 이유로 진찰을 해본 적이 없다. 내가 보았던 환자들은 늘 내가 볼 때마다 대개 이런 형태와 그리고 다른 형태의 '꿈을 꾸는 듯한 상태'가 되었고, 종종 아주 가벼운 간질 증상이 있었다." 꿈꾸는 듯이 회상하는 이런 상태는 고전적 편두통에서 자주 나타난다. 그러나 내게 이런 사례에 대한 이야기를 가장 자세하게 제공해준 환자는 간질과 관련된 사례였다(《아내를 모자로 착각한 남자》의 〈회상〉을 보라).

로 강압적인 성질을 가진 자유분방한 상태인 환각증이나 착각, 몽상이 있다. 이런 증상들은 강렬한 편두통 아우라가 있을 때 경험할 수도 있는데, 환자가 완전하게 기억하지 못하는 혼란스러운 상태 또는 작화증作話症◆적인 상태로 나타나기도 한다. 이런 상태는 드라마틱하게 짜여지고 일관성 있는 일련의 이미지로 구성된다. 환자들은 이 상태를 의도하지 않은 몽상이나 악몽과 같은, 기분 나쁜 경험에 비교하곤 한다(150~152쪽 사례72와 19를 보라).

이런 꿈꾸는 듯한 상태와 편두통성 섬망이나 정신병 사이에 명확한 선을 긋기는 불가능하다. 섬망 상태에서 혼란의 정도는 더 대단하다. 그리고 환자는 구체적인 이미지 수준으로 다듬어지지 않은 기본적인 감각의 활성화(점이나 별, 격자 모양, 바둑판무늬 형태[12], 귀울림, 윙윙거림, 의주감蟻走感(피부에 개미가 기어가는 느낌—옮긴이) 등과 같은 느낌)를 경험할 수도 있다. 편두통 섬망증이 심해지면 환자는 투덜거리거나 안절부절못하는데 (셀룩거리거나 흔드는) 그 모습은 열성 섬망febrile delirium 이나 진전

◆ 허담증虛談症이라고도 한다. 없었던 일을 마치 있었던 것처럼 확신을 가지고 말하며, 일어났던 일을 위장하거나 왜곡한다. 망상적인 환자인 경우에 이런 경향을 병적으로 과장되게 나타내며, 사실을 오해하고 왜곡하며, 자신의 공상을 덧붙이고, 근거가 없거나 근거가 확실치 않은 일을 사실처럼 말한다.

12 격자 모양의 환각에 대한 생생한 사례는 클리의 논문에서 보았는데, 그의 환자 가운데 한 사람이 경험한 이야기였다. 한번은 붉고 초록색인 삼각형들이 그녀를 향해 다가왔으며, 또다른 경우에는 육각형의 검은 물체가 빛나는 원을 둘러싸고 있었다. 가장 많이 경험한 환각은 붉고 노란 격자무늬 담요가 물결치는 것처럼 희미하게 일렁거리는 이미지였다.

리처드W. Richard 박사는 부분적으로 자신의 경험에 바탕해서 매력적인 글을 썼다. 그는 그 글에서 반복되는 육각형 무늬를 편두통 환각의 아주 특징적인 모습으로 묘사했으며, 이것은 육각형 단위인 시각 피질의 기능적인 조직을 반영한다고 생각했다. 반복적인 기하학적 패턴, 특히 육각형은 거의 모든 원시적인 시각적 환각 형태에서 보고된다. 클루버Kluver는 이들을 "환각 상수hallucinatory constants"라고 생각했다(447쪽 17장 '편두통 아우라와 환각 상수'를 보라).

성 섬망증delirium tremens을 강하게 연상시킨다. 가워스(1907)는 편두통에는 "결과적으로 아무것도 기억할 수 없는 조용한 섬망 증상이 따른다"고 했다. 그리고 그런 증상을 가진 한 환자에 대해 묘사했는데, 그녀는 발작이 절정에 이르렀을 때 "나중에는 조금도 기억하지 못하는 이상한 말을 하는 섬망증으로 빠져들었다. 그녀의 상태를 관찰한 의사는 그녀의 증상이 간질조증epileptic mania과 닮았다"고 했다.[13]

섬망증의 허구들은 클리가 제공했던 다음의 사례처럼 종종 많은 미세(릴리퓨션) 환각을 만들어내기도 한다.

아급성亞急性 섬망 상태와 섬망증을 동반하는 심각한 편두통 발작으로 고통을 겪는 38세 된 남자 환자였다. 그는 발작이 일어난 대부분의 시간에 대해 기억하지 못했다. 그런데 그가 설명할 수 있는 경우가 있었다. 병이 발작하는 동안 누워 있던 방에서 키가 20센티미터밖에 되지 않는 회색빛의 아메리카인디언들이 떼 지어 있는 것을 보았다고 했다. 인디언들은 그에게 아무 짓도 하지 않을 것처럼 보였기 때문에 무섭지는 않았다고 했다. 또다른 경우에는 누워서 환각으로 보이는 악기를 마룻바닥

---

13 '섬망', '조병躁病', '꿈꾸는 듯한 상태', '혼란' 등이 보고된 적이 있는, 이 복합적인 중간지대twilight zone에 대한 설명이 아마도 고전적 편두통 발작에서 상당히 자주 발생하는 일과성 건망증(一過性健忘症, TGA, transient global amnesia) 증상에 대한 아주 최근의 인식을 가능하게 해준 것 같다. 실제로 이런 장관을 이루는 증상들은 그 성격상 편두통의 주요하고 독특한 증상이라고 설명되어왔다. 그런데 환자는 그 증상들 때문에 단기간 기억상실이 올 수 있으며, 뿌리 깊은 역행성 기억상실로 발전할 수도 있다. 이 같은 기억상실로 환자는 가족, 친구, 사람들, 지금부터의 어떤 장소를 기억하지 못할 수도 있다. 뿐만 아니라 한창 발작 중일 때 고통을 호소했던 두통, 욕지기, 암점 등으로부터 회복한 뒤에는 이를 조금도 기억하지 못할 수도 있다(크로웰Crowell, 1984). 나는 《아내를 모자로 착각한 남자》에 실린 〈길 잃은 뱃사람〉에서, 그리고 〈뉴욕 북리뷰New York Review of Books〉에 실린 '마지막 히피'에서 뿌리 깊은 역행성 기억상실증의 믿기 어려운 결과에 대해 길게 쓴 적이 있다.

에서 집어 들었다고 했다.**14**

아주 드물게 편두통 아우라의 심한 섬망증은 (고전적) 편두통이
지속되는 동안 내내 함께하기도 한다. 이처럼 섬망증이 지속되는 경우
에는 심각한 환각으로 인해 정신병이 될 수도 있다. 밍가치니Mingazz-
ini(1926)는 그런 상태에 대한 멋진 묘사를 보여주었다. 그리고 최근에
는 클리(1968)가 아주 생생한 사례를 제공했다.

일주일 동안 지속된, 특히 심한 발작을 겪었을 때였다. 환자는 거의 정신
병자가 되었고 사실 정신병원에 보내야 할 정도였다. 그런데 환자는 그
사건을 전혀 기억하지 못했다. (…) 의식은 흐릿해졌으며, 점점 가만히 있
지 못하겠다고 말했던 바로 전날이었던 것 같다. 그녀는 이웃사람들이
자신에 대해 불쾌한 말을 했으며 칼에 찔렸다고 믿었다. 이 같은 설명을
했던 첫날, 그녀는 혼란스러워했으며 안절부절못했는데, 짐작컨대 듣거
나 보는 것 모두 환각 상태였던 것 같다. 그녀는 아이들의 목소리와 그녀

---

14 미시증적인 환각들은 알콜성 섬망증에 동반하는 것으로 악명 높다. 그리고 좀 덜
일반적이지만 코카인, 해시시(인도 대마大麻 잎으로 만든 마약―옮긴이) 또는 아편
중독에 동반하기도 한다. 테오필 고티에Theophile Gautier는 약으로 유도된 이런
식의 환각으로 나타난 난쟁이들에 대해 놀라운 묘사를 제공했다. 또 엄청나게 많은
수의 미세한 환각이 매독에 의한 진행성 마비의 자극으로 나타날 수도 있다(보들레
르의 경우). 발열성 섬망 환자들은 알프레드 드 뮈세가 묘사했던 것과 같은 미시증
적인 환각을 경험하기도 한다. 단식, 영양실조, 성적으로 흥분하게 만드는 체적질 같
은 것들도 어떤 신비로운 미세 환각을 경험하게 만드는 부분적인 이유가 되기도 한
다(잔 다르크의 경우). 이 주제를 두고 연구했던 리로이Leroy(1922)는 "일반적으로
유해한 환각은 두려움과 공포를 일으킬 수 있다. 그런데 미시증적인 환각은 그 반대
로 호기심과 즐거움을 동반한다"는 사실을 알게 되었다. 카르단Cardan은 거의 날
마다 미시증적인 환각 발작을 겪거나, 또는 상상해내곤 했다(492쪽 부록2 '카르단
의 환영'을 보라).

를 담당했던 의사의 목소리를 들었고, 사람들이 창문을 통해 그녀에게 총을 쏘았다고 했다. 정신병자에게나 일어날 법한 이런 증상들은 며칠이 지나서야 사라졌다.

이 같은 대단한 편두통성 정신병은 아주 드물게 나타난다는 점을 강조해야겠다. 입원해야 할 만큼 심각한 편두통을 겪고 있는 환자 150명에 대한 내용을 담은 독특한 연구에서, 클리는 그들 가운데 단두 명만이 주기적인 편두통 정신장애를 겪고 있음을 관찰했다. 내 경우에는 정신분열증이 있는 단 한 명에게서 그런 장애를 보았다. 그의 지독한 정신장애는 심한 고전적 편두통과 관련되어 발병했다.

몰인격화의 일시적인 상태는 편두통 아우라가 있을 때 좀더 일반적으로 볼 수 있다. 프로이트는 "(…) 자아ego는 다른 무엇보다 신체자아body-ego다. (…) 몸의 표면에 투사된 정신"임을 우리가 되새기게 해주었다. 자아self는 기본적으로 신체 이미지의 안정성, 바깥을 향한 감각의 안정성, 그리고 시간 인식의 안정성에서 얻는 끊임없는 추론 결과에 기초한다. 자아가 해체된다는 느낌은 신체 이미지, 외부 지각 또는 시간 인식에 혼란이 있거나 불안정하면 쉽게 곧바로 생긴다. 그리고 우리가 보아왔듯이, 이 모든 것은 편두통 아우라가 진행되는 동안에 일어날 수 있는 일이다.

병력 사례

다음 세 가지 사례는 리베잉의 논문에서 가져왔다. 표현력이 강한 글의 힘과 명확성을 고려해서 생략하지 않고 그대로 싣는다.

강제 회상, 시간 왜곡 그리고 이중의식

시각적인 현상이 지나가고 나면 관념화 작용에 혼란을 겪는다. 오래전에 겪었던 상황과 사건들이 마치 현재 일어나는 일인 듯 그에게 나타난다. 의식은 두 개처럼 보이고 과거와 현재를 혼동하게 된다.

부자연스러운 생각, 의식장애, 다양한 언어장애적 증상

30분 정도 일련의 생각이 무의식중에 떠올랐다. 나는 내 머릿속에 있는 그 이상한 생각에서 자유로울 수가 없었다. 말하려고 애썼다. (…) 그러나 한결같이 원래 의도했던 것과 달리 다른 말을 했다는 사실을 알았다. (…) 빈민들을 위해 받은 돈에 대한 영수증을 쓸 일이 생겼다. 앉아서 문장이 시작되는 두 낱말을 썼다. 그러나 곧바로 나는 계속 써나갈 수 없다는 것을 알았다. 지금 내 마음속에 있는 생각을 표현할 낱말들을 생각해낼 수가 없었기 때문이다. (…) 나는 다른 글자에 이어서 글자 한 자를 더 쓰려고 애썼다. (…) 그러나 내가 쓰고 있는 글자들은 내가 쓰려고 했던 것이 아니었다. (…) 30분 정도 내 감각은 지리멸렬한 혼란으로 뒤덮였다. (…) 그러나 나는 있는 힘을 다해서 마음속에 보이는 혼란스러운 이미지들의 거대한 무리를 생각해내려고 노력했다. 종교에 대한, 양심에 대한, 미래의 가능성에 대한 내 원칙들을 떠올리려고 애썼다. (…) 다행스럽게도 이런 상태는 아주 길게 가지 않았다. 30분쯤 지나자 내 머리는 맑아지기 시작했고 그 이상하고 지겨운 생각들은 희미해지고 잦아들었다. (…) 마침내 그날이 시작될 때처럼 내 머리가 맑고 고요해졌다. 이제 남은 것은 가벼운 두통이 전부였다.

편두통 아우라는 결국 아주 강렬한 상태에 도달한다. 위의 환자가 말한 그 "이미지들의 거대한 무리"는 아마도 환각이었을 텐데, 이는 그의 주변 세계를 보지 못하게 만든다. 존스는 "어느 모로 보나 전형적인 악몽과 분간할 수 없는 발작은 깨어 있는 상태에서 발생하는 것만이 아니라 전 과정을 다 거친다"는 것을 우리에게 상기시켜주었다. 그리고 발작의 성질(불안, 공포, 마비되는 느낌)과 지속되는 시간(몇 분) 속에서 일어나는 그런 "데이메어"(그렇게 불렸던 것처럼)는 섬망성 편두통 아우라와 아주 비슷하다. 그렇지만 이런 임상적인 관련성은 비슷한 생리학적 메커니즘이 반드시 관련되어 있다는 것을 의미하지는 않는다.

섬망성 편두통 아우라

그는 학교에서 좀 과로했다. 어느 날 그는 집에 돌아가자마자 스스로 '대낮의 악몽day nightmare'이라고 부르는 발작에 시달렸다. 그는 방과 주변에 있는 물건들에 대한 감각을 모두 잃었고 절벽 끝에 매달려 있다는 느낌을 받았다. 그리고 기억하지도, 설명하지도 못하는 다른 공포도 함께 느꼈다. 친척들은 그가 고함치는 소리를 듣고 놀랐고, 몽유병 같은 상태에서 고래고래 고함을 지르며 계단에 서 있는 그를 보았다. 10분쯤 지나자 그는 다시 정상으로 돌아왔다. 그러나 상당히 떨고 있었으며 지쳐 보였다. (…) 밤에 침대에 누운 뒤 그와 매우 흡사한 두 번째 발작이 있었지만 아주 잠깐 동안이었다. (…) 이 발작이 있은 뒤 곧 (…) 그의 편두통은 상당히 안정되었다.

이제 내 기록에서 고른 사례들로 넘어가보자.

사례72 꿈꾸는 상태

44세 된 이 남자는 청소년기부터 아주 가끔씩 고전적 편두통을 겪어왔다. 그의 발작은 섬광암점으로 시작되었다. 한번은 시각 현상을 겪은 뒤에 아주 깊은 꿈을 꾸는 듯한 상태가 뒤따랐다. 그는 그 상태를 이렇게 묘사했다.

"시력이 회복되고 나서 곧바로 아주 이상한 일이 일어났습니다. 처음에는 내가 어디에 있는지 알 수가 없었어요. 그런데 다음 순간 나는 캘리포니아로 돌아갔다는 것을 깨달았어요. (…) 더운 여름날이었죠. 아내가 베란다에서 왔다 갔다 하는 것이 보였고 그녀에게 콜라를 가져다 달라고 말했어요. 그녀는 이상한 표정으로 내 쪽을 돌아보며 이렇게 말하는 거예요. '당신 안 좋아 보이는데 어디 아파요?' 나는 갑자기 정신이 드는 것 같았습니다. 그러고는 다시 깨달았죠. 지금은 겨울이고 뉴욕에 있으며 베란다도 없을 뿐 아니라, 그곳은 내 아내가 아니라 비서가 나를 이상하다는 듯이 쳐다보고 서 있는 사무실이었던 겁니다."

사례19 암점, 감각이상, 내장 아우라와 강제된 감정: 가끔 일어나는 섬망 아우라: 가끔 일어나는 아우라 '상태'

16세인 이 젊은 환자는 어린 시절부터 고전적 편두통과 독립적 아우라를 자주 겪었는데, 아주 다양한 형태로 발작이 일어났다.

대개는 감각이상 증세가 왼쪽 발에서 시작되어 허벅지로 올라갔는데, 그런 증상이 무릎까지 오면 오른손에서 감각이상증이 다시 시작되었다. 감각이상증이 사라지면 들리는 소리들이 이상하게 왜곡된다. 마치 귀에 소라 껍데기를 대고 있는 것처럼 귀에서 웅웅거리는 듯한 소리가 들리는 것이다. 그런 다음에 몸의 양 측면 모두에서 나타나는 섬광암점이 시야의 아래쪽 반에 한정되는 경향이 있다. (…)

가끔 이 환자는 발과 손, 얼굴에 번갈아 나타나는 감각이상증이 5시간이나 지속되는 아우라 '상태'로 고통을 받는다.

또 다른 경우에는 강렬하고 불길한 느낌과 함께 상복부에서 "철사 줄이

요동치는 것처럼 따끔따끔한" 감각을 느끼면서 아우라가 시작됐다.

그러나 대개 밤에 일어나는 다른 발작들은 악몽 같은 느낌이었다. 처음 증상들은 강박과 불안이었다. "나는 마치 일어나서 무엇인가를 해야만 할 것처럼 신경이 날카로워졌다." 이어서 깊은 환각 상태로 발전하는데, 현기증이 나는 환각, 빠르게 달리는 차에 갇혀 있는 환각, 또는 다가오는 무거운 철제 도형을 보고 있는 환각 등이었다. 그는 섬망 상태에서 빠져나오면서 지각이상증을, 가끔은 암점을 겪었는데 이런 섬망 아우라 다음에는 대개 심한 두통이 따랐다.

이 환자는 심한 아우라를 겪으면서 실신하는 경우도 많았는데, 심각한 아우라 상태에서 양성환각은 실신을 의미하는 시각과 청각이 동시에 "사라지는" 증상으로 이어졌고, 그러고는 의식을 잃었다.

사례11 고전적 편두통: 임신 기간 중에는 두통이라는 요소가 없어짐: 섬광암점과 음성암점이 있고, 섬광암점 등을 동반한 발작이 있음: 그리고 가끔 앙고르 아니미를 겪음.

이 환자는 극도로 침착하고 지적인 여성으로 1년에 6~10번의 발작이 일어나는 고전적 편두통을 앓고 있었는데, 임신 기간은 예외였다. 임신 기간에는 독립적인 아우라만 겪었다. 그리고 거의 2년 동안 좀더 자주 두통성 편두통 대신 복부 편두통을 겪었다.

그 발작은 거의 언제나 한쪽이나 양쪽 시야의 반쪽에서 일어나는 섬광 암점으로 시작되었다. 섬광암점이 일어날 때 환자가 눈을 감고 있으면 과장된 시각적 잔상과 정신 사나운 이미지들이 함께 나타났다. 정해진 빈도로 반짝이는 빛은 끊임없이 섬광암점을 끌어냈다. 시각적인 아우라는 코와 혀, 가끔은 손이 '떨리는' 감각으로 이어졌다. 가끔 이 환자는 아우라가 있는 동안 "불길한 예감으로 아주 무서운 느낌"을 경험했다.

음성암점은 드물지만 언제나 강렬하고 불쾌한 감정과 함께 나타났는데, 그런 다음에는 언제나 특히 심한 두통으로 이어졌다.

사례16 시각적인 아우라: 강제 사고와 강제 회상: 즐거운 감정: 감각적인 전구증상의 지연

어릴 때부터 고전적 편두통과 독립적 아우라가 시작되었던 55세의 남자 환자 이야기다. 그는 자신의 아우라를 어떤 열기 같은 것이라고 설명했다. 그의 말이다. "대단히 깊고 빠르게 격렬한 생각들이 일어나는데, 오랫동안 잊고 있던 것들을 계속 회상하게 됩니다. 어린 시절의 장면들이 내 마음속에서 나타나는 거죠." 이런 증상이 편두통 두통으로 이어지지 않으면, 그는 자신에게 일어나는 이런 아우라를 즐겼다. 그러나 그의 아내는 이런 상태를 별로 좋아하지 않는 듯했다. 그녀는 남편이 아우라 상태에 있을 때에는 "왔다 갔다 하면서 아무런 느낌이 없는 말을 되풀이하는데, 평소 모습과는 아주 달라 보였어요. 아마 가수면 상태인 것 같아요"라고 했다.

이 환자는 발작이 일어나기 전 이틀이나 사흘 동안 언제나 시야를 가로지르는 '반짝이는 점들'을 보았고, 이런 시각적인 자극이 오면 전구증상으로서의 흥분과 회열감을 동반하기도 했다.

사례65 '바보 같은' 느낌과 억지웃음을 동반하는 실어증과 지각이상증 아우라

보통 때는 침착한 편이고 드물게 일어나지만, 심각한 편두통을 겪는 15세의 소녀 이야기다. 그녀는 내 진료실에서 45분 동안 잠시도 쉬지 않고 낄낄거리는 아우라를 경험했다. 이 시간 동안 그녀는 심각한 실어증과 사지의 한 곳에서 다른 곳으로 옮겨 다니는 지각이상증을 겪었다. 이 상태에서 회복되었을 때 그녀는 이렇게 사과했다. "제가 무얼 보고 웃었는지 모르겠습니다. 그저 그러지 않을 수 없었을 뿐이에요. 모든 것이 웃음 가스(아산화질소, 이를 흡입하면 안면 근육에 경련이 일어나 마치 웃는 것처럼 보이고, 나중에는 마취가 된다—옮긴이)를 마신 듯 웃기게 느껴졌어요."

사례69 강렬한 흥분이 앞서는 복합적인 시각적 아우라

이른 청소년기부터 고전적 편두통과 독립적 아우라 발작을 겪어온 23세의 남자 이야기다. 그는 과잉 행동과 거의 미친 듯이 강렬한 희열을 느끼면서 발작이 시작된다는 것을 알게 되었다. 이 환자는 대개 얌전하게 오토바이를 타는 사람이었는데, 어느 날 아침 거칠게 속도를 내고 소리를 지르거나 노래를 부르며 운전하는 자신을 발견했다. 이런 상태는 아주 높은 수준의 지각知覺 변화를 동반한 섬광암점으로 이어졌다. 그는 암점의 동심선들이 "쟁기질을 한 들판의 고랑들 (같았다) (…) 그것들은 내가 읽고 있던 책의 행간으로 보였다. 그렇지만 그 책은 너무나 컸고, 고랑은 인쇄된 줄 뒤에 있는 수백 피트나 되어 보이는 엄청나게 깊은 수렁 같았다." 반짝이던 것이 사라지면서 그는 "기가 빠졌고, 공허한 느낌이 마치 벤젠드린Benzendrine(각성제의 일종인 암페타민의 상표 이름—옮긴이)을 먹은 것 같았다."

그런 다음 이어서 10시간 동안 이 환자는 전형적인 혈관성 두통과 심한 복통을 겪었다. 이런 증상들은 마침내 상당히 갑작스럽게 사라져버렸고 "기가 막힐 정도로 차분한 감정 상태"가 되었다.

사례70 모자이크와 시네마토그래픽 비전

어린 시절부터 편두통 아우라를 자주 겪었으며, 고전적 편두통을 가끔 겪어온 45세 된 남자 이야기다. 아우라는 대개 섬광암점과 지각이상증의 형태로 나타났지만, 주요 증상은 모자이크 비전일 때가 많았다. 이런 일이 일어나는 동안 그에게는 시각적인 이미지의 일부가 특정 면이 '잘리고' 뒤틀리며 분리되어 날카로운 조각으로 구성된 것처럼 보였다. 그는 이런 형태를 초기 피카소 작품에 비교했다. 그는 더 자주 시네마토그래픽 비전을 경험했는데, 이 아우라는 특히 일정한 빈도로 반짝이는 빛에 의해 자극받는 경향이 있었다. 예를 들어, 잘못 조정된 텔레비전을 보는 경우에 그랬다. 실험에 의하면 시네마토그래픽 비전은 '섬광등 strobe' 같은, 반짝이는 빛으로 유도되기도 한다. 어떤 경우든 도발적인 자극이 정지되고 나면, 몇 분 동안 아우라가 지속되고 그다음은 대개 심각한 고전적 편두통으로 이어진다.

사례14 다양한 유사아우라

20세 때까지 고전적 편두통으로 고통을 받았지만, 그 뒤로는 독립적인 아우라와 편두통 유사증상만을 겪은 48세의 여자 환자 이야기다. 그녀는 지각이상 증상이 없는 섬광암점 발작을 자주 겪었으며, 가끔은 암점을 동반하지 않는 지각이상증이 입술과 손에서 나타나는 발작을 겪었다. 심각한 암점성 아우라는 앙고르 아니미를 동반했고, 그것은 기절로 이어졌다. 그런데 그녀는 천천히 시작되고 회복되는 기절 때문에 고통스러워했다. 이런 기절은 감각적 환각을 동반하지 않고 10~20분간 지속되었다. 이 모든 것은 편두통 아우라의 변형인 것 같다.

한 동료의 호의로 같은 환자가 다른 시기에 겪는 보다 다양한 편두통 아우라에 대해서 소개할 수 있게 되었다. 그는 어린 시절부터 편두통 아우라를 자주 겪었으며, 고전적 편두통을 가끔 겪었다. 그래서 그는 자신의 발작들에 대한 짧막한 메모와 흔치 않은 발작, 두 가지에 대해 상세한 설명을 제공해주었다.

사례75

a. 악몽 그리고 깜박거리는 두 개의 하얀 불빛이 갑자기 홱 다가온다. 강렬한 공포감, 그러나 악몽의 내용과 모순되는 감정이다. 고전적 편두통으로 발전한다.

b. 악몽, 갑작스럽게 정지 화면이 펄럭이는 시네마토그래픽 비전으로 바뀌었다. 깨어 있는 상태에서 10분간 지속된다.

c. 데이메어가 깨어 있는 의식에 끼어든다. 엄청난 불안감, 강제 회상 그리고 말하려고 하면 실어증이 나타난다. 발작 시간은 30분쯤 된다. 이어지는 증상은 없다.

다음의 묘사는 그대로 가져온 것이다.

지난해 여름 어느 날 오후였다. 오토바이를 타고 시골길을 달리며 바람을 쐬고 있었다. 아주 예사롭지 않은 정적의 느낌이 다가왔다. 나는 그 길을 한번도 가본 적이 없었지만, 그 순간 그곳에서 죽 살았다는 느낌이 들었다. 그 여름날 오후는 늘 존재해왔던 영원한 한순간에 사로잡힌 것 같았다. 오토바이에서 내려서 몇 분이 지나자 손과 코, 입술과 혀가 엄청나게 따끔거렸다. 마치 오토바이의 진동이 계속되는 듯한 느낌이었는데, 처음에는 그것이 단순한 잔존 효과라고 생각했다. 하지만 그런 설명은 계속 적용될 수 없었다. 진동에 대한 느낌은 매순간 점점 강해졌고 번져나가는 것 같았다. 아주 천천히 손가락 끝에서 손바닥으로, 그리고 위쪽으로 옮겨갔다. 그런 다음에는 시각각도 영향을 받았다. 마치 황홀경에 빠진 것처럼 나무, 풀, 구름 등이 조용히 들끓어 흔들리며 위로 흘러가는 듯했다. 이 움직임에 대한 느낌은 내가 보는 모든 사물에 전달되고 있었다. 귀뚜라미의 노랫소리가 내 주변을 둘러쌌는데, 눈을 감자 그 노래는 곧바로 색깔의 노래로 번역되었다. 마치 내가 들은 소리가 시각적인 것으로 정확하게 번역되는 것 같았다. 20분쯤 지나자 지각이상 증세가 손목으로 내려왔고, 처음 진행되었던 그 경로를 따라 되돌아가더니 사라졌다. 그러고 나서 시계視界가 다시 정상으로 보이기 시작했고 황홀했던 느낌도 희미해졌다. 나는 마치 마약에서 깨어난 것처럼 '추락' 하는 듯했고 두통이 시작되었다.

이 자세한 묘사에는 여러 가지 재미있는 부분이 있다. 오토바이 진동에 의한 반응 결과로 나타난 분명한 잭슨 감각이상 증세, 섬광암점이 같은 주파수로 반짝이는 빛에 의해 발현되는 것과 비슷한 현상, '들끓는' 동작에 대한 시각적인 이미지, 시간을 초월한 기시감, 그리고 무엇보다 특히 청각적인 자극과 시각적인 이미지 사이의 공감각적인 번역(시각적 자극은 청각적 자극으로, 청각적 자극은 시각적 자극으로 변환되어 느껴진다는 뜻이다—감수자)의 경험이 그렇다.

다음 이야기도 충분히 길게 인용한다. 이 이야기는 전형적인 편두통 섬망증에 대한 내용을 담고 있다.

흥분하면 벽지가 갑자기 흔들리는 물의 표면처럼 반짝였다. 그렇게 시작되더니 몇 분 뒤에는 오른손이 마치 피아노의 공명판 위에 놓인 것처럼 떨려왔다. 다음에는 점과 섬광들이 시야를 가로질러 천천히 움직였다. 터키 양탄자처럼 보이는 무늬가 갑작스럽게 변했는데, 꽃 모양의 이미지가 끊임없이 빛을 발했고 피어나고 있었다. 모든 것이 깎여서 작은 면이 되었고 그것들은 점차 번식해나갔다. 거품이 나를 향해 올라오고 있었고, 틈새들이 열렸다가 닫혔으며, 마침내 벌집이 되었다. 눈을 감으면 이런 이미지들이 휘황찬란하게 빛났지만, 눈을 뜨면 볼 수는 있는데 희미했다. 이렇게 20~30분 정도 지속되더니 머리가 쪼개지는 듯한 두통이 시작되었다.

아우라의 구조

편두통은 종종 오해받게 묘사되기도 한다. 그것은 편두통을 하나의 증상으로 묘사하기 때문이다. 그래서 일반 편두통이 두통이 되기도 하고, 편두통 아우라가 암점 같은 것이 되기도 한다. 이런 묘사는 임상적인 의미에서 터무니없을 정도로 부적절하고, 그만큼 모순된 생리학적인 이론을 만들어낸다(이런 것들에 대해서는 10장에서 다룬다). 이 장에서의 논의와 병력에 대한 이야기들은 우선 아우라 증상이 풍부하며 복잡하다는 점을 말해준다. 편두통 아우라가 진행되는 동안 한 가지 증상만을 보게 되는 경우는 일반 편두통과 마찬가지로 드문 일이다. 신중하게 묻고 관찰하면 두 가지, 다섯 가지 또는 한 다스나 되는 증상들이 한꺼번에 발생한다는 사실을 알게 될 것이다. 이렇게 나타나는 증상들은 모두가 같은 기능적인 수준에 있는 것 같지 않다(암점과 지각이상 증세가 같은 기능적 수준에 있지 않을 것이라는 의미에서다). 시각이나 촉각에 투사된 제한적인 단순 환각은 무척이나 복잡한 감각의 변형(예를 들어 모자이크 비전)과 각성 메커니즘(의식 수준 등)의 혼란, 감정의 혼란, 그리고 최고 수준에 달하는 통합 기능의 혼란을 동반하는 것 같다.

더 나아가 편두통 아우라의 증상은 가변적이다. 그것은 같은 환자인 경우에 아우라에 이어 일어나는 발작에서조차 가변적이다. 암점 증상에 초점이 맞춰지는 듯하다가도 실어증에, 또 가끔은 감정적인 증상 등에 초점이 맞춰진다. 그것은 마치 우리가 일반 편두통을 해체하고 재구성하면서 부닥쳤던 '유사한 증상들'만큼이나 무척 다양하게 일어난다. 일반 편두통과 마찬가지로 편두통 아우라도 복잡한 구조를 가지고 있다. 그것은 정리되어 있는 수없이 많은 다른 증상들에서 여러 가지 요소나 모듈을 골라서 한데 묶은 것이다.

편두통 아우라는 일반 편두통처럼 진행되는 순서가 있지만, 어느 특정 시점에 나타나는 증상을 적절하게 그려낼 수는 없다는 점을 강조해야겠다. 우리는 각각의 증상들이 서로 자극하는 면과 억제하는 면이 함께 존재한다는 점을 선뜻 인정할 수 있다. 자극하는 면은 섬광과 지각이상 증세, 광범위한 감각적 고양, 의식의 각성과 근육긴장 등과 같은 형태로 나타나고, 억제하는 면은 음성환각♦, 근육긴장 상실, 기절 등으로 나타난다. 결국 우리는 아우라의 증상들이 중추신경계와 대뇌에 관련되어 있지만, 일반 편두통 증상의 많은 부분은(전부는 아니지만) 말초신경계와 자율신경계와 관련되어 있음을 알게 되었다.

편두통 아우라의 발생률

편두통 아우라의 발생 정도를 판단하는 일은 거의 불가능하다. 고전적 편두통의 발생률은 총인구의 1퍼센트 미만으로 짐작되지만, 이 수치는 독립된 아우라의 발생률에 대해서는 아무런 정보도 주지 못한다. 독립적으로 발생하는 아우라는 병인이 성립되지 않거나, 환자나 의사가 이를 인정하지 못하기 때문이다.[15] 그래서 600가지나 되는

♦   negative hallucination. 부정적 환각이라고도 번역된다. 양성(또는 긍정적)환각이 현실에 없는 것을 보는 것이라면, 음성환각은 현실에 있는 것을 보지 못하는 상태를 말한다.

15   나는 이 주제로 동물학자인 한 동료와 토론했던 적이 있는데, 그는 곧바로 섬광암점에 대해 내가 만든 도표를 인정했다. 그리고 이렇게 말했다. "젊었을 때 자주 그랬네.

편두통 암점 사례를 연구한 앨버레즈는 남자 환자들 가운데 12퍼센트 이상이 독립적인 암점을 경험한다고 추정했다. 좀더 지적인 집단(44명의 의사들로 구성된)의 경우에는 자그마치 87퍼센트나 되는 환자들이 '두통은 없지만 심한 독립적 암점들'을 경험했다. 우리가 음성암점의 발생에 대해 고려한다면(환자들이 알지 못하는 사이에 지나가버렸을 것이다), 그리고 독립적인 지각이상증, 기절과 기면상태의 발생, 변화된 감정의 발생, 최고 수준의 기능장애 발생에 대해 고려한다면, 이 모든 것이 아우라의 발현이지만 그것들의 미묘함과 애매함이 진단을 피해갈 수 있기 때문에, 편두통 아우라의 발생률은 인용된 고전적 편두통의 발생률보다 훨씬 더 높으리라고 추측하는 것이 합리적일 것이다.

편두통 아우라에 대한 감별진단: 편두통 대 간질

편두통 아우라를 다른 발작 상태, 특히 간질과 구별하는 일은 필수적인 진단 과정이다. 임상적으로 또는 통계학적인 근거를 바탕으로 이 두 가지 만성병이 매우 가까운 관계에 놓여 있다는 주장이 자주 나온다. 반면 이 의견에 반대하는 사람들은 아주 격렬하게 그런 관계의 존재만이 아니라, 그럴 수 있는 가능성마저 부인한다. 이 문제에는 분명 많은 의문점들이 있고(단언과 부인은 의문스럽다는 뜻이다), 멋진 토론을 기대하기에는 감정적인 부담이 너무나 크다. 의문점들은 우리가 내린 정의가 부적절하기 때문에 생기는 것이고, 감정적인 부담은 간질에 대해 불길하다고 느끼거나 경멸하는 평가가 덧붙는 경우가 많아서 생

대개 밤에 침대에 있을 때였는데, 나는 색깔들이 번지는 것을 보고 황홀해하곤 했어. 꽃이 피어나는 것처럼 느껴졌거든. 그리고 두통이나 다른 증상이 뒤따르지도 않았어. 나는 누구나 다 그런 것을 보는 줄 알았고 그것이 무슨 '증상' 같은 것이라고는 결코 생각해본 적이 없네."

기는 것이다. 우리는 이미 임상적인 관련성(가워스의 "간질의 변경지대bor-derland of epilepsy"와 레녹스의 "잡종 발작hybrid seizure")에 대해서는 언급한 적이 있고, 이제 그와 관련된 용어들을 명확히 할 때가 되었다.

문제의 핵심은 허글링스 잭슨이 되풀이해서 말했듯이, 두 개의 틀 사이에 있는 차이 때문이다. 거칠게 말하면 이론과 실제의 차이다. 그래서 잭슨은 이렇게 썼다.

> 내 생각에 과학적으로 보면, 편두통은 간질과 같은 것으로 분류되어야 한다. (…) 그렇지만 고래가 실제 생활 때문에 다른 포유류와 구별되는 것처럼, 편두통을 일반적인 간질과 같다고 분류하는 것은 적절하지 않은 것 같다. 고래가 규범으로 보면 물고기에 속하지만, 동물학적으로는 포유류로 분류되는 것처럼 말이다.

실제로 대부분의 경우에 편두통을 간질과 구별하는 것은 쉽다. 그러나 복합적인 아우라, 그것도 독립적으로 일어나는 아우라의 경우에는 의심스러워진다. 개인적으로 또는 가족력에 간질이 있다면, 그리고 환자가 아우라를 겪는 동안 의식을 잃고 무엇보다 의식이 없는 상태에서 경련을 일으켰다면, 그런 의심은 더 강해질 것이다. 그런 경우 이런 방법도 괜찮을 것 같다. 간질이 발작했을 때와 편두통이 있을 때의 어떤 특정 현상을 비교해보는 것인데, 개인적인 경험과 오래된 문헌에서 가장 믿을 만한 이야기를 찾아내어 비교함으로써 그런 확신을 강화할 수 있다. 그럴 만한 문헌으로 편두통과 관련해서는 리베잉이 쓴 글(1873)이 있고, 간질과 관련해서는 가워스가 쓴 글(1881)이 있다.

편두통에서 매우 일반적으로 볼 수 있는 시각적인 증상들은 섬광암점이나 음성암점처럼 아주 구체적인 형태를 띠는 경우가 많은데,

그런 증상들은 간질의 아우라에서는 발견되지 않는다. 편두통의 경우 리베잉의 사례에서 62퍼센트가 시각적인 증상(일반 편두통과 고전적 편두통의 변형을 모두 포함한 수치다. 그러나 고전적 편두통에서 훨씬 더 두드러지게 많다)을 기록했으며, 가워스의 사례에서는 17퍼센트 정도가 그렇다. 잭슨 감각이상 증세는 편두통에서 상당히 자주 일어나지만(리베잉의 경우 35퍼센트, 가워스의 경우 17퍼센트), 간질의 경우에는 아주 드물게 몸의 양측면에 일어난다. 편두통에서는 특히 입술과 혀 부위에서 감각이상증이 자주 일어난다. 결정적인 차이는 지각이상증의 진행 속도에 있다. 편두통의 경우 간질의 경우와 비교하면 대략 100배는 느리게 진행된다. 또한 경련은 간질에서는 일반적인 현상이지만, 편두통에서는 진단할 때 의아하게 생각될 정도로 아주 드물다. 발작 후 쇠약 증상은 운동성 간질에서는 일반적이지만, 편두통에서는 반신마비 발작과 같은 아주 특수한 경우를 제외하면 잘 일어나지 않는다(다음 장을 보라). 의식을 잃는 현상은 간질에서 일반적이지만(가워스의 505건의 사례 가운데 50퍼센트에서 일어났다), 편두통에서는 매우 드물다. 게다가 의식을 잃는 현상은 간질에서는 갑자기 시작되지만(정신운동성 발작을 제외하고), 편두통에서는 점진적으로 시작된다. 고도의 통합 기능과 감정의 복합적인 변형은 두 저자 모두 자신들의 환자 가운데 10퍼센트 이상에게서 발생했다고 기록했다. 그러나 편두통에서 정신이 분리된, 꿈꾸는 듯한 상태가 특정한 측두엽 발작을 일으킬 만큼 강렬해지는 일은 드물다(예를 들어 기억상실증이 뒤따르는 자동증automatism). 거꾸로 간질의 경우에 지연된 섬망증 또는 유사 섬망증을 경험하는 일은 드물지만, 편두통 아우라에서는 이 증상을 동반하면서 아주 길게 지속된다.

　　이런 기준을 적용하면 우리는 좀더 확실한 진단을 할 수 있다. 아니면 적어도 대부분의 경우 진단의 가능성을 확보할 수 있다. 그러고 나면 간질과 편두통 발작을 모두 다 경험하거나 한쪽에서 다른 쪽으로 발전하는 것으로 보이는 환자가 남는다. 이런 환자들은 정말로 '잡종' 발작을 겪는다. 그리고 마침내 그런 애매한 성질의 발작 때문에 임상적인 진단법을 쓸모없는 것으로 만들어버린다. 이제 여러분은 필히 가워스의 글(1907)과 레녹스와 레녹스의 글(1960)을 참고해야 한다. 그들은 그 경계가 불분명한 발작에 대해 충분히 논의했으며, 엄격한 질병분류학을 엉망으로 만들어버리는 아주 자세하게 쓰인 병력 사례에 관한 기록들을 남겼다.

가워스는 같은 환자에게서 번갈아 나타나는 편두통과 간질 병력에 대한 여러 건의 사례를 제공하는데, 그 이야기는 한 묶음의 증상에 대한 것이다. 대개 환자의 인생에서 다른 시기에 발생한 다른 증상들은 제외시켰는데, 그의 사례가 더욱더 드라마틱한 것은 "하나의 증상이 다른 증상으로 넘어가는 실제 과정을 볼 수 있기" 때문이다. 다섯 살 때부터 고전적 편두통을 앓아온 한 소녀가 있었는데, 두통이라는 요소는 점차 사라지고 대신 경련이 일어났다(우리는 아레타에우스가 처음 기록한, 편두통에 속하는 발작 뒤에 경련이 왔던 그런 잡종 발작을 기억한다). 가워스는 이 사례에서 간질의 시작을 편두통 때문에 생긴 통증과 뇌장애의 영향으로 돌린다. 리베잉은 그 설명이 불가사의하다면서 더 그럴듯하게 말했는데, 하나의 발작에서 다른 발작으로 '변형'될 가능성은 늘 있다는 것이다.

레녹스와 레녹스는 이런 종류의 병력 사례를 더 많이 제공한다. 간질병적인 요소는 뇌파 기록을 통한 진단으로 훨씬 더 구체화될 수 있다. 그런 한 사례에서, 정교한 시각장애(돌아가는 노란 별들과 미시중)를 가진 한 환자는 깨어 있을 때 대발작으로 경련을 일으키거나 고전적 편두통의 두통을 겪기도 했다. 지연되는 시각적 지각이상 증상을 가진 또다른 환자는 극심한 두통을 겪게 되고 마지막으로 온몸에 경련을 일으키는데, 두통은 그 경련이 끝난 뒤에도 계속된다. 레녹스는 이런 발작을 "편두통간질migralepsy"이라고 부른다.

대부분의 사례에서 질문과 관찰은 격렬한 발작이 편두통성인지, 간질성인지 또는 다른 종류인지에 대한 문제를 해결해줄 것이라는 점은 분명하다. 그러나 최고의 임상적인 감각이 그 문제를 깔끔하게 해결하지 못하는 경우도 있다. 예를 들면 우리는 편두통이 냄새 환각과 기시감, 그리고 가끔은 강제 회상과 강제 감정과 같은 특징을 가진다고 설명한 적이 있다. 그런데 그런 것들이 더이상의 모습을 보여주지 않는다면, 간질의 "갈고리이랑 발작"과 구별하기가 불가능할 수도 있다.

사례98

19세 때부터 시작된 복합적인 발작이 점점 심해지고, 잦아지고, 정교해진 42세 된 여자 환자의 이야기다. 발작은 "희미하지만 시공간 감각에 만연해 있는 지각의 변화 (…) 이상한 느낌 (…) '정지' 또는 에너지에 대한 느낌"과 함께 시작한다. 그 뒤에는 "시각적 줄무늬Visual Streaking", 그리고 가끔은 왼쪽 측면 시야의 위 2분의 1에 영향을 주는 시야 단절이 따른다.

이렇게 강해진 감각의 자극 상태는 아마도 시야의 특정 부분에 단절이 있는 상태일 텐데, 그다음에는 복합적인 꿈과 같은 상태 또는 환각 상태가 뒤따를 때가 많다. "무아레 무늬 (…) 독립적인 환각이 생기고, 얼굴이나 목소리가 여기저기에서 빠르게 나타났다가 사라진다." 가끔 이 시점에서 발작이 끝나기도 한다. 또다른 때에 이 환자는 "언제나 쇠 맛이 났다"고 했다. 그리고 의식의 붕괴와 상실이 뒤따르거나 푸가풍의 무의식적인 동작이 따르는데, 환자는 전혀 기억하지 못한다.

그녀의 아버지 쪽으로 심한 고전적(가끔은 복합적인) 편두통 병력이 있었다. 환자의 아버지는 "강낭콩 모양으로 빛나는 이미지가 지그재그로 움직이다가 보이지 않게 되는" 증상을 겪었다. 아버지의 여동생은 편두통이 있을 때 가끔 실어증이 왔다. 아버지의 어머니는 빛에 의해 유도되는 심각한 발작과 편두통이 있었다. 환자 자신은 빛의 자극에 강한 반응을 보였는데, 빛 자극에 의한 근육간대경련과 빛에 의한 경련photo-convulsive, 그리고 빛에 의한 편두통photic migraine(반짝이는 빛에 의해 암점이 유도되는 형태의 편두통)이 있었다. 뇌 영상은 오른쪽 관자엽에 기형적인 혈관(정맥 혈관종腫)이 있음을 보여주었다.

한 동료는 이 복잡한 발작을 "편두통간질"이라고 불렀는데, 편두통과 관자엽 간질의 형태를 모두 가지고 있었기 때문이다. 이런 증상에는 에고타민을 복용하면 어느 정도 도움이 되었지만, 항경련제를 처방하면 단지 발생 빈도만 줄어들 뿐이었다.

가장 애매한 부분은 갑작스럽게 나타나는 꿈과 같은 상태, 또는 가수면 같은 상태가 되는 것인데, 이는 강렬한 감정(공포감이나 황홀감 등)과 높은 수준에 달하는 정신 기능의 정교한 변형을 동반한다. 이런 경우에는 감별진단을 할 때 다음 상태를 포함시켜야만 한다.

- 편두통 아우라
- 간질 아우라 또는 정신운동성 발작
- 히스테리성 가수면 상태hysterical trance 또는 정신병적인 상태
- 중독성toxic, 대사성metabolic 또는 열성 섬망Febrile delirious 또는 히스테리와 유사한 상태
- 잠과 각성장애—예를 들어 가위눌림, 악몽을 동반한 백일몽, 비정형非

특정한 편두통 유사증상에 대한 감별진단과 관련해서 우리는 그동안 다루어왔던 증상들을 다시 보게 될 것이다. 이때 몇 가지 임상적 증후군이 합쳐진 것으로 보일 뿐, 우리가 사용하는 방법으로는 구분할 수 없는 경우도 있을 것이다. 그렇게 되면 결국 문제는 임상적이거나 생리적인 차이가 아니라 의미론적인 결정이 될 수 있다. 하지만 우리는 개별화할 수 없는 것에 이름을 붙일 수는 없다.

그것이 다른 어떤 것도 가지지 않은 특성을 가졌다면, 그것을 묘사하거나 지시함으로써 쉽게 구별할 수 있다. '그러나 특성이 같은 것이 여러 개라면 그것들 가운데 하나를 지시하는 것은 불가능하다.'
어떤 점도 다르지 않다면 구별할 수 없겠지만, 그렇지 않다면 구별할 수 있을 것이다(비트겐슈타인Wittgenstein).

고전적 편두통

편두통 아우라에 대해서 길게 다루었기 때문에 상대적으로 고전적 편두통에 대해서는 할 말이 적어졌다. 일정한 비율의 환자에게서 아우라는 욕지기, 복통, 자율신경증상 등을 동반한 장시간의 혈관성 두통으로 진행될 수도 있다. 이처럼 고전적 편두통에서 일어날 수 있는 그런 증상의 전체 목록은 일반 편두통에서의 목록과 조금도 다르지 않으므로 구체적인 설명은 필요 없을 것이다.

그러나 그 형식은 일반적으로 좀 다른 데가 있다. 고전적 편두통은 일반 편두통의 경우보다 좀더 간결하고 강렬하다. 그리고 드물게 12시간 넘게 지속되기도 하지만, 발작은 대개 2~3시간 정도 계속된다.

발작의 멈춤도 비슷하게 명쾌한데, 갑자기 정상 기능으로 돌아가거나 편두통이 끝난 뒤의 회복 상태가 된다. 리베잉은 이런 맥락에서 다음과 같이 썼다.

> 심각한 고통을 겪다가 완벽하게 건강한 상태로 갑작스럽게 전환되는 일은 아주 놀라웠다. 그는 (⋯) 거의 아무런 예고도 없이 완벽한 장애, 지독한 신체적인 고통, 정신적인 쇠약, 그리고 아마도 감각이나 관념의 환각에 빠져 있는 자신을 발견하고, (⋯) 그리고 그런 상태에서 하루의 대부분을 보냈다. 그러나 이미 끝나가고 있었다. (⋯) 그는 다른 존재로 깨어났으며, 원래 가지고 있던 능력이 모두 되살아나 저녁에는 오락을 함께 하거나 짧은 보고를 준비하거나 토론에 참여할 수 있었다.

일반 편두통의 몇몇 경우에 환자는 그 긴 발작 과정이 진행되는 동안 지독히 불쾌한 상태에서 하루하루를 보내야 할 수도 있다. 그렇지만 고전적 편두통 발작의 경우에 이런 일은 드물다.

편두통의 발생 빈도와 선행 사건들에 대해서는 2부에서 다룰 것이다. 그러나 이 시점에 우리는 고전적 편두통이 일반 편두통보다 덜 자주 일어나는 경향이 있고 '반응적'이기보다는 '발작적'인 성질을 가진 경우가 더 많음을 알 수 있다. 이것이 절대적인 '규칙'은 아니지만, 그럼에도 두 종류의 발작을 구별할 때 자주 쓰는 특징 가운데 하나다.

환자는 주어진 임상 패턴에 강하게 집착하는 경향이 있다. 고전적 편두통 환자들은 거의가 일반 편두통을 겪지 않는데, 그것은 거꾸로도 마찬가지다. 그러나 이것도 절대적인 것은 아니다. 나는 두 종류의 발작을 동시에 혹은 번갈아 경험하곤 했던 환자를 적어도 30명은 보았다.

우리는 고전적 편두통을 가진 환자가 두통이라는 요소를 '상실'할 수도 있고, 그 이후에 독립적인 아우라를 겪는 경우를 본 적이 있다(155쪽 사례14를 보라).[16] 거꾸로 아우라를 상실하고, 그 이후에는 일반 편두통과 비슷한 발작을 경험하는 환자도 꽤 많다.

고전적 편두통의 두통은 특징적으로 아우라가 끝나면서 시작된다. 그리고 빠르게 가장 강렬한 상태에 도달한다. 그것은 머리의 한쪽 또는 양쪽에 영향을 미칠 수 있는데, 그 위치는 아우라가 일어난 위치와는 전혀 관계가 없다. 사실, 아우라의 더 많은 발작은 두통이 정리된 뒤에 생겨나기도 한다. 우리는 아우라와 두통의 단계가 다양한 환경에서 자연스럽게 분리되기도 한다는 것을 본 적이 있다(152~153쪽 사례11을 보라). 그리고 고전적 편두통 발작을 '중단'하게 만드는 맥각 파생물(예를 들면 에고타민과 같은 약물—옮긴이)과 다른 약물을 사용함으로써 쉽게 분리되기도 한다.

고전적 편두통을 아우라와 두통의 단계가 우발적으로 연결되거나, 함께하는 경향이 있는 잡종 같은 것이라고 생각할 여러 가지 이유를 우리는 알고 있다. 그러나 꼭 그런 것은 아니고, 그것이 핵심적인 결합도 아니다. 따라서 고전적 편두통은 집합적인 구성물로 이루어진 복합 구조물 그 자체다.[17]

---

16 고전적 편두통을 여러 해 동안 앓던 환자 몇 명이 내 처치를 받고 두통을 "상실"하게 되었다. 나는 어떤 약도 처방하지 않았는데, 짐작건대 편두통 형태의 이런 변화는 내 암시suggestion 때문이 아닌가 싶다. 나는 그들의 두통에는 오히려 적은 관심을 보이고, 그들이 겪고 있는 아우라 증상에 대해서만 대단한 관심을 보였다.

17 고전적 또는 일반 편두통이라는 용어는 최근에 바뀌어서 '아우라가 있는' 또는 '아우라가 없는' 편두통으로 부른다. 어떤 연구원들은(예를 들면 덴마크의 올젠 Olesen 등) 일반 편두통과 고전적 편두통 사이에 중요한 혈류역학적hemodynamic인 차이가 있다고 느낀다. 그러나 현재의 견해로 그 둘 사이에 역학疫學적, 임

후기(1992): 암점의 공포

아마도 리베잉이 말했던 공포와 같은 것으로 보이는 이 특별한 공포감은 음성암점과 함께 찾아온다. 그것은 보이지 않기 때문이 아니라 실재하지 않기 때문에 그렇게 느낄 수 있다.

다음의 사례에 이런 심각한 두려움과 매우 기묘한 느낌이 잘 드러나 있다.

사례90

아주 어릴 때부터 1년에 두세 번 정도 음성암점 또는 반맹을 겪어온 재능이 뛰어난 내과의사이자 정신분석학자의 이야기다. 언제나 그런 것은 아니지만, 그의 발작에는 편두통 두통이 뒤따랐다.

비록 이 남자는 하느님의 부름과 신앙고백을 통해 날마다 영혼의 깊은 곳에서 원초적인 공포에 빠져들거나 용감하게 무의식의 모든 괴물들과 마주하기는 했지만, 결코 자신의 암점에 익숙해지지는 않았다. 암점은 그가 정신의학의 범주에서 맞닥뜨리는 것들을 넘어서는, 견디기 어렵고 무시무시한 경험을 하게 했다. 그는 이렇게 말했다.

"나는 환자가 되어 책상 건너편에 앉아 있는, 잘 아는 사람들을 보고 있는 것 같았다. 나는 그들을 뚫어지게 쳐다보고 있었는데, 갑자기 당장은 무엇이 잘못되었는지 말할 수는 없었지만, 무엇인가 근본적으로 잘못되었다는 것을 알게 되었다. 그것은 자연의 질서에 반하는 것이고, 불가능한 어떤 것이었다."

상적, 생리학적으로 근본적인 차이는 없다(랜슨Lanson 외 연구, 1991을 보라). 많은 환자들은 가끔 한 가지를, 가끔은 다른 한 가지를, 그리고 가끔은 아우라는 없지만 내내 시각적으로 대단히 흥분한 상태를 경험한다. 이런 상태는 고전적 편두통과 일반 편두통의 중간쯤인 것 같다.

"나는 갑자기 환자들의 얼굴 한 부분이 없다는 것을 '깨달았다'. 코나 뺨
또는 왼쪽 귀의 일부분이 없었다. 나는 계속해서 듣고 말하고 있었지만,
내 시선은 고정되어 있었던 것 같다. 고개를 돌릴 수가 없었다. 불가능하
다는 생각과 공포스러운 느낌이 나도 모르는 사이에 스며들었다. 이 현
상은 대개 얼굴 반쪽이 다 사라질 때까지 계속되었다. 이와 함께 방의
같은 쪽 반도 사라졌다. 나는 어느 정도 마비되고 경직되는 것을 느꼈는
데, 내 시력에는 아무런 일도 일어나지 않았다. 단지 믿을 수 없는 일이
이 세상에 일어났다고 느꼈으며, 사라진 것이 무엇인지를 '확인'하기 위
해 고개를 돌리거나 눈을 움직여보지는 않았다. 그전에도 이런 경험을
꽤 했지만, 나는 내가 편두통을 겪고 있다는 생각은 한번도 해본 적이
없다. (…)"

"나는 정확하게 무엇인가가 '없다'고 느끼지는 않았지만, 우스울 정도로
의심에 집착했다. 얼굴이라는 개념을 잃어버린 것 같았다. 나는 얼굴이
어떻게 보이는지 '잊었다'. 아마 내 상상력, 기억, 생각에 문제가 생긴 것
같다. (…) 이 세상의 반이 신비스럽게 '사라져'버린 것이 아니라, 그것이
그 자리에 있었는지조차 의심했다. 내 기억에, 내 마음에, 말하자면 이
세상에 구멍 같은 것이 생긴 것이다. 그렇지만 나는 그 구멍에 무엇이 있
을지는 상상할 수 없었다. 구멍은 있기도 했고, 없기도 했다. 내 마음은
완전히 혼란에 빠져버렸다. 나는 내 몸이 불안정하고 산산이 분해되고
한 부분을 잃어버렸다는 느낌이 들었고 내 눈이나 사지 가운데 하나가
절단된 것 같았다. 꼭 필요한 것들이 사라져버렸다. 아무 흔적도 없이 사
라졌는데, 그것들이 차지하고 있던 '장소'와 함께 사라져버렸다. 공포스
러운 감정도 싹 사라졌다."[18]

---

18 홉스와 비교하라. "몸이 아닌 것은 우주의 일부가 아니다. (…) 우주가 모든 것이기

"한참 시간이 지났다. 사실은 1~2분밖에 지나지 않았을지도 모르지만 내게는 영원한 시간 같았다. 나는 내 시력에 문제가 있음을 깨달았다. 자연적이고 생리적인 시각장애였던 것이다. 하지만 그렇게 괴상한 일도 아니었고 부자연스러운 장애도 아니었다. 나는 편두통 아우라를 겪었던 것이다. (…) 그리고 크나큰 안도감이 나를 덮쳐왔다. (…)"

"알고는 있지만 인식이 교정되지는 않았다. (…) 여전히 공포의 잔재가 얼마간 남아 있었고, 암점이 영원히 계속될 것 같은 두려움도 있었다. (…) 내 시야가 완전히 회복된 뒤에야 갑작스러운 공포감과 무엇인가 잘못되었다는 느낌이 마침내 사라졌다. (…)"

"나는 편두통 암점과 관련된 경험 말고는 이런 종류의 두려운 경험을 한번도 해본 적이 없다."

사례91

75세의 이 환자는 잦은 발작을 보였다. 그 발작은 편두통 아우라, 또는 간질, 편두통간질처럼 여러 이름으로 불렸는데, 그 발작들에는 뚜렷한 생리적인 이유가 있었다. 그녀는 유아기에 입은 상처 때문에 오른쪽 정수리 뒤쪽 부분에 상처가 있었다. 발작이 일어나면 그녀의 몸 왼쪽과 왼쪽에 있는 것들은 사라져버리는 것처럼 보였다. 그녀는 이렇게 말했다. "그곳에는 더이상 아무것도 없어요. 텅 비어버리는 거예요. 구멍이 난 것처럼요." 시야에서 한 부분이 텅 비어버리고 몸과 우주도 비어버리데, 그런 상태에 스스로가 서 있다는 사실이 믿기지 않는다고 했다. 그래

때문에 (…) 몸이 아닌 것은 아무것도 아니다. (…) 그리고 존재하지 않는다"(토머스 홉스, '어둠의 왕국The Kingdom of Darkness'(《리바이어던》 제4부의 제목이다—옮긴이)).

서 상태가 더 나빠지기 전에 앉아야만 했는데, 이런 발작이 일어나면 그녀는 죽음의 공포를 경험하게 된다. '구멍'이 죽음처럼 느껴지는 것이다. 하루는 그 구멍이 아주 커져서 그녀를 완전히 "삼킬" 것 같다고 했다. 어린 시절 이런 발작을 겪고 난 뒤에, 그녀가 이렇게 설명하면 사람들은 '거짓말쟁이'라고들 했다.

발작이 심해지면 사라진 것처럼 보이는 것은 그녀의 몸 왼쪽만이 아니었다. 몸 전체에 대해서도 아주 혼란스러워했는데 어느 부분이 어디에 있는지, 또는 어느 부분이 어느 부분인지도 확신할 수가 없다고 했다. 그녀는 아주 비현실적으로 느꼈다(이것이 그녀가 빨려드는 것을 두려워하는 이유이기도 하다). 또한 그녀는 심한 발작 중에 보이는 것이 무엇인지 이해하지 못했고(시각적 인지불능증), 특히 친지들의 얼굴을 알아보지 못했다. 그들의 얼굴이 '다르다'고 느끼기도 했지만 '얼굴이 없는 것' 같다고 느낄 때가 더 많았는데, 예를 들면 그들의 얼굴에 아무런 표정이 없다고 느꼈다(얼굴인식불능증). 가장 심한 발작이 일어나면 이 증상은 목소리에도 영향을 미친다. 목소리가 들리기는 하지만 목소리의 음조나 '특성'을 전혀 알아챌 수 없는데, 말하자면 청각적 인지불능증 같은 것이다. 하지만 근본적으로 보면 그것은 마침내 그녀가 완전히 인사불성이 될 때까지 점점 더 '무감각'한 상태로 깊이 더 깊이 가라앉는 것이고, 그녀의 감각중추가 붕괴되는 것이다. 그렇게 감각이 모두 박탈된 상태는 완전한 어둠과 정적으로까지 진행되고, 가워스가 기록했던 사례처럼 그녀는 의식을 잃었다고 말할 수 있는 상태가 된다. 그처럼 공포스럽고 실감나는 발작을 죽음처럼 경험하는 것은 그리 놀라운 일이 아니다.

암점이라는 낱말은 어둠 또는 그림자라는 뜻이다. 우리는 위의 이야기에서 그림자라는 의미를 이해할 수 있는데, 몸의 양 측면 암점인 경우에는 더 끔찍한 경험이 될 수도 있다. 양 측면 암점과 중앙 암점은 시야 또는 시계의 중앙을 사라지게 만드는데, 그럴 때는 얼굴 가운데가 구멍이 뻥 뚫린 것처럼 보인다. 텅빈 공간을 살이 둥글게 둘러싸고 있는 모습이 되는 것이다(도넛 또는 베이글 비전이라고 부르는 상황).

시야를 통째로 상실하고 (뇌의 시각과 촉각 부위 근처에서 일어날 수 있는 것처럼) 몸의 부위 전체를 잃어버리거나, 몸의 감각을 잃어버리는 완벽한 양쪽 암점이라면 이제는 끝이라는 가장 무서운 느낌이 들 수 있다.

발작 상황이 격렬하고 다른 사람의 일부가 남은 채로 존재하는 상황을 보게 될 때(오히려 더이상 아무 일도 일어나지 않는 것을 보게 될 때)에만 폭행당한 느낌, 섬뜩한 느낌, 그리고 공포감이 생긴다. 처음에는 사례 90에서처럼 예리한 관찰자라고 해도, 아주 격렬한 상태에서조차도 암점을 놓칠 수 있다. 그리고 암점이 다년간 계속되거나, 지속적이거나, 만성적일 때 거의 언제나 '놓치게' 된다(한 번 놓친 것은 계속 놓친다). 이런 경우는 소소한 발작들과 함께 볼 수 있는 드물지 않은 상황이다. 다음 사례가 이것을 설명해준다.

사례92

오른쪽 대뇌반구의 뒤쪽 깊은 곳에 영향을 주는 심한 발작 때문에 고통받는 60대의 지적인 여자 이야기다. 그녀는 여전히 지성과 유머가 넘치는 사람이었다.

가끔 그녀는 간호사들에게 후식이나 커피를 주지 않는다고 불평했다. (…) "그렇지만 X 부인, 바로 거기에 있잖아요. 왼쪽에요." 간호사들이 이렇게 말하면 그녀는 그 말의 내용을 이해하지 못하는 것처럼 보였다. 그리고 왼쪽을 보지도 않았다. 머리를 조금만 돌려도 후식을 볼 수 있는데도, 그녀는 자신의 오른쪽 반의 시야에만 고정된 채 이렇게 말했다.

"아 그렇군요. 조금 전에는 없었는데." 그녀는 자신의 몸만이 아니라 이 세상에서도 '왼쪽'이라는 개념을 완전히 잃어버렸다. 또 종종 자신의 몫이 너무 적다며 불평했는데, 이것은 그녀가 접시의 오른쪽 반만을 먹었기 때문이다. 그녀는 왼쪽 반도 있다는 생각을 하지 못하는 것이다. 가끔 그녀는 립스틱을 바르고 화장을 했는데, 이때도 얼굴의 왼쪽 반은 하지 않은 채 오른쪽 반만 했다. 이런 증상을 치료하기는 거의 불가능한데 우선 그녀의 주의를 돌리기가 어렵고("반쪽 무시hemi-inattention"), 또한 그녀에게는 그것이 '잘못'이라는 개념이 없기 때문이다. 그녀는 그 사실을 알고 있었고 이해할 수도 있었으며, 웃기까지 했다. 그러나 그것을 직접적으로 아는 것은 불가능한 일이었다.

맥도널드 크리첼리Macdonald Critchley는 편두통의 역사(크리첼리, 1966)를 다룬 매혹적인 이야기에서 우리에게 다음과 같은 것을 상기시켜주었다.

블레즈 파스칼 (…) 은 끔찍한 환상을 주기적으로 겪었다. 때때로 그는 깊은 구멍과 깎아지른 절벽이 그의 왼손 편에서 입을 벌리고 있다고 생각했다. 그는 자신을 안심시키기 위해서 가구 하나를 그쪽에 놓아두곤 했다. (…) 이런 주기적인 환상을 동시대 사람들은 파스칼의 심연이라고 불렀다. (…) 이렇게 계속해서 나타나는 깎아지른 절벽이 실제로는 반맹이라고 주장할 만한 흥미로운 증거가 (있다).

크리첼리는 파스칼의 반맹이 그 특성으로 볼 때 편두통이었을 것이라고 짐작한다. 묘사에서 '심연'이니 '깊은 구멍'이니 하는 낱말을 사용한 것을 보면 거의 형이상학적인 공포가 뿌리 깊게 자리 잡았고,

공간의 그 부분이 사라져버렸다는 의미가 분명하다. 이런 당황스러움은 사례91의 환자가 묘사했던 우스꽝스러운 표현인 '구멍(의식의 구멍)'과《나는 침대에서 내 다리를 주웠다》에서 묘사했던 나 자신의 개인적인 경험과 정확하게 같은 것이다.

이런 환자들은 상상할 수 없는 공포스러운 과정을 통해 우주의 반을 잃어버렸음을 갑작스럽게 알 수도 있다. 그런데 고차원적인 기능(예를 들면 사고력, 인지력 등—감수자)은 유지되고 있기 때문에 무슨 일이 일어나는지에 대해 말해줄 수 있는 관찰자(최소한 단속斯續적으로라도)가 될 수 있다. 그러나 이 장애가 좀더 만성이 되거나 확장되면, 무슨 일이 일어나든 모든 감각과 여러 가지에 대한 기억을 완전히 잃게 된다. 이런 환자들은 반쪽 공간과 반쪽 우주에서 살고 있다. 그러나 그들의 의식이 재구성되기 때문에 자신들은 그 사실을 알지 못한다.

실제로 그런 경험을 했던 사람들을 제외하면 너무나 기이해서 거의 상상이 되지 않는 이런 상황을 두고 '착란적'이라거나 '미쳤다'고들 했는데, 이는 환자들의 고통을 훨씬 더 가중시킬 수 있는 소견이었다. 그러다가 최근에야 의식의 생리학적인 또는 신경생리학적인 개념이 제럴드 에덜먼Gerald Edelman에 의해 제시되었고, 비로소 이런 증상들이 이해되기 시작한 것이다.

에덜먼은 의식이 지각의 통합에서 시작된다고 보았다. 그 지각의 통합은 과거와 현재의 지속적인 관계인 역사적 연속성이라는 감각과 관련된 것이다. 에덜먼의 용어로 말하면, '최초의' 의식은 몸이 받아들인 세상에 대한 감각으로 만들어져서, 공간에 대한 의식('개인적인' 공간으로서)과 시간에 대한 의식('개인적인' 시간 또는 역사)으로 확장된다. 그런데 심한 암점을 겪게 되면 이 세 가지 의식이 모두 사라져버린다. 더 이상 자신의 몸이나 시야의 일부(예를 들면 왼쪽 반)를 지각할 수 없게 되는데, 그러면서 '공간'도 사라지고 과거도 사라지는 것이다.

이런 암점은 신체의 자아나 최초의 자아 속에 있을 뿐만 아니라, 최초의 의식 속에도 있다. 이 암점은 참으로 사람을 공포감에 휩싸이게 만드는데, 인간의 고위의식higher consciousness과 초자아higher self는 무슨 일이 일어나는지 관찰할 수 있지만, 그에 대해 아무것도 할 수 없기 때문이다. 다행스럽게도 그런 깊은 '자아'와 의식의 교번은 편두통을 겪는 동안 몇 분밖에 지속되지 않는다. 그렇지만 이 짧은 시간 동안에도 인간은 신체와 정신의 절대적인 정체성에 대해 저항할 수 없는 강렬한 인상을 받는다. 또한 의식과 자아와 같은 인간의 최고 기능은 실재하지 않고 자족적이지 못하며 몸을 '넘어서지' 못하지만, 신경심리학적인 구조와 그 과정은 신체적인 경험과 그 통합의 계속성에 의존한다는 것을 알게 된다.

여기에 실린 대부분의 그림들은 직업적인 화가가 아닌 사람들이 편두통 아우라에서 경험한
시각적인 현상을 그린 것이다. 이 그림들은 편두통 아우라의 시각적인 현상을 그대로 재구성
해보려는 시도다. 어떤 것들은 상징으로 나타나는 것도 있지만, 이 그림들이 모두 상징적이라
는 뜻은 아니다.

(사진들은 모두 영국편두통협회와 베링거 잉겔하임 유한책임회사의 허락을 받아서 실었다.
다만 도판3B는 로널드 시겔 박사에게서, 그리고 도판8A~8F는 랠프 시겔 박사의 허락을 받
아서 실었다.)

도판1A 고전적인 지그재그 요새 모양. 이것이 빛나는 정도는 한낮 태양의 흰
표면만큼이나 눈부시다. 가장자리는 계속해서 반짝인다.

도판1B 여기 보이는 편두통성 요새 모양의 시각적 현상은 각도와 선이 특별
한데, 세밀하면서 거칠다.

도판2A 장미 정물화에서 반이 편두통의 지그재그, 별, 소용돌이 무늬로 대체되었다. 대체된 것들은 동심원과 나선형일 때도 있다. 나머지 반의 이미지는 정상적이다.
도판2B 이미지 오른쪽 반은 정상이다. 왼쪽 반은 기하학적인 무늬로 이루어진 환각으로 대체되었다. 이 기하학적인 도형은 기본적으로 채색된 바퀴살을 가진 방사형, 그리고 나선형으로 이루어져 있다. 이것들 위에 날카롭게 잘린 조각들이 보이기도 한다.

도판3A 편두통 환자가 그린 이 그림은 시 야를 가로지르는 롤 형태를 보여준다.
도판3B 마리화나 중독 상태에서 보이는 '터널' 환각이다. 편두통 아우라에서도 비 슷한 형태가 보이기도 한다.

도판4A 이 편두통 환자는 전체 시야에 널부러져 있는 요새, 격자무늬, 소용돌이 무늬, 지그재그 무늬가 있는 세계 속에서 자신이 구토하는 모습을 보여주고 있다. 그를 향해 몸을 숙이고 있는 검은 이미지는 유령이다.

도판4B "성채의 모든 장식들은 모두 마치 살아 있는 끈적끈적한 액체처럼 아주 놀라운 형태로 뒤끓는 듯 사납게 굽이치고 있다."

도판5A 위상이 오인되었거나 환각이 일어난 시야의 반쪽에서 물체들이 곡선으로 뒤틀려 있다. 이 환자는 물건의 형태에 공기를 불어넣거나 끌어당긴 강력한 힘에 의해 교란된 시각적인 경험을 했다.
도판5B 이 그림은 편두통성 요새 무늬와 기묘하게 기울어진 모습들에 더해서 다리가 나선형으로 바뀐 환각을 보여준다.

도판6 입체파 그림을 보는 것 같은 모자이크 비전의 매력적인 예다. 얼굴 전체가 해체되고 날카롭게 조각난 평면과 다각형으로 대체되어 있다.

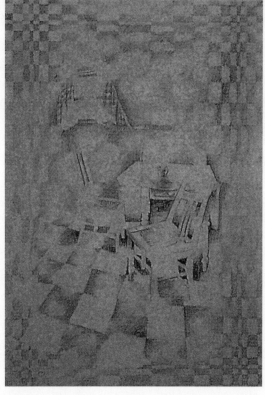

도판7A, 7B 이 두 개의 그림은 평면과 굽은 직사각형 격자무늬가 여러 가지 크기로 나타난 것을 보여준다. 일부분에서는 이미지로 대체되어 있다. 실제 환각에서는 이 격자무늬가 빠른 속도로 변한다.

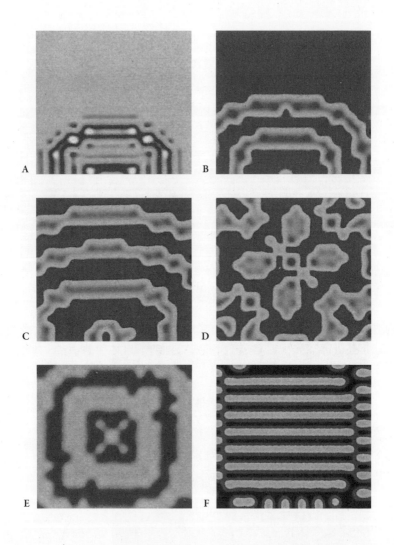

도판8A~8F 뉴런의 그물망에서 편두통 아우라를 컴퓨터로 모의실험해본 것이다. 8A~8C는 암점을 모의실험한 것으로, 퍼져나가는 하나의 파동을 보는 듯하다. 8D는 격자무늬와 거미 줄 무늬 상수를 모의실험해본 것으로, 대칭축 무늬를 보인다. 8E는 터널 무늬와 깔때기 무늬 상수를 모의실험해본 것으로, 동심원 파동 무늬를 그린다. 8F는 방사형 또는 나선형 정향에 대응해 나타난 롤이다.

4장

편두통성 신경통("군발성群發性 두통") |
반신마비 편두통 |눈마비 편두통 |가성 편두통

편두통의 이런 변종들을 하나의 장에서 다룰 텐데, 이들은 모두 공통된 특징 하나를 갖고 있기 때문이다. 그 특징은 상당히 길게 지속될 수도 있는 신경학적인 결핍을 일으킨다는 점이다. 이 우연한 특징이 아니라면, 이들은 서로 그 어떤 특별한 관련성도 갖고 있지 않다.

편두통성 신경통

편두통성 신경통은 1867년 묄렌도르프가 처음으로 설명한 이래 열두 번이나 그 명칭과 설명이 바뀌었다. 비슷하게 쓰인 이름으로는 "섬모체 신경통ciliary neuralgia", "나비입천장 신경통sphenopalatine neuralgia", "호턴 두통Horton's cephalalgia", "히스타민 두통" 그리고 "군발성 두통"과 같은 것들이 있다.

증후군이 아주 독특하기 때문에 관찰자에 따라서는 다른 형태를 띤 편두통과의 관련성을 의심했다. 대개 한쪽 관자놀이와 눈에서 극단적으로 격렬한 고통이 시작된다. 그보다는 고통이 덜하지만 반면에 자주 귀 안쪽이나 뒤쪽, 뺨이나 코에서 통증이 느껴지기도 한다. 그 통증의 강렬한 정도는 너무나 대단해서(한 환자는 내게 그것을 '통증의 오르가슴'이라고 표현했다) 환자를 광란 상태로 몰아넣을 수도 있다. 대부분의 편두통 환자들이 앉거나 눕고 싶어 하는 반면에, 편두통성 신경통을 앓는 환자들은 눈을 움켜쥐고 신음소리를 내면서 무척 흥분한 상태로 왔다 갔다 하는 경향이 있다. 나는 한 환자가 발작을 하는 동안 머리를 벽에 대고 부딪는 장면을 본 적도 있다.

이러한 통증은 두드러진 부분 증상과 징후를 동반하는 (가끔은 이런 증상과 징후가 선행하는) 경향이 있다. 환부의 눈은 핏발이 서거나 눈물이 난다. 그리고 같은 쪽의 콧구멍이 막히거나 카타르가 있다. 또한 종종 걸쭉한 침의 분비나 드물게 되풀이되는 기침을 동반하거나 이런 증상들에 의해 예고된다. 부분적인 호너증후군이나 완전한 호너증후군이 아픈 쪽에 나타날 수 있고, 드물게는 신경학적인 잔재로 지속될 수도 있다. 발작 시간은 2분 정도로 짧은데 드물게는 2시간 넘게 지속되기도 한다.

발작의 대부분은 밤에 일어나는데, 환자를 깊은 잠에서 깨운다. 가끔은 아침에 잠에서 깬 뒤, 몇 분 안에 잠기운이 걷히기 전에 일어나기도 한다. 낮에 일어나는 발작은 쉴 때나 지쳤을 때, 또는 '의기소침'할 때 일어나는 경향이 있다. 환자가 충분히 각성된 상태거나 '풀가동'되고 있을 때 발작이 일어나는 일은 드물다. 이 발작을 일으키는 계기가 무엇인지는 알코올을 제외하고는 확인하기가 거의 불가능하다. 예민한 동안에는(188~189쪽 사례1을 보라) 알코올에 대한 민감도가 매우 일관되게 나타나기 때문에 병력이 애매할 경우에는 진단 검사를 해보면 알 수 있다.

나는 모두 1,200명쯤 되는 편두통 환자 가운데 74명의 편두통성 신경통 환자를 보았다. 이 수치는 균형이 맞지 않을 정도로 높은 발생률이 아닌가 싶다. 결국 이 수치는 이런 증상을 가진 불운한 환자들 거의 모두가 선택의 여지없이 의학적인 도움을 필요로 한다는 사실을 반영한다. 또한 이 의사 저 의사 사이에서 헤매다가 마침내 고질적이고 공포스러운 증상에서 구원해줄 것으로 믿어지는 두통 전문의를 찾는다는 사실을 반영하는 것이 아닐까 싶다.

발생률에 대한 다른 두 가지 특성은 주목할 만하다. 편두통성 신경통은 여성보다 남성에게서 거의 10배나 더 일반적이다(아마 다른 종류의 편두통에서는 성에 따른 발생률이 거의 같을 것이다). 그리고 집안 내력인 경우가 거의 없다. 내가 보았던 74명의 편두통성 신경통 환자 가운데 겨우 3명만이 비슷한 발작을 일으키는 가족력이 있었는데, 다른 형태의 편두통은 대개 가족력인 경우가 많다.

이 병의 경우, 환자들에게 일어나는 많은 발작들 가운데 단 하나의 발작에 주목해야 한다. '군발성 두통'이라는 이름이 이 형태의 증후군을 잘 설명해준다. 이런 환자들에게는 밀집된 발작 집단이 여러 주 동안 지속된다(열 가지 발작이 날마다 일어날 수도 있다). 그러고는 몇 달 또는 몇 년 동안이나 발작이 일어나지 않는다. 어떤 환자는 어느 정도 규칙적으로 1년에 한 번씩 군발성 두통을 겪고(부활절 기간이 대개 군발群發 기간이다), 또다른 환자는 10년 또는 그보다 간격이 더 길어질 수도 있다. 그렇게 발작이 일어나지 않는 기간 동안 환자들은 발작에 완전히 면역이 된 것처럼 보이는데, 술을 아무리 많이 마셔도 괜찮다. 군발성 발작이 갑작스럽게 시작될 때도 가끔 있지만, 대개는 며칠 동안 가장 강렬해질 때까지 조금씩 심해진다. 가끔 뚜렷한 전구증상을 보이는 기간이 있는데, 그때 환자는 확실한 통증을 느끼지는 못하지만 한쪽이 막연하게 타는 듯하거나 불편하다고 느낄 수 있다. 또 가끔은 알코올에 대한 민감성이 높아지면서 군발성 발작이 임박했음을 예고하기도 한다. 비록 대개의 경우에는 발작이 갑작스럽고 드라마틱하게 정지되지만, 어떤 군발성 발작들은 서서히 줄어들기도 한다.

편두통성 신경통으로 고통받는 환자들 가운데 결코 발작이 중단되는 축복을 받지 못하는 사람들도 종종 있다. 일주일에 여러 번 또는 여러 해 동안 계속해서 발작이 이어지기도 한다. 발작은 거의 변함 없이 한쪽에만 한정된다. 내가 본 환자들 가운데는 단 두 명의 환자만이 양쪽에서 번갈아가며 발작을 일으켰다. 몇 명의 환자들은 군발 발작 동안 또는 영원히, 얕은관자동맥이 예민해지고 딱딱하게 굳었다고 설명했다.

이런 발작과 일반 편두통의 관계를 증명하는 최상의 해답은 두 가지 특징을 모두 갖춘 '일시적'인 발작의 발생에서 찾을 수 있다(아래 사례1을 보라). 이들이 가진 편두통으로서의 정체성은 이들의 생리학적인 기질을 고찰함으로써(3부), 약물에 대한 이들의 반응으로(4부) 더 뒷받침될 것이다.

구체적인 사례들

사례1

이례적인 군발성 발작. 초기 발작들은 찌르는 듯한 고통을 주는데, 아주 짧게 지속되며 온전하게 국소적으로 나타난다. 한꺼번에 진행되기 때문에 각각의 발작들은 좀더 길게 지속되고, 고통의 정도도 좀 약하다. 그리고 복통, 설사, 여러 가지 자율신경증상들, 즉 일반 편두통과 구별할 수 없는 증상들을 동반한다. 알코올에 아주 예민해지는데, 단지 군발성 발작 동안에만 그렇다. 군발성 발작은 아주 규칙적으로 연례행사처럼 일어나는데, 이 환자가 임신했을 때에만 규칙에서 벗어나 발작이 일어나던 시기에 일어나지 않았다.

사례2

15~25세까지 끊임없는 편두통성 신경통으로 고통을 받아왔지만, 그 이후에는 군발 형태와는 구별되는 발작을 겪어온 28세의 남자 이야기다. 동생의 병도 그와 비슷했다. 이 환자는 자신에게 발작이 일어나기 쉬운 때와 환경을 설명해주는 이야기를 해주었다. 즉 한밤중에 텔레비전 앞에서 '잠깐 잠들었을' 때, 일한 뒤, 많이 먹은 뒤 또는 오르가슴 뒤에 휴식할 때 쉬 발작을 일으켰다.

사례3

여러 가지 희귀한 형태를 보여주는 편두통성 신경통을 가진 40세의 남자 이야기다. 눈물이 흐르는 것은 언제나 발작이 임박했음을 알리는 '경고'였는데, 이것은 1~2시간 뒤에 통증이 시작된다는 뜻이었다. 발작의 대부분은 오른쪽에서 일어났지만, 스무 번에 한 번은 왼쪽에서 일어났다. 어김없이 빈발하던 그의 발작은 한 달에 한 번 히스타민을 주사함으로써 성공적으로 치료되었다. 히스타민 반응은 곧바로 편두통성 신경통의 진짜 발작으로 이어졌다. 그러고 나서 환자는 '진정되었고', 다음 주사할 때까지 더이상의 발작은 일어나지 않았다.

사례5

고전적 편두통과 군발성 두통을 함께 겪는 36세의 여자 이야기다. 그녀의 편두통성 신경통 발작은 변함없이 밤에 일어났다. 그 발작과 함께 점액질의 침을 많이 흘리는 증상도 나타났는데, 이는 주목할 만한 특징이었다.

사례6

피해망상증, 피학대성욕도착증, 우울증을 가진 47세의 남자 이야기다. 그 역시 두 가지 형태의 편두통을 앓았다. 밤에 일어나는 편두통성 신경통 발작과 주말에 일어나는 일반 편두통 발작이었다. 그에게서도 발작이 일어나는 오른쪽의 얕은관자동맥이 영구적으로 예민하고 딱딱하게 굳어가는 것을 볼 수 있었다.

사례7

12년 동안 군발성 두통을 앓아온 병력을 가진 37세의 남자 이야기다. 각각의 군발성 두통은 일주일 정도의 전구증상 기간 뒤에 왔다. 그 기간 동안에는 오른쪽 관자놀이 부분과 같은 쪽 얕은관자동맥이 딱딱해지고 민감해진 부분이 쓰라렸다. 그는 영구적인 부분 호너증후군을 보였다. 각각의 발작들은 강렬한 불안, 잦은 배뇨와 다뇨증을 동반했다.

사례8

12세 때부터 편두통성 신경통의 군발성 발작을 연례적으로 겪어온 55세의 남자 이야기다. 유일하게 발작이 없었던 때는 그가 정신분석을 받았던 5년간이었다.

사례9

내가 처음 보았을 때 30세의 이 남자는 편두통성 신경통 발작이 한창이었다. 한쪽 눈이 감겼고 콧물을 흘리고 있었으며, 오른쪽에는 호너증후군이 있고 얕은관자동맥이 지끈거리며 확장된 상태였다. 엄청나게 고통스러워했고, 아주 창백한 데다가 맥박은 약하고 느렸으며, '두들겨 맞아' 녹초가 된 모습 같았다. 그는 채 1시간도 되지 않은, 조금 전에 자신의 잘못을 발견한 상사가 동료들 앞에서 자기에 대해 빈정거리면서 창피를 주었다고 말했다. 이 말을 하더니 그는 펄펄 뛰며 화를 냈다. 두들겨 맞아 녹초가 된 듯한 모습은 갑자기 사라지고 누군가와 싸울 것처럼 공격적인 모습을 보였다. 창백했던 얼굴은 홍당무처럼 발개졌고, 오른쪽 눈동자는 확대되고 눈꺼풀이 치켜 올라가더니 호너증후군이 사라졌다. 그리고 통증도 사라졌다. 분노가 사그라들자 도덕적-생리학적 moral-physiological 홍분도 함께 사라졌고, 다시 겁에 질리고 기가 꺾이고 창백해지더니 호너증후군이 또 찾아왔다. 몸의 오른쪽 역시 다시 편두통성 신경통으로 빠져들었다. 이 사례는 내가 본 어떤 경우보다 분명하게 다음의 내용을 설명해주는 경우였다. 강력한 정서 상태, 전투적인 감정, 교감신경 홍분 작용에 의한 홍분이 편두통성 신경통 발작을 극복하게 해주고 일시적으로 '치료'도 해준다.

반신마비 편두통

"반신마비 편두통"은 몇 시간이나 며칠 동안 진짜 반신운동마비motor hemiplegia를 보이는 발작을 가리킬 때나, 또 일시적인 신경 증상들과 함께 일어나는 일반적인 고전적 편두통 발작을 지칭할 때 쓰이는 용어로 엄밀하게 쓰이는 것은 아니다. 여기서 우리는 좁은 의미로 이 용어를 사용할 것이다.

내가 알고 있는 반신마비 편두통을 가장 먼저 사용한 뚜렷한 묘사는 리베잉의 논문에서 찾아볼 수 있다.

24세의 젊은 신사는 당시 병명으로 하자면 "졸중발작"을 겪고 있었다. 이 발작은 아주 일시적인 발음장애와 정신적인 혼란으로 시작하지만 이내 오른쪽 반신마비로 이어지는데, 그 증상은 좀더 오래 지속되었다.

(…) [두 번째로] 다시 발작했을 때는 심하게 졸려 했고 오른쪽에 약간의 마비가 왔으며, 맥박은 40으로 떨어졌다. 다음 날 아침에 졸음은 사라졌고 맥박은 다시 올라갔지만, 반신마비 증상은 심해졌고 말할 수 있는 능력이 거의 없어졌다. (…) 그리고 조금씩 회복되었다.

요약하자면 이 환자는 고전적 편두통을 겪었는데, 그 뒤에 뜻밖에도 하루 동안의 반신마비와 일주일 동안의 실어증을 겪었다. 이렇게 드문 발작에 대한 이야기는 1951년이 되어서야 출판되었는데, 시먼즈가 무척 자세한 두 가지 사례를 제공함으로써 이 발작의 성질이 밝혀지기 시작했다. 시먼즈의 환자들 가운데 한 사람이 고전적 편두통에 이어 왼쪽 반신마비와 닷새 동안 의식불명 상태를 보였던 것이다.

환자의 아버지와 할아버지도 모두 비슷한 발작 증상을 가지고 있었다. 척수액 세제곱밀리미터당 다형핵백혈구polymorph가 185개나 되는 세포증다증pleocytosis(뇌척수액 중에 세포수가 증가된 상태를 말한다—옮긴이)을 보였는데, 이 증상은 이틀 뒤에 사라졌다. 뇌파검사EEG는 오른쪽 뇌반구 전체에서 서파徐波(알파파보다 느린 주파수를 가진 파동—옮긴이) 활동을 보였는데, 그것 역시 비슷하게 일시적이었다. 반신마비가 한창일 때 혈관촬영술로는 비정상적인 것을 조금도 발견할 수 없었다. 비슷한 사례를 휘티Whitty와 다른 연구자들(1953)이 묘사한 적이 있다. 그들은 이런 사례에서 얻을 수 있는 일반적인 가족력을 강조했던 연구자들이다. 휘티의 사례 가운데 세 경우에서도 척수액에서 일시적인 세포반응을 보였다. 해럴드 울프Harold Wolff 또한 여러 경우를 묘사했는데, 한 사례에서 뇌의 솔방울샘(좌우 대뇌반구 사이 셋째 뇌실 뒷부분에 있는 솔방울 모양의 내분비 기관—옮긴이)의 일시적인 변화를 증명할 수 있었다.

위의 사례에서 임상적 전자기록들은 대개 뇌의 반구에만 한정되는 대뇌의 일시적인 기능장애가 뿌리 깊다는 것을 말해준다. 이런 발작은 가끔 혈관촬영이나 맥각 과다복용으로 촉발되기도 하는데, 그것은 혈관경련이 있을 수도 있고 또 거꾸로 회복될 수(회복 가능한 손상)도 있음을 암시한다. 혈관촬영에서 그런 변화가 나타나지 않는다는 점은 단지 소동맥 직경vessels of arteriolar calibre만이 관련되어 있음을 말해준다. 뇌의 솔방울샘의 변화는 뇌반구의 부종이 동반될 수 있다는 뜻이며, 척수액의 세포 반응은 관련된 혈관에 무균염증반응이 나타날 수도 있다는 점을 알려준다.

몇몇 사례에서 찾아낸 증거에도 불구하고, 모든 사례에서의 대뇌 기능장애가 혈관 수축에 의한 국소빈혈ischaemic이나 염증반응 때문이라고 하기에는 부족하다. 지독한 편두통 또는 격렬한 발작의 강화는 대뇌 활동의 기능이 약화되는 기간을 늘어나게 만들 수도 있다. 그 기간은 간질 말기(토드의Todd's) 마비와 비슷하지만 그보다 훨씬 길게 이어진다.

반신마비 편두통(그리고 "안면인식장애 편두통"이라고 불리기도 하는 드문 편두통)은 아주 드물다. 나는 다음과 같은 단 두 경우만을 보았을 뿐이다.

사례23

12세 때부터(6~10세까지는 연례적인 발작) 고전적 편두통을 겪었고, 가끔은 반신마비 발작(모두 5번)을 앓아온 43세 된 여자 이야기다. 유사한 반신마비 발작이 어머니와 이모에게도 있었다. 나는 그녀가 발작을 일으킬 때 검사를 받게 했는데, 그녀는 손상된 대뇌피질 감각과 바빈스키 반사 양성(발바닥을 긁었을 때 발가락이 펴지는 반응. 정상적으로는 발가락이 오므라든다. 이는 고위운동계의 손상을 의미한다—감수자)을 동반하는 왼쪽 반신부전장애(부전장애란 완전한 장애가 아니라는 뜻이다—옮긴이)를 보여주었다. 이 반신부전장애는 3일 만에 나았다. 그 뒤에 그녀는 신경 검사를 받았는데, 혈관촬영과 대조조영술로 어떤 해부학적 상처도 찾아내지 못했다.

사례25

5~11세 사이에 되풀이되는 구토발작을 일으켰고, 이 발작이 끝난 뒤부터는 드물게 일어나지만, 무척이나 괴로운 고전적 편두통으로 고통을 받았던 14세 소년의 이야기다. 그의 발작 대부분은 엄청나게 무리한 활동으로 촉발되었는데, 학교에서 크로스컨트리 경주를 하고 나면 곧바로 오는 경향이 있었다.

여러 종류의 발작은 몇 시간 동안 계속되는 아래쪽 안면 약화를 동반했는데, 한번은 3일 동안 지속된 적도 있었다. 그의 아버지는 얼굴마비라는 요소가 빠진 고전적 편두통의 심각한 발작을 겪었다.

눈마비 편두통

눈마비 편두통 역시 아주 드물다(프리드먼Friedman, 하터Harter와 메리트Merritt(1961)는 5,000명의 편두통 환자 가운데 단지 8명의 사례만을 발견할 수 있었다). 환자들 대부분은 일반 편두통 또는 고전적 편두통을 겪고 있었는데, 몇몇의 발작은 눈마비 증상으로 이어졌다. 이런 진단에서는 신경학적인 검사를 신중하게 하고, 가능한 해부학적인 병(동맥류動脈瘤, 혈관종 등)을 제외시킨 다음에 결론을 내려야 한다는 것은 강조할 필요도 없다.

제3 뇌신경이 가장 자주 관련되지만 제4 그리고 제6 신경도 환부가 될 때가 있는데, 그럴 때는 완전한 눈마비가 온다. 이런 신경결손은 대개 괜찮아지기까지 여러 주가 걸린다. 되풀이되는 발작은 언제나 몸의 한쪽에서만 일어난다. 이처럼 뇌신경이 관련된 발작들은 언제나 안쪽 경동맥의 해면사이정맥굴intracavernous에 부종이 있다는 것을 추측하게 하지만, 그런 짐작을 지지하는 증거는 전혀 없다.

나는 편두통 환자 전체 1,200명 가운데 눈마비 편두통을 가진 사람을 3명 보았다.

사례24

자주는 아니지만 일반 편두통을 어린 시절부터 겪어온 34세 된 이 여자는 아주 긴 간격을 두고 모두 세 번(1943, 1953, 1966년)에 걸쳐 눈마비 발작을 경험했다. 이 세 번의 발작 모두 점점 심해지는 일련의 일반 편두통에 이어서 일어났는데, 증상 하나하나가 빠르게 이어졌다. 발작의 절정은 대개 그다음 날 눈마비로 이어졌다. 1966년 발작에서는 강한 왼쪽 두통에 이어 제3 그리고 제4 신경마비로 이어졌다. 환자는 3주 동안 완전한 안검하수증을 겪었으며, 그 뒤 한 달 동안 복시증을 겪었다. 내가 그녀를 검사했을 때는 눈마비가 시작된 지 10주가 지난 시점이었는데, 아픈 쪽의 눈동자가 확대되긴 했지만 안검하수증이나 외부 마비는 전혀 없었다. 양쪽 경동맥 혈관촬영은 그녀가 발작을 일으킨 초기에 이루어졌는데, 전체가 정상 범위 안에 있었다.

사례73

3세 때부터 고전적 편두통을 앓아오던 9세 된 소녀의 이야기다. 5세에 일어났던 발작 가운데 한 번은 여러 주 동안의 눈마비로 이어지기도 했다. 남자형제 둘과 부모, 그리고 다른 가까운 친척들도 모두 고전적 편두통을 겪었지만, 눈마비 증상을 경험한 사람은 한 명도 없었다.

사례99

19세 때부터 눈마비 편두통 발작을 되풀이해서 겪어온 44세 된 기술자
의 이야기다. 그의 통증은 언제나 몸의 왼쪽에서 시작되었고, 고문당하
는 것처럼 혹독했다. (환자의 말에 따르면) "눈이 완전히 빠져버린 뒤에야
(그러니까 아픈 쪽의 제3, 제4, 제6 신경이 완전히 마비되어야) 끝이 났다."
발작이 있을 때마다 뒤따라오는 눈마비는 천천히 시작되어 완전히 사라
지기까지 2주가 걸렸는데, 그런 다음 잔류하는 장애가 증가했다. 그는
바이오피드백(뇌파나 혈압 등 생체의 신경적·생리적 상태를 여러 가지 방법
으로 측정해 조절하려고 노력하는 치료법의 하나—옮긴이)과 지압, 침술만
이 아니라 실제로 거의 모든 약물(에고타민, 인데랄Inderal, 다일랜틴Dilan-
tin, 칼슘채널차단제calcium channel blocker 등)을 다 복용했는데, 그러고 나
서야 그 모든 처방이 아무 쓸모없다는 사실을 알게 되었다. 그는 발작이
오면 DHE45와 스테로이드를 주사함으로써 자가 치료를 했다. 운이 좋
으면 발작이 가라앉았으며, 완전한 눈마비로까지 진행되지는 않았다.
그는 '온갖 검사'(혈관촬영과 뇌 스캔 같은 것)를 다 받았지만, 혈관종이나
동맥류 이상 등은 전혀 나타나지 않았다. 검사를 받았을 때는 이미 발
작이 시작된 지 약 5시간이 지난 뒤였는데, 왼쪽 눈동자는 최대한 커진
상태로 반응이 없었다. 특히 중앙, 위, 아래쪽을 보는 데 문제가 있었으
며, 단지 옆만 제대로 볼 수 있었다. 그는 왼쪽 눈을 '못 쓰게' 될까봐 겁
을 냈으며, 다른 환자와 마찬가지로 많은 발작이 시작될 때의 이상하고
불안한 상태에 대해 이렇게 묘사했다. "뜨겁고 차가워지는 변화 (…) 내
몸이 거칠게 변한다. (…) 10~15분 정도의 간격이 점점 길어지는데 (…)
내 짐작에는 양성 피드백positive feedback(어떤 작용이 일어나면 그것이
더 강화되는 것을 말하므로, 여기서는 발작이 더 심해진다는 뜻이다—감수
자)이다."

가성 편두통

편두통 진단은 대개 환자의 병력과 발작하는 동안 그를 관찰함으로써 얻을 수 있는 가능성을 근거로 이루어진다. 비록 대개의 경우, 그러니까 전체 사례 가운데 99퍼센트나 되는 환자가 정상 범위 안에 들 것이라고 생각하더라도 기본적인 검사(두개골 엑스레이, 뇌파검사 등)는 해보는 것이 좋다. 인생 말기에 나타나는 뚜렷한 편두통과 같은 특별한 임상의 형태는 그 자체로 기질적인organic 병으로 의심된다. 따라서 특별한 관심을 기울여 검사해야 한다. 고전적 편두통의 경우, 아우라가 일상적으로 나타나는 부위와 성질에 대해 신중하게 물어보는 일은 특히 중요하다. 우리는 이미 대개의 편두통 환자들이 시야나 체표면body-surface의 절반이나 양쪽에서 일어나는 아우라를 경험한 적이 있다고 강조해왔다. 특히 아우라의 변함없는 편측성, 즉 한쪽에서만 일어나는 것은 의심스러운 증상이므로 환자를 꼼꼼하게 검사해볼 필요가 있다. 다음의 사례는 이와 같은 상황을 잘 보여준다.

사례26

16세 때부터 고전적 편두통을 겪어온 병력을 가진 57세의 여자 이야기다. 그녀는 대개 1년에 여섯 번이나 일곱 번 발작을 경험하는데, 최근에도 그 빈도에는 별다른 변화가 없었다. 그런데 조심스럽게 질문하던 중에 그녀의 아우라에서 특별한 모습을 발견할 수 있었다. 그녀는 암점과 지각이상이 언제나 시야와 몸의 오른쪽에 집중되며 다른 쪽에서는 한 번도 일어난 적이 없다고 강조했다. 나아가 그녀의 지각이상 증세는 가끔 변치 않고 그대로, 잭슨 발작 없이 3시간 동안 남아 있기도 한다고 했다(앞 장에서 말했듯이 암점이나 지각이상증이 '한 번 일어났다가 지나가는' 데는 20~40분이 걸린다). 대개의 경우에 비해 사소하지만, 이런 증상이 중요한 차이를 보인다는 관점에서 더 많은 검사를 해보았다.

두개골 엑스레이는 왼쪽 반구 뒷부분에서 석회화가 많이 진행되었음을 보여주었다. 뇌파검사에서는 왼쪽 반구 뒷부분에서 서파 병소slow-wave focus가, 뇌 스캔 사진에서는 이 부위의 동위원소 흡수가 증가된 소견이 나왔다. 혈관촬영에서는 뇌의 왼쪽 마루엽(두정엽)에 큰 덩어리의 혈관종이 있는 것을 확인했다.

여기서 많은 교과서에서 아주 적절하게 다루고 있는 주제인 혈관성 두통에 대한 '감별진단'을 다루려는 것은 아니다. 하지만 사례를 통해 뇌종양과 뇌의 기형 또는 동맥류가 아닌 다른 상태가 종종 편두통을 흉내 내기도 하고, 편두통으로 오인되기도 한다는 점을 강조해야 할 것 같다.

사례48

왼쪽 관자놀이와 눈 부위가 지끈거리는 지속적이고 심각한 두통을 보였던 57세의 여자 이야기다. 그녀가 살던 지역의 의사는 이 환자가 한번도 두통을 앓았던 적은 없지만, 이를 "비정형atypical 편두통"으로 진단했다. 그러고는 이 환자에게 에고타민 제제와 진정제를 처방해주었는데, 이 투약이 그녀의 발작을 막아주었다. 이 때문에 그는 그녀를 내게보내 더 많은 검사를 받도록 했다. 검사를 해보니, 그녀의 왼쪽 관자동맥이 조금 굳어 있었고, 초기 유두염papillitis과 중앙시력이 조금 약화되어 있었다. 적혈구 침강속도를 곧바로 측정해보니 시속 110밀리미터(웨스터그렌Westergren 법)였다(염증시 침강속도가 증가함—감수자). 나는 '관자동맥염temporal arteritis'으로 추정진단을 내리고는 다량의 프리드니손pridnisone(부신피질 호르몬제)을 투여했는데, 이틀 만에 두통이 가라앉았다. 그러나 영구적으로 약간의 시력 손실이 있었다.

사례50

가장 심할 때 몇 분 동안 희미한 요새를 보는 정도의 암점을 겪으며, 가끔 혈관성 두통이 뒤따르는 정도의 가벼운 고전적 편두통 발작을 이따금 겪는 50세 된 여자 이야기다. 그런데 최근에 아주 다른 발작을 경험했다. "온통 섬광 (…) 반짝이는 불빛 (…) 둥근 불빛 (…)"을 보았으며, 지끈거리는 왼쪽 두통과 함께 잠에서 깨어났는데 그녀는 이를 또다른 편두통이라고 생각했다. 대개 몇 분이면 깨끗해지던 시력도 정상으로 돌아오지 않았는데, 하루 종일 그리고 그다음 날까지 내내 지속되었다. 다음 날 증상이 사라질 때까지 그 현상이 보여주는 특성은 점점 더 복잡해졌다. 그녀는 시야의 오른쪽 윗부분에서 마치 "왕나비 애벌레처럼 뒤틀린 검고 노란 형태를 한 무엇인가에 붙어 있는 섬모가 번들거리는" 것을 보았고, 그다음에는 "브로드웨이 네온사인처럼 눈부신 노란 불빛이 아래위로 왔다 갔다" 하는 것을 보았다. 이때도 그녀는 스스로, 드물게 심해지고 길어진 편두통 발작을 겪는 것이라고 생각했다. 그녀의 의사도 마찬가지였다. 그다음 날에는 다른 환각이 나타났다. "욕조에 개미가 우글거리는 것 같았고, 벽과 천장은 거미집으로 뒤덮였다. (…) 사람들의 얼굴에는 격자무늬가 있는 것 같았다." 지각과 인지에 문제가 생겼던 것이다. "남편의 다리가 마치 마술거울에 비친 모습처럼 짧고 뒤틀려 보이고 (…) 상점에 있는 사람들 얼굴이 부분적으로 사라져서 괴상한 모습으로 보였다." 그러고 나서 9일 후에 오른쪽이 전혀 보이지 않는다는 사실을 알게 되었다. 그제야 그녀는 반맹이 왔다는 것을 알았고, 왼쪽 뒤통수엽(후두엽)이 관련된 발작을 겪었다. 이 비극적인 경우에는 오히려 처음에 시작된 진짜 고전적 편두통 발작이 훨씬 더 심각한 것일 수 있다는 가능성을 미처 생각하지 못하게 만들었다. 그러니까 졸중으로 인한 "가성 편두통"일 수도 있다는 생각을 하지 못했던 것이다.

편두통으로 인한 영구 신경통 또는 혈관 손상

많은 환자들과 일부 의사들은 편두통으로 인한 영구적인 손상이 남을 수도 있다는 점에 대해 무척 염려한다. 이는 대중매체에 의해 왜곡되고 확산된, 드물지만 드라마틱한 사례 보고가 부추긴 결과다.

이런 사례 보고 가운데 많은 경우가 아마도 대뇌혈관과 관련된 사고의 원인을 편두통 탓으로 돌렸기 때문이 아닌가 싶다. 그런데 이는 편두통에 동반되는 고혈압이나 혈관성 질병을 미처 고려하지 못했거나 또는 이것들이 동시에 발생할 수 있다는 가능성을 생각하지 못한 탓일 수도 있다. 그러나 편두통 발작과 관련된 혈관성 문제임이 분명한 사례 보고들도 여럿 있다(이 주제에 대해서는 더닝Dunning(1942)과 브루인Bruyn (1972)이 다른 것과 비교해서 검토한 적이 있다). "복합 편두통"이라는 용어는 대뇌, 망막 또는 뇌줄기(뇌간) 경색의 결과로 24시간 또는 그 이상 지속되는 신경학적인 결손이 생기는 발작들을 가리킬 때 쓰인다. 그런 발작 또는 경색은 뇌혈관성 질병을 보이지 않는 젊은 사람에게도 일어난다. 동맥혈관 벽의 부종이 혈류의 흐름을 줄이고 혈액응고를 증가시키는 작용을 한다는 것은 여러 저자들이 실제로 주장한 적이 있다(라스콜 Rascol 외, 1979).

그럼에도 그런 영구적인 잔존 손상들이 아주 드물게나마 보인다고 말하는 것은 지나치다. 내 경험으로 미루어보면, 문헌들을 통독했을 때와 마찬가지로 다음과 같이 확신하게 되었다. 나는 1,200명이 넘는 편두통 환자에게 물어보고 검사를 해보았다. 그들 가운데 누구도 편두통으로 인한 영구 손상을 경험하지 않았다. 그 모든 불행에도 불구하고, 편두통은 본질적으로 양성이며 회복 가능한 병이다. 그리고 모든 편두통 환자가 이런 확신을 가질 수 있도록 해주어야 한다.

5장
편두통의 구조

　　우리는 지금까지 갈피를 잡지 못할 정도로 다양하고 이질적인 편두통의 주요 형태에 대해 살펴보았다. 이 지점에서 우리는 다음을 위해 잠깐 멈추고 생각을 정리해야 한다. 이 주제를 더 깊이 살펴보면 편두통에 대한 정의를 명쾌하게 내리기가 더 어려워질 수도 있다. 지금까지 우리는 몇몇의 개요를 명확하게 정리했으며, 수없이 많은 임상 표현과 임상 변화의 바탕을 이루고 있는 편두통의 기본 설계나 구조를 그릴 수 있을 정도로 준비가 되었다.

　　모든 편두통은 한꺼번에 진행되는 많은 증상들(그리고 생리적인 변화들)로 이루어져 있으며, 편두통의 구조는 항상 복합적이다. 일반 편두통은 두통이라는 기본적이고 뚜렷한 증상을 둘러싼 많은 요소들로 이루어지며, 편두통 유사증상은 기본적으로는 비슷하지만 다른 방법으로 종합되고 강조되는 요소들로 구성된다. 편두통 아우라의 구조 역시 마찬가지로 복합적인데, 주어진 요소 a, b, c …가 있다면 우리는 a+b, a+c, a+b+c, b+c … 등과 같은 수많은 조합과 순열을 만날 수 있다.

이렇게 다양하고 이질적인 요소들 아래서 우리는 상대적으로
안정된 모습을 가진, 일관된 결합 형태로 일어나는 또다른 발작을 인
식할 수 있다. 이런 발작들이 편두통 구조의 핵심이다. 편두통의 기본
적인 모습은 자율신경장애와 대뇌피질장애 사이의 중간 범위, 말하자
면 의식 수준의 변화, 근육 긴장도의 변화, 감각 각성 상태의 변화 등과
같은 것에서 찾을 수 있다. 우리는 이들을 단 하나의 용어로 포괄할 수
도 있는데, 바로 '각성'장애를 보인다는 것이다. 아주 극단적으로 심각
한 발작이 일어나면, 편두통의 초기 또는 전구 단계에서 일어나는 각
성의 정도는 그다음 단계에서 무기력해지거나 실신에까지 이를 수도
있긴 하지만, 불안 또는 광란의 정도까지 진행되기도 한다. 반면에 좀
가벼운 발작이 일어나면, 각성장애는 통증이나 또다른 증상들 때문에
잘 드러나지 않을 수도 있다. 그 때문에 환자나 의사가 모른 채 넘어가
기도 한다. 각성장애는 모든 편두통에서 가볍게 또는 심각하게 변함없
는 모습으로 나타난다.

편두통이 진행되는 동안 각각의 단계는 각기 다른 기능적인 수
준에서 일어나는 증상, 특히 신체적이고 정서적인 증상에 의해 구별된
다. 이들은 비교해서 묘사될 수 없으며, 각각의 수준은 그에 적절한 말
로 묘사되어야만 한다. 그래서 편두통은 명확하게 정신생리학적인 문
제고, (잭슨의 용어를 쓴다면) 정신적인 이중시二重視 같은 것이며, 이중 언
어로 이해되어야 한다. 편두통의 가장 원초적인 증상은 신체적이고 정
서적인 것이다. 예를 들면 욕지기는 감각이면서 '심리 상태'이기도 하다
(욕지기라는 낱말은 글자 뜻 그대로, 그리고 비유적인 의미로도·옛날 그대로 사용되
고 있다). 다시 말해 욕지기는 감각과 정서가 분리되지 않은 어느 지점에
있는 것이다. 매우 복잡한 증상들은 분기된 채로 발작의 모든 단계에

서 신체적이고 정서적인 증상들이 동반·병행되고 있음을 보여준다. 따라서 우리는 전형적인 편두통의 진행 과정을 다음과 같이 다섯 단계로 나타낼 수 있다.

1. 발작을 일으키는 흥분과 자극(외부의 도발적인 자극이나 내적인 아우라에 의해 제공된다)이 있다. 이때 정서적인 면에서 격정과 흥분 등을 겪게 되고, 생리적인 면에서 청각과민증, 섬광암점, 지각이상증 등을 겪게 된다.

2. 확장 상태(전구 단계, 또는 단순하게 발작 초기 단계라고 부른다). 이 단계에서는 내장 팽창과 정체, 혈관 팽창, 배설물 정체, 체액 정체, 근육 긴장 등이 발생하는 특징을 보인다. 그리고 정서적인 긴장과 불안, 안절부절 못함, 과민증 등과 같은 증상이 함께 일어난다.

3. 쇠퇴 상태(흔히 의학적 관찰에 의해 구별되며, "진성 발작"이라는 용어를 쓴다). 이 상태에서 감정적 경험으로는 냉담, 우울, 의기소침 등이 있고, 신체적 경험으로는 욕지기, 육체적인 불쾌감, 졸음, 기절, 근육이완과 쇠약 등이 있다.

4. 회복 또는 해소 상태. 이는 갑작스럽게(위기) 또는 점진적으로(호전) 이루어진다. 회복 상태의 경우에는 구토나 재채기 같은 맹렬한 내장의 사출射出이나 갑작스러운 감정의 홍수, 또는 이것이 둘 다 한꺼번에 일어날 수 있다. 해소 상태의 경우에는 다양한 분비 활동(배뇨, 발한, 무의식적인 울음 등)과 동시에 감정적인 증상이 해소되거나 카타르시스를 느낀다.

5. 회복 단계(발작이 짧고 간결했을 경우). 희열감과 회복된 기력이 대단한 육체적 행복감을 동반하며, 동시에 근육의 긴장과 정신적인 기민함이 증가된다. 온몸이 깨어나는 상태다.

이런 분명한 감정적·신체적 증상의 동시 발생으로 우리는 언제나 기분과 자율신경계의 상태라는 관점(또는 좀더 정확하게 말하자면 각성 또는 신경 '조절', 이는 11장에서 충분히 다루어질 개념이다)에서 편두통의 정신생리학적인 상태를 정의할 수 있게 되었다. 따라서 우리는 감정과 각성을 좌표로 삼아 '지도' 위에 편두통의 전형적인 진행 과정을 편의상 그려볼 수 있다(그림6).

이 주제에 대해서는 이 책의 뒷부분에서 충분히 다루겠지만(13장), 우리는 여기서 편두통의 이 같은 신체적이고 정서적인 증상 사이에 있을 수 있는 관계의 형태에 대해 아주 짧게 논평할 수 있다. 편두통 발작에서 체액 잔류라는 문제를 다룰 때, 우리는 공들인 실험들에 바탕한 울프의 결론에 주목했다. 그는 체액 잔류와 혈관성 두통은 동시에 일어나지만, 서로 인과관계가 있지는 않다고 결론지었다. 그 둘의 동시 발생이 직접적인 인과관계로 설명되지 않는다면(신체적인 증상이 감정적인 증상을 일으킨다는 것, 또는 거꾸로이기도 하다는 것), 이는 일반적으로 일어나는 전조이거나 상징적으로 관련이 있는 정도로밖에 볼 수 없을 것이다. 다른 가능성은 조금도 없다.

이제 우리는 편두통 경험을 범주화하고, 우리가 되풀이해서 그 관련성에 대해 주목해왔던 특발성 간질, 기절, 미주신경 발작, 심각한 감정장애 등을 좀더 정확하게 체계화하는 일반적인 문제로 돌아가야 한다. 이 단계에서 이들을 규정하기 위한 용어는 임상적으로 사용되는 용어를 쓸 수밖에 없다.

우리는 편두통이 일정 기간 동안 특정 과정을 거치는 특정 증상들로 구성된다는 것을 알고 있다. 편두통의 구조는 극단적으로 다양하지만, 이는 단지 세 가지 방식 안에서만 다양할 따름이다. 첫째, 발작

A.

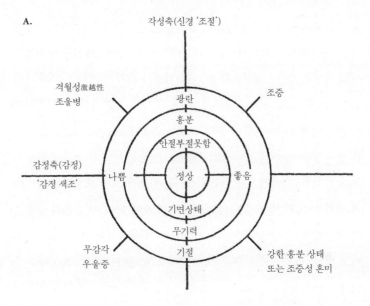

B.

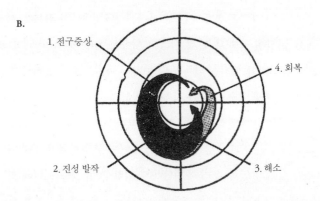

그림6 기분과 각성에 관련된 편두통의 형태.
편두통 원형의 정신생리학적인 모양 또는 형태는 신경 조절(각성의 정도)의 기능과 영향을
보여준다. 편의상 편두통과 많은 다른 복합적인 발작 현상을 이 지도 위에 등고선으로 나타
냈다.

의 전체 과정이 일어나는 기간의 길이가 다양하다. 편두통의 전체 구조가 응축적이거나 확장적일 수 있다는 말이다(가워스가 미주신경 발작이 간질로 확장된다고 말한 것과 같은 의미에서). 둘째, 발작의 과정은 신경계통에서 다양한 수준으로 일어난다. 대뇌피질의 환각 수준에서 말초 자율신경장애의 수준까지 다양하다. 셋째, 각각의 수준에서 나타나는 증상들은 아주 다른 '조합과 순서'로 그 모습을 드러낸다. 그러므로 우리는 편두통을 아주 특정적이며 전형적인 형태를 가진 것이 아니라, 편두통의 다양한 모든 발작과 편두통스러운 발작을 모두 포괄하는 광범위한 범위 안에서 일어나는 어떤 것으로 보아야 한다. 편두통의 구조는 그 광범위한 범위 안에서 발작 기간에 따라 바뀌기도 한다. 잭슨의 용어로 말하면, '수직적인 수준'으로, 그리고 '수평적인 수준'으로 바뀔 수 있다.

완전히 발달한 편두통(말하자면 때 이르게 끝나지 않는, 시작 단계를 인식할 수 있는 편두통) 과정은 핵심적인 두 단계를 거치는데, 자극 또는 각성 단계에서 '연장된 억제'나 '진정' 단계로 이어지는 것이다.

이런 관점에서 우리는 편두통의 주기가 한편으로는 간질의 주기와 거의 같고, 다른 한편으로는 잠을 자고 깨는 좀더 느긋한 주기와 거의 같다는 것을 먼저 인식해야 할 것이다. 그리고 편두통의 두드러진 감정적 요소들은 좀 거리가 멀긴 하지만 정신병자들의 자극과 억제 단계와 비교할 필요가 있다. 우리는 지금까지 이런 모든 것들 사이에 과도기적인 상태가 일어나는 많은 경우를 보아왔다. 편두통간질의 발생, 편두통과 간질로 발전하는 불면증과 경조輕躁적인 상태, 꿈 같기도 한 악몽 같은 아우라, 편두통 억제 단계에서의 무감각적 우울증, 졸리거나 혼수상태에 빠지는 편두통의 발생, 잠든 동안 시작되는 편두통, 편두통을 끝나게 하는 짧은 잠, 그리고 심각한 편두통과 간질발작 뒤에 마침내 특징적으로 나타나는 길고 깊은 잠이 과도기 상태에 나타나는 증상들이다. 마치 정상적인 잠이 하루 종일의 활동에 이어지는 것처럼, 이 모든 경우에서 우리는 과도한 흥분(편두통성 전구증상과 흥분, 간질성 경련, 정신병적인 흥분) 뒤에 나타나는 억제 상태가 정상적인 잠과 엇비슷하지만 병적인 변형임을 알 수 있다. 가워스는 편두통, 졸도, 수면장애 등을 간질의 '변경 지대'로 보았다. 우리도 그의 말을 뒤집어 생각해볼 수 있으며, 또한 편두통과 편두통의 반응을 잠의 변경에 있는 어떤 것으로 볼 수도 있다.

편두통은 잠이나 정신병적인 마비 상태와 마찬가지로 모든 신체적·정신적 활동의 정지 상태라고 보는 것이 중요하다. 오히려 이것은 내면적이며 사적인 어떤 활동으로 가득 찬 것이다. 어떤 수준에서의 억제는 다른 수준에 대한 자극이 된다. 편두통이 있는 동안 근육 활동과 외부와의 관련이 줄어드는 만큼 내부 활동과 식물 증상(식욕 저하, 불면, 성욕 저하, 에너지 저하, 집중력 저하, 사고와 행동의 느려짐 등을 포함하는 증상—옮긴이) 그리고 부수적이며 회귀적인 영향은 엄청나게 커진다. 그것은 내적인 격렬함과 외부와의 분리라는 역설적인 조합으로 이루어진 것으로, 역설수면paradoxical sleep(잠을 자고 있는 것처럼 보이지만 뇌파는 깨어 있을 때의 알파파를 보이는 수면 상태, 렘REM수면이라고도 한다 — 옮긴이) 동안 꾸는 꿈 또는 정신병적인 마비 상태의 이면에 숨겨져 있는 흥분이나 환각 상태와 비슷하다.

가워스는 편두통의 한 형태가 다른 형태로, 또는 편두통이 간질이나 졸도 등으로 점진적으로 또는 갑작스럽게 변형되는 것을 보고 이렇게 결론 내렸다. "우리는 신비스러운 관계를 인식할 수는 있지만 설명할 수는 없다." 이 단계에서 우리는 이런 모든 발작들이 서로서로 결합하고 편두통의 영역에 포함되어가고 있으며, 구조적으로 닮은 꼴을 공유하고 있다고 말할 수 있을 뿐이다. 또한 이 '신비스러운 관계'를 편두통의 기능과 점진적으로 발생할지도 모르는 다른 발작적인 반응을 고려하지 않고서는 더이상 탐구할 수 없다. 따라서 우리는 편두통이 언제, 왜 일어나는지를 알아보기 위해서 더 나아가야만 한다.

편두통의 발생

2부를 시작하며

많은 환자들이 자신의 편두통은 아무 이유 없이 '자연발생적'
으로 일어난다고 생각한다. 그런 생각은 과학적으로는 부조리하며, 정
서적으로는 체념하게 만들고 치료라는 관점에서는 환자를 무력하게
만든다. 편두통 발작에 대해서는 설명하기 힘든 부분이 있지만, 그렇게
되는 데는 분명 이유가 있고 치료될 수도 있다.

편두통이 생기는 이유는 한없이 많은데, 그것은 다른 여러 가
지 조합으로 나타난다. 윌리스가 3세기 전에 했던 것처럼 편두통을 일
으키기 쉽게 만드는 것, 편두통을 자극하는 것, 그리고 부차적인 이유
를 구분함으로써 이 논의를 단순화할 수 있다. 윌리스는 이것들 가운
데 다음과 같은 발작 이유를 알고 있었다.

장기 조직이 약하거나 나쁜 경우 (…) 타고났거나 유전적일 수도 있고
(…) 멀리 떨어져 있는 몸의 일부분 또는 내장들의 자극 때문에 (…) 계
절의 변화, 환경 상태, 해와 달의 위대한 힘, 격정 그리고 잘못된 식사 습

관 때문에 일어나기도 한다.

어떤 방법을 동원해도 편두통이 일어날 것을 미리 확실하게 예측할 수는 없지만, 이는 우리가 아직까지는 편두통에 대해 알고 있는 것이 부족하다는 뜻일 뿐이다. 만일 a, b, c, d… 등과 같은 조건이 만족된다면 어김없이 편두통이 뒤따른다는 것은 확실하다. 그러나 문제는 우리가 이렇게 말할 수 있을 만큼 이와 관련된 모든 지식을 가져본 적이 없다는 것이다. 그러니 지금으로서는 이 문제를 경향과 개연성이라는 관점에서 다룰 수밖에 없다.

6장은 임상적인 근거에 바탕한 것이긴 하지만, 한 개인이 편두통에 걸리기 쉽게 만드는 요소에 대해 집중적으로 다룬다. 7장에서는 외적인 생활환경과는 상관없이 주기적으로 또는 불규칙적으로 일어나는 경향을 가진 발작인 '특발성idiopathic' 편두통에 대해 다룬다. 이런 경우에 자극 요소들은 신경계의 타고난 불안정성이나 주기성과 관련된 내적인 것으로 보아야 한다. 8장에서는 (신체적·생리학적·정서적인) 여러 가지 외부 환경 요인에 초점을 맞춘다. 이것들은 그런 경향을 가진 환자에게 편두통 발작을 직접 자극할 수 있는 요인들로서, 각각의 발작이 일어나는 것과 분명히 일대일의 관계에 있다. 9장에서는 병에 걸리기 쉬운 환자들을 반복되는 편두통으로 몰아넣을 수도 있는 가장 중요한 부수적인 이유에 대해 알아본다. 그것은 바로 강한 정서적 요구와 스트레스인데, 이들은 직접적으로 발현되거나 해소되기를 거부한다.

6장
편두통에 걸리기 쉬운 소질

우리는 어떤 반응이든 모두가 후천적인 것 또는 선천적인 것, 둘 가운데 하나라고 생각한다. 그러나 그런 생각은 이 문제를 혼란스럽게 만든다. (…) 반응은 타고나는 것인가, 아니면 습득되는 것인가? 둘 가운데 하나를 선택하면 우리는 잘못된 길로 빠져들 수 있다. 그 대답은 둘 다 아니기 때문이다.

— 헵Hebb

간질 환자인 X에 대해서 이야기할 때 우리는 두 가지로 설명한다. 그에게는 발작 증상이 있다, 또는 그에게는 발작을 일으키는 특별한 경향이 있다. 후자는 그가 선천적 간질 환자라고 생각하는 것이다. 우리는 이런 선천적인 경향을 간질을 일으키는 소인素因, 특이체질 또는 그냥 체질이라며 꼬리표를 붙이기도 한다. 더 나아가 그의 경향은 선천적일 뿐 아니라, 변하지도 않는다고 생각한다(한번 간질은 영원한 간질). 그래서 그는 평생 경계 대상이 되고, 경련방지제를 필요로 하고, 운전을 하는 데 제한받는 등의 취급을 당한다. 이런 가정들은 서로 영향을 미치면서 간질 체질이나 간질이라는 낙인의 '표식'이 되기도 한다.

　이런 식의 설명은 역사적으로 아주 오래되었는데, 수용할 수 있는 자료에서 부분적으로만 뒷받침된다. 그리고 확실히 정서적으로 과장된 것이다. '정신분열의 소질'에 대해서도 자주 이와 비슷한 주장이 있어왔는데, 그 주장 역시 비판적이고 정밀한 검증이 필요했으며 실제로 그렇게 해왔다. 간질이나 정신분열의 소질에 대한 일반적인 의견에 내포된 경멸의 느낌을 빼면, 이 두 가지 예는 '편두통을 일으키기 쉬운 소질'이라는 주제를 소개하는 데 적합하며, 이 주제는 스스로 함축하고 있는 것보다 훨씬 더 복잡하다는 사실을 알게 될 것이다.

　편두통에 걸리기 쉬운 소질이라는 개념은 세 집단의 자료에 의존하고 있다. 무엇보다 먼저 편두통의 가족 발병률에 대한 연구, 그리고 이것을 보완하는 연구, 말하자면 특정 병에 걸리기 쉬운 소질을 보여주는 특정적인 신호를 드러내도록 설계된 연구 결과가 있다. 또 편두통을 가진 인구와 예비 편두통 인구의 마이너스 '인자' 또는 '특성'을 찾아내기 위한 연구 결과가 있다. 이 세 가지 자료의 기본적인 가정은 물론, 편두통을 분명 '질병'이라고 규정하고 있다. 예컨대 낫모양 적혈구 체질인 사람에게서만 일어나는 병인 낫모양 적혈구 빈혈증sickle-cell disease과 비슷한데, 다른 조건이 만족된다는 전제에서 딱 그런 사람에게서만 일어나는 병이라는 것이다.

편두통의 전체 발병률

　두통은 환자들이 의사들에게 가장 많이 호소하는 통증이고, 편두통은 가장 많은 환자들이 괴로움을 겪는 기능장애다. 편두통 두통(두통성 편두통)의 경우에만 수치를 얻을 수 있는데, 그 발병률 수치는 총인구의 5~20퍼센트 사이다. 발리엇Balyeat(1933)은 자신이 조사한 3,000명가량의 인구에서 발병률이 9.3퍼센트라는 것을 알게 되었고, 레녹스와 레녹스(1960)는 그들이 조사했던 사람들, 그러니까 의대생, 간호사, 간질병이 없는 환자들 가운데 6.3퍼센트에게서 편두통 두통이 발생했다는 것을 알아냈다. 피츠휴(1940)의 수치는 2.2퍼센트였고, 울프의 논문에서는 더 높은 수치가 인용되고 다루어졌다.

그러나 이 모든 발병률 수치에 대해서는 전반적인 평가가 필요하다. 검사 조건을 보면 환자와 편두통에 대한 여러 범주가 배제되는데, 예를 들면 발작이 드물거나 발작에 대해 잊어버린 사람들, 발작이 가볍거나 진단이 확정되지 않은 사람들, 그리고 특히 편두통 유사증상이나 독립적인 아우라를 경험한 많은 환자들이 검사 조건에 들어 있지 않다. 그리고 이런 이유 때문에 이들은 같은 기준으로 다루어지지 않는다. 우리는 상당한 수의 소수, 인구의 10분의 1이 흔하고 쉽게 인정할 수 있는 두통성 편두통을 경험한다고 주장할 수 있을지도 모른다. 더 많은 사람들이 가끔씩 찾아오는 편두통 또는 가벼운 편두통, 편두통 유사증상 또는 편두통 아우라를 경험한다고 의심해볼 수도 있다. 그리고 특정 형태의 편두통은 이보다 훨씬 드문 것 같다. 앞에서 말했듯이 고전적 편두통의 발병률은 (아마도 과소평가된 것이겠지만) 총인구의 1퍼센트를 넘지 않는다. 편두통성 신경통은 더 드물고 반신마비와 눈마비 편두통은 매우 드문데, 대개의 의사는 평생 동안 한번도 이를 진료해보지 못할 수도 있다.

편두통의 집안 내력과 유전

편두통은 특정 가계에서 발병하는 경향이 강하다고 오랫동안 인식되어왔는데, 그럴 만도 했던 것이 이런 사실을 보여주는 임상적이고 통계학적인 연구가 수없이 많았기 때문이다. 많은 인구의 편두통(두통) 환자를 조사했던 레녹스(1941)는 그들 가운데 61퍼센트가 부모 가운데 한 사람이 편두통을 앓았다고 했으며, 그에 비해 통제 집단의 경우에는 겨우 11퍼센트만이 가까운 가족들의 내력과 관계가 있다는 보고가 있었다고 썼다. 프리드먼은 두통 클리닉에서 본 편두통 환자들의 65퍼센트가 편두통의 가족력을 보여주었다고 추정했다. 가족력 발병률이 꽤 높게 나타난다는 사실 자체를 부인할 수는 없다. 그러나 이런 사실이 무엇을 의미하는가에 대한 설명은 전혀 명쾌하지 않다.

이런 비교 통계 연구에서 가장 의욕적이고 세련된 성과는 구델Goodell과 르원틴Lewontin 그리고 울프(1954)의 연구다. 이들은 연구를 위해서 "여러 해 동안 심각한 두통이 반복되었던" 119명의 환자들을 골랐으며, 이들 모두에게 다른 가족 구성원들의 편두통 두통 발병률에 대해 자세하게 질문했다(이 질문의 목적을 위해서 고전적 편두통과 일반 편두통을 구별하지는 않았다). 편두통을 앓는 집안의 자식들을 비교한 결과, 부모 모두 편두통이 없었던 경우 28.6퍼센트, 부모 가운데 한 사람만 편두통을 가진 경우 44.2퍼센트, 부모 둘 다 편두통을 가진 경우 69.2퍼센트의 자식들이 편두통을 겪고 있었다. 구델 등은 832명의 자식들에게서 기대 발병률과 관찰된 발병률을 비교하고는 다음과 같은 결론을 내렸다. "'편두통은 전혀 유전되지 않는다'는 가정이 참이라면 〔기대 발병률에서〕 그런 편차가 생기는 것은 1,000에 한 번도 채 되지 않을 것이다. (…) 더욱이 편두통은 그 유전자의 침투도가 70퍼센트에 가까운 열성 인자 때문이라고 가정하는 것이 합리적이다."

비록 이 연구가 철저하고 정밀하긴 하지만, 결론은 아주 의심스러우며 터무니없어 보이기까지 한다. 여기에는 무척이나 의심스러운 가정이 적어도 세 가지나 숨어 있다. 첫 번째는 샘플링과 관련된 것이고, 두 번째는 연구 대상이 된 사람들의 동질성에 대한 것이며, 가장 중요한 세 번째는 이런 종류의 연구가 필연적으로 가지게 되는 애매한 해석의 문제다. 첫 번째 문제는 오로지 심각하고, 재발하며, 오랫동안 계속되어온 편두통 두통을 겪은 환자들만을 연구 대상으로 삼았다는 점이다. 또한 이런 기준으로 편두통을 가진 친척들에 대한 질문도 비슷하게 만들어졌다. 그러므로 가볍거나, 잊혀졌거나, 드문 편두통 발작인 경우, 또는 편두통 유사증상이나 편두통 아우라가 대신 나타난 경우라면 발병률 수치는 그들이 얻은 수치와 크게 달라질 것이라는 점은 매우 분명하다. 두 번째, 타당한 이유가 전혀 없는 상태에서 고려된 사람들 모두가 편두통에 관한 한 유전적으로 동질할 것이라고 가정했다. 말하자면 이 연구의 목적을 위해 고려된 모든 편두통, 즉 고전적 편두통, 일반 편두통, 또다른 형태의 편두통 모두가 유전적으로 유사하다고 가정했다는 것이다. 세 번째, 이것이 가장 결정적인데, 가족력의 발병률만큼 유전되는 것은 아니다. 가족은 유전자의 원천이기도 하지만 수많은 가능성을 내포한 환경적 상황이기도 하다.[1] 구델 등은 이런 조건에 대해 몰랐고 심각하게 받아들이지 않았다. 그러나 편두통 반응은 가족이라는 환경 안에서 쉽게 받아들여지고 학습되며 모방된다(이에 대해서는 다음 장에서 다루게 된다). 그런 관점에서 이들의 결론은 대단히 심각하게 재고되어야 한다.

유전학적으로 제대로 연구를 하려면 편두통이 없는 양부모에

---

1   복합적인 신경생리학적 반응이 결정되는 '유사 유전형질'을 보여주는 예는 프리드먼의 발견에서 볼 수 있다. 편두통을 가진 부모의 65퍼센트만이 아니라 심한 두통을 가진 부모의 40퍼센트가 각각의 증상에 대한 가족력을 가지고 있었던 것이다. 심한 두통이 유전적인 이유가 될 수 있다는 주장은 한번도 없었다(앞으로도 없을 것이다). 그것은 분명히 이런 '스타일'을 가진 집안에서 살아가는 동안 채택된 것이다.

게서 양육된 편두통이 있는 부모들의 자손, 또는 이상적으로 보자면 태어나면서 헤어진 일란성 쌍둥이에게서의 편두통 발병률을 다루어야 한다. 그렇지 않은 방법이라면 그 방법이 어떤 것이든, 편두통처럼 복잡하고 다양한 원인에 의해 좌우되는 반응을 두고 '본성' 대 '양육'의 효과를 구분하는 것은 적당해 보이지 않는다. 통제를 하지 않은 편두통에 대한 이런 통계적인 연구들은 (정신분열증의 경우처럼) 편두통이 특정 가족에게 좀더 일반적일 수 있다는, 이미 알고 있는 사실을 수치화하는 것 이상의 의미는 없다. 그것들은 부분적인 침투도를 가진 단 하나의 유전자처럼 아주 기초적인 (그리고 선천적으로 그럴 것 같지 않은) 기준은커녕 어떤 유전적인 기준도 만들어낼 수 없다.

샘플링과 증상 가변성의 애매함이 줄어든다면, 그리고 특히 희귀한 편두통 형태가 연구된다면, 유전적인 기준의 가능성에 대해 훨씬 더 그럴듯하게 말할 수 있을지 모른다. 예를 들어 고전적 편두통은 거칠게 말해서 일반 편두통에 비해 10배나 드물지만, 가족력의 발병률은 훨씬 더 드라마틱하다. 반신마비 편두통은 못 보고 지나칠 수도 없고 잊을 수도 없으며 '전형적인 모습'으로 남는 경향이 있는데, 이는 총인구 기준으로 보면 아주 드물고, 거의 언제나 가족적인 관련이 깊게 나타난다(휘티, 1953).[2]

이러한 연구는 학문적인 중요함을 넘어서는 문제다. 환자가 스스로 그런 장애의 불길한 가족적인 배경 때문에 편두통을 평생 '피할 수 없는 비운'이라고 생각한다면, 그리고 그의 의사 역시 마찬가지로

---

2   이 책을 개정하는 동안 나는 반신마비 편두통 환자를 볼 기회가 있었다. 그 환자에게는 비슷한 증상을 가진 네 명의 형제자매와 부모 가운데 한 사람, 삼촌 그리고 친사촌이 있었다.

이 문제를 운명적인 것으로 본다면, 치료 기회가 그만큼 줄어들 것이기 때문이다. 대개의 경우 무척이나 합리적이었던 레녹스와 레녹스는 이렇게 썼다. "편두통을 가진 사람들은 결혼하기 전에 상대방 또는 상대방의 가족력이 이 병에 대해 양성을 보이는지 그렇지 않은지 두 번 생각해보아야 한다." 유전적인 요인은 어느 정도 의심스럽고, 환경적인 요인들은 엄청나게 중요하다는 관점에서 보면 이런 말은 거의 터무니없을 정도다.

편두통 체질이라는 표식

우리는 논의를 위해서 편두통 소질이라는 구체적인 개념이 기초하고 있는 두 개의 근거를 합치려고 한다. 그것은 편두통 환자라고 진단될 때의 '표식'에 대한 임상적인 관찰과 '인자'에 대한 실험적인 관찰이다. 지금 단계에서는 이런 정도를 다루는 것만으로 충분하다. 이 주제에 대한 오늘날의 실험적인 연구에 대해서는 나중에(10장과 11장) 자세하게 다룰 것이다.

이 맥락에서 사용되는 용어인 표식은 임상적인 특성을 말하는데, 이는 편두통을 일으키는 경향과 깊은 상관관계에 있다. 그래서 대개의 편두통 환자와 그들의 친척들에게서 빈번하게 나타난다. 이런 표식들 가운데 일부는 편두통 체질의 필수적인 부분으로 여겨지고, 다른 일부 표식들은 편두통 경향과 매우 일반적인 관계에 있는 것으로 간주된다. 그런데 이 모든 경우에 숨겨진 가정이 하나 있는데, 그것은 바로 울프가 '혈통 요인'이라고 말한, 편두통을 일으키는 유전적 기반이 있다는 것이다. 다음은 편두통의 특성이라고 단언하는 기상천외한 예다.

편두통에서 혈통 요인에 대한 더 많은 증거는 에릭 에스크-업마크Erik Ask-Upmark에 의해 보고되었다. 그는 아주 흥미로운 관찰을 했는데, 편두통 두통 발작을 겪고 있는 36명의 환자 가운데 9명이 유두가 함몰되었다는 것이다. 그리고 편두통이 없는 65명 가운데 유두가 함몰된 사람은 단 한 사람밖에 없다는 사실을 비교하고 있다.

대부분의 이런 관찰 또는 이론들에서는 편두통에 걸리기 쉬운 독특한, 특히 신체적이고 정서적인 특징을 가진 체질적인 유형을 상정한다. 투레인Tourraine과 드레이퍼Draper(1934)는 '특징적인 체질 유형'에 대해서 이렇게 말한다. "그런 유형을 보면 두개골은 말단비대증의 특징을 보이고, 지능이 뛰어나지만 정서적인 발달은 느리다." 앨버레즈(1959)는 편두통을 가진 여성들의 가장 중요한 특징으로 다음과 같은 것들을 발견했다.

단단한 가슴을 가진 작고 다듬어진 몸. 대개 이런 여성들은 옷을 잘 입고 빠르게 움직인다. 95퍼센트가 성마르고 열정적인 성격으로, 사교적인 매력이 있다. (…) 약 28퍼센트가 빨간 머리고, 많은 이들이 풍성한 머리카락을 가지고 있다. (…) 이런 여성들은 나이보다 젊어 보인다.

또 그레피Greppi(1955)는 편두통을 겪는 환자들에게서 특별한 정신생리학적인 유형이 편두통을 일으키는 일반적인 '이유'라는 사실을 깨달았다고 주장한다.

어떤 섬세함 또는 우아함이 있다. (…) 비판적이고 자제력을 가진 조숙한 지능과 감수성을 보여주는 표식이 있다.

이런 이야기들은 편두통 체질에 대한 '로맨틱한' 견해의 좋은 예다. 고대로부터 현재까지 아주 많은 저자들이 편두통 환자들을 그리면서 실제보다 더 좋게 묘사하고 있는데, 이는 역사적인 의미 이상의 문제를 내포하고 있다. 저자들의 이런 경향은 편두통에 대해 글을 쓰는 대부분의 작가들 자신이 편두통을 겪고 있었다는 사실과 관련해서 생각해볼 수 있다. 이와 같은 성향을 띤 묘사들은 간질과 간질 체질에 대한 오래된 이야기들과, 그리고 유전적인 병과 체질적인 증상이라는 위협적인 잠재 요소와 심한 부조화를 이룬다.

편두통은 대개 강박적이고 융통성 없으며 열정적이면서 완벽주의적인 성격 등으로 구체적으로 그려지는데, 이는 '편두통 성격'을 가진 사람들의 특징이라고 설명될 때가 많다. 이런 개념의 타당성은 편두통 환자들이 가진 매우 다양한 정서적인 배경에 대한 임상적인 발견에 의해 평가받게 될 것이다(9장을 보라). 그리고 이 주제의 마지막 단계에서 비판적으로 검토할 것이다(13장).

어떤 저자들은 몇몇 편두통 환자들을 제외하면, 그들이 전통적인 정신생리학의 네 가지 범주(히포크라테스나 파블로프의 관점이 채택되었던 것 같다) 안에 든다고 썼다. 그러나 뒤부아레이몽이 1세기 전에 발표했듯이, 편두통의 어떤 스타일은 특정 체질의 유형에서는 좀더 보편적이라는 증거들이 있다. 붉은 편두통에 걸리기 쉬운 환자들은 흥분을 잘하고 화를 내면 얼굴이 붉어지는 경향이 있고(파블로프의 용어로 보면, 그들은 '아주 흥분하기 쉬운 유형' 또는 '교감신경긴장형sympathotonic'이다), 반면에 하얀 편두통에 걸리기 쉬운 환자들은 정서적인 자극을 받으면 얼굴이 창백해지고 의기소침해지며 금단 반응을 일으키는 경향이 있다('유약한 억제형' 또는 '미주신경긴장항진증'이다)는 것이다. 그러나 이 주제에 대한 어떤 일반적인 설명도 편두통 환자 전부에게 적용할 수는 없다.

다른 연구자들은 다양한 생리학적인 매개변수들이 편두통에 대한 경향을 설명해준다고 주장한다. 그런 매개변수로는 수동적인 동작, 열, 탈진, 진정 효과가 있는 약들(알코올과 레세핀)에 대한 특별한 감수성, 심장혈관의 과대 반응(예를 들면 목동맥동의 병적인 민감성), 해부학적인 또는 기질적인 '미소순환microcirculatory장애', 뇌파의 서파형 율동 장애, 신진대사와 화학적 기능장애의 다양성과 같은 것들이 있다. 지금 단계에서 우리는 이런 요소들 가운데 어느 것도 편두통 환자들의 전체 집단과 결정적인 관련성을 보여주지는 못했다고 말할 수밖에 없다. 그렇기는 해도 이것들 가운데 어떤 것은 편두통 환자의 특정 하위 집단에서 지속적인 변화를 보이기도 한다.

편두통 특이체질과 다른 장애

편두통 특이체질과 관련된, 또는 상호 관련된 다른 장애들이 있을지 모른다는 개념은 이미 제기되었던 의견의 논리적인 확장일 따름이다. 그러나 분리해서 고려되어야 할 구체적인 문제들도 꽤 있다. 이 말은 의심과 논쟁의 영역이 존재한다는 뜻이다. 이는 부분적으로는 사실의 문제고, 또 부분적으로는 해석(특히 통계학적인 상호 관련에 대한 해석)의 문제며, 특히 명명법과 의미론적인 문제다.

가장 기초적인 문제들에 대한 의견의 범위는 아주 넓다. 이 문제에 관해 최고의 권위를 가진 크리첼리(1963)는 이렇게 말했다.

편두통 체질은 아주 어린 시절에 유아기 습진의 형태로 나타나는 것 같다. 조금 성장한 뒤에는 멀미로 나타나고, 조금 더 나이가 들면 반복되는 구토발작으로 나타난다. (…) 편두통 환자들은 (위·십이지장의) 소화성 궤양, 관상동맥 질병, 류머티즘성 관절염 또는 대장염으로 발전할 가능성이 더 클까, 아니면 더 적을까? 내 임상 경험으로는 (…) 그들끼리의 상호 관련성에 대해서는 부정적이다. 평생 지속되는 편두통은 그 이후의 다른 스트레스 장애를 막아주는 역할을 하는 것 같다.

반면에 그레이엄Graham과 울프는 편두통에 걸린 사람들은 다양한 다른 장애를 겪을 확률이 아주 높다고 본다. 그레이엄(1952)은 46명의 편두통 환자들의 병에 대해서 표를 만들었는데 반이 넘는 환자들이 멀미를 겪었고, 3분의 1이 알레르기성 발현을 겪었으며, 3분의 1이 추가로 근육수축성 두통을 겪었다. 더 나아가 환자들의 가족력을 보면 간질(10퍼센트), 알레르기(=과민증, 30퍼센트), 관절염(29퍼센트), 고혈압(60퍼센트), 뇌혈관장애(40퍼센트), 그리고 '신경쇠약'(34퍼센트) 들과 아주 깊은 관련이 있었다.

울프(1963)는 반대편 끝 지점에서 이 문제에 접근했는데, 기능적 심장병functional heart disease, 본태성 고혈압essential hypertension, 혈관확장성 비염vasomotor rhinitis, 상기도上氣道 감염, 건초열과 천식, 위장 내 기능장애(십이지장궤양 등), 그리고 '정신신경증'을 겪는 환자들에게 특히 (혈관성 또는 근육수축성) 두통이 자주 온다는 사실을 알게 되었다. 정리하자면, 크리첼리는 편두통 환자들이 다른 장애에 대해 일종의 면죄부 같은 특권을 가지고 있다고 생각했고, 그와는 반대로 그레이엄과 울프는 편두통 환자들이 또다른 수많은 질병을 짊어져야 한다는 비관적인 이미지를 가지고 있었다. 이처럼 두 개의 모순되는 이미지를 어떻게 조화시켜야 할까? 만일 그들의 의견처럼 부정적이기도 하고 긍정적이기도 한 상호 관련성이 존재한다면, 우리는 이를 어떻게 받아들여야 할까?

일반적인 논의로 들어가기 전에 우리는 편두통과 다른 구체적인 장애의 상호 관련성을 뒷받침하는 증거들을 찾기 위해 더 자세히 살펴보아야 한다. 편두통 환자들에게 어린 시절의 멀미, 주기적인 구토 또는 구토발작 같은 것들이 매우 일반적인 경험이라는 점에 대해서는 대체로 동의한다. 이런 경향과 발작은 성인이 되면서 편두통으로 '대체되는데', 대개는 초기의 강도대로 평생 지속되는 일은 좀처럼 일어나지 않는다. 만일 멀미와 편두통의 상호 관련성에 대한 설명이 많은 인구에 바탕을 둔 순수 통계학적인 결론이라면 반박할 수 없을 것이다. 그러나 만일 그것이 통계학적인 것이 아니고 개인적인 병력에만 기초한 것이라면, 다음과 같은 내용이 아주 명백해진다. 편두통을 가진 많은 환자들(특히 고전적 편두통을 가진 환자들)은 어린 시절에 멀미나 구토발작을 한번도 경험해보지 않았으며, 실제로 대부분의 사람들이 욕지기를 일으키는 자극에 대해서도 아주 강한 저항력을 가지고 있다. 또 거꾸로 많은 아이들이 주기적인 구토와 멀미, 그리고 구토발작을 겪지만(즐기지만?) 결코 일생 동안 '어른' 편두통으로 발전하지 않는다는 것도 명백하다.

편두통과 고혈압, 알레르기, 간질 등과 편두통의 상호 관련성에 대한 사실들도 분명한 것은 아니다. 또 잘못된 부수 자료와 함께 제시되는 인용된 수치들은 더 그렇다. 이를 증명하기 위해서 우리는 문헌들로 남겨진 수많은 연구 가운데 몇 개만 인용해도 충분할 것이다. 가드너Gardner, 마운틴Mountain과 하인스Hines(1940)는 고혈압이 없는 통제 집단보다 고혈압을 가진 사람들에게 편두통이 5배나 많다는 것을 발견했다. 이 저자들은 자신의 자료를 해석하는 데 있어서 일반적인 유전 요인과 다른 공통된 요인들(예를 들어 고혈압 환자와 편두통 환자 가운데 널리 퍼져 있는 만성적으로 억제된 분노)에 대해 수용할 수 있는 가설을 같은 정도로 받아들이는 적절한 신중함을 보였다. 발리엇(1933)은 편두통 환자들과 그들의 가족들에게서 생긴 알레르기 반응의 발병률에 집착했는데, 그는 그 둘의 상호 관련성을 동일성이라고 보았다. 그리고 편두통은 많은 경우에 태생적으로 알레르기적인 성질을 가지고 있다고 주장했다. 울프와 다른 사람들이 편두통은 태생적으로 거의 절대로 알레르기적인 성질을 가지고 있지 않다는 것을 결정적인 실험을 통해서 보여주었음에도 불구하고, 이 의견에는 놀라울 정도로 많은 추종자가 있었다. 레녹스와 레녹스(1960)는 편두통과 간질 사이에 체질적인 관계가 존재한다는, 금기시되었던 주제에 오랫동안 관심을 가지고 있었다. 그들은 2,000명이 넘는 간질 환자를 연구해 23.9퍼센트가 편두통에 대한 가족력을 가지고 있다는 것을 알게 되었는데, 그 수치는 통제 집단에서 얻은 가족력 수치보다 훨씬 높은 것이었다. 그들은 편두통과 간질이 공통된 '체질적인' 기반뿐 아니라, 관련된 유전적인 기반도 가지고 있다고 결론을 내렸다.

편두통과 나이의 관계

체질적인 장애는 대개 삶에서 상대적으로 이른 시기에 나타난다. 우리는 편두통의 경우도 그러한지 조사해야만 한다. 이 주제에 대한 초기 논문에서 크리첼리(1933)는 이렇게 말했다. "사람은 어린 시절부터 편두통 특이체질로 시달리거나 또는 완전히 면제받거나 한다. 어른이 되어서 이런 만성병을 얻는 것 같지는 않다." 그러나 이런 가정을 반박하는 문헌은 많다. 편두통 환자 300명을 연구했던 레녹스와 레녹스(1960)는 37.9퍼센트의 환자들이 30대 이후에 발병했다고 기록했다.

대개 성인이었던 1,200명의 편두통 환자들을 진료해온 내 경험으로 미루어보면, 늦게 편두통이 시작된 경우가 많다는 것을 충분히 확인할 수 있었다. 그리고 더 나아가 의미 있는 결론을 내리기 전에 전체 집단을 임상적으로 동질적인 더 작은 하위 집단들로 만들 필요가 있다. 고전적 편두통은 젊을 때나 막 성인이 되었을 때 나타나는 경향이 가장 강하다. 그러나 마흔 이후에 처음으로 발작이 일어나는 경우도 한 다스는 보았다. 고전적 편두통은 독특하고 지독하기 때문에 사전 발작을 잊기는 어려울 것이다. 중년에 편두통이 시작되는 경우는 일반 편두통인 경우가 더 많은데, 나는 40세 이후에 고전적 편두통이 시작된 경우를 적어도 60명은 보았다. 이들 가운데 5분의 1은 50세 이후에 시작된 것으로 보인다. 이런 임상적인 형태는 특히 폐경기 또는 폐경기 이후에 편두통을 겪게 되는 여성들에게서 많이 나타났다. 특히 편두통성 신경통은 인생 말기에 발병해서 환자를 심하게 괴롭히는 것으로 악명이 높다. 나는 98세에 처음으로 군발 발작을 겪은 한 환자를 돌본 적이 있다. 그리고 편두통 발작이 70대 중반에 시작된 많은 사례도 문헌에 남아 있다. 다른 특별한 요인이 없다면, 일반적으로 어린 시절에 편두통이 나타나는 경우가 많고, 나이가 들면서 그 발생 빈도가 줄어드는 것이 명백해 보인다. 그러나 자주 중요한 예외가 나타난다.

편두통에 걸리기 쉬운 특이체질이라는 개념은 편두통이 자극을 받아 발현되기 전에는 개인에게 잠재되어 있다는 뜻이기도 하다. 다음의 병력은 편두통이 단지 특별한 환경적인 자극이 주어질 때에만 나타날 뿐, 인생 대부분의 기간 동안 어떻게 잠재적으로 남아 있는지를 보여준다.

사례15

이 환자는 75세 된 여자로, 심각한 고전적 편두통을 자주 겪었다. 그녀는 일주일에 두 번이나 세 번의 발작을 겪어야 했다. 발작이 일어나기 전에는 언제나 요새 모양을 보게 되는 지각이상증이 있었다. 그녀의 발작은 남편이 자동차 사고로 비극적인 죽음을 맞이한 뒤 곧바로 나타났다. 그녀는 아주 심하게 스트레스를 받았으며 자살하고 싶다는 생각을 한 적도 있다고 인정했다. 나는 그녀에게 전에 그 비슷한 발작을 겪은 적은 없었는지 물었다. 그녀는 어린 시절에 아주 비슷한 발작을 겪은 적이 있지만, 자기가 기억하기에는 지금과 같은 발작은 52년 동안 한번도 일어나지 않았다고 대답했다. 이 환자는 몇 주의 치료 과정을 거치면서 시간과 정신요법, 항우울제의 복합적인 영향으로 우울증이 나았다. 그녀는 다시 "자신을 회복했고" 그녀의 고전적 편두통은 반세기 동안 잠재되어 있던 중간 지대로 사라졌다.

또다른 병력을 보면, 편두통 특이체질은 인생 말기까지 잠재적이며, 생각지도 못한 것으로 남아 있다는 것을 훨씬 더 강하게 말해준다.

사례38

4개월 간 지독한 두통으로 고통받았던 62세의 여자 환자 이야기다. 내 과의사인 남편은 처음에 무척 놀라서 그녀를 곧바로 병원에 입원시켰다. 지주막하蜘蛛膜下, sub-arachnoid haemorrhage(지주는 거미라는 뜻으로 '거미막 아래'라고도 한다—옮긴이)출혈이나 두개頭蓋내 병변이 아닐까 생각했다. 그러나 검사를 해보니 모두 음성으로 나타났다. 그리고 사흘 뒤 발작이 가라앉았다. 한 달 뒤에 그녀는 다시 비슷한 발작을 겪었고, 또 한 달 뒤에 세 번째 발작이 왔다. 이 단계에서 나는 그녀와 상담을 하게 되었다. 나는 아주 지적이고 믿을 만한 환자였던 그녀에게 물어보았지만, 그녀는 현재의 이런 주기적인 발작과 비슷한 어떤 증상도 겪어본 적이 없다고 확실하게 말했다. 달마다 발작을 일으켰기 때문에 나는 그녀가 최근에 약을 처방받은 것이 있는지, 있다면 어떤 약을 받았는지 물어보았다. 그러자 그녀는 곧바로 부인과 의사에게서 넉 달 전에 처방을 받았으며, 주기적으로 약을 복용하고 있다고 말했다(그 약은 갱년기 장애를 위해 처방되는 피임을 위한 에스트로겐 황체호르몬 조제약이었다). 날짜를 비교해보니, 호르몬제를 투여한 주기 사이에 발작이 일어난 사실이 확인되었다. 나는 호르몬제 투여를 중단해보라고 권했다. 그녀는 그렇게 했고, 발작은 더이상 일어나지 않았다.

종합적인 논의와 결론

이 장에서는 필연적으로 진술과 반대 진술, 의심, 고민 그리고 수정의 과정이 이어졌다. 따라서 우리는 이제 결론적으로, 편두통에 걸리기 쉬운 경향에 대한 통계학적인 연구가 의심스러운 이유와 그럼에도 이 개념에 여전히 부여되는 타당한 의미에 대해 생각해보아야만 한다.

우리의 첫 번째 논평은 샘플링의 유효성에 대한 것부터 다루어야 한다. 어떤 집단에서 이런저런 특성을 가진 비율에 대한 진술이 가치 있거나 흥미로우려면, 그 집단은 상대적으로 균질한 집단이어야 한다. 평균적인 편두통 환자들은 고혈압을 가진 완벽주의자이며, 한쪽 유두에 함몰이 있고, 다양한 종류의 알레르기를 일으키며, 멀미를 하고, 5분의 2는 위궤양을 갖고 있으며, 편두통과 간질은 사촌간이라는 편두통에 관한 이와 같은 종류의 진술들은 편두통을 통합된 하나의 장애라고 가정한 다음 만들어진 가공의 이야기였다. 그러나 편두통 환자들은 아주 이질적인 집단이다. 이는 편두통 환자들을 위해 일하는 사람이라면 누구라도 실제 임상 경험을 통해 금방 확인할 수 있다. 어떤 사람은 고전적 편두통을 앓고, 어떤 사람은 일반 편두통을 앓는다.

어떤 사람들은 뚜렷한 가족력이 있는 반면, 많은 사람들은 그렇지 않다. 또 어떤 사람들은 알레르기를 일으키고, 어떤 사람들은 그렇지 않다. 특정 약품에 부작용을 일으키는가 하면 그렇지 않은 사람도 있고, 젊은 나이에 발작의 고통에서 빠져나오는가 하면 어떤 사람은 말년에 발작이 시작되기도 한다. 어떤 사람들은 빨간 편두통을 앓고 어떤 사람들은 하얀 편두통을 앓기도 하며, 어떤 사람들은 혈관 관련 요소가 주를 이루고 어떤 사람들은 두통 관련 요소가 거의 주를 이룬다. 과잉 행동을 보이는가 하면 기면 성향을 보이기도 하고, 강박적인가 하면 대충대충 넘어가기도 한다. 아주 똑똑한가 하면 멍청한 사람들도 있다. 한마디로 편두통 환자들은 다른 인구 집단들만큼이나 뚜렷하게 다양하다. 언급된 이런 집단과 증상들의 이질성 때문에 어떤 통계학적 조사도 유효하지 않고 무의미해질 수 있다. 그리고 이런 이유 때문에 조사의 목적을 위해 임상 자료를 더 작고 더 균질적인 집단으로 쪼개야 한다. 자료가 이질적인 것이라면, 그들을 비교하기 위해 한데 엮어서는 안 된다. 그렇게 하지 않으면 편두통과 다른 장애들의 상호 관련성에 대해 부정적인 크리첼리의 임상적 소감과 그레이엄, 울프와 또다른 사람들이 제기한 상호 관련성에 대한 긍정적인 의견을 조화시킬 수가 없다. 우리는 그런 막연한 진술의 전부 또는 그 가운데 어떤 것이든 간에, 그것의 의미가 무엇인지 질문해야 한다.

신중한 의사에게 다음과 같은 내용은 명백하다(크리첼리는 그가 출판한 많은 임상적인 내용에서 그런 점을 충분히 인정했다). 일부 편두통 환자들은 자신을 괴롭히는 신경성 불안이나 스트레스가 무엇이든 상관없이 그에 대한 적절한 출구와 표현을 찾음으로써 분명히 자신의 편두통에 매우 충실해진다. 또다른 환자들은 하나의 편두통 유사증상에서 다른 증상으로, 또는 편두통에서 천식, 기절 등으로 다양하고 갑작스러운 변형을 보인다. 그리고 세 번째 집단은 정신-신체적 반응의 나락을 향해 활짝 열려 있고, 그들이 겪을 수 있는 모든 기능적 장애 또는 어떤 기능적 장애라도 포용할 것처럼 보인다. 어떤 환자들에게는 기능적인 질병에 대한 이미지가 어릴 때부터 고정되어 신체적인 반응이나 정서적인 요구라는 관점에서 변치 않는 어떤 것으로 고착되지만, 또 어떤 환자들에게는 마치 실로폰을 두드릴 때 그 강도에 따라 달라지는 소리처럼 끊임없이 변하는 정서적 스트레스가 질병을 한도 없이 변주시킬 수도 있다.

우리의 두 번째 관심은 통계학적인 상관관계에 대한 해석의 유효성에 초점을 맞춰야 한다. 이렇게 가정해보자. 특정 연구가 샘플링에서 잘못은 있지만 상관계수를 보여준다고 하자. 그 상관계수란 두 개의 요소, a와 b가 동시에 발생한다는 뜻을 담고 있다. a가 b의 이유가 될 수도 있고, b가 a의 이유가 될 수도 있다. 또는 둘 다 같은 이유를 공유할 수도 있다. 마지막 추론을 더 흔하게 볼 수 있지만, 이런 모든 추론은 편두통 경향에 관한 문헌들에서 찾아볼 수 있다. 그래서 발리엇은 알레르기가 편두통을 일으킨다고 보았고, 다른 저자들은 편두통이 뇌혈관장애를 일으킨다고 보았다. 그리고 대부분의 연구자들은 울프가 말했던 혈통 요인처럼, 편두통 또는 다른 많은 장애를 일으키는 공통된 특이체질이 있다는 가설을 내세웠던 것이다. 이런 추론들은 그 어떤 것도 통계학적 근거만으로는 합리화되지 않는다. 상관계수는 동시 발생에 대한 수치일 뿐이다. 그것은 연구하고 있는 현상들 사이에 논리적인 관련이 있다는 뜻이 아니다. 만일 어떤 환자 집단이 편두통과 고혈압 모두에 대해 높은 발병률을 보인다고 할 때, 거기에는 다른 많은 이유가 있을 수 있다. 고혈압이 생기는 이유와 편두통을 일으키는 이유 사이에 어떤 관계가 있어야 할 필연적인 이유는 조금도 없다. 편두통 환자들에게 높은 알레르기 반응 발생률이 나타난다는 것은 매우 일반적으로 인정되고 있다. 그러나 알레르기가 편두통을 일으킨다는 발리엇의 이론은 실증적으로 잘못된 것이다. 이런 경우에 우리는 생물학적 전략과 유사한 것analogy(종류가 다른 생물의 기관이 발생학적 기원은 다르지만, 형상과 기능이 서로 비슷하거나 같은 현상. 예를 들어 새의 날개와 곤충의 날개를 들 수 있다—옮긴이)에 대해 고려해야만 하는데, 그렇다면 이렇게 단순하게 말할 수 있을 것이다. 알레르기와 편두통성 반응은 유기체에서 비슷한 목적을 위해 작동하고(12장을 보라), 그래서 유사한 생리학적인 선택으로서 번갈아 나타나거나 동시에 나타난다.

마지막으로 우리가 관심을 가져야 할 부분은 이 분야에서 쓰이는 경향, 특이체질, 체질적 민감성, 혈통 요인 등과 같은 용어의 유효성과 관련된 것이다. 의구심은 들지만 상대적으로 특정 경향이 있을 수 있다. 예컨대 반신마비 편두통과 고전적 편두통의 경우, 절대 전부는 아니지만 다수가 유전된다는 것을 받아들일 수도 있다. 그러나 이런 경우는 드문 현상으로, 전체 편두통 인구의 10분의 1도 채 되지 않는다. 우리는 일반적인 편두통 특이체질은 고사하고 일반 편두통을 일으키는 어떤 특정 경향이 있다는 데 대해서도 아주 강한 의심을 드러내지 않을 수 없다. 그렇다면 인구의 일부에게만 나타나는 편두통의 분명한 한계와 이것이 특정 가족들에게만 나타난다는 것에 대해 어떻게 설명할 수 있을까?

현재로서는 아주 애매하고 일반적인 용어가 아니라면 어떤 것도 받아들일 수 없다. 많은 편두통 환자들이 정상보다 아주 심한 정도를 보이는 '어떤 것'으로 구별된다는 사실만큼은 분명하기 때문이다.

이 '어떤 것'에 대한 목록에는 항목이 아주 많다. 크리첼리는 그것이 어린 시절에 유아 습진, 멀미, 반복되는 구토발작으로 스스로 드러낼 수도 있다고 말하지 않았던가? 우리는 이 책의 1부에서 다루었던 다양한 편두통 모두를 이 짧은 목록에 더해야만 한다. 그리고 편두통과 함께 또는 번갈아 나타나는 또다른 많은 발작적인 반응인 졸도, 미주신경 발작 등과 같은 증상들도 추가해야 한다. 어쨌든 편두통 특이체질이라는 개념이 어떤 의미든 가지고 있고 그래서 쓰일 수밖에 없는 것이라면, 그것은 수없이 많은 다양한 형태와 분명히 끝없는 가소성을 가지고 다양하게 결정되는 반응에 대한 관점의 문제다. 게다가 이 '어떤 것'은 무한히 다양할 것이므로 어떤 관점으로 규정하든 편두통 인구를 분명히 구별하기는커녕, 거의 총인구에 근접하게 될 것이다. 누구나, 유기체라면 모두가 편두통과 질적으로 유사하게 반응할 가능성을 가지고 있다고 보아야 한다(12장을 보라). 그런데 편두통 특이체질이라는 용어는 이 가능성을 과장해 편두통을 인구의 일부에게만 일어나는 것으로 만들어버린다.[3] 단순하고, 구체적이고, 통합적이고, 수량화할 수 있는 어떤 것 또는 기초적인 유전학으로 환원시킬 수 있는 어떤 것으로서 편두통 특이체질이라는 손쉬운 가정은 아무것도 설명하지 못하고, 아무 대답도 하지 못하며, 모든 논점을 회피한다. 더 나쁜 것은 내용 없는 말을 한없이 사용함으로써 편두통의 진정한 (개인에게, 그리고 개인의 환경 속에 있는) 결정 요인에 대한 설명을 흐린다는 것이다. 분명히 편두통 환자에게는 발작을 더 잘 일으키는 어떤 것이 있다. 그러나 이 어떤 것, 이 경향을 규정하기 위해서는 이 장에서 다루었던 유전학과

---

3 "그 시리즈의 한쪽 끝에는 극단적인 사례가 있다. 이런 사람들은 무슨 일이 일어나든, 그들이 무슨 일을 경험하든 병에 걸린다. (…) 반대쪽에는 반대 의견을 갖게 하는 사례가 있다. 그들은 인생이 그러저러하게 짐스럽지 않다면 분명히 병에 걸리지 않을 것이다. 그 시리즈의 중간에는 어느 정도 병에 걸리기 쉬운 경향을 가지게 만드는 요인들이 (…) 인생의 어느 정도 해로운 강압과 결부된다"(프로이트, 1920, 356쪽).

통계학적인 고찰보다 훨씬 더 많은 분야를 탐구해야만 한다.

우리가 편두통을 가진 환자를 이해하거나 치료하기를 바란다면, 우리는 그의 일대기라는 환경이 그의 증상을 결정하고 만들어낸 가장 중요한 것임을 알게 되지 않을까 싶다. 철저하게 조사해서 그런 환경적인 요인에 무게를 둘 때 우리는 체질적인 또는 유전적인 요인의 가능성에 대해 합리적으로 고려할 수 있을 것이다. 편두통 특이체질, 편두통 혈통 요인, 홑유전자single-gene 유전 등과 같이 허구나 다름없어 보이는, 순전히 이론적인 개념에 대한 유혹을 피하기 위해서는 병력을 공들여 탐구하지 않으면 안 된다. 우리는 프로이트가 완성한 유명한 병력으로 이 낱말들을 고쳐야만 한다.

나는 유전적이고 계통발생적으로 습득된 요소를 강조하는 생각이 다양하게 표현되고 있다는 것을 알고 있다. (…) 내 생각에는 사람들이 너무 쉽게 자신에게 생긴 병의 이유를 찾아내고, 그것이 자신에게 중요하다고 생각하는 것 같다. (…) 그러나 누군가 올바른 우선순위를 철저하게 관찰하고 개인적으로 습득된 것이 차곡차곡 쌓여 있는 지층을 파헤쳐본 뒤에 마침내 유전된 것에 대한 흔적을 찾아낸다면, 그때야 그들을 인정할 수 있으리라고 나는 생각한다.

7장
주기적이고 발작적인 편두통

편두통과 다른 생물학적인 주기

생물학적인 시스템에서 평형상태는 반대되는 힘들이 끊임없이 균형을 맞춤으로써만 이루어진다. 그리고 생물학적인 시스템의 생체 항상성은 대개 역동적인 시스템에 대한 지속적인 소규모 적응을 통해 유지된다. 경우에 따라서는 시스템의 극심한 변화를 통해 평형을 이루기도 하는데, 그 변화는 어느 정도의 간격을 두고 주기적으로 또는 돌발적으로 일어난다. 이와 같은 주기로는 잠에 들었다가 깨어나는 것처럼 일반적인 것이 있는가 하면, 간질이나 정신병, 편두통의 주기처럼 소수의 사람들에게서만 볼 수 있는 것들도 있다. 이런 주기성은 환경의 영향을 받기도 하지만, 타고나는 것으로 신경계에 내재되어 있다. 여기서 우리는 생활 패턴과 상관없이 상당히 일정한 간격을 두고 발작을 일으키는 편두통을 "주기적인 편두통", 불규칙적이거나 상당히 긴 간격을 두고 발작을 일으키는 편두통을 "발작적인 편두통"이라고 부를 것이다.

이런 의미에서 보면 발작의 주기성은 일반적인 편두통 모습 가운데 한 가지일 수도 있지만, 고전적 편두통과 군발성 두통의 유별난 특성이기도 하다. 일반 편두통과 편두통 유사증상의 경우에는 태생적인 주기성이 덜 일반적이다. 그리고 발작의 임상적인 패턴을 보면, 환자의 외부적 상황 또는 감정적 상황에 훨씬 더 큰 영향을 받는다.

발작 간격

고전적 편두통의 경우 반복되는 발작 간격이 대개 2~10주 사이 어디쯤 되는데, 환자 개개인은 대개 자신만의 시간 패턴을 꽤나 잘 고수한다. 리베잉은 다음과 같은 수치를 인용했다.

〔주기적인 편두통을 가진 35명의 환자들 가운데〕 9명은 2주에 한 번씩 발작을 일으켰다. 그리고 12명은 한 달에 한 번, 7명은 2~3개월 간격으로 발작을 일으켰다. 나머지 7명은 아주 길거나 아주 짧은 주기가 뒤섞였다.

이것과 비교할 만한 수치는 클리(1968)가 세심하게 기록한 150가지의 사례에서 찾을 수 있는데, 환자의 33퍼센트는 1개월 이하의 간격을, 20퍼센트는 4~8주의 간격을, 26퍼센트는 8~12주의 간격을, 나머지 21퍼센트는 3개월 이상의 간격을 두고 편두통을 겪었다. 고전적 편두통의 발작 패턴에 대한 내 경험은 클리의 발견과 비슷하다. 그러나 나는 이 수치가 가진 의미는 아주 애매할 뿐 아니라, 아무런 의미도 없을지 모른다는 점을 강조하지 않을 수 없다. 이 수치에는 편두통 발작을 주기적으로 일으키게 만드는 환경과 정서적인 요인이 둘 다 포함되어 있기 때문이다. 이런 형태의 '유사 주기성'을 결정하는 특정 요인들에 대해서는 뒤에서 다룬다.

고전적 편두통은 그렇지 않지만 일반 편두통의 경우에는 우발적인 상황에서 받는 영향을 제외시킬 수 있다면, 좀더 명확하게 분류할 수 있다. 심하게 앓는 다수의 환자들은 한 주에 두 번 이상의 발작을 겪는다. 이런 빈도는 고전적 편두통의 경우라면 아주 드물다. 말이 난 김에 덧붙이자면, 매우 자주 되풀이되는 주기적인 일반 편두통은 밤에 일어나는 경향이 뚜렷하다. 한 달에 한 번 발작을 일으키는 주기적인 일반 편두통 환자들은(1장을 시작할 때 인용한 뒤부아레이몽의 경우처럼) 상대적으로 행운이라고 생각할 수도 있다. 언제나 그런 것은 아니지만, 발작의 빈도와 고통의 정도에는 어느 정도 상관관계가 있다. 주기의 간격이 넓은 경우, 그에 상응할 만큼 고통이 더 심한 경향을 보인다. 리베잉의 한 환자는 이런 사실을 간결하게 표현했다.

오랜 휴지기 동안 나는 걱정하지 않고 지냈다. 나는 내가 겪어야 할 일정한 고통의 양이 얼마인지 알고 있다. 그것은 나누어진다. 차라리 정기적으로 겪으면 좋겠다.[1]

클리의 세심한 통계학적인 연구에도 같은 요점이 잘 나타나 있다. 우리는 여기서 많은 환자들이 겪는 잦은 발작의 지독함, 그리고 리

---

[1]   조울병을 주기적으로 겪는 환자들도 이와 비슷한 생각을 보이곤 한다. 이런 주기는 신체의 생리학적이고 화학적인 변형일 뿐 아니라 기분이 좋은 동안에는 양심의 가혹한 지시를, 그리고 자기를 혐오하고 자책하는 우울한 기간 동안에는 양심의 과장을 면제받는 도덕적인 주기를 나타내는 것이기도 하다. 고통을 오랫동안 면제받은 뒤 무척 잔인한 편두통이 올 수 있는 것처럼, 우울증은 종종 조증에 대한 대가로 느껴진다.

베잉의 환자가 말한, 여러 번으로 나누어 겪을 수도 있는 "일정한 양의 고통"이라는 표현을 통해 편두통의 혹독함을 상상할 수 있다.

또한 수많은 편두통성 신경통 발작으로 이루어진 군발성 발작 전체를 하나의 거대한 편두통 발작이라고 본다면, 군발성 두통을 주기적인 편두통의 한 종류로 볼 수 있을 것이다. 군발 발작과 군발 발작 사이의 간격은 일반 편두통이나 고전적 편두통에서의 발작 간격보다 더 길다. 간격의 범위는 3개월에서 5년 사이인데, 평균 1년 정도 된다. 어떤 종류의 군발성 두통 발작은 거의 정확히 1년 간격으로 발생한다.

다음의 사례는 일반 편두통 환자가 주기적인 군발성 발작을 보이는 것으로, 단속적으로 발작을 일으키는 이상한 패턴을 가지고 있다. 내 경험으로 보면 드문 경우다.

사례52

19세부터 일반 편두통의 연례 '발작'을 겪어온 침착한 성격을 가진 55세의 남자 이야기다. 그는 거의 날마다 길게(12~20시간) 지속되는 무척 괴로운 발작들 때문에 4~6주 정도 정상적인 생활을 하지 못했다. 이런 발작들은 양쪽 혈관성 두통과 심한 욕지기, 반복적인 구토, 그리고 다양한 자율신경계 증상들로 이루어지는데, 편두통성 신경통 발작과는 전혀 닮지 않았다. 발작은 분명한 이유 없이 갑자기 시작되고 갑자기 끝났다. 그러고 나면 그해의 남은 기간 동안에 그는 편두통으로부터 완전히 자유로웠다.

대개 발작의 불규칙적인 패턴은 고전적인 편두통의 경우에, 특히 독립적인 편두통 아우라인 경우에 나타난다. 단지 세 번이나 네 번의 발작이 빠르게 이어지는 돌발적인 "지독한 기간"을 겪을 뿐 6개월,

12개월 또는 30개월 동안 아무 발작 없이 지내는 환자도 많다(그런 두통은 일부 간질 환자에게서도 자주 나타난다).

발작과 발작 사이의 자유

뒤부아레이몽이 우리에게 상기시켜주었듯이, 주기적 편두통의 경우 지독한 발작 뒤에는 언제나 완전한 면역의 시간이 찾아온다.[2]

발작 뒤 일정 기간 동안은 예전 같으면 벌써 발작을 일으켰을 만한 상황 속에서도 나는 무사했다.

그 면역의 시간이 조금씩 사라지면서 그만큼 다음 발작을 일으킬 가능성은 커져간다. 면역의 시간이 끝나고 나면 총체적인 자극이 (좀 조급하게) 발작을 불러낸다. 상대적인 면역의 시간은 점점 줄어들고 말초적인 자극은 임박한 발작이 폭발한 만큼 충분히 커진다. 마침내 '적당한'(또는 조금 넘친) 단계에 이르면, 발작은 자극이 있든 없든 상관없이 폭발적으로 일어난다.

발작에 대해 민감해지고 자유로워지는 주기와 근본적으로 비슷한 주기를 특발성 간질과 천식의 사례에서 많이 볼 수 있다. 우리는 불응기가 끝나고 갑작스러운 반응이 나타나는 각각의 경우에 대해 서로 다른 시간의 척도에서 바라볼 필요가 있다. 이러한 반응들은 모든

---

2 아마 간질발작 후에 나타나는 자유로움과 가장 비슷하게 드라마틱한 예는 군발성 두통에서 나타나는 것 같다. 환자는 군발 발작 동안 알코올 섭취에 극단적으로 예민해지는데, 발작이 끝난 뒤에는 많은 양의 알코올을 아무렇지도 않게 마실 수 있다. 군발성 발작이 다시 일어나리라는 신호는 고통스러운 발작이 시작되기 전에 나타나는데, 알코올에 대해 다시 예민해지면서 가벼운 발작이 일어난다.

생물학적 주기의 특성이며, 그 주기는 신경이 흥분하는 100만분의 1초일 수도 있고 낙엽이나 피부의 탈락처럼 1년이 될 수도 있다.

발작이 다가옴

특히 흔치 않은, 주기적으로 지독한 편두통을 겪는 환자에게는 전구증상이 뚜렷하게 나타난다. 일반 편두통이나 고전적 편두통이 시작되기 전에 안절부절못함, 성마름, 변비, 수분 잔류 등과 같은 전구증상이 생기는 것이다. 그리고 가끔 군발 발작이 시작되기 전에 특유의 형태로 화끈거리며 따갑거나 국부적인 불쾌감이 생긴다(190쪽 사례7). 드물지만 심각한 발작을 일으키는 극단적인 환자들의 경우, 가벼운 지각 변동이 본격적인 지진을 알리는 것처럼, 격렬한 발작이 일어나기 전 며칠 동안 다른 형태의 생리학적인 징후를 경험하기도 한다. 1년 또는 2년마다 고전적 편두통을 겪었던 한 환자는(153쪽 사례16) 발작이 일어나기 전이면 언제나 이틀이나 사흘 동안 시야를 가로질러 빠르게 날아가는 반짝이는 점들을 보았다. 다른 환자들의 경우에도 드물게 일어나는 심각한 발작을 겪기 전에는 언제나 하루나 이틀 동안 주로 밤에, 일부 간질 환자들에게도 나타나는 증상인 간대성근경련을 경험하기도 한다.

유사 주기성

좀 자의적이긴 하지만, 우리는 주기적 편두통을 신경계에 내재된 순환과정이 표현된 것으로 분류했다. 그러나 실제로는 뉴런 고유의 주기성이 만들어내는 효과를 다른 내적인 (생리적이거나 정서적인) 주기, 또는 알려지지 않은 외적인 주기의 효과와 구분하는 것이 상당히 어려울 수 있다. 이런 애매함은 몇 가지 임상 사례들을 보아도 분명히 알 수 있다.

편두통성 신경통을 앓고 있는 내 동료는 언제나 정확하게 새벽 3시 정각에 발작이 일어나 잠에서 깨는데, 시계를 맞춰도 될 정도라고 단언했다. 우리는 이런 발작들이 일어나는 이유가 그의 신경계에 있는 어떤 특이체질적인 일주기성 주기 때문이라고 보아야 할까? 아니면 신체 어딘가에 있는 신비스러운 생리적인 주기, 그것도 아니면 편두통성 조건반사 때문에 생긴 원격 시계의 종소리, 또는 이런 위험한 시간에 겪었던 어린 시절의 좀 어두운 기억(원초적 장면◆을 목격했던 것에 대한) 때문이라고 생각해야 할까? 여러 해 동안 고전적 편두통 발작을 달마다 겪었던 내 환자 가운데 어떤 이는(80쪽, 86쪽, 사례10) 가끔 복부 편두통이나 심한 정서적 교란을 겪었는데, 그는 자신의 발작이 언제나 보름일 때 시작한다고 단언했으며 그런 사실을 뒷받침하는 일기도 썼다. 그가 내게 자신의 병력에 대해 얘기했을 때 나는 윌리스가 했던 말, 즉 해와 달이 편두통을 결정할 수 있다는 사실이 바로 "해와 달의 위대한 점"이라는 말이 생각났다. 그 환자는 자신의 발작이 달의 작용이라는 강박관념을 가지고 있는 것으로 보였다. 그러나 달이 편두통을 일으키는 것인지 편두통이 강박관념을 만드는 것인지, 아니면 강박관념이 편두통을 일으키는 것인지 나로서는 분간할 수가 없었다. 기괴한 주기성은 기념일 노이로제와 비슷한 "기념일 편두통"의 특징이기도 하다. 이런 맥락에서 나는 현대판 부활절 성흔聖痕(일부 성인의 몸에 나타난다고 여겨지는, 예수의 몸에 새겨진 못 자국 같은 상처—옮긴이)처럼 성聖금요일(그리스도의 수난 기념일, 부활절 전의 금요일—옮긴이)마다 고전적 편두통을 겪는다고 고백한

◆　원초적 장면primal scene은 프로이트 이론에서 쓰이는 용어 가운데 하나다. 아이가 처음 본 성교 장면을 말하며, 대개 부모의 성교 장면을 보는 경우가 많다고 한다.

한 환자가 생각났다. 그녀는 수녀였다. 생일, 결혼기념일, 재난을 겪은 날, 정신적으로 상처를 입은 날 등과 같은 개인적인 기념일에 심한 주기적 편두통 발작 또는 다른 기능성 질병을 일으키는 것은 그녀에게 드문 일이 아니었다.

　　이 책에서 되풀이되는 주제 가운데 하나는 공존하는 여러 수준에서 편두통을 규정하는 것이고, 또 어떤 수준이든지 간에 그 시스템이 작동될 수 있다는 것이다. 비록 주기적인 특발성 편두통을 촉발하는 것이 의미상으로 보면 신경세포적인 것이라고 하더라도, 마찬가지 효과를 가진 촉발 메커니즘이 다른 많은 수준에도 존재할 수 있다는 것을 받아들여야 한다. 그 다양한 수준이란, 틱처럼 예민한 반응을 가지는 국부적 척수반사segmental reflex(척수의 단 한 마디만이 관여하는 반사─옮긴이)에서부터 강박적 기대, 개괄적인 공상 등과 같은 형태로 나타나는 최고 수준의 반복 자극까지를 말한다. 그 시계 장치가 원래 세포 수준에(알레르기 반응으로) 있든, 분자 수준에 있든, 대뇌의 주기성에 있든, 동기와 감정 수준에 있든, 어디에 있느냐 하는 것은 무의미하다. 왜냐하면 발작의 주기성은 결국 모든 기능적인 수준에 내재하고 자리를 잡게 될 것이기 때문이다. 이런 생각들은 월경성 편두통을 해석할 때 특히 설득력을 가진다. 편두통이 하나의 독립된 '요인'에 대한 반응이 아니라, 공존하는 많은 주기를 반영하는 것이라고 설명할 때 아주 유용하기 때문이다. 이때 공존하는 주기란 호르몬 수준에서의 주기, 근본적인 생리적·생물적 주기, 그리고 이와 동시에 발생하는 기분과 동기로 인한 주기와 같은 것을 가리킨다. 추측할 수 있듯, 가끔 이들 가운데 어떤 것이 영속적인 주기 패턴이 될 수도 있다. 다음의 사례가 그런 점을 잘 보여준다.

사례74

68세 된 이 여자는 21세 때부터 월경성 편두통만을 겪어왔다. 30년이 지난 뒤 폐경기가 왔지만, 그 패턴에는 아무런 변화가 없었다. 발작은 28~30일 간격으로 계속되었다.

결론

이 장에서 다룬 편두통 형태는 윌리스의 특히 대단한 개념인, 흥분되어 기다리고 있던 신경계에서 갑작스럽게 폭발하는 "특발성 질환"이다. 리베잉의 용어인 '신경계 폭풍'은 갑작스럽고 격렬한 뇌우 그리고 이어지는 고요함과 맑은 하늘을 떠올리지 않을 수 없게 만드는, 비길 데 없이 멋진 은유다. 이 말에서 사람들은 신경계에 힘과 긴장이 천천히 모여드는 것을 상상하지 않을 수 없기 때문이다.

이런 종류의 발작에서는 아우라가 처음으로 번쩍이거나 전구 증상의 자극으로 경고를 받을 때부터 발작이 해소된 뒤의 마지막 여파까지 전체 편두통이 하나의 완전체로 나타난다. 말하자면 편두통이 사라지고 다시 생리적인 평형을 찾을 때까지의 과정을 끝까지 관통하는 불가항력적인 힘에 의해 실행되고 마무리되는 것이다. 주기적이고 발작적인 편두통은 갑자기 방향을 돌리거나 갑자기 중단되기는 어렵다. 그 대신 발작이 지나가고 나면 꽤 긴 시간 동안의 편안함을 약속한다. 이들은 환경적인 것을 최소한으로 고려하거나 정서적인 의도와 전략을 최소한으로 드러내긴 하지만, 증상과 스타일 면에서 매우 전형적인 모습을 보이는 경향이 있다. 이들은 과포화용액이 갑자기 결정화되는 방식과 비슷하게 생리용액으로부터 갑작스럽고 완벽하게 촉발되며, 또한 절정에 이르고 쇠퇴해가는 생물학적인 과정을 보여준다. 발작은 다 익은 과일이 터져 씨앗을 뿌리는 것처럼, 다시 주기가 시작될 수 있도록 준비하는 것이다.

후기(1992)

'폭발'이라는 윌리스의 개념, '신경계 폭풍'이라는 리베잉의 개념, '경련성'이라는 개념, 이들 모두는 아주 가벼운 자극도 끔찍한 효과를 일으킬 수 있다고 지적하는 한편, 신경계가 심하게 위험한 상태라는 느낌을 주는 불안, 위험, 특이성이라는 이미지를 가지고 있다. 그런 상태나 그런 특징들에 대한 생각은 클라크 맥스웰Clark Maxwell이 1870년대에 처음으로 내놓았다. 그는 솜화약의 폭발에 대해 묘사한 다음 이렇게 말했다.

> 이 모든 경우에 공통된 상황이 하나 있다. 시스템은 운동으로 변형될 수 있는 많은 양의 잠재적인 에너지를 가지고 있지만, 그럴 수 있을 만큼 필요한 특정 상황에 도달하기 전까지는 변형이 시작되지 않는다. 어떤 경우에는 에너지가 너무 적어서 변형되지 않는다. 그렇다고 변형을 시작하게 만드는 명확한 지점도 없다. 예를 들어 산 속에 있는 바위가 특정한 한 지점에서 균형을 유지하고 있지만 서리에 의해 균열이 생기고, 작은 불꽃이 거대한 숲에 불을 붙이는 것처럼, 어느 정도 이상의 것이라면 무엇이든 특이점을 가지고 있다. 산의 덩치에 비해 너무 작아서 고려되지 않는 이 특이점들의 영향력이 상황에 따라 때로는 엄청나게 큰 변화를 가져오기도 한다.

내가 환자들에게 그들의 편두통에 대해서 날짜를 기록하고 일기를 쓰라고 부탁했을 때, 이와 비슷한 생각이 내게도 떠올랐다. 이처럼 날짜를 기록하는 것이 어쩌면 편두통을 일으키는 특정한(예상하지

못한 것일 경우가 많다) 이유를 드러나게 할지도 모른다(8장에서 다룰 것이
다). 그러나 마찬가지로 그렇지 않을 수도 있다. 발작을 시작하게 만드
는 자극일 뿐, 원인과 결과의 관계가 아닌 상황을 보여줄지도 모른다.
그 자극이라는 것은 상황에 따라서는 아무런 영향을 주지 못하는, 별
것도 아닌 것일 수 있다. 맥스웰이 '특이점'이라고 말한 시스템이 '특정
상황'에 도달한 상태에서라면, 전혀 중요하지 않은 아주 미미한 것이 발
작을 촉발할 수도 있고 발작을 일으키는 계기가 되기도 한다. 그러니
자극과 반응 사이에는 직접적인 선형 관계가 없으며, 더이상 원인과 결
과라고 말할 수도 없다. 임계점을 지나고 나면, 시스템의 작동 방식은
비선형적이 되기 때문이다. 여기서 우리가 특정 이유와 결과를 명확히
규정할 수 없다고 해서 발작이 닥치는 대로 일어난다는 말은 아니다.
오히려 아주 복잡한 '역동적인' 시스템 전체에서 때맞춰 나타나는 모
습을 토대로 반응 방식을 조사해야 한다는 뜻이다. 복잡계의 전체적인
역학 관계라는 관점에서 개별 발작이 진행되는 과정을 관찰하는 것이
중요하다는 것은 1장의 후기에서 이미 암시했다. 이는 구디 박사가 말
했던 것처럼 "편두통 환자가 겪기도 하고 만들어내기도 하는" "시공연
속체the spacetime continuum"인 발작의 발생(원인)에 대해서도 마찬가지
로 적용할 수 있다.

8장
상황성 편두통

　이 장에서는 편두통 발작을 일으키기 쉬운 상황에 대해서 다룬다. 그러나 여기서는 특이한 편두통 발작을 일으키는 급작스럽고 일시적인 상태에 한정할 것이다. 만성적인 상황에 대해서는 다음 장에서 다룬다. 우리가 사용한 자료의 대부분은 믿을 만한 환자들이 자신들을 관찰한 것이다. 이 환자들은 자기들이 겪는 발작을 관찰하고 자신의 성향에 대해 편견에 치우치지 않는 관찰자로서 행동하는 방법에 대해 배웠고, 일기를 썼다. 이 자료들은 통제 상황에서 얻은 여러 곳에서의 실험적인 관찰기록으로 보완될 것이다. 그럼에도 상황과 발작 사이에 일대일 관계를 구축하기는 어려울 것이라는 점을 다시 한번 강조하지 않을 수 없다. 그 둘 사이에는 대략적인 경향이 있을 뿐이다.

　우리가 다루어야 할 상황이 아주 다양하고 많아서 이해를 돕기 위해 어떤 형태로든 예비적인 분류가 필요하다. 여기서 내가 선택한 분류는 비공식적일 뿐 아니라, 전혀 엄격하지도 않다. 좀더 생생하게 전달하려는 생각에서 일상용어를 쓰기도 했다.

각성 편두통—arousal Migraine

이 용어는 인간의 몸을 활성화하고, 자극하고, 귀찮게 하고, 거슬리게 만드는 상황에서 편두통이 일어난다는 뜻을 담고 있다.[1] 그런 상황에는 다음과 같은 것들이 있다. 빛, 소음, 냄새, 나쁜 기후, 운동, 흥분, 격렬한 감정, 통증, 약물 작용. 우리는 여기에 편두통을 일으키기 쉬운 본능적인 자극으로서 편두통 전구증상의 흥분과 아우라를 포함시켜야 한다. 물론 여기에 든 것이 전부는 아닐 것이다.

빛과 소음

번쩍이는 빛과 크고 시끄러운 소음이 편두통을 일으킨다고 주장하는 환자들이 많다. 중요한 것은 대개 그런 자극적인 상황이 지속되는 시간과 강렬한 정도다. 환자들에게는 발작에 앞서는 그런 상황이 견딜 수 없을 만큼 성가신데, 그들은 그 상황을 빨리 끝낸 다음 조용하고 적당한 밝기의 조명을 찾고 싶어 하는 분명한 바람을 갖고 있다. 이런 종류의 환자들은 대개 상담실에 들어올 때 어두운 색의 안경을 쓰고 있으며, '광선공포증'이라는 말을 이미 알고 있다. 발작을 자극하는 가장 일반적인 장소는 햇빛이 쨍쨍 내리쬐고 북적이는 여름 바닷가, 그리고 강렬한 빛이 내리쬐는 기계를 조립하는 덮개 없는 공장 같은 곳이다. 어떤 환자들은 영화와 텔레비전을 특히 못 견뎌 한다.

이런 것들 가운데 마지막으로, 아주 심하게 자극적인 상황을 만드는 반짝이는 빛에 대한 문제는 따로 고려해보아야 한다. 이런 경우에

---

1 예를 들면 건초열처럼, 자극적인 상황과 유사한 잡다한 어떤 것들이 비슷한 반응을 유발할 수 있다. 시드니 스미스Sydney Smith가 이것과 관련해 자신에 대해서 이렇게 말한 적이 있다. "세포막이 너무 예민해서 빛, 먼지, 반박, 바보 같은 말, 반대자를 보는 것, 이 모든 것들 때문에 나는 재채기를 하게 된다."

짐작되는 반응 메커니즘은 특별한 것이기 때문에 이 장의 뒷부분에서 따로 다룰 것이다.

냄새

편두통 아우라에서 가끔 일어나는 후각적 환각, 그리고 좀더 흔하게 강화된 형태인, 편두통이 발작하는 동안에 일어나는 냄새의 왜곡과 과민증에 대해서는 앞에서도 다루었다. 이런 것들은 분명 위조되었거나 오해의 소지가 있는 병력들 때문이다. 그러나 특정 냄새(타르를 자주 들먹인다) 또는 나쁜 냄새에 특별히 예민해지거나, 또는 태생적으로 예민했던 환자로 믿을 만한 경우가 분명히 있기는 했다. 이런 병력들은 다채로운 옛 문헌에서 특히 쉽게 찾아볼 수 있다. 예를 들면 리베잉은 다음과 같은 환자를 실례로 들었다.

검시에 참석할 때면 언제나 즉석에서 구토를 일으키고 편두통 발작을 일으켰던, 의사이자 뛰어난 아카데미의 회원이 있었다. 그가 오기 전에 병실의 환기를 실수로 잊어버렸을 때도 꼭 같은 일이 일어났다.[2]

나쁜 날씨

쉽게 발병하는 환자에게는 극단적인 날씨도 편두통 발작의 원인이 된다고 보는 것 같다. 폭풍과 바람은 고전적인 예다. 그리고 일기예보를 할 수 있다고 주장하는 많은 환자들은 함신Hamsin이나 산타아,

---

[2]   이런 맥락에서 우리는 편두통 환자에 따라 다르게 나타나는 특별한 상황, 이른바 조건반사가 자연스러운 민감성을 흉내 내는 좀더 기묘한 여러 상황을 관찰해야 한다. 종이 장미를 보여주기만 해도 기침을 시작하는 '장미열'을 가진 환자를 우리는 기억한다. 리베잉은 이런 환자는 '병적인 습관'을 가지고 있다고 말했다.

허리케인 또는 곧 천둥이 칠 것을 예측할 수 있다고 장담한다. 바로 그 때 편두통 발작을 겪게 되기 때문이라는 것이다. 내 동료 가운데 하나 는 스위스에서 보낸 어린 시절을 취리히를 가로지르며 불어오는 남서 풍 때문에 망쳤다고 말했다. 해마다 센 바람이 불어올 때면 언제나 편 두통을 앓았다는 것이다. 그때 말고 다른 때에는 한번도 편두통 발작 을 겪은 적이 없다고 했다.

반응이 좀 덜 특이했던 다른 환자들은 아주 덥고 습한 날씨에 편두통이 되풀이된다고 했다. 이런 자극적인 상황은 편두통과 비슷해 보이는, 무기력하고 탈진한 상태로 만들기도 한다. 그러니 이런 상황에 대해서는 따로 다루어야 한다.

운동-자극-감정

젊은 환자들은 격렬한 운동(그 성질로 볼 때 생리적이고 정신적인 흥 분이라는 요소 모두를 포함한다)이 편두통 발작의 유일한 이유라고 말하는 경우가 많다. 이 발작은 대개 운동이 끝난 뒤에 곧바로 시작된다. 아주 드물지만 운동하는 동안에 시작되는 경우도 있긴 하다. 우리는 앞에서 (194쪽 사례25) 인용한 한 환자를 다시 떠올릴 수 있다. 그는 격렬한 크로 스컨트리 경주를 하고 나면 고전적인 안면마비 발작을 일으켰지만, 다 른 경우에는 한번도 발작이 일어나지 않았다.

격렬한 감정은 다른 어떤 지독한 상황보다 더 강하게 편두통 반 응을 자극한다. 특히 고전적 편두통 환자에게 그런데, 많은 환자들의 거의 대부분이 격렬한 감정으로 인해 발작을 일으킨다. 리베잉은 이렇 게 썼다. "강하게 느끼지만 않는다면, 감정은 그다지 큰 문제가 되는 것 같지 않다." 좀더 구체적으로 보자면, 갑작스러운 분노가 가장 일반적 인 촉발 요인이고, 젊은 환자의 경우에는 공포스러움(공황 상태)이나 갑

작스러운 희열(승리나 뜻밖의 행운을 만난 순간)도 같은 결과를 가져올 수
있다.

이런 반응들은 역설적이다. 이 반응들이 사람을 흥분 상태에
붙잡아두기도 하고, 흥분의 절정 뒤에 곧바로 이런 반응으로 이어지
기도 한다. 임상적으로도 비슷한 반응이 다양하게 나타나는데, 그 가
운데 일부는 편두통 반응을 대체하는 '대안' 역할을 할 수도 있다. 우
리는 유쾌한 것이든, 불쾌한 것이든 상관없이 갑작스러운 정서적 충격
에 반응해 나타나는 극단적으로 격렬한 기면발작과 탈력발작(이것들은
주로 분노, 오르가슴 또는 즐거운 흥분에 반응해 생긴다), 기절(미주신경성 실신Vas-
ovagal syncope)과 졸도(히스테리성 혼수상태hysterical stupor), 그리고 좀더 병적
인 맥락에서는 (파킨슨병 환자에게서 볼 수 있는 것과 같은) '얼어붙는freezing'
반응과 (정신분열증 환자에게서 볼 수 있는 것과 같은) 차단에 특히 주목해야
한다. 이런 종류의 반응은 인간에게만 나타나는 것이 아니다. 우리는
11장에서 여러 가지 생물학적으로 유사하거나 동일한 현상에 대해 살
펴볼 것이다.

어떤 사례에서든 자극적인 감정들은 제임스 조이스 식으로 말
하면 "운동과 관련된 어떤 것"으로 보아야 한다. 그것들은 유기체를 각
성시키고 정해진 과정을 통해 활동(싸우고, 도망가고, 환희로 펄쩍 뛰고, 웃는
등)하도록 이끈다. 이런 감정은 정지된 채 조용히 표현되고, 몇 시간 뒤
에 긴장의 해소나 카타르시스에 의해 서서히 잦아드는 정적인 감정들
(두려움, 공포, 연민, 경외 등)과 대조적이다. 정적인 감정이 편두통에 불을
붙이는 경우는 아주 드물다.

우리는 여기서 긴장이나 감정을 해소하는 두 가지 스타일이 있
다는 것을 알 수 있다. 하나는 긴장 상태를 갑작스럽게 해소시키는 사
정ejaculation(말을 하건 정말로 사정을 하건 구토를 하건)이고, 또 하나는 같은

결과를 얻지만 좀더 점진적으로 천천히 긴장을 해소하는 방식이다. 웃음 대 울음, 불꽃 대 성엘모의 불St. Elmo's fire(폭풍우가 부는 밤에 돛대나 비행기 날개 등에 나타나는 방전放電 현상—옮긴이)과 같다.

정신생리학적인 흥분의 다른 형태들에 대해서는 간단하게 말할 수 있다. 이런 환자들의 수는 적긴 하지만, 이들은 오르가슴 뒤에 곧바로 편두통을 겪어야 할 정도로 불행하다(189쪽 사례2와 296쪽 사례55를 보라).

이미 앞에서 말했던 것처럼, 마침내 자극 대 억제의 전체 주기는 통합되고 내면화되며, 아우라와 전구증상은 편두통을 촉발시키는 역할을 한다.

통증

통증은(근육과 피부에서부터) 자극하고 각성시키는 경향이 있다. 그러나 내장통은 욕지기, 비활동적인 상태 등을 만들어내는 반대되는 효과를 가지는 경향이 있다. 메커니즘은 다르지만 둘 다 편두통을 일으킨다. 전자의 가장 일반적인 예는 활동적인 사람에게 생기는 심한 (근육의) 상처다. 통증에 자극받아 화가 나고 좌절하게 되는데, 이 통증은 다른 문제들과 겹치면서 편두통으로 발전한다. 내장통의 효과에 대해서는 270쪽에서 다루겠다.

편두통과 관련된 약효에 대한 문제는 이 장의 뒤에서 따로 다룰 것이다.

슬럼프 편두통과 파괴 반응

이 신조어들은 탈진과 쇠약, 진정제 투여로 진정된 상태, 비활동적인 상태, 잠 등과 같은 상황에서 생기는 편두통을 뜻한다. 이런 상황에서는 대개 생리적으로 기분 좋은 포만감과 완전함, 즐거운 나른함과 노곤함을 느끼며 치료 효과가 있는 잠을 자기도 한다. 그러나 이때의 생리적인 반응이 좀더 강화되거나 불쾌한 감정을 유발할 정도가 되면 (밥을 너무 많이 먹어 속이 불편할 정도라든지 하는 경우) 이런저런 형태의 슬럼프 반응이 나타난다. 슬럼프 반응은 평화스럽고 편안한 상태가 과장되거나 본연의 상태에서 벗어나는 경우에 나타난다고 할 수 있다.

먹기와 단식

즐거운 식사를 한 뒤에는 만족감이 생기고 포만감을 느끼며 졸립기도 하다. 그리고 눈에 띠지는 않지만 소화작용이 활성화된다. 그러나 꼼꼼하게 조사해보면 식후 반응은 다양하다는 것을 알 수 있다.

이 그림은 식후에 잠든 노인의 부교감신경의 활동을 보여준다. 그의 심장박동은 느리고 숨 쉬는 소리는 시끄러운데, 그것은 기관지 협착 때문이다. 그의 눈동자는 작아졌고 침방울이 입의 한쪽 가장자리로 흘러나오기도 한다. 배에 청진기를 대어보면 내장의 활동이 활발하다는 것을 알 수 있을 것이다(번Burn, 1963).

이 묘사는 식후에 잠을 즐기는 노인을 그린 그림에 대한 분석으로, 스위프트의 작품만큼이나 입맛 없게 만든다.

과장되고 왜곡되게 표현한 이런 종류의 생리적인 반응에 대해 설명하자면, 여기에는 세 가지 슬럼프증후군이 있다는 것을 알 수 있다. 소화불량, 위하수 증상胃下垂症狀, 식후 편두통이 그것이다. 이렇게 설명할 수도 있다. 우선 위에 부담이 될 정도로 과식했고, 두 번째로는 심한 저혈당증이 있기 '때문'이다. 그러나 이 둘의 관련성은 의심스럽다.

현상학적으로 보면, 이것들은 모두 정상적인 식후 무기력증 정도와 식물 상태에 대한 패러디이거나 병리학적인 변종이다.

　우리는 또 단식에 대한 병리학적인 반응에 대해서도 생각해보아야 한다. 식사가 적당했다면 식사 후 몇 시간이 흘렀을 때, 정상적인 반응은 어느 정도 들뜨고 호기심이 생기는 것이다. 말하자면 각성 상태가 되고 식욕을 증진시키는 활동을 하는 것이다. 단식이 시작되고 그 기간이 늘어나면 빠르든 늦든 기력을 잃거나 극도로 쇠약해진다. 소수의 환자들의 경우, 단식 후 어느 정도 시간이 지나면 혈당이 유지되지 않는다. 그리고 적기는 하지만 일정 비율의 환자가 이런 상황에서 편두통 반응을 보인다.

사례54

한 달에 세 번에서 다섯 번 일반 편두통을 겪는 47세 된 여자 이야기다. 그녀는 편두통을 일으키는 직접적인 이유가 무엇인지 전혀 모르고 있었다. 그녀에게 일기를 써보라고 했는데, 그렇게 함으로써 그동안 알 수 없었던 직접적인 이유가 무엇인지 알아낼 수 있을지도 모르기 때문이었다. 다음번의 진료에서 그녀의 일기를 통해 아침 식사를 걸렀을 때 발작을 일으킨다는 사실을 알게 되었다. 확장 포도당 부하검사(공복시 혈당 측정 검사—옮긴이)를 하고 측정 시간을 늦추었더니 검사 후 5시간이 지났을 때 혈중 포도당 농도가 44밀리그램/데시리터였다. 이때 환자는 창백했고, 땀을 흘리면서 두통을 호소했다. 더 많은 검사 결과, 기능성 저혈당증이라는 진단이 나왔다.

그녀에게 아침 식사를 절대 거르지 말고 늘 가당 오렌지주스를 가지고 다니라고 일러주었다. 그 이후 그녀는 발작을 일으키지 않았다.

더운 날씨와 열

날씨가 더우면 노곤해지면서 땀을 흘리게 되는 것이 정상적인 반응이다. 이런 상황에서 열이 나면 불쾌한 혈관성 두통이 더해지기도 한다.

다수의 편두통 환자들은 온도 자극에 과잉 반응을 보인다. 그리고 더운 날씨나 열 때문에 발작을 일으키는 경향이 있다. 그래서 대부분의 사람들에게는 별것 아닌 가벼운 유행성 독감이나 열이 있는 감기가 이런 환자들에게는 일상생활을 할 수 없을 정도의 편두통을 일으키는 원인이 되기도 한다.

수동적인 운동

부드러운 수동적인 운동은 대개 진정과 마취 효과가 있다. 그래서 아기를 흔들어주면 잠이 드는 것이다. 그러나 일정 비율의 사람들에게는 수동적인 운동(또는 직접적인 전정 자극vestibular stimulation)이 난폭한 것으로 인식되어 참을 수 없게 되기도 한다. 그런 사람들은 어린 시절(욕지기, 구토, 창백함, 식은땀 등과 함께) 심한 멀미로 무척 고통스러웠을 것이다. 여기에 혈관성 두통이 더해지면, 멀미성 편두통-motion migraine(몸을 움직이는 데 따르는 편두통—감수자)으로 발전한다. 아마도 이런 경우에 가장 일반적인 것은 전정 자극에 대한 과장된 반응일 것이다. 그리고 이런 반응은 편두통 환자를 무기력하게 만드는 특징 가운데 하나다. 그래서 그들은 인생의 수많은 단순한 즐거움을 누리지 못한다. 어린 시절에는 그네, 청소년기에는 롤러코스터, 그리고 여행할 때면 언제나 이용하게 되는 버스, 기차, 배 또는 비행기를 탈 수가 없는 것이다. 이런 반응의 핵심은 수동성과 수동적인 자극이다. 터무니없을 정도로 쉽게 멀미를 일으키는 이런 환자들도 자기가 직접 차를 운전하거나, 보트나 비행기를 조종할 때는 완벽하게 해내기도 한다.

탈진

힘든 하루의 일을 마치면 대개 즐거운 피로를 느낀다. 그러나 병에 취약한 환자들은 탈진하거나 쓰러지기도 하는데, 가끔은 편두통을 일으킨다. 이들은 대부분의 사람들이 쉽게 견딜 수 있을 정도의 수면 부족으로도 무기력한 상태가 될 수 있다. 이런 수면 부족은 편두통이나 편두통성 반응, 그리고 5장에서 다루었던 관련된 반응, 특히 기면발작을 유발하는 경우가 매우 잦다. 다른 요소들, 예를 들면 질병이나 설사, 단식 등에 다른 경우라면 대단치 않을 정도의 피로나 수면 부족이 더해져서 심각한 수준의 탈진 상태에 이를 수 있고, 그 시점에 슬럼프 반응도 쉽게 일어난다. (독립된 시각적 아우라 환자였던) 패리는 다음과 같이 썼다.

극심한 피로, 8~10시간 동안 금식했을 때는 피로가 특히 더 심해진다. (…) 가끔은 설사를 하고 난 뒤에도 탈진한다.

약물에 대한 반응

우리는 이미 편두통과 관련된 여러 가지 맥락에서 약물에 대한 반응을 다룬 적이 있다. 예를 들면 숙취, 비정상적인 레세핀 반응 등에 대해 말했다. 이런 것들도 역시 정상적인 생리적 반응의 과장과 왜곡으로 해석되어야 한다. 누구라도 술을 많이 마시고 나면 졸립거나 몸이 좀 불편하다. 그러나 겨우 한 잔을 마시고 심한 욕지기나 일반 편두통 또는 편두통성 신경통 발작을 일으킨다면, 그건 지나치고 비정상적인 반응이다. 대부분의 편두통 환자들은 이런 경향과 타협하든 무시하든 운명에 맡기든 그 자체를 받아들이는 것을 배울 수밖에 없다. 이와 비슷하게 숙취가 있을 때 얼굴이 붉어진다면, 그것은 병리적인 반응을 보이는 것이고 편두통을 앓게 되리라는 조짐이거나 첫 번째 신호인 경우가 많다.

알코올 말고도 수많은 신체 기능 저하제가 있고, 그 가운데 어떤 것들은 특정 환자들에게 위험하다는 것도 잘 알려져 있다. 가장 악명 높은 것은 아마도 고혈압을 조절하기 위해 다양한 전매 약품으로 쓰이는 레세핀일 것이다. 레세핀은 편두통만 자극하는 것이 아니라 많은 다른 반응도 일으킨다. 예를 들면 기면발작, 충격, (심리적인) 우울증 그리고 파킨슨병의 운동마비와 같은 것들이다.

암페타민의 사용과 오용에 대해서도 주의해야 한다. 암페타민은 중추신경과 말초신경 활동을 강력하게 자극한다. 그리고 그 활동이 끝나고 나면 대개 그만큼의 슬럼프가 뒤따른다. 우리는 이미 아우라의 자극과 억제 단계를 암페타민 효과와 비교하는 환자의 이야기를 본 적이 있다(120~121쪽 사례67과 154쪽 사례69를 보라). 편두통 치료를 위한 암페타민 시용에 내해서는 뒤에서 다시 다룰 것이다(4부). 지금 단계에서 우리의 관심거리는 암페타민을 많이 복용한 뒤 슬럼프 기간에 발생하는 편두통과 이에 관련된 다른 반응이 나타나는 이유에 대한 것이다. 다음의 사례에서는 배울 점이 있다.

사례43

19세 때부터 한 달에 한 번 또는 두 번의 일반 편두통을 겪어온 23세 된 환자 이야기다. 그녀의 상태는 내게 상담하러 오기 8주 전에 갑자기 더 나빠졌다. 이제 그녀는 날마다 편두통을 겪는다고 했다. 처음에는 여러 가지 편두통 상태가 뒤섞여 나타나더니, 아주 최근에는 심한 피로, 잦은 기면발작, 지속적인 눈물 흘림, 설사, 우울증까지 더해졌다는 것이다. 나는 혼란스러웠지만 그녀의 상태가 이처럼 갑작스럽게 이상한 변화를 보이는 이유를 규명해보고 싶었다. 그래서 혹시 감정적으로 무척 힘든 상황을 겪은 것은 아닌지 물었지만, 그녀는 말하기를 꺼려했다. 두 번째 왔을 때 그녀는 자신이 리탈린에 중독되었음을 인정했고, 1년이 넘는 기간 동안 하루에 1,600밀리그램을 복용했다고 말했다. 그 약을 갑자기 끊자 우울증과 함께 슬럼프에 빠진 듯한 부교감신경 '상태'가 그녀에게 찾아왔던 것이다. 그것은 끔찍한 금단증상이었다.

슬럼프 상황

편두통은 어떤 '일'이 '끝난' 후에 쉬이 발생한다는 것은 잘 알려진 사실이다. 그래서 환자들은 시험 뒤에, 분만 뒤에, 사업의 성공 뒤에, 휴일 뒤에 편두통을 겪게 된다고 호소할 때가 많다. 이런 종류의 반복 패턴 가운데 중요한 예를 하나 들자면, 아주 바쁜 한 주를 지낸 다음에 오는 주말 편두통(가끔 주말 우울증, 설사, 감기 등과 교번한다) 같은 것이 있다. 이런 경향에 대해서는 3부 9장에서 아주 자세하게 다룰 것이다.

야간 편두통

편두통 때문에 자다가 깨어나게 되면 환자들은 무척이나 놀란다. 더욱이 잠과 편두통이 관련되어 있을 뿐 아니라, 예정된 일이라는 것까지 알고 나면 그 놀라움은 더욱 커질 수밖에 없다.

우리는 신중하게 쓰인 병력을 바탕으로 여러 종류의 야간 편두통을 분류해볼 수 있다. 한밤중에 찾아오는 발작은 아주 깊은 잠에서 갑작스럽게 깨어나게 만든다. 새벽에 찾아오는 발작은 불안한 선잠을 방해한다. 꿈과 함께하는 발작도 있으며(이런 경우, 가장 믿을 만한 병력은 고전적 편두통 환자에게서 얻을 수 있다. 그들은 두 번째 단계 또는 두통이 시작되는 단계에서 깨어나는데, 꿈의 이미지와 함께 뒤섞인 암점의 형상을 뚜렷하게 기억하고 있다), 악몽(야간 공포증과 몽유병)과 관련된 발작도 있다.3

편두통성 신경통 발작은 가장 깊은 층에 빠져 있는 잠을 깨울 만큼 대단하다. 이 발작은 극단적으로 격렬하게 시작한다. 이런 야간 발작을 겪는 사람들은 그것이 시작되는 시점부터 어떤 꿈을 꾸었는지 조금도 기억하지 못한다.

고전적 편두통은 야간에 일어나는 일이 드물고, 일반 편두통은 매우 자주 야간에 일어난다. 나는 아예 밤에만 대부분의 발작을 겪는, 심하게 고통스러워 하는 환자들에 대한 기록을 가지고 있는데, 그 수가 40명이 넘는다. 이런 환자들은 편두통으로 고통스러울 때 꿈을 더 많이 꾸거나 더 선명하게 꾼다고 주장한다. 그런 환자들을 대상으로 실시한 '철야 뇌파검사 연구'는 발작과 관련된 급속운동 수면눈의 양이 뚜렷하게 증가한다는 것을 보여주었다(J. 덱스터 박사, 1968년, 개인적인 서신).

야간 편두통의 분명한 병력은 악몽과 그 뒤에 나타나는 편두통 증상이 자주 연결되는, 악몽을 잘 꾸는 환자들에게서 얻을 수 있다(예를 들어 156쪽 사례75를 보라). 그러나 이런 상황에 대한 해석은 악몽과 편두통이 관련되어 있다는 사실만큼 분명치 않다. 꿈 또는 악몽이 편두

---

3   환자들이 아우라 상태에서 꿈을 꾸거나, 아우라 현상이 꿈의 일부로 들어가 노골적으로 또는 위장된 상태로 아우라를 경험하게 되는 것은 드문 일은 아니다. 그래서 환자들에게 꿈이면서 아우라인 어떤 것을 경험해보았는지 물어보아야 한다. 나는 내 책《나는 침대에서 내 다리를 주웠다》(153~160쪽)에서 이런 개인적인 꿈—아우라에 대해 묘사했고, MD 잡지 1991년 2월호에서 "신경학적인 꿈"이라는 제목으로 이 주제를 종합적으로 다루었다.

통의 원인인지, 악몽이 편두통에 의한 것인지, 아니면 그 꿈이 편두통과 임상적·생리학적으로 유사한 것인지 단언하기 어렵다. 그러나 이런 해석들은 서로 배타적인 관계에 놓여 있지 않다. 우리는 편두통 아우라의 구성 요소로서 꿈꾸는 상태와 섬망 상태 그리고 데이메어의 발생을 설명해주는 여러 개의 병력에 대해 기억하고 있다. 오히려 악몽과 고전적 편두통이 언제나 결합되어 있었던 사례들의 경우, 악몽이 아우라의 중요한 또는 유일한 증상이 아닌지를 의심해볼 수도 있다.

이와 비슷한 논리로, 특이체질인 피험자들의 경우 꿈(특히 악몽)이 편두통을 일으킬 만큼 강렬한 감정적·생리적인 자극이 된다고 생각할 수도 있다. 그러나 지금으로서는 잠자는 동안 발생하는 편두통은 특히 뒤척이며 꿈꾸는 잠과 관련되어 있다는 정도가 전부다.

공명 편두통

우리는 이 항목에서 조금 드물지만 아주 구체적이고 중요한 상황성 편두통의 한 형태를 검토해야 한다. 이것은 일정한 빈도로 반짝이는 빛, 특정한 형태로 패턴화된 시각적 자극, 그리고 시각적 이미지와 기억에 기초해 유도되는 섬광암점에 의해 일어난다.[4]

반짝이는 불빛이라면 그것이 어떤 것이든 같은 주파수로 반짝이는 섬광암점을 곧바로 유도해낼 수 있다. 그 불빛이 형광등이나 텔레비전 브라운관, 영화관의 스크린이나 금속성 표면 등 어디에서 나오든 상관없다. 섬광 촬영장치를 사용해보면, 반짝이는 주파수가 협대역

---

4 시각적으로 패턴화되고 단속적인 자극에 대한 아우라 반응의 멋진 예는 리베잉이 인용한 사례에서 찾을 수 있다. 이 환자는 다른 어떤 상황에서도 증상을 보이지 않았는데, 눈이 내리는 것만 보면 발작을 일으켰다.

narrow band(초당 8~12번의 자극)인 경우에만 섬광암점을 촉발하는 데 효과적이라는 것을 알 수 있다. 또한 동일한 주파수대가 빛에 의한 간대성근경련이나 진성 빛 간질true photo-epilepsy을 촉발하는 데 가장 효과적임을 보여주었다.

이와 같은 빛에 의한 암점을 정확하게 그릴 수 있게 설명해준 환자들이 몇 있었다. 가장 흥미로웠던 사례 가운데 하나는 반짝이는 빛에 반응하는 빛 자극성 간대성근경련과 빛 자극성 간질을 보였던 간호원이 설명해준 것이다.

특정한 패턴을 가진 시각적 이미지도 반짝이는 빛과 같은 자극을 줄 수 있다. 이런 것에 대해서는 리베잉이 여러 번 묘사했다.

피오리 씨는 스스로에게 말했다. (…) 나는 마음만 먹으면 빛나고 진동하는 원을 만들어낼 수 있어. 뚫어지게 쳐다보거나 읽어내기만 하면 돼.

또 줄무늬 벽지나 줄무늬 옷을 보면 발작을 일으키는 환자도 있다. 우리는 이런 현상들과 빛 자극성 간질이나 독서 간질reading- ep-ilepsy 사이에 아주 가까운 유사점이 있다는 것을 인정해야 한다. 예를 들면, 전자의 경우에는 눈앞에서 빠르게 흔들리는 손가락, 또는 출판되어 알려진 한 사례에 따르면 베니션블라인드(끈으로 여닫고 오르내리는 판자발—옮긴이) 앞에서 아래위로 빠르게 움직이는 손가락이 자극적인 운동 패턴이 될 수도 있다.

펜필드와 페로(1963)는 수많은 간질 환자들을 조사한 뒤에 최초로 발작을 일으켰던 상황을 생생하게 시각화함으로써 발작이 심리적으로 촉진된다는 것을 보여주었다. 리베잉도 비슷한 내용을 기록한 적이 있는데, 존 허셜 경은 "순전히 시각적인 이유로 편두통을 겪는 환자였는데 (…) 그는 마음속으로 어떤 모습을 떠올리는 것만으로도 발작이 일어났다"고 했다.

여기서 우리는 다음과 같은 두 가지 사실에 대한 설명을 찾아야 한다. 하나는 암점 반응의 즉시성이고, 또다른 하나는 반짝이는 자극과 주파수가 정확하게 동기화된다는 것이다. 가장 간결한 추론은 그런 현상이 생기는 이유가 신경계 내에서 양적인 동조同調 또는 공명이 일어나기 때문이라는 것이다.[5] 게다가 이런 촉발성 자극은 꼭 시각적이어야 하는 것은 아니다. 공명이라는 낱말이 바로 소리를 생각나게 하지 않는가! 소음에 대한 과민증(소리공포증)은 많은 편두통 환자들에게서 볼 수 있는 아주 흔한 특성이다. 이 경우에도 특정 주파수를 가진 소리가 발작을 일으키거나 심하게 악화시킨다.

우리는 성가시고 시끄러운 환경에서 살고 있다. 그러니 이제 편두통 환자들에게서 소음이 편두통을 촉발하는 사례를 쉽게 찾을 수 있을지도 모른다. 어떤 환자들은 공기 드릴 소리에 즉각적으로 반응한다. 이 드릴이 내는 소리가 편두통을 촉발하는 이유는 강렬할 뿐 아니라 그것이 내는 소음이 반복적이기 때문이다. 이런 지속적인 반복과 강렬함이 더해지면 시끄러운 록 음악의 비트 같은 것이 만들어지는데, 어떤 환자들은 그런 음악 소리 때문에 편두통을 일으키기도 한다. 이는 음악으로 촉발되는 간질과 비슷한 현상이다.

이때 소리의 강렬함이나 혐오스러운 음색이 그 이유가 되는 것은 아니다. 소리를 참을 수 없는 것은 주파수 때문이다. 그것은 임상실

---

5 처음 원고를 쓸 때부터 나는 운이 좋게도 3장(156쪽 사례75)에서 인용했듯이, 자세한 내용이 담긴 사례를 제공받을 수 있었다. 이 사례를 보면, 다른 아우라 증상들과 함께 일어나는 편두통성 지각이상증은 분명 특정한 주파수로 진동하는 촉각 자극에 공명해 촉발된다.

험실에서 뇌파검사를 통해 환자의 뇌파를 관찰함으로써 증명할 수도 있다. 이런 상황에서는 반짝이는 빛이나 시끄러운 소음의 특정 주파수만이 뇌파 패턴을 심하게 어지럽힌다는 사실을 알 수 있다. 처음에는 자극의 주파수와 동조되도록 몰아대고, 그런 다음 대뇌가 심각한 발작적인 반응을 일으키도록 불을 붙이는 것이다.

  이와는 아주 대조적으로, 고운 선율을 가진 즐거운 음악은 뇌파의 항상성과 리드미컬한 상태를 빠르게 회복시켜준다. 임상적으로 그리고 전기적으로 발작적인 반응을 끝낸다. 우리는 나쁜 소리 또는 '반음악anti-music'이 어떻게 병을 그리고 편두통을 유발하는지, 반면에 적절한 음악처럼 좋은 소리는 마음을 안정시키면서 뇌의 건강을 얼마나 빨리 회복시켜주는지를 분명하게 볼 수 있다. 이런 효과는 뚜렷하고 매우 근본적이다. 여기서 노발리스의 아포리즘 하나를 기억해두면 좋겠다. "병은 모두 음악의 문제다. 그러니 모든 병은 음악으로 치료할 수 있다."

  처음에는 "몰아대고" 그다음에 "불을 붙이는"(뇌파검사 용어에서 키워드를 뽑아 사용했다) 것과 비슷한 반응이 촉각에 의한 자극으로 일어날 수 있다. 이런 종류에 관한 좋은 예는 3장에 나오는 사례75(156쪽)에서 찾아볼 수 있다. 이 사례에서는 오토바이의 강렬한 진동이 편두통을 일으켰다.

시야 왜곡에 의해 촉발되는 편두통

  적절한 때에 찾아온 이례적인 리듬과 소란스러움이 편두통 발작을 일으키는 것처럼, 공간적으로 기묘한 균형이나 불균형이 편두통을 촉발하기도 한다. 타고난 관찰자가 기록한 다음의 사례는(169쪽 사례 90) 일부 환자들에게서 볼 수 있는 기묘한 공간적인 민감성이나 취약성을 설명해준다.

　　내 편두통은 가끔 시야 장애와 함께 시작되는데, 이럴 때는 갑자기 덮쳐오는 뜻밖의 뒤틀림과 기묘함이 편두통을 촉발한다. 코트에 단추 하나가 잘못 달려 있다면 코트 전체가 비틀려 보이고, 그것이 내 신경을 긁는다. 코트의 이 뒤틀림은 내 시야를 뒤틀거나 비틀고, 시야의 한 부분이 왜곡되기 시작한다. 그리고 시야의 대부분이 그렇게 될 때까지 확산된다. 가끔은 얼굴이 비대칭적으로 좀 뒤틀려 보이기도 한다. 얼굴이 경련을 일으키거나 찡그리는 것처럼 보이는 것이다. 한번은 어떤 남자의 얼굴 신경이 마비된 것처럼 보이면서 편두통이 시작된 적도 있다. 이런 감각은 대개 순간적이지만, 몇 분이나 지속되는 공간 장애를 일으킬 때도 있다.

　　클리는 기묘한 형태의 "변형시증"이 심각한 편두통 아우라를 일으킨다고 말했다(139쪽의 각주7을 보라). 그런 변형으로는 윤곽의 찌그러짐, 시야에서의 기묘한 자리 배치, 미시증, 거시증 등이 있다. 그러나 그는 사물의 외형이 변형되거나 뜻밖의 형태로 보임으로써 생기는 시각적 아우라에 대해서는 다루지 않았다. 편두통 환자가 예술가라면 사물이 보여야 할 형태와 다른 모습으로 변형되거나, 왜곡되어 보이거나, 생각과 다르게 보이는 것들에 대해 아주 민감할 수 있다. 이것들은 환자를 에셔의 그림처럼 뒤죽박죽으로 이상하게 왜곡되고 기형화된 위상이 광범위하게 나타나는 세계로 끌고 갈 수도 있다. 일단 환자가 이를 인식하게 되면 당황하거나 두려워하는 대신에 창조적인 상상력이 자극되기도 한다. 아마도 에셔가 그랬던 것 같다.

사소한 상황성 편두통

편두통을 일으키는 상황을 모두 목록화하는 일이나, 혹은 나머지 것들을 범주화하는 일은 대단히 어렵다. 여기서는 다음과 같은 주제들을 다룰 것이다. 음식과 소화불량과 관련된 편두통, 내장 특히 변비와 관련된 편두통, 월경 기간과 관련된 편두통, 호르몬과 관련된 편두통, 알레르기와 관련된 편두통이다. 그런 다음 우리는 발작에 수반되는 증상들과 발작 자체의 특정한 측면과 관련된 "교감신경성 편두통"에 대한 짤막한 생각으로 결론에 이를 것이다.

음식, 편두통, 위

환자들 가운데 상당히 많은 비율이 두통이 시작되기 전에, 또는 두통을 겪는 동안 불편함(욕지기나 소화불량)을 느끼면서 그 모든 발작이 '내가 먹은 것' 때문에 일어난다고 생각한다. 이렇게 말하면서 그들은 자기도 모르게 고대의 전통적인 사고방식을 따른다. 이 오래된 생각은 티소의 논문에서 나온 것이다.

> 발작이 임박하면 환자들은 위가 평소처럼 편안하지 않다고들 말한다. 먹는 것을 조심하면 발작이 덜 일어나고, 위장을 부담스럽게 만들면 발작이 더 잦고 심각해진다는 것이다.
>
> 위장장애가 있는 편두통 환자들은 위장 상태가 좋아지는 만큼 편두통도 줄어든다고 느낀다. (…) 거의 언제나 변함없이 위의 내용물을 내보내는 순간 통증도 멈춘다.

관찰에서 얻은 티소의 이 결론에 대해서는 이 장을 마무리할 때 다룰 것이다. 이런 임상 관찰들 가운데 일부 내용이 사실이라는 것은 의심의 여지가 없지만, 문제는 그것에 대한 해석이다. 내장 장애가 편두통이나 두통과 관련된 것일 수는 있지만, 그 원인은 아니다.

이 문제는 끝없는 논쟁의 대상이 될 수 있다(옛날부터 죽 그래왔다). 나는 편두통과 함께 나타나거나 선행되는 어떤 위장장애든 그것을 복잡한 편두통의 필수 요소라고 간주한다. 더 나아가 자신의 편두통이 햄이나 초콜릿을 먹은 뒤에 발작을 일으킬 뿐 다른 어떤 상황에서도 일어나지 않는다고 주장하는 환자의 관찰을 부정할 수는 없지만, 이 경험적인 사실에 대한 해석은 까다로운 것이라고 생각할 수밖에 없다. 나는 편두통이 반드시 특정 음식에 대한 민감성 탓이라고 확신할 수가 없다. 그리고 그 둘의 관련을 조건반사라고 보는 것도 의심스럽다.

중국 식당 증후군과 편두통을 일으키는 다른 음식

이 책의 초판이 나온 이후 지금까지의 경험으로 편두통은 특정 음식에 대한 반응일 수 있다는 것을 알게 되었고, 그에 대한 화학적인 메커니즘을 분명하게 설명할 수 있게 되었다.

비록 중국 식당을 무척 곤혹스럽게 만들긴 했지만, 이제는 '중국 식당 증후군'이라는 말이 널리 쓰이고 있다. 많은 사람들과 높은 비율의 편두통 환자가 중국 음식에 대해 심각한 반응을 보이기도 한다. 가벼운 경우에는 몸이 조금 떨리고, 창백해지며, 꼬르륵 소리가 나면서, 욕지기가 생기는 정도의 불쾌한 느낌뿐이겠지만, 좀 심각한 경우에는 내장과 혈관이 심하게 탈이 나고(전형적인 혈관성 두통을 포함해서), 혼란스러우며 헛소리까지 하는 상태에 이르며, 실제로 기절까지는 하지 않더라도 무척 어지러울 정도로 심각하게 쇠약해질 수도 있다. 이런 반응들은 편두통의 '변경'에서 나타나는 것이며, 2장에서 묘사한 편두통성 반응인 미주신경 발작이나 아질산염양 부작용 등을 닮았다. 그리고 분명히 부교감신경의 반응이나 미주신경긴장성vagotonic의 반응이기도 하다. 편두통 환자들에게는 특히 이런 경향이 있다. 그렇다고 모든 중국 음식이(다행히도 대부분이 그렇지 않다!) 이런 문제를 일으키는 것은 아니다. 중국 음식에 대한 이런 반응은 변덕스럽고 예측할 수 없는 상태에서 일어나기 때문에 실제로 그런 증후군이 있는지 알기까지 꽤 오랜 시간이 필요했다. 병의 원인이 그것임을 알기까지 여러 해가 걸렸고, 그 구체적인 이유가 맛을 내기 위해서 식품첨가물로 널리 쓰이는 글루탐산나트륨MSG 때문이라는 것도 알게 되었다. 그러나 결코 중국 식당에서만 MSG를 쓰는 것은 아니다(MSG는 절대로 '자연스러운 것'이 아니다. 그러나 간장과 같은 양념도 인공적인 첨가물이긴 하다). 그래서 잠재적으로 유독한 다른 많은 첨가물들 사이에서 이해利害관계라는 문제가 불거졌다. MSG는 맛을 내는 데 특히 효과적일 뿐 아니라 대부분의 사람들은 이를 충분히 견딜 수 있기 때문이다. 그러나 MSG는 잠재적인 유독성 물질이라는 인식이 널리 퍼지면서 대략 10년 전쯤에 그런 증후군의 존재를 모를 때보다 사용량이 많이 줄어들었고, 따라서 그 중요도 역시 많이 감수했다.

편두통 환자들은 자신에게 특히 민감한 음식이 있다는 것을 알게 된다. 가장 많이 언급되는 것은 향이 강한 치즈다. 1950년대에는 치즈가 (그리고 여러 다른 음식도) 모노아민 옥시다아제 억제제 형태를 항우울제를 복용하는 환자들에게 사용하는 것은 위험한 일로 간주되었다. 그런 환자들에게 치즈 같은 음식은 위험할 정도로 갑작스럽게 혈압을 상승시킬 수 있고, 또다른 종류의 자율신경 부작용을 일으키기도 한다는 것이었다. 이런 부분적인 이유 때문에 너무 강한 이 항우울제는 훨씬 더 안전하지만 좀 약한 '3환계 항우울제'로 대체되었다. 여기서 병을 일으키는 요인은 여러 종류의 아민인데, 특히 티라민tyramine(아드레날린과 비슷하게 교감신경 흥분 작용을 함―옮긴이)이 그렇다. 아민들은 독성을 가지고 있지는 않지만, 다른 화학물질을 활성화시키거나 다른 물질에 의해 활성화되어서 뇌의 화학적인 통제 시스템을 강하게 교란한다. 이것들은 특히 자율신경 통제와 관련이 있다. MAO 억제제를 복용하는 환자들처럼 편두통 환자들이 이런 음식 때문에 위험한 것은 아니지만, 편두통 환자가 아닌 사람들에 비하면 그 허용 범위가 더 좁기는 하다.

편두통 환자라고 모두가 MSG나 치즈 같은 것에 과민한 것은 아니다. 일부만 그렇다. 그렇다고 해도 언제나 그런 것도 아니다. 이런 특이성과 선택성은 편두통 환자라고 해서 모두 같지 않다는 뜻이다. 예를 들어 서로 다른 하위 집단이 여럿 있을 수 있고, 그들은 뇌에서 일어나는 화학작용이 서로 다르기 때문에 구별될 수 있다. 그래서 어떤 환자는 다른 편두통 환자에게는 별 문제가 없는 음식물이나 약물 때문에 탈이 나기도 한다. 이론적으로뿐만 아니라 실질적으로도 중요한 이런 화학적인 특이성에 대해서는 이 책의 뒤에서 더 깊이 다루게 될 것이다.

내장과 편두통

일부 환자들이 위별 이론을 좋아하는 만큼, 편두통이 창자 때문에 생긴다고 확신하는 환자들이 있다. 이들은 편두통과 내장 장애, 특히 편두통 발작에 앞서 나타나는 변비와 관련지음으로써 결론을 내린다. 이들도 역시 위장장애와 편두통에 대해 오래된 전통적인 신념을 이어받은 후계자들이다. 우리는 다음과 같은 아주 특별한 설득력이 있는 사례를 볼 수 있다.

사례4

어릴 때부터 편두통성 신경통을 앓아온 아주 지적인 28세의 남자 이야기다. 그는 분명히 도덕주의자거나 미신을 믿는 사람은 아니었다. 그는 한 달에 평균 네 번에서 여섯 번의 발작을 겪었다. 결코 군발성으로 발작이 일어나지도 않았지만 가벼웠던 적도 없었다. 이 환자는 발작 이전에 2~3일 정도 변비가 있었다고 강조했다. 변비가 있은 뒤 그 달의 나머지 기간 동안, 그의 내장은 정상적이었고 발작도 일어나지 않았다는 것이다. 나는 편두통성 신경통에 대한 일반적인 치료법을 써보았지만 모두 실패했다. 좀 난감한 상황에서 통상적인 완하제를 처방해보았다. 그랬더니 그는 석 달 동안 변비도 편두통도 없이 지냈는데, 전례가 없는 일이었다.

이 사례를 어떻게 설명할 수 있을까? 변비가 편두통의 필수적인 일부이며, 전구증상이라고? 꽉 찬 내장이 편두통을 일으키는 요인을 만들어낸다고(11장 세로토닌 이론을 보라)? 아니면 조건반사가 시작되었다고? 모두가 그럴듯한 설명이다. 그렇지만 편두통은 여러 가지 상황에 대한 반응이라는 관점에서 보면, 이 말 모두를 합치는 게 가장 그럴듯하다.

월경 기간과 호르몬과 관련된 편두통

우리는 이미 2장에서 월경 기간 동안이면 언제나 생기는 자율신경장애와 감정 장애, 그리고 전체 여성의 10~20퍼센트가 생식주기에 적어도 가끔은 월경성 편두통을 겪는다는 것을 다루었다. 나는 일반 편두통을 가진 500명 정도의 여성 환자를 진료해왔는데, 그 가운데 3분의 1쯤이 다른 발작과 함께 월경성 편두통을 앓고 있다고 짐작한다. 그리고 월경 기간에만 겪는 편두통을 가진 50명이 넘는 환자에 대한 기록도 가지고 있다. 이런 수치와 대조적으로 고전적 편두통이 월경 기간과 연동되는 경우는 아주 적었다. 예를 들어 고전적 편두통을 앓는 50명의 여성 환자들 가운데 겨우 4명만이 월경 기간에 편두통 발작을 경험했다. 그러나 그 기간에만 발작이 있었던 환자는 한 명도 없었다. 여성에게는 편두통성 신경통이 드물다. 발생한다고 해도 월경 주기보다는 그 자체의 리듬을 따르는 것으로 보인다.

여성의 일생에서 다른 시기에 나타나는 편두통의 빈도에 대한 관찰은 고대로부터 이루어져왔고, 의심스러운 경우에는 상당히 일관성 있는 증거를 제공하고 있다. 우리는 월경성 편두통의 빈도를 강조했지만, 발작이 언제나 월경 전에 일어나는 것은 아님을 기억해야 한다. 여성 가운데 상당수의 소수가 월경 기간에, 그리고 월경 뒤에도 발작을 일으킨다. 또 월경성 편두통은 대개 폐경기에 함께 끝나지만, 폐경기 이후에도 같은 주기로 계속 발작을 일으키는 경우도 있다(245쪽 사례74를 보라). 월경성 편두통보다 훨씬 덜 일반적이지만, 독특하게 발생하는 편두통도 있다. 이런 경우에는 월경 주기 중간쯤에 발작이 일어나는데, 아마도 배란과 동시에 나타나는 것으로 추정된다. 월경이 시작되기 전에 일반 편두통이 나타나는 경우는 상대적으로 드물다. 그러나 고전적 편두통의 경우에는 그런 제한이 전혀 없고, 아주 어릴 때부터 자주 나타나는 것으로 기록되어 있다. 임신 기간에는 편두통이 아주 극적일 만큼 완화되기도 한다. 특히 임신 후반기에 또는 마지막 3개월 동안에 그렇다. 일반 편두통을 가진 여성의 80~90퍼센트가 첫 임신 기간 동안에 증상이 완화되는 것을 경험한다. 그다음 임신부터는 그 비율이 줄어든다. 고전적 편두통의 경우에는 이런 증상의 완화가 훨씬 덜 뚜렷하다(그러나 152~153쪽의 사례11을 보라). 임신 후반기에 편두통을 면제받았던 환자들에게는 대개 아이를 낳은 뒤 1~2주일쯤에 아주 지독한 산후 편두통이 찾아온다. 마침내 우리는 중요한 동시대의 문제를 다루게 되었다. 그것은 심각하고 잦은 편두통 발작에 논쟁의 여지가 많은 영향을 미치는 여러 가지 호르몬제, 특히 경구용 피임제에 대한 것이다.

이 주제는 특히 복잡하다. 여성의 생식기능이 보이는 주된 변화는 아주 다양한 수준에서 고려되어야 하기 때문이다. 우선 자궁 등에서 일어나는 국부적인 변화가 있고, 특정 호르몬 변화가 있으며, 아주 일반적인 생리적 변화가 있다. 그리고 마지막으로 중요한 것은 이런 변화에 수반되는 심리적인 문제다. 우리가 조사해야 하는 것들 가운데 어떤 것이 일생 동안의 편두통 패턴에 가장 큰 영향을 미치는 것일까?

고전적인 생리학에서는 월경성 편두통을 히스테리의 일종으로 본다. 그래서 윌리스와 휘트에 따르면, 이런 편두통은 자궁의 국부적인 변화에 의해 생겨나는 것이다. 그리고 이 증상이 기관에서 기관으로 직접적으로, 또는 '교감'해 전달되어 온몸으로 퍼진다는 것이다. "자궁 편두통"이라는 개념은 지난 세기 중반 무렵까지 아주 일반적이었다. 리베잉은 편두통이 국부적인 기원을 가지고 있다는 이런 이론들을 모두 꼼꼼하게 검토했고, 그 모두가 우리에게 알려져 있는 사실을 설명하는 데 적절치 않다는 것을 알고는 이렇게 결론을 내렸다.

그것은 (⋯) 단지 자궁이나 대뇌 또는 (월경) 출혈을 기다리는 일반적인 다혈증 때문이 아니라, 광범위하게 영향을 미치는 신경계의 주기적인 자극 때문이다. 나는 히스테리, 편두통, 간질, 또는 정신이상 증세 등이 발생하는 특정 기간에 신경계의 한 부분에서 일어나는 병적인 증상을 추적해보았다.

그러나 리베잉은 호르몬에 대해서 전혀 몰랐을 뿐 아니라, 신경계의 광범위하고 주기적인 자극을 변화시킬 수 있는 일반적인 생리적 장애나 심리적인 요소가 가진 힘을 과소평가했던 것 같다.

쉽게 짐작할 수 있겠지만, 심각하고 잦은 편두통 발작에 대한 정제한 호르몬제의 효과를 관찰함으로써 다른 결정 요인들과 판이하게 다른 호르몬 작용의 역할을 분석하는 것은 어렵지 않은 일이다. 편두통 패턴에 영향을 미치는 다양한 호르몬 피임제의 효과에 대한 것, 그리고 여러 가지 정제한 호르몬제(안드로겐, 에스트로겐, 황체호르몬제, 생식선 자극 호르몬제 등) 투여의 효과에 대한 것을 주제로 한 문헌은 아주 많다.

이런 문헌이 엄청나게 많다는 사실(이런 주제에 대해 신중하게 반복해서 다루어져왔다는 사실)은 명확한 결론에 도달하는 것이 얼마나 어려운지를 말해준다. 배란기 편두통과 월경 전 편두통은 각각 에스트로겐의 수준이 상승됨으로써, 그리고 순환하는 황체호르몬제가 상대적으로 급격하게 감소됨으로써 촉발된다고 생각했다. 오늘날 경구 피임제와 관련된 자료를 보면, 이런 추측을 확인해주지도 반대하지도 않는다. 어떤 피임제들은 편두통을 악화시키는 것 같고, 어떤 것들은 완화시키는 것으로 보인다. 그리고 또다른 어떤 것들은 편두통 패턴에 아무런 영향을 미치지 못한다. 이처럼 효과가 가지각색이었기 때문에 피임 제제에 사용된 성분들과 편두통을 제대로 관련지을 수가 없었다. 드라마틱한 결과는 편두통 치료에 안드로겐, 에스트로겐, 황체호르몬제, 생식선 자극 호르몬제를 사용함으로써 나타났다. 그러나 이런 연구는 모두 호르몬을 '직접적'으로 사용해본 실험의 결과다. 통제되지 않은 이런 연구에는 언제나 그 악명 높은 애매모호함이 따를 수밖에 없는 데다가, 플라세보효과에 엄청나게 민감한 편두통의 경우에는 더욱 그럴 수밖에 없다(15장을 보라). 이런 연구에 대한 언론의 관심과 증명되지 않았거나 위험할 수도 있는 편두통 치료제로서의 호르몬제에 대한 광고를 개탄하지 않을 수 없다.

단순 정제 호르몬제에 대해 신중하게 통제된 이중맹검법二重盲檢法의 수는 아주 적다. 그런 것 가운데 하나가 최근에 출판된 브래들리Bradley와 그 밖의 저자들의 연구 성과인데, 그 내용은 편두통 환자들에 대한 불소 첨가 황체호르몬제(데미그렌Demigran)의 영향에 관한 것이다. 브래들리와 그 밖의 저자들은 데미그렌이 편두통의 빈도와 심각성에 미치는 어떤 중요한 영향도 찾지 못했다. 다만 월경성 발작의 경우가 예외였는데, 데미그렌을 투여하는 동안 아주 조금 완화되는 것처럼 보였다.

이런 통제된 연구에서 발견된 대단치 않거나 부정적인 결과는 여러 가지 호르몬제에 대한 직접적인 실험을 근거로 제기되었던 화려한 결과에 비하면 무척이나 대조적이다. 이 문제에 대해서는 실험을 통해 좀더 명쾌하게 하루빨리 설명되어야 한다. 그러나 지금으로서는, 현존하는 어떤 호르몬제도 편두통 발생과 관련해서 특별한(플라세보효과를 넘어서는) 치료 효과가 있다는 증거는 전혀 없다.

실제로는 다른 요인들, 특히 환자의 필요나 기대 같은 것이 월경성 편두통을 일으키거나 사라지게 할 뿐 아니라, 임신 기간에 편두통을 완화시키는 데 중요한 역할을 할 수도 있다는 것을 보여주는 사례는 많다. 다음의 사례는 그런 점에서 생각해볼 만하다.

사례31

심한 월경성 편두통을 겪고 있는 32세의 여자 환자 이야기다. 그녀는 가톨릭교도였으며 네 명의 자녀를 두고 있었다. 마지막 아이는 교환 수혈(환자의 피를 채혈하면서 동시에 건강한 피를 수혈하는 것—옮긴이)이 필요했는데, 그것은 아이와 남편의 Rh형이 달랐기 때문이었다. 환자는 더이상 임신하고 싶지 않았지만, 종교적인 신념 때문에 어떤 피임법도 쓰지 않았다. 그녀와 상담을 한 부인과 전문의는 그녀의 "에스트로겐 수치가 비정상적으로 높다"며 그것이 월경성 편두통을 일으킨다고 알려주었다. 그리고 그는 호르몬제인 올소-노붐(올소Ortho 사의 경구 피임약 명칭)을 처방할 것이라고 설명하면서, 이 약이 부수적으로 피임 효과가 있다고 덧붙였다. 그녀에게는 이 약이 순전히 치료를 위한 것이었고, 피임 효과는 부수적인 것이었다. 그래서 이 환자는 양심에 거리낌 없이 이 호르몬제를 복용했다. 그녀의 월경성 편두통은 사라졌고 1년 뒤에도 다시 나타나지 않았다.

이 병력은 간결함 때문이 아니라 애매함 때문에 인용했다. 호르몬제의 효과는 분명하다. 그러나 그 효과에 대한 해석은 전혀 분명하지 않다. 위의 사례는 다음과 같이 해석될 수도 있다. 이 환자는 임신이 두려웠지만, 피임을 할 수는 없었다. 그런데 편두통 치료제를 처방받으면서 그 약에 피임 효과가 있다는 사실을 알고는 정서적으로 안정될 수 있었다. 이것이 그녀의 편두통을 치료하는 데 결정적인 요인으로 작용했을 것이다. 사실 심리 치료에 매우 빠르게 반응하는 월경성 편두통을 많이 볼 수 있다. 심리 치료만으로도 효과가 있다는 것은 호르몬의 영향력이 잘해야 그런 편두통 패턴에 대한 공동 결정 요인일 뿐이라는 것을 말해준다. 또 임신 기간 중에 편두통이 완화되는 것은 호르몬 균형에 대한 변화만큼이나 임신에 대한 환자의 심리나 태도와 관련이 있다는 것을 증명해주는 자료도 많이 있다(예를 들면 294쪽 사례56을 보라).

그러니 우리는 이렇게 결론을 내릴 수밖에 없다. 환자들에게 월경과 폐경 그리고 임신이 편두통 패턴을 결정하는 데 큰 영향을 미치긴 하지만, 작동 메커니즘은 확실하지 않다. 그리고 이는 호르몬 변화가 주는 특별한 영향이라기보다는 공존하는 여러 가지 이유 때문일 것이다.

알레르기와 편두통

편두통 패턴 가운데 많은 비율을 차지하는 알레르기 반응에 대해서는 앞에서 이미 다루었다. 그리고 여러 가지 알레르기를 가진 환자에게서 발생하는 편두통이라면, 그것 역시 알레르기 반응으로 볼 수 있다고 했다(밸리엇과 다른 많은 이들에 의해 제기되었다). 그러나 이런 통계학적인 상관관계는 그 자체로 알레르기와 편두통이 병존한다는 사실 그 이상의 의미는 없다. 그것은 서로 관련된 이 두 개의 현상 사이에 어떤 논리적인 관계도 없다는 뜻이다.

그러나 편두통이 근본적으로 알레르기성일 수 있다는 믿음이 널리 퍼져 있고, 편두통 환자들이 이 의사 저 의사 사이를 떠돌다가 결국 자신을 알레르기 전문의의 처분에 맡기게 되는 경우도 많다. 그렇게 되면 성교한 '민감성'에 대한 검사가 의식처럼 뒤따를 것이고, 이어서 '감동적인' 규칙과 금지 목록을 내놓을 것이다. 먼지와 꽃가루를 피하고, 침대보와 베갯잇을 바꾸고, 고양이를 쫓아내고, 음식에서 맛있는 것들을 모두 제거하는 등의 생활 규칙을 지켜야 하는 것이다. 이 엄숙한 식이요법은 환자를 "둔감하게 만들기 위한" 주사로 자주 보강된다. 이 치료법은 드물지 않게 효과가 있다, 혹은 효과를 보았다고 주장하는 사람이 있다.[6]

---

6   이런 식이요법에는 도덕적인 의미가 강하게 깔려 있다. 그리고 편두통을 치료하는 데 매우 성공적인 방법이라는 것도 사실이다. 건초열을 앓았던 시드니 스미스는 그의 처

그러나 통계적인 상관관계나 마술 같은 치료법, 둘 다 편두통의 이유가 알레르기라는 증거는 아니다. 그래서 호르몬 실험처럼 엄격하게 통제된 기술로 이 문제를 연구할 필요가 있었다. 이는 울프와 다른 연구자들에 의해 연구된 적이 있는데(울프, 1963을 보라), 알레르기성 원인을 가진 편두통은 극단적으로 희귀했다. 전체 편두통 발작 가운데 겨우 1퍼센트 미만이 알레르기 또는 그 메커니즘으로 설명될 수 있을 뿐이었다.

그럼에도 불구하고 편두통과 알레르기 반응이 공존하는 환자들이 많고, 특정 자극적인 상황에 반응하면서 서로 대체되는 경우도 자주 볼 수 있다. 이런 상황에 대해서도 설명이 필요하지만, 지금으로서는 우리가 믿고 있는 것을 말할 수 있을 뿐이다. 편두통과 알레르기 반응은 생물학적인 유사물analogous인데, 그 성질은 근본적으로 다르지만(알레르기 반응은 국부적인 세포의 민감성을 보여주는 것이고, 편두통 반응은 복합적인 대뇌 반응이다) 환자들은 이를 비슷한 방식으로 받아들인다. 다음은 울프가 도달했던 결론의 핵심이다. 그는 이렇게 말했다. "알레르기성 장애와 편두통 두통은 서로 아무런 관계없이 독립적으로 표현된 것으로, 어떤 상황에 적응하기 어렵다는 뜻을 담고 있다."

편두통의 자기영속성

상황성 편두통이라는 주제를 마무리하기 전에, 우리는 두 가지 질문을 하지 않을 수 없다. 이 질문들은 단순해서 바보스러울 정도며, 근본적이고 역설적인 개념을 사용하지 않고는 대답하기 어렵다. 맨 먼

료법이 가진 금욕적인 성격을 강조했다. "나는 온갖 적절한 치료법을 다 동원했다. 그것은 내가 좋아하는 것을 먹지 않고, 내가 하고 싶은 일을 하지 않는 것이다."

저 이렇게 물어야 한다. 편두통은 왜 그렇게 오랫동안 지속되는가? 우리는 바로 앞 장에서 주기적인(특발성) 발작들은 대개 미리 짜인 과정을 거치면 끝난다고 했다. 그러나 상황성 편두통은 저절로 계속되는 경향이 있다. 편두통을 자극했던 상황이 지나간 뒤에도 길게 여러 날 지속되는 경우가 많다. 우리가 물어야 하는 두 번째 질문은 이것이다. '증상 하나가, 또는 편두통의 한 요소가 다른 증상 또는 요소에 직접적으로 영향을 미치는 것이 가능한가?'

책의 맨 앞, "편두통 역사에 대한 간략한 소개"에서 우리는 여러 세기 동안 일반적으로 통용되어온 고대의 교감 이론을 다룬 적이 있다. 과연 우리는 이런 일반적인 이론 틀 속에서 진실의 작은 조각을 건져낼 수 있을까, 만일 그럴 수 있다면, 지금 우리가 던진 이 두 개의 질문에도 답해줄 수 있을까? 이 고대의 이론은 편두통이 말초신경에 기원을 둔 것이라고 가정한다("꽤 멀리 있는 부위나 내장들끼리 자극한다", 윌리스). 그리고 뒤이어 직접적인 방법을 통해 그 증상이 전파된다(교감 또는 공감에 의해). 그래서 티소의 설명처럼, 몸의 한 부분은 다른 부분을 위해 고통받을 수 있다.

편두통의 기반과 메커니즘에 대한 논의를 다 하려면 아직도 갈 길이 멀다. 우리가 꺼내들고 있는 고대의 교감 이론은 편두통의 핵심인 발작의 시작에 대해서는 설명하지 않는다. 그러나 이미 시작된 발작이 지속되는 이유와 개별 증상이 전체 발작에 미치는 영향력에 대해서는 언급하고 있다. 그래서 우리는 구토가 전체 편두통 발작을 재빨리 끝내게 해준다는 것, 단순한 진통제(예를 들면 아스피린)가 편두통 두통을 완화시켜줄 뿐만 아니라 전체 발작을 해소시킨다는 것, (불쾌한 냄새가 욕지기를 심하게 만들 때처럼) 하나의 증상이 악화되면, 전체 발작이 차례대로 악화될 수 있다는 것도 잘 알고 있다.

이런 기본적인 관찰에는 놀라운 의미가 내포되어 있다. 편두통이 자기 자신의 증상에 의해 저절로 지속된다는 것이다. 즉 편두통은 편두통 스스로에 대한 반응이 될 수 있다. 편두통이 어떤 추진력에 의해 시작되고 나면, 그다음부터는 저절로 생기는 내적인 추진력, 즉 양성 피드백 때문에 지속된다. 그래서 전체 반응은 그 순환 고리 안에서 일어난다. 그러나 편두통을 일으켰던 상황이 사라진 뒤에도 길게 지속되며, 적응하기 어려울 정도로 연장된 편두통과 맞닥뜨릴 때에는 다음과 같은 생각을 하지 않을 수 없다. 편두통은 자기영속적이고, 자극과 반응의 도화선이며, 상호작용하는 증상들을 이어주는 통로를 가지고 있다.[7]

국부적인 조직 변화가 개별 증상을 일으켜서 길게 지속시킨다는 것(예를 들어 울프가 증명했던, 두개골 바깥 동맥의 팽창 뒤에 일련의 변화가 일어나는 것)을 보면, 편두통의 경우 이런 자기영속적인 메커니즘은 특히 중요한 역할을 하는지도 모른다. 이러한 증상의 지속성이 전체 발작을 꾸준히 이어가게 만드는 이유가 되는 것이다.

이제 우리는 편두통의 개별 증상이 다른 개별 증상을 일으키고, 그래서 결국 전체 발작을 자극하게 된다는 것을 받아들일 수밖에 없다. 이런 추진력은 중추 반사궁central reflex-arc에 의해 잘 전달될 수 있는 것이지만, 순전히 말초신경 메커니즘의 관점에서도 이해될 수 있다(11장을 보라). 하나의 내장과 다른 내장 사이에, 아니 고대의 이론을

---

7   이렇게 자극과 반응의 여진餘震, 또는 생리적인 반향의 일종인 그들 사이에 유지되는 대립 관계 속에서 저절로 계속되는 증상의 예는 수없이 많다. 익숙한 예는 파킨슨병의 진전(여진餘震)과 강직(대립의 지속) 같은 것이 있다. 이 모든 경우에서 우리는 편두통의 자기영속성처럼 관성과 탄력에 대해 생각해보아야 한다.

현대의 용어를 써서 말하자면, 하나의 자율신경얼기와 다른 자율신경 얼기 사이에 직접적인 작용(교감)이 있다고 가정한다면 그렇다.[8]

결론

우리가 이 장에서 다룬 것은 주기적이고 발작적인 편두통과 근본적으로 다르다. 주기적이고 근본적인 편두통은 신경계에서 힘이 모여 거세지면서 발작을 일으킨다. 이런 종류의 편두통은 '적당한 때가 되면' 발작이 시작되는데, 발작이라는 폭탄의 도화선에 불을 붙이는 역할만 하는, 사소하면서 별것 아닌 자극에 의해 촉발될 때가 많다. 발작은 정해진 과정을 모두 거친 다음 진정된다. 이런 종류의 편두통은 신경계의 주기성과 관련된 특발성인 것으로 보아야 한다. 이와는 대조적으로 상황성 편두통은 특정 자극에 의해서만 유도된다. 발작이 얼마나 오래가는가, 얼마나 심각한가 하는 것은 자극의 강도와 깊은 관련이 있다. 그래서 이런 종류의 편두통은 자극의 등급에 따라 반응의 등급도 정해진다. 편두통을 일으키는 상황은 사소하거나 거슬리지 않는 정도가 아니다. 적어도 잠재적으로라도 신경 활동이 중요한 장애에 부딪히거나 붕괴되기 때문에 일어나는 것이다. 그래서 상황성 편두통은 신경에서 발생하는 사건일 뿐 아니라, 편두통을 촉발하는 상황과 관련된 명확한 기능을 가진 반응들로 보아야 한다.

우리는 특이체질인 개인들에게 편두통 반응을 일으키기 쉬운 두 종류의 자극 형태가 있음을 알고 있다. 과도한 자극이나 과도한 흥

---

8 이런 말초 자율신경의 상호작용에 대해 잘 알려진 예로는 위와 결장의 반사작용이 있다. 위가 가득 차면 그에 대한 반응으로 창자를 비우는 것이다. 이런 일반적인 식후 반사작용은 분명히 중추 메커니즘에 의한 것이 아니라, 위에서 결장으로 직접 신호를 보내는 것이다. 말하자면 두 내장 사이에 이루어지는 교감에 의한 것이다.

분, 그리고 과도한 억제 또는 과도한 슬럼프가 그것이다. 신경계는 눈에 띄지 않는 방법으로 지속적으로 적응하면서 '허락되는' 한도 안(사람마다 아주 많이 다르다)에서 스스로 평형상태와 생체항상성을 유지한다. 그 한계를 넘어서면 갑작스럽고 큰 규모로 적응을 위한 증상을 보이는 방식으로 반응한다.

　　그래서 폭격을 당하는 듯한 감각 자극이나 격렬한 운동, 분노 등의 형태로 나타난 과도한 흥분이 있었다면 그에 상응하는 반응이 길게 뒤따른다. 즉 각성 편두통이라는 반응이 나타나는 경향이 있다. 이와 반대로 임계점을 넘어서는 (탈진, 수동적 움직임에 대한 반응 등의 형태로 나타나는) 과도한 억제는 길어지는 슬럼프 반응, 즉 슬럼프 편두통을 일으키는 경향이 있다. 두 경우 모두 편두통 반응이 가져다줄 보호 기능을 생각해야 한다. 그것은 지나친 소음과 빛, 탈진, 지나친 잠, 과식, 수동적인 운동 등과 같이 참아내기 어려운 특정 상황을 피하라는 일종의 경고다.

　　편두통은 어느 순간을 넘어서면 자신만의 운동성을 가지게 된다. 그리고 신체의 적응이라고 보기에는 지나칠 정도의 수준으로 늘어지게 된다. 그래서 편두통은 생리적인 악순환, 즉 자기 자신에 대한 역설적인 반응을 되풀이한다는 결론을 내리게 된다.

　　우리는 이런 구분법을 적용할 수 없는 또 하나의 상황성 편두통을 다루어야 했다. 그것은 반짝이는 빛이나 암점을 보게 됨으로써 유도되는 고전적 편두통이나 아우라의 발작이다. 우리는 다음을 사실이라고 생각하지 않을 수 없었다. 빛 자극성 간질이나 빛 자극성 간대성근경련의 경우가 그런 것처럼, 선천적인 공명-메커니즘이 이런 편두통의 대사산물의 원재료를 만들어낸다는 것이다.

　　마침내 우리는 이렇게 결론을 내렸다. 반응에 민감한 편두통은 조건을 조절함으로써 쉽게 치료할 수 있으며, 일생 동안 특이체질을 드러나게 만드는 엄청나게 다양한 상황에 이차적으로 관련될 수도 있다. 이렇게 생각하지 않으면 가능한 생리적인 의미를 모두 무시하는 것으로 보이는 상황과 반응이라는 기묘한 결합을 설명할 수가 없다. 이런 상황의 문제를 다룬 마지막 단계는 특이한 상태에 대한 것이었다. 편두통의 발생 정도는 환자가 편두통 발생에 대해 기대하는 정도와 관련되리라는 것이다(이것은 환자에게 종이로 만든 장미를 보여주면 장미열 발작을 일으키는 것처럼, 알레르기 반응이 촉진되는 과정과 비슷하다). 이런 일이 일어난다면 환자는 기대와 증상이라는 순환 고리에 사로잡힐 수도 있다. 말하자면 스스로가 편두통을 일으키는 데 공모하는 셈인 것이다. 이런 이유에 암시의 영향을 받기 쉬운 환자와 이론적인 의사의 관계라는 요인이 더해져서, 편두통 이론이라면 어떤 것이든 그 이론의 증거가 될 수 있는 자료를 환자들이 생산해낼 수도 있다.[9] 원인과 결과가 빠져나올 수 없는 혼란을 일으킬 수 있다는 것이다. 다른 맥락에서 말한 것이지만, 기번Gibbon이 알게 되었던 것처럼, "예측은 언제나 성취를 돕는다."

---

9   히스테리의 역사를 보면 기대와 증상이 결합된 예가 많다. 히스테리에 대한 샤르코 Charcot의 묘사는 그가 묘사했던 증상이 많이 발생했던 이유가 되기도 했다. 그가 죽은 뒤 의학적 예측이 변하자 히스테리의 형태도 변했다.

9장
상황에 따른 편두통

질병을 일으키는 이유에는 근본적으로 다른 두 가지가 있다. 자기 자신
에 의해 발생되는 내적인 이유와 환경에서 생기는 외적인 이유가 그것이
다. 우리는 이것을 잘 알면서도 외적인 이유에만 강하게 집착한다. (…)
그리고 내적인 이유에 대해서는 잊어버린다. 왜 그럴까? 아마 자신의 내
면을 들여다보는 것이 그다지 유쾌한 일은 아니기 때문일 것이다.

— 그로덱

편두통 환자에게서 병력에 대한 이야기를 듣다 보면 어떤 발작
패턴을 가지고 있는지 점점 명확해진다. 물론 환자를 처음 만나서 몇
분 안에 분명히 알아볼 수 있는 경우도 있다. 생활 형태와 상관없이 타
고난 몸의 생리적인 리듬과 관련된 주기적인 편두통을 앓고 있다거나,
또는 앞 장에서 다루었던 편두통을 촉발하는 상황과 관련된 발작을
일으키는 것이 분명해 보이는 경우다. 그러나 그렇지 않은 환자도 많다.
이들은 아무 이유도 없이 나타나 금방 뚜렷해지는 발작을 반복적으로

끊임없이 겪는다. 이런 상습적인 편두통 환자들은 일주일에 다섯 번 정도의 발작을 여러 해 동안 겪고 있는 경우다. 그러니 이들은 편두통 환자들 가운데 가장 심하게 정상적인 생활을 하지 못하는 상태라고 보아야 한다.

이렇게 심하게 편두통에 시달리는 환자들을 만나면, 그들이 발작하도록 '몰아대는' 어떤 만성적인 상태가 있으리라고 추측할 수밖에 없다. 그런 자극은 생리적이거나 정신적일 수 있고, 내인內因성이거나 외인外因성일 수도 있다. 이런 환자들 가운데 적은 수가 편두통에 대한 내인성 생리적 자극으로 고통을 받는 것으로 보인다. 우리는 이런 범주에 드는 환자들을 쉽게 알아볼 수 있다. 이들은 대개 가정환경 때문에 고전적 편두통을 앓는 환자들로, 아주 어린 시절부터 극단적으로 잦은 고전적 편두통이나 편두통 아우라를 겪는다. 이들은 태생적으로 좀 불안정한 대뇌를 가졌거나, 심한 특발성 간질과 비슷하게 과민해 보인다. 이런 환자들은 내 평생의 경험을 통해서도 6명 정도밖에 보지 못했을 정도로 드물다.

대개의 다른 경우처럼 군발성 발작을 일으키지는 않지만, 편두통성 신경통 발작으로 끊임없이 고통받는 환자들 역시 어느 정도 타고난 생리적 메커니즘의 희생자일 수 있다. 이들의 경우는 3차신경통 trigeminal neuralgia으로 인해 경련이 일어나는 것과 비슷한 메커니즘 때문에 발작을 일으킨다고 짐작된다. 또다른 적은 수의 환자들에게서는 어떤 외인성 생리적 자극이 중요한 이유라는 것을 발견할 수 있다(예를 들면 레세핀이나 호르몬 약제, 알코올이나 암페타민의 상습적인 복용, 외부 온도나 조명에 특별히 예민함 등등). 이런 경우라면 치료할 수 있으리라는 행복한 결론을 내리며, 환자 집단에서 제외시킬 수 있다.

의사들이 충분히 귀 기울여 들으면서 위와 같은 가능성들을 생각해보겠지만, 환자들도 다음과 같은 내용을 조금씩 알게 될 것이다. 끊임없이 계속되는 편두통을 가진 환자들 대다수는 생리적인 자극이나 민감성의 희생자가 아니라 이런저런 종류의 악성 정서적 '결속bind' 때문이라는 것, 그리고 그것이 그들의 편두통 배후에 있는 추동력이라는 것을 말이다. 정서적인 스트레스나 반응, 갈등 같은 것은 자주 그 모습을 드러내기 때문에 쉽게 확인할 수 있다. 그래서 그것들과 편두통의 관련성이 환자나 의사 모두에게 분명해지기도 한다. 그러나 환자에 따라서 정서적인 기질이 드러나지 않는 경우도 있다. 그것이 드러나게 하기 위해서는 많은 시간과 노력이 필요하다. 잘 드러나지 않는 정서적인 기질을 드러나게 만드는 것을 치료법으로 선택한다면, 환자와 의사 모두가 정서적인 문제와 통찰력을 시험하는 극단적인 상황까지 각오해야 할지도 모른다.

편두통이 생기는 이유가 정신-신체적 반응 메커니즘 때문이라는 관점에서 생각하는 의사들은 두 가지 방법 가운데 한 가지 방법으로 환자들을 연구해왔다. 첫 번째 연구 방법은 일반적인 의료 행위에서 용납될 수 있는 한도 내에서 환자의 개성과 라이프 스타일을 조사하는 것이다. 이 방법은 두 번째 방법에 비해 환자의 문제를 피상적으로 그리게 되지만, 아주 많은 수의 환자들을 관찰할 수 있다는 이점을 가지고 있다(이런 연구 가운데 고전은 울프가 했던 46명의 환자들에 대한 조사다).

두 번째 연구 방법은 정신분석학적인 방법인데, 시간이 아주 많이 필요하고 특별한 조건인 경우에만 사용할 수 있다. 이 방법을 시행하면 환자에 대해서 아주 깊게 연구할 수 있다. 그러나 아주 적은 수의 환자밖에 관찰할 수 없다는 불리한 점을 가지고 있다(이런 정신분석학적인 연구 가운데 고전은 프롬-라이히만Fromm-Reichmann의 연구다).

이런 두 개의 연구자 집단은 서로 다른 용어를 쓰고 있어서 그들의 결론을 비교하기가 어렵다. 더욱이 이들 각각의 집단은 환자의 정서 상태의 다른 면에 관심을 가지고 있다. 첫 번째 집단의 분석자 개성의 전체적인 모습에, 두 번째 집단의 분석자는 환자의 정신세계에 깊이 숨겨진 무의식적인 상호작용에 관심을 둔다. 그럼에도 불구하고 상습적인 편두통을 일으키는 환자의 유형과 정서적인 태도의 유형에 관한 거의 만장일치에 가까운 의견을 보였다. 울프(1963)는 어떤 선배 연구자들보다도 아주 자세하게 '편두통 성격'이 어떤 모습인지를 그려 보여주었다. 울프에 따르면, 편두통 환자들은 야망이 크고 성공적이며 완벽주의자적인 성향을 가졌으며, 엄격하고 규칙적이며 신중하지만 정서적으로 꽉 막힌 사람이다. 그래서 그들은 가끔 육체적인 형태로 간접적인 폭발과 파괴를 일으킨다는 것이다. 프롬-라이히만(1937) 또한 분명한 결론에 도달했다. 그녀가 보기에 편두통이란 사랑하는 사람에 대한 분노가 무의식적으로 육체적으로 표현되는 것이다.

내 연구 방법은 울프의 방법과 닮았다. 나는 수많은 편두통 환자들과 인터뷰를 했다. 대개(이 장에서 다룬 사례의 환자들을 포함해)의 경우 나는 한 달에 두 번씩 오랜 기간 동안 환자를 만날 수 있었고, 그래서 한 번밖에 보지 않았다면 얻지 못했을 통찰력을 어느 정도 가질 수 있었다. 나는 내 환자들에 대해 긴 시간이 필요한 심층적인 분석 기회를 가지지는 못했는데, 아마 내 기술이 부족해서였을 것이다.

내가 편두통 환자들을 치료하던 초기에는 이 주제를 다룬 문헌의 내용들이 신선하게 다가왔다. 그래서 나는 상습적인 편두통을 가진 환자들에게서 울프가 말하는 전형적인 편두통 성격이나 프롬-라이히만이 말하는 양면의 감정과 억압된 분노라는 미묘한 성질을 찾으려고 애썼다. 그러나 심한 상습적 편두통을 가진 환자들의 병적인 정서 상태는 아주 다양했다. 내가 프로크루스테스♦가 되지 않으려면 그들을 어떤 범주에 넣는 것을 포기해야 했다.

예를 들면 특별한 형태를 가진 만성적인 감정의 요구가 위궤양 환자들 대부분이 보이는 특징이라는 설득력 있는 증거가 있다(알렉산더 Alexander와 프렌치French, 1948을 보라). 그와 비슷한 정신-신체적 장애는 상습적인 편두통 환자의 특징이기도 하다. 그러나 그렇다고 해서 그 관계가 비슷한 경우라고 말하기는 어렵다. 편두통은 무한할 정도로 다양한 정서적인 요구에 봉사하기 위해 불려나온 것처럼 보인다. 편두통은 아주 다양한 형태를 취할 수 있기 때문에 정서의 의미를 다양하게 표현해낼 수 있다. 만일 편두통이 매우 일반적인 정신-신체적 반응이라면, 그것은 편두통이 다목적용이기 때문일 것이다.

사례 연구

사례76

17세 때부터 잦은 일반 편두통과 혼미성stuporous 편두통 유사증상 을 겪어왔던 수녀인 43세 된 여자 환자가 종교 생활에 입문했을 때였다. 1년에 11개월을 수녀원에서 보냈고, 이 기간 동안 한 주마다 두세 번의 편두통 또는 편두통 유사증상 발작으로 고통을 겪었다. 그녀는 매년 한 달 동안 휴가를 떠났는데, 이 기간 동안에는 단 한번의 발작도 일어나지 않았다.

♦ Procrustes. 그리스신화에 나오는 노상강도의 이름이다. 뜻은 '늘이는 자' 또는 '두드려서 펴는 자'다. 지나가는 나그네를 자기 집에 데려가 쇠침대에 눕히고는 침대 길이보다 짧으면 다리를 잡아 늘이고, 길면 잘라버렸다고 한다. 이 신화에서 '프로크루스테스의 침대'와 '프로크루스테스 체계Procrustean method'라는 말이 생겨났다. 자기가 세운 기준에 다른 사람들의 생각을 억지로 맞추려고 하는 아집과 편견을 나타내는 말로 쓰인다.

설명: 이 환자는 참을성이 좀 부족하기 하지만 힘이 넘치고 원만한 성격을 가지고 있으며, 운동과 야외의 맑은 공기, 대화와 연극을 즐기는 활동력이 강한 여성이다. 그런데도 강한 의무감과 이타심이 그녀가 종교 생활을 하도록 만들었다. 밀실공포증을 일으킬 만한 조건을 가진 수녀원 생활, 신체적·사회적 활동 기회의 부족, 그리고 무엇보다 솔직한 감정 표현에 대한 통제와 같은 것들이 이 환자를 신체적으로 표현하도록 몰아세운 주요 요인이었던 것 같다. 짜증, 화, 토라짐 등은 수녀원에서 허락되지 않지만, 편두통은 그렇지 않았다. 이런 속박과 방해물들에서 해방되자, 그녀에게 발작을 일으킬 이유 역시 곧바로 사라져버린 것이다.

사례78

일반 편두통 발작을 한 주에 세 번씩 겪는 55세 된 여자 이야기다. 그녀는 사생활에 대해 질문을 받았을 때, 자신이 남편에 대해 끝없이 걱정하고 있다는 사실을 인정했다. 남편은 당뇨병 환자였는데, 무서운 인슐린 반응이 자주 일어나곤 했다.

그녀의 남편은 강한 가학피학성변태성욕(동일한 사람이 사디즘과 마조히즘을 동시에 지님―옮긴이)을 가진 우울증 환자였는데, 따로 인터뷰를 해보니 이렇게 말했다. 그는 인슐린을 얼마나 맞아야 하는지 자신만의 '짐작'에 의존하고, 혈당 검사를 위해 소변 검사를 받을 "필요는 없다"고 느끼는 사람이었다. 좀 힘들긴 했지만 그를 설득했고, 이후 그는 만족스러운 치료를 받았다. 그리고 곧바로 더이상 인슐린 반응을 겪지 않았다. 그러자 그의 아내에게도 역시 편두통이 일어나지 않았고, 그 뒤 여섯 달 동안 단지 두 번의 발작이 있었을 뿐이다.

설명: 이 환자는 남편의 병에 매여 만성적인 걱정 상태에서 살아가고 있었다. 질병의 반복 패턴을 보면, 그녀는 자신의 편두통 발작을 통해 '남편의 고통을 함께' 느끼고 싶었던 것이라고 해석할 수도 있다. 남편이 병에서 놓여남과 동시에 그녀의 걱정 수준이 곧바로 낮아졌고, 상습적이던 편두통도 가끔 발생하게 되었다.

사례79

아주 영특하며 까다롭고 '어렵지만' 무척이나 사랑하는, 청소년기의 아이를 셋이나 가진 46세의 여자 이야기다. 이 환자의 경우 아이들이 어렸을 때는 아주 가끔 편두통을 겪었지만, 아이들이 질풍노도의 시기인 사춘기에 들어서면서부터는 한 주에 두 번 이상 발작을 일으켰다. 어머니로서의 사랑과 걱정이 과민성 폭탄으로 변했던 것이다. 사랑하지만 대하기 어려운 그녀의 아이들은 여름이 되면 언제나 청소년 캠프로 떠났고, 그 석 달 동안은 그녀 역시 걱정과 과민함 그리고 편두통에서 해방되었다.

설명: 많은 부모들에게 일반적인 이 상황은 특히 어머니들에게 나타난다. 내가 보기에 이런 경우가 프롬-라이히만 이론을 설명해주는 최고의 사례인 것 같다.

사례80

아주 자주, 그리고 가끔은 거의 연달아 편두통 발작을 일으키는 42세된 여자 이야기다. 그녀는 깨어 있는 시간의 반, 그리고 잠자는 시간의 3분의 1을 고통을 받으며 지낸다고 호소했다.

사생활에 대해서 질문을 받았을 때 그녀는 미소 짓더니 그 표정을 유지하면서 모든 것이 "아름답고", 남편은 "완벽한 신사"이며, 아이들은 "사랑스럽다"고 말했다. 그리고 어떤 종류의 문제를 제기해도 강하게 부인했다. 그녀는 이렇게 말하고 싶어 했다. "내 생활은 구름 한 점 없는 하늘 같아요. 정말 이 짜증스러운 편두통만 아니라면 불평할 일이 조금도 없답니다."

여러 달이 지난 뒤 이 가족의 다른 구성원을 만났는데, 그때 그 환자에게 수많은 문제가 있다는 것이 밝혀졌다. 그 가족은 빚이 많았고 저당을 잡히고 대출받은 액수가 컸으며, 남편은 발기부전이었고, 제일 큰아이는 학교에서 퇴학을 당한 비행 청소년이었다.

설명: 바로 앞의 경우와 어느 정도 유사한 상황을 여기서 보게 된다. 그러나 모두가 더 심각하고 병적이다. 환자는 히스테릭하게 모든 나쁜 감정을 억압하고 부인하면서 자신의 실제 상황과 완전히 모순되는 의식적인 태도를 유지하고 있다. 그녀는 실제로 두 개의 자아로 '쪼개져' 있었다. 그녀의 한 부분은 부인否認과 허세로 이루어져 있었고, 다른 하나는 분열되어 스스로에게 질병을 안겨주고 있었다. 그러니 계속해서 고통스러울 수밖에 없었던 것이다.

사례81

아우슈비츠 수용소에 수감되었던 55세의 남자 이야기다. 그가 7세 때부터 아우슈비츠에 감금될 때까지는 한 달에 한 번 정도 고전적 편두통 발작을 겪었다. 집단 수용소에서 6년 동안 있었는데 그 기간에 그의 아내, 부모, 다른 모든 친척들이 죽임을 당했다. 그러나 편두통 발작은 한번도 없었다. 그는 1945년 연합군에 의해 해방되었고, 이듬해 미국으로 이주했다.

이때부터 그는 만성적으로 우울했고 죄의식에 시달렸다. 자신이 구할 수도 있었다고 느껴지는 친척들 모두의 죽음에 집착했다. 그리고 단속적으로 정신이상 증상을 보였다. 이 기간 동안 그는 달마다 여섯 번에서 열 번의 발작을 경험했는데, 그 발작은 치료하기 난감할 정도였으며 너무나 심한 통증을 동반했다.

그는 또 심한 사고뭉치였다. 내가 그를 보았던 2년 동안 그는 콜리스Colles 골절(넘어질 때 손으로 몸을 지탱하게 되는데, 그때 생기기 쉬운 골절—옮긴이)과 한쪽 발목의 골절성 탈구, 그리고 머리에 부상을 입기도 했다. 이런 부상을 입을 때마다 편두통은 여러 주 동안 발작을 일으키지 않았다. 그가 우울증으로 입원해서 지낸 20년 동안 이 세 가지 경우에만 편두통에서 놓여났다는 사실은 흥미롭다.

설명: 이 비극적인 사례는 여러 가지 점에서 흥미롭다. 집단 수용소 시절에 편두통이 발작을 일으키지 않았다는 것은 다른 여러 환자들이 내게 말해준 그대로다. 그런 상황에서는 대개 정신-신체적 질병이나 확실한 정신병이 극단적으로 드물다. 아마도 그 상황에 적응하는 것만으로도 너무나 벅차기 때문일 것이다. 이 시기 이후에 그는 자책감에 시달리면서 심하게 우울해졌고, 스스로에게 벌을 주고 싶은 마음이 끊임없이 생겨났을 것이다.

편두통은 가학적으로 괴롭히고 피학적으로 고통받게 만듦으로써 이런 감정을 만족시키고 동시에 강화시키기도 했을 것이다. 가끔 일어나는 '사고'도 비슷한 역할을 했다. 그러니 그동안에는 편두통이 필요 없었다. 그가 심한 정신병에 이를 만큼 우울증이 심했을 때, 그리고 자신이 지옥 같은 곳에 있는 것이 당연하다고 느꼈을 때, 그의 착각과 망상 역시 비슷하게 편두통을 상대적으로 별것 아닌 것으로 취급했다.

사례56

심한 일반 편두통 발작을 어린 시절부터 한 달에 두세 번씩 겪어온 43
세의 여자 이야기다. 그녀는 자신이 발작으로부터 놓여났던 시기는 세
경우뿐이었다고 기억한다. 심한 병(아급성인 박테리아성 심장내막염)을
앓아서 넉 달 동안 병원에 입원했던 기간과 세 번의 임신 기간이었는데,
이때 여섯 달 이상 한번도 편두통 발작이 일어나지 않았다(그러나 원하
지 않은 네 번째 임신을 했을 때는 드라마틱할 만큼 대조적이었다. 아홉 달 내
내 편두통 발작이 계속되었을 뿐 아니라 평소보다 훨씬 심한 발작을 겪었다).
마지막 경우는 그녀가 무척이나 사랑했던 아버지의 죽음으로 슬픔에
빠져 있던 넉 달 동안이었다.

설명: 이것은 사례81과 반대인 경우의 이야기다. 일생 동안 편
두통에서 자유로웠던 특정 상황을 보여주면서 앞의 사례들을 보완한
다. 임신 기간에 편두통에서 자유로웠던 것은 아주 일반적인 경험인데,
이는 임신 기간 중의 생리적 또는 호르몬 변화 때문이라고 본다(8장과
10장을 보라). 그러나 이 사례는 심리적인 요인들도 고려되어야 한다는
것을 말해준다. 네 번의 임신이 있었는데 마지막은 생리적으로는 비슷
한 상황이었겠지만, 환자가 바라지 않았던 독특한 상황이었다. 심한 질
병을 앓는 동안에도 편두통(그리고 많은 다른 정신-신체적 증상)에서 놓여
나는 경우가 많다. 우리는 다음과 같은 것에 관심을 가져야 한다. 상시
적인 여러 가지 스트레스에서 놓여나는 것도 중요하겠지만, 그와 함께
의사의 치료와 사회적인 지지, 공감 같은 것들이 아마도 질병 그 자체
가 아니라 질병을 일으키는 요인들에서 환자를 '해방시켜줄' 수도 있지

않을까 하는 것이다. 사회적인 지지와 공감을 받는 감정의 자유로운 표현인 죽음에 대한 애도는 환자를 편두통과 그 비슷한 증상들에서 구해주기도 한다. 애도의 감정은 이런 증상들을 악화시키는 경향이 있는 우울증적인 반응과 구별된다.

사례82

심한 편두통을 앓고 있었던 40세 된 여자 이야기다. 그녀는 처음부터 남편과 함께였는데, 남편은 아내의 병력을 설명해줄 책임을 떠맡고 있는 것처럼 보였다. 그는 자신을 "파견된 과학팀"이라고 합리화했지만, 분명히 가학적인 즐거움을 누리고 있었다. 통계학자인 그는 아내가 지난 4년 동안 발작을 일으켰던 날짜들과 아내의 월경 기간을 비교했고, 그녀의 식사에 대한 변덕이나 날씨 변화 등에 대해 무척 길게 설명했다. 그는 이 모든 요인들에 대한 상관계수를 계산했으며, 아내를 보살피는 데 많은 시간을 쓰고 있음이 분명했다. 그는 아내의 의사 역할을 했고, 각각의 발작에 대해 필요한 약까지 정해둔 상태였다. 이들 부부는 에고타민과 페티닌pethidine(데머롤Demerol은 페티딘 약제의 상표 이름이다—옮긴이) 주사의 필요성을 강조했다.

설명: 이 사례는 본질적으로 공생적·파괴적으로 서로에게 의존하는 두 사람 사이에서 나타나는 하나의 감응성 정신병folie à deux(가족 등 밀접한 관계에 있는 두 사람이 동일하거나 유사한 정신장애를 가지는 것—옮긴이)에 대한 이야기다. 그들의 결혼에서 성적인 측면은 분명히 오래전에 허물어져서, 환자의 편두통 주변을 맴도는 가학-피학성변태성욕적인 친밀감으로 대체되었을 것이다.

사례84

지긋지긋하게 싫어하는 삼촌 밑에서 몇 년 동안이나 일했던 44세의 남자 이야기다. 그 직장은 작업환경도 좋지 않았을 뿐 아니라, 늘 삼촌의 비꼬는 말을 들어야 했다. 그러나 비슷한 일을 하는 다른 곳보다 상당히 많은 월급을 받았다. 이것이 그로 하여금 '다른' 일자리를 찾지 않게 만들었다. 그는 계속되는 트림과 잦은 편두통으로 고통스러워했고, 일하는 기간 동안 매주 두세 번의 발작을 겪었다. 그러나 연중 휴가인 한 달 동안에는 발작이 없었다.

설명: 이 환자는 모욕적인 작업 조선을 금전적인 보상으로 받아들이고는 딜레마에 빠져 있었다. 심하게 불만스러운 상황이었으나 작업 조건을 개선할 수도, 다른 일거리를 찾아볼 수도 없다고 생각했다. 겉으로 보기에는 아무 말 없이 순종했지만, 그는 계속되는 트림이나 편두통과 같은 생리적인 언어로 자신의 분노를 표출했다.

사례55

한때는 간절히 성직자가 되고 싶었지만 그 열정을 포기할 수밖에 없었던 42세 된 남자 이야기다. 그는 함께 살고 있는 지배적인 어머니에게 피학적으로 얽매여 있었는데, 즐거움 없이 불평만 하면서 살았다. 1년에 일고여덟 번쯤 참을 수 없는 욕망이 죄의식을 짓밟고 곧추서곤 했는데, 그럴 때면 성적인 접촉을 위해 집을 빠져나갔다. 그가 오르가슴을 느끼게 되면 5분도 채 지나지 않아 끔찍한 편두통이 시작되었고, 그 뒤 사흘 동안 그를 괴롭혔다.

설명: 죄책감에 시달리는 이 가톨릭교도는 성행위에 대해서 병

적인 공포를 느꼈다. 성행위는 심하게 벌을 받아 마땅한 죄라고 생각했기 때문이다. 편두통은 사흘 동안의 두통이라는 벌을 주면서 그가 참회할 수 있도록 했던 것이다. 그런 뒤에 그는 생리적이고 도덕적인 평형 상태를 회복했다.

사례62

2장에서 간단하게 묘사했던 증상을 가진 55세 된 여자 이야기다. 그녀는 미혼이었으며 외동딸이었다. 부모는 언제나 요구가 많고 소유욕이 강했는데, 연로하고 건강이 좋지 않았다. 그녀는 가계를 돌보기 위해서 어쩔 수 없이 두 개의 직업을 가지고 하루에 14시간씩 일했다. 그녀에게는 친구도 사회생활도 없었으며, 성적인 경험도 전혀 없었다. 그녀는 부모를 부양하는 것, 그리고 일하지 않을 때는 부모와 함께 지내는 것이 자신의 '의무'라고 여겼다.

그녀도 독립하려고 어설프게 시도한 적이 있다. 그러나 처음에는 부모의 방해로, 두 번째는 나가서 혼자가 된다면 그녀 자신이 죄의식 때문에 불편해질 것이라는 생각 때문에 좌절되었다. 지난 10년 동안 이 문제를 해결하기 위해 선택할 수 있는 것은 모두 사라졌다. 왜냐하면 그녀는 편두통과 궤양성 대장염, 건선 등을 심하게 앓았기 때문이다. 이것들은 한꺼번에 발생하지는 않았지만 끝없이 순환하며 나타났다.

설명: 이 애처로운 사례는 삶을 희생한 이야기다. 견디기 어려운 가정 현실, 신경증적인 갈등, 정신-신체적 증상군이라는 같은 무게를 가진 세 가지 이유가 이 환자를 병들게 했다.

사례83

35세 된 기술자 이야기다. 이 환자는 아주 성공적인 '사고 집단'을 설립하고 지휘해왔다. 이 집단은 산업계와 정부가 많은 관심을 가지고 있는 컴퓨터와 수학 분야의 연구를 제공했다. 전도양양하고 지칠 줄 모르는 야망을 가진 이 환자는 자신과 직원들을 무자비하게 극단으로 몰아붙였다.

그는 밤낮 없이, 토요일에도 쉬지 않고 일했다. 그는 자신에게 어떤 취미도, 어떤 사회생활도, 아이도 허락하지 않았다. 그는 일요일 아침마다 심한 편두통으로 잠에서 깨곤 했다. 처음에는 두통이 심했지만 억지로 일하러 갔다. 그러나 지난 2년 동안에는 발작이 욕지기와 구토를 동반했고, 그런 날은 정상적인 생활을 할 수 없게 만들었다.

설명: 여기서 우리는 지나치게 큰 '추진력'을 가진 환자를 볼 수 있다. 그는 인간으로서 가능하다면, 일주일 내내 168시간 동안이라도 일만 하려 든다. 그러나 그것은 인간으로서 불가능한 일이다. 그의 인간적인 한계는 정기적인 일요일 편두통으로 강화되었다. 일요일 편두통이 생리적인 안식일 역할을 한 것이다. 이 환자는 위의 사례 시리즈에서 유일하게 '편두통 성격'을 가지고 있다.

결론

우리는 끊임없이 지속되는 극심한 편두통을 자주 경험하는 환자들 대부분이 특정 상황과 관련되어 있다는 확실한 증거를 찾을 수 없었다. 그래서 이런 환자들은 견딜 수 없을 만큼 괴롭고 공포스럽기까지 한 어떤 생활상에 반응하는 것이라고 결론을 내렸다. 우리는 이런 환자들에게 정서적으로 강한 스트레스와 요구가 있음을 관찰하거나 짐작할 수 있으며, 그것들이 정기적으로 발작을 일으킨다는 것을 알 수 있다. 이런 종류의 편두통을 지칭할 때 '정신-신체적 질병'이라는 용어를 쓰는 것은 당연하다. 이런 질병은 "뚜렷한 절망과 은밀한 위로"(보르헤스의 멋진 말이다)를 보인다. 한 사례에서 우리는 편두통과 신체적인 위로가 서로 번갈아드는 것을 기억하고 있다. 그리고 편두통과 반복되는 소소한 바이러스성 질병(감기, 상부호흡기감염, 헤르페스 등)이 서로 번갈아들거나 대체된다는 것을 증명해주는 많은 증거를 내놓을 수도 있다. 또 알레르기 증상과도 그런 일이 생기는데, 이 역시 분명히 정서의 효율을 위해 비슷한 역할을 할 것이다.

우리는 정서적인 스트레스와 많은 다른 종류의 고통을 표현하기 위해 편두통이 채택되었을 것이라고 믿고 있다. 그리고 모든 환자들을 강박적인 '편두통 성격'의 전형으로 몰아가거나, 모두를 만성적으로 억압된 분노와 적개심을 가진 것으로 볼 수는 없다는 믿음을 가지고 있다. 상습적인 편두통을 가진 모든 환자들이 '신경증' 환자라고 주장해서도 안 된다(신경증이 인간의 보편적인 조건이라고 한다면 그렇지 않겠지만). 왜냐하면 많은 경우에(13장에서 충분히 논의할 문제다) 편두통은 신경증적인 절망과 위로가 서로 번갈아드는 신경증적인 구조로 대체될 수 있기 때문이다.

3부
~~~~~~~~~~~~~~~~~~~
편두통의 기반

3부를 시작하며

　지금까지 우리는 편두통의 온갖 형태와 편두통을 일으킬 수 있는 조건에 대해서 알아보았다. 이런 정보의 대부분은 1세기 전에 살았던 리베잉이나 가워스, 허글링스 잭슨도 알고 있었다. 이 의사들은 이런 정보를 통해 편두통의 성질만이 아니라 대뇌 작용의 구성에 대해서도 놀라운 통찰력을 얻을 수 있었다. 특히 리베잉이 그랬다.

　임상 자료를 모으고 사용하는 이 고전적인 방법은 개량된 실험적인 방법으로 대체되었다. 실험은 어떤 것을 단순화시켜서 분석한다. 실험은 동일한 상황을 만들면서 관찰하기 위해 선택한 한 가지 문제를 제외한 다른 모든 변수를 제외시키는 방법이다. 이런 방법으로 편두통을 설명하려고 하면 다른 많은 분야에서 그런 것보다 훨씬 더 실패하기 쉽다. 그럼에도 불구하고 꽤 드라마틱한 기술적인 난관을 돌파한 덕분에, 편두통을 일으키는 이유는 언제라도 정리될 것이라는 일반적인 기대가 여전히 존재한다.

　편두통을 일으키는 병인病因 하나를 콕 찍어서 밝혀보겠다는 열정을 가졌던 많은 연구자들은 자신이 가진 자료를 바탕으로 불합리한 결론을 내리곤 했다. 예를 들면 다음과 같은 것들이다. 편두통은 미소순환계 장애 때문에 생긴다(시쿠테리Sicuteri). 편두통은 뇌의 전략 지역의 산소 부족으로 생긴다(울프). 편두통은 혈액 세로토닌(포유동물의 혈액·뇌 속에 있는 혈관 수축 물질) 장애 때문에 생긴다. 등등.

단일 요인성 요소, 이를테면 요소 X를 찾아낼 수 있으려면 연구대상이 고정된 형태와 고정된 결정 요인을 가지고 있다는 것이 전제되어야 한다. 그러나 그동안 우리가 살펴보았듯이, 편두통의 가장 중요한 특징은 다양한 형태와 다양한 발생 상황에서 찾을 수 있다. 비록 편두통의 한 종류가 요소 X와 관련된다고 하더라도, 명백한 근거를 가진 다른 요소 Y와 관련된 다른 종류의 편두통이 있다. 그러므로 모든 편두통 발작이 동일한 한 가지 병인을 가진다는 것은 불가능해 보인다.

이제 우리는 훨씬 더 근본적인 문제를 다루려고 한다. 그것은 편두통을 신경계에서 아무 이유도 없이 저절로 발생하는 질병으로 볼 수 없을 뿐 아니라, 편두통 발작을 그 이유와 결과에서 따로 떼어내어 생각할 수 없기 때문이다. 생리학적인 설명만으로는 우리에게 편두통의 원인, 또는 반응으로서의 그 중요성, 또는 행위의 종류를 알려줄 수가 없다.

논리적인 혼란은 바로 다음과 같은 질문 속에 함축적으로 드러난다. 편두통의 원인은 무엇인가? 이는 하나의 설명 또는 한 종류의 설명이 아니라, 하나하나가 논리적으로 해명되는 여러 종류의 설명을 요구한다. 그런 다음 우리는 또 두 가지의 질문을 할 수밖에 없다. 편두통은 왜 그런 형태를 띠는가? 편두통이 왜 그 시점에 일어나는가? 이 두 가지 질문은 하나로 묶을 수 없다. 이것은 리베잉이 그 시대의 여러 가지 혈관 이론을 다룬 뒤에 매우 분명하게 깨달았던 것이다. 그는 이렇게 보았다.

어느 누구도 신경중추에 충혈 또는 빈혈이 생성되기 위해 재채기나 웃음, 구토 또는 공포스러움 같은 것이 꼭 있어야 할 전구증상이라고 생각하지 않을 것이다. 혹은 그 누구도 이런 가설이 편두통을 이해하는 데 도움이 될 것이라고 생각하지 않을 것이다.

이것들은 모두가 무엇인가에 대한 반응이기 때문에 그 무엇인가를 따져보지 않고는 설명될 수 없다. 편두통도 마찬가지다. 모든 편두통이 그렇다. 외부 상황과 뚜렷한 관련 없이 주기적으로 일어나는 편두통들도 마찬가지다. 왜냐하면 이런 것들도 어떤 내면적인 상황 또는 몸의 주기와 관련된 것으로 보이기 때문이다. 더욱이 편두통은 단순하게 생리적인 과정이 아니다. 환자에게는 한 묶음의 증상이다. 그래서 경험주의적인 용어로 설명할 필요가 있다.

편두통을 설명하기 위해서 우리는 세 개의 담론 영역과 세 묶음의 용어가 필요하다. 첫 번째로, 우리는 편두통을 신경계의 작용 또는 신경계의 병으로 설명해야 한다. 그리고 이때 쓰이는 용어는 신경생리학적인(우리가 사용할 수 있는 용어들 가운데 가장 신경생리학적인) 것이 될 것이다. 두 번째로, 우리는 편두통을 반응이라고 설명해야 한다. 이를 설명할 때는 반사학♦과 행동주의 용어를 사용할 것이다. 세 번째로, 우리는 편두통을 경험의 세계로 끌고들어가 설명해야 한다. 편두통 증상은

♦　reflexology. 반사학은 운동신경계의 조건반사인 운동연합반사를 기초로 고등한 정신활동을 객관적으로 설명하는 것이다. 이 이론은 미국의 행동주의 심리학의 연구방법에 실질적인 영향을 주었다(한국과학창의재단 과학용어사전 참조).

특정한 정서적인 의미 또는 상징적인 의미를 가지고 있다. 이를 설명하기 위해서는 심리학 용어나 실존주의적인 용어가 쓰일 것이다.

편두통을 과정으로, 반응으로, 그리고 경험으로 동시에 고려하지 않고서 그 성질을 제대로 설명하기란 불가능하다. 이런 방식으로 생각해보면, 정신생리학적인 병을 정신병으로 이해해서는 안 된다는 것을 알 수 있다. 이것 역시 이 세 가지 수준에서 설명되어야 한다. 정신병은 모두 아민amine의 신진대사장애(또는 터락세언taraxein◆, 또는 비타민 결핍 등) '때문'이라고 주장하는 것은 편두통이 일어나는 이유를 그런 식으로 설명하는 것과 마찬가지로 명백히 잘못된 것일 뿐 아니라, 아무 의미도 없다. 예를 들어 긴장증적인 정신병을 신경생리학적인 관점에서 정확하게 설명할 수 있다고 하더라도, 그것이 이 병의 이유나 증상에 대해서 말해주는 것은 아니다. 자연발생적인 정신병들은 대개 무엇인가에 대한 것이고 무엇인가에 대한 반응인데, 그런 정서적인 내용과 이유를 물질적인 용어로는 담아낼 수가 없다.

10장과 11장에서는 편두통의 생리적인 기반에 대해 집중할 것이다. 먼저 편두통의 메커니즘에 관한 현대의 실험 증거와 이론에 대해서 다루고(10장), 그다음에 임상적이고 실험적인 증거에 바탕을 둔 편두통 구조에 대한 일반적인 논의가 이어질 것이다. 12장과 13장은 편두통의 전략적인 측면과 관련된 것인데 처음에는 행동주의 용어로, 그다음에는 정신역학적인 용어를 사용해서 설명할 것이다.

◆　원래 정신분열증 환자의 피에서 분리해냈다고 알려진 물질이다. 정신분열증적인 행동을 일으킨다고는 하지만, 그 결과를 재현해보려고 했던 훗날의 연구자들에 의해 화학적으로 특징지어지거나 확인되지는 않았다(웹스터 온라인 의학사전 참조).

10장
편두통의 생리적 메커니즘

역사를 이해하지 못하는 사람들은 그것을 되풀이하는 형벌을 받는다.

— 산타야나Santayana

역사적인 소개

리베잉은 자신의 걸작에서 무척이나 독창적인 생각을 설명하기에 앞서, 그 시대에 이미 존재하고 있던 수많은 편두통 이론을 검토하는 데 저작물의 5분의 1이나 되는 분량을 할애했다. 우리는 리베잉에 의해 잘 다져진 이러한 근거를 어느 정도 되짚어보아야 한다. 그것은 아무 의미도 없는 과거에 대한 숭배가 아니다. 오늘날 존재하는 대부분의 이론들이 리베잉이 살았던 시대에도 유통되었고, 그 이론들에 대한 그의 논평은 오늘날에도 타당하기 때문이다. 그러므로 그 시대에 있었던 이론들에 대한 리베잉의 자세한 설명과 비판을 따라가보는 일은 중요하다. 그런 다음 리베잉의 '신경계 폭풍' 이론을 다루면서, 그의 이론이 오늘날의 비판을 견딜 수 있는지 확인해보는 것만큼 좋은 방법은 없을 것이다. 리베잉은 다음과 같은 것들을 다루었다.

    a. 담즙과다의 원칙

    b. 교감과 편심Eccentric 이론

    c. 혈관 이론

      1. 대뇌 동맥 충혈

      2. 수동적 대뇌 정맥 충혈

      3. 혈관운동신경Vasomotor 가설

    d. 신경계 폭풍 이론

체액과 편심Humoral and Eccentric 이론들은 아직도 수많은 편두통 환자들에 의해 은밀한 형태로 유지되고 있기는 하지만, 주로 역사적인 의미에서 중요하다. 그래서 이 책의 맨 앞부분에서 편두통의 역사를 소개할 때 이미 다루었다.

뇌 다혈증 이론은 중세에 유명했고, 윌리스의 시대(17세기)에도 편두통 치료를 위해 가장 많이 쓰였던 방법은 사혈이었다. 혈관운동신경(혈관을 수축시키고 확장시키는 운동신경—옮긴이) 가설은 동맥들의 신경감응과 수축이 증명되자마자 곧바로 나타나 중기 빅토리아시대를 풍미했고, 오늘날까지 지배적인 생각으로 남아 있다.

뒤부아레이몽은 편두통 두통이 교감신경이 일으킨 동맥의 경련 때문에 생기는 것이라고 생각했다. "(근육의) 강직성 경련은 두통을 느끼는 머리 반쪽의 혈관 근층에서 일어난다. 다른 말로 하면 목 부분에 있는 교감신경계가 지배하는 영역 내 혈관의 강직성 경련이다." 그러나 묄렌도르프의 이론은 이와 반대다. "목동맥을 관장하는 혈관운동신경 한쪽이 힘을 잃게 되면 뇌로 가는 동맥과 동맥의 혈액 흐름이 이완되기 시작한다." 이는 그가 동물실험에서 한쪽 교감신경절을 잘랐을 때 보인 현상과 비교한 것이다. 레이섬Latham의 이론은 편두통에 앞서 일어나는 이 두 가지의 효과를 합한 것이다.

교감신경이 흥분하면 무엇보다 먼저 뇌의 혈관이 수축되어 혈액 공급이 감소한다. 이런 흥분 뒤에 교감신경이 탈진하게 되면 혈관이 팽창하고 두통이 생긴다.

뒤부아레이몽과 묄렌도르프는 단지 편두통 두통의 직접적인 메커니즘을 설명하려고 했을 뿐이다. 레이섬은 그의 혈관운동신경 이론을 확장해서 편두통 발작의 모든 면을 설명한다. 그리고 아우라 단계의 암점들과 다른 증상을 대뇌의 혈관 수축과 국소빈혈 때문이라고 보았다. 리베잉은 편두통 두통의 직접적인 이유가 두개골 바깥 동맥의 팽창 때문이라는 것을 수긍할 준비가 되어 있었다. 그러나 혈관운동신경 가설로 편두통 발작의 다른 많은 점을 적절히 설명한다는 것은 받아들일 수 없었다. 특히 몸 양쪽에서 자주 일어나는 많고 다양한 편두통 아우라, 온몸 전체가 광범위하게 무기력해지는 효과, 발작이 일어날 때 보이는 전형적인 증상의 순서, 발작 형태의 변형을 설명하는 것에 대해서 그랬다.

가워스는 레이섬의 가설에 대해 날카롭게 공격했다.

편두통 장애의 특징은 특별하고 한결같은 형태로 계획된 과정을 거치며 감각장애의 한계를 보여주는 것들이다. 편두통을 설명하기 위해서 혈액운동신경 가설을 사용하려면, 우선 동맥의 초기 경련이 두뇌의 좁은 영역에서 일어나야 하고, 두 번째로는 수축 역시 언제나 같은 장소에서 시작되어야 한다. 그리고 세 번째로 편두통은 분명하고 한결같으며 아주 특이한 기능장애를 일으켜야 한다. 이런 가정 가운데 어떤 것도 진실이라는 증거는 전혀 없다. (…)

우리는 피부의 혈관 상태가 내부 장기의 혈관 상태를 보여주는 것이라는 설명을 납득할 수 없다. 거의 모든 경우에 혈관운동신경의 경련을 몸의 양쪽에서 인식할 수 있다는 점을 고려하면, 감각장애가 몸의 반쪽에서만 나타날 때에도 우리는 뇌 혈관이 전반적으로 수축할 것이라고 보아야 한다. 전반적인 수축은 신경세포의 기능적인 성향에서 생기는 국부적 변화 때문에 일어나는 국부적인 기능장애의 이유가 될 수 있을 뿐이다. 그러나 그런 국부적인 변화를 인정한다면, 혈관운동신경 가설의 필요성은 사라진다. 마지막으로 혈관운동신경의 경련이 한결같은 형태로 계획된 과정을 거치는 특이한 '발작'의 원인일 수 있다는 것은 증명되지 않은 것일 뿐 아니라 가장 그럴듯하지 않다.

이처럼 레이섬의 혈관운동신경 가설이 가진 결함은 지난 세기에도 비판을 받았다. 이런 종류의 이론으로는 편두통 발작의 특징을 온전히 고려할 수 있을 것 같지 않다. 그럼에도 편두통을 일으키는 이유가 혈관의 수축신경이라는 생각은 오늘날에도 여전히 무비판적으로 널리 퍼져 있다. 그리고 터무니없지만 기발하기까지 한, 이 이론의 새로운 변형들이 계속해서 나타났다(예를 들어 밀너Milner, 1958).

이 혈관운동신경 이론에 대해 리베잉은 불만스러워했고, 그것이 강력하고 융통성 있는 신경계 폭풍 이론을 체계화하게 만들었다.

우리는 이 단계에서 그가 어떻게 자기 이론을 구축했는지 다시 살펴볼 필요가 있다.

이 이론에 따르면, 모든 노이로제의 근본적인 이유를 알 수 있다. 내장의 과민함이나 피부 표면의 과민함 또는 순환장애나 불규칙적인 순환 때문이 아니라, 종종 유전적이기도 한 신경계 자체의 원초적인 경향 때문이라는 것이다. 그러나 이것은 신경에너지의 불규칙적인 누적과 발산의 경향 (…) 그리고 특정 부위에 이런 경향이 집중되기 때문이다. (…) 문제가 되는 노이로제의 특성들은 주로 이런 것들이 결정짓는다.

리베잉은 '신경에너지'라는 개념을 무엇인가가 누적된다는 개념과 분명하게 구별한다. 그의 개념은 순전히 생리학적인 것이다.

(…) 신경 부위의 평형이 조금씩 점점 더 불안정해진다. 그것이 어느 지점에 이르면, 힘의 균형이 뒤집히고 뒤이어 전혀 그런 결과를 일으킬 것 같지 않은 신경계 내부의 이유로 발작적인 현상이 나타나기 쉬워진다. 마치 담금질되지 않은 유리 덩어리가 살짝 닿기만 해도 산산조각이 나는 것처럼 (…)

그는 발작을 촉발할 수 있는 수많은 다른 종류의 요인들을 모두 고려해본 뒤에 이런 결론에 이르렀다.

(…) 그런 느낌은 바깥에서 올 수도 있다. 어쩌면 어떤 말초신경, 내장, 근육 또는 피부의 과민한 성질 때문일지도 모른다. 아니면 순환을 통해서 중추에 도달한 것인지도 (…) 아니면 정신 활동을 담당하는 고위중추에서 내려온 것인지도 모른다. (…)

자극적인 요소는 아주 많지만, 그 결과는 언제나 같다. 말하자면 어떤 경우든 신경계는 편두통이라는 형태로 반응한다는 말이다. 그러니 편두통은 대뇌의 활동 목록에 포함되어 있는 것이다. 말하자면 그 구조는 미리 만들어진 것이다.

리베잉은 편두통의 역할이 긴장의 고조와 함께 나타나서 그 긴장을 끝내는 것임을, 말하자면 배설 행위임을 알았다. 그래서 그는 그것을 재채기, 탐욕적인 식사, 오르가슴과 비교했다. 사실 이런 배설들은 '등가물'이어서 그것들 가운데 어떤 것으로 변형되기도 한다. 그래서 그는 다음과 같은 것들을 예로 든다. 편두통을 갑작스럽게 끝내거나 편두통을 대체하는 재채기(68~69쪽 사례66을 보라), 심한 배멀미를 사라지게 만드는 갑작스러운 위험에 대한 걱정, 재채기를 족발하는 성석인 흥분, 또는 간질을 자극하는 것.

리베잉은 그가 다루었던 다른 '노이로제'처럼 편두통도 '병적인 습관'(즉, 조건)에 의해 시작되고 진행되기도 한다는 것을 잘 알고 있었다.

마지막으로 리베잉은 '편두통이 일어나는 해부학적 구조물'을 고려하게 되었다. 그는 편두통 증상들은 거의 감각에서만 일어난다는 것을 관찰한 뒤에 "장애는 시신경시상optic thalamus 위에서부터 미주신경핵 아래에까지 걸쳐 있는 대부분의 감각신경로와 감각신경의 신경절에 제한된 것"이라고 추측했다.

그래서 그는 발작을 일으키는 동안 발생하는 정서적인 증상, 그리고 말하기와 기억장애가 "두뇌 반구의 신경절까지 확장되며", 시각과 감각의 장애가 몸의 양쪽에서 자주 발생하는 것은 '중추신경 기원' 가설과 아주 잘 어울린다고 생각했다. 관자동맥이 팽창되고 맥박이 느려지고 적어지는 이유는 발작이 미주신경, 그리고 그것과 연결되어 있으리라고 짐작되는 교감신경 신경절을 거쳐 말초신경으로 퍼지기 때문이다.

편두통 메커니즘의 현대 이론들

이제 우리는 현대의 사고방식을 지배하고 있는 편두통 메커니즘의 주류 이론들로 관심을 돌려보아야 한다. 편두통의 말초신경 기원설은 대중적으로 통용되었지만, 오랫동안 진지하게 고려되지는 않았다. 우리는 이런 이론들 속에, 의사들이 폭넓게 동의하지만 여러 가지 근거 때문에 제쳐두었던 편두통의 알레르기 기원설도 포함시켜야 할 것 같다(5, 6장 그리고 8장을 보라). 편두통이 중추신경계에서 생긴다는 것은 지구가 둥글다는 것만큼이나 분명해졌다. 중추신경계는 혈액에 의해 작동되는 전기화학 기계나 다름없다. 그러므로 편두통에 대한 진지한 연구는 편두통 발작의 과정과 기원에 관련된 것으로 보이는 특징적인 이상abnormality을 찾기 위해 신경계의 영양 상태(혈관운동신경 이론), 신경계의 화학작용, 신경계의 전기 작용에 관심을 가져야 한다.

편두통의 혈관운동신경 이론

교감신경의 과잉활동 때문에 생기는 혈관 수축 단계에 뒤이어 교감신경의 탈진 때문에 생기는 혈관 팽창 단계가 따른다는, 2단계 연속이라는 무척이나 오래된 개념을 우리는 알고 있다. 레이섬의 이 이론은 훗날의 연구에 자극이 되기도 했지만, 방해가 되기도 했다. 울프는 편두통 두통을 일으키는 직접적인 메커니즘에 관한 멋진 실험 연구를 하도록 자극했는가 하면, 전체적인 관점에서 보자면 편두통의 발생 원인을 밝히는 가설의 공식화를 방해했다.

설명을 덧붙이자면, 그는 편두통 두통의 정도가 거의 두개골 바깥 동맥의 팽창 정도에 비례한다는 것, 그리고 팽창된 동맥을 누르거나 아드레날린, 에고타민, 또는 온몸원심분리법centrifugation of the entire body을 통해 편두통 두통을 줄일 수 있다는 것을 여러 가지 방법으로 멋지게 보여주었다. 또 편두통 두통의 말기에는 폴리펩타이드가 풍부한 체액이 삼출되어 국부 통증을 자극하고, 결국에는 무균 염증 반응을 일으키는 일련의 국부적인 변화에 이어, 문제가 되는 동맥이나 또는 동맥들이 팽창한다고 보았다.

> (…) 노르에피네프린(부신수질 호르몬)과 같은 순수한 혈관 수축 작용 물질이 편두통 두통의 고통을 빠르게 호전시킨다는 사실은 통증의 원인이 혈관 팽창에 있다는 또 하나의 증거다. (…) 두통이 시작되면 대동맥, 소동맥, 동맥 모세혈관의 팽창도 함께 일어난다. 소동맥과 동맥 모세혈관의 팽창은 모세관의 정수압을 높인다. 상승된 모세혈관 정수압은, (…) '두통을 일으키는 물질'이라고 알려진, 두피의 피하조직에 있는 통증역치를 낮추는 물질을 축적시키도록 촉진한다. 이 통증역치를 낮추는 물질의 축적으로 연결되는 대동맥의 팽창과 확대가 두통을 일으키는 것이다(울프, 1963).

안구결막에 있는 미세 혈관에 대한 직접적인 관찰을 통해 묘사된 이 처리 방식은 편두통 두통의 메커니즘을 확실하게 설명해준다. 그러나 울프와 그의 공동 연구자들이 이 방법을 두통의 전구증상 연구에 적용하려고 하자, 특히 암점의 경우에 그들의 발견이 덜 일관적이고 덜 효과적임을 알게 되었다. 따라서 그에 맞는 가설이 더 필요했다. 계속된 실험에서 암점성 시야결손이 있는 동안의 혈관 운동 물질(아질산아밀, 이산화탄소가 풍부한 혼합물)의 작용에 관한 연구가 이어졌는데, 이런 실험의 결과는 일관되게 적용되지 못했다. 그럼에도 울프는 암점의 주된 이유가 대뇌피질에 존재할 수도 있는 국소빈혈 때문이라고 생각했다.

그래서 (이산화탄소가 많이 포함된 날숨을 내보낸 뒤에) 산소를 가장 많이 포함한, 엄청나게 많아진 혈액이 편두통 발작의 보상적 혈관 팽창을 만들어내는 힘이 비롯되는 뇌의 전략 부위에서 생긴 근본적인 산소 결핍 문제를 해결한다고 가정했다. (…) 암점의 병태생리학은 두개골의 혈관 수축에 직접적으로 관련되어 있다. (…) 그것은 후두부 피질이 국소빈혈과 관련되었을 가능성보다 높고, 그리고 아주 높은 수준의 신진대사가 필요하기 때문에 후두부 피질에서 유래한 증상일 가능성보다 더 높다. (…)

언제나 엄격하고 신중했던 울프는 스스로 이런 개념들을 가설, 또는 일련의 가설이라고 표현했다. 그리고 이 혈관 수축에 의한 국소빈혈 이론과 조화시키기 어려운 여러 가지 사실도 존재한다는 것을 인정했다. 그러나 이후의 많은 연구자들은 울프의 단정 짓지 않은 훌륭한 표현을 무시하고 혈관 수축 가설을 분명하게 증명된 거의 공리나 다름없는 것으로 받아들였다. 그레이엄이 편두통에 관한 연구에서 다음과 같은 말로 시작한 것은 아마도 그 때문이었을 것이다.

울프와 그의 공동 연구자들은 편두통 발작의 직접적인 메커니즘을 두개골 혈관의 활동 장애와 관련시켰다.

반면 비커스태프Bickerstaff는 환자 집단에서 정확하게 심각한 고전적 편두통으로 보이는 증상을 묘사하고는, 그들의 증상이 두개바닥 정맥의 공급 영역에서 생기는 일시적인 기능장애라고 단언했다. 이와 비슷하게, 셀비와 랜스도 환자들에게 생기는 편두통성 기절은 뇌줄기 망상체의 일시적인 국소빈혈 탓이라고 규정하는 데 주저하지 않았다.

가설을 사실이라고 생각하면 더이상 조사하지 않게 되고, 그 주제는 경직된다. 여러 해 동안 편두통 아우라와 관련해서도 그런 경향을 보였다. 그러므로 이 주제를 다시 다룬다면, 이론의 모든 면을 엄격하게 검토해야 할 필요가 있다. 레이섬-윌리스 이론에 대한 검증은 할수 있는 일이고, 또 필요한 일이기도 하다.

무엇보다 가장 분명한 것은 직접적인 관찰이 전혀 없었다는 점이다. 편두통 아우라가 있을 때의 피질 혈관이 관찰된 적은 없었다. 게다가 안구결막의 혈관이 두개골 안쪽의 혈관 활동의 모델이 될 수 있느냐 하는 것도 무척 의심스럽다. 이는 편두통 아우라가 있을 때 두개골 안쪽 혈관의 변화가 지속적으로 관찰되지 않기 때문이다. 두 번째로 아우라와 두통 단계가 겹치거나, 두통 단계에서 아우라가 반복되는 일이 드물지 않게 일어난다. 이것은 울프가 몰랐던 중요한 임상적인 사실로 2단계 이론과 조화시키는 것이 불가능하다. 사실 다증상적인 아우라가 즉시 그리고 동시에 자극적이거나 억압적인 모습을 함께 보이기도 한다. 이런저런 형태로 나타나는 아우라의 변이성은 국소빈혈 이론에서 상정된 후두부 피질의 특별한 취약성과 모순된다. 가워스가 말했던 암점의 특별한 형태와 진행, 진동하는 섬광과 지각이상증 등과 같은 '특정 기능장애'를 단지 국소빈혈만으로는 설명하기 어렵다. 또는 불가능하다. 두개바닥에서 국소빈혈 발작이 일어날 때 또는 척추를 혈관촬영하는 동안 생기는 이런 환각은 단순할 뿐 아니라 일시적인 경향이있고, 편두통 암점이 가진 특별한 모습은 잘 보이지 않는다. 암점이 있는 동안, 또는 암점이 강렬할 때 혈관에 작용하는 물질의 분명한 효과는 편두통 과정의 근본적인 성질이 아니라 두 개의 신경생리학적인 변화가 합쳐진 효과를 보여주는 것일 뿐이다. 자세성 저혈압처럼 뇌관류

압이 낮아질 때 나타나는 것으로 알려진 증상은 기절과 어지럼증, 그리고 가끔 '눈앞에 점들'이 떼를 지어 나타나는 것 등으로 편두통 아우라와는 아주 다른 임상 양상을 보인다.

앞서 열거한 난점들은 끝없이 늘어나고 덧붙여진다. 그러니 편두통의 혈관 수축 기원론을 지지하는 증거는 빈약하고 간접적인 데다가 해석상으로 의문스러우며, 그럴듯한 모습을 가정하기 위해서라도 또다시 특별한 가정이 필요해진다는 결론을 내리지 않을 수 없다. 게다가 이 이론은 정교하고 다양한 증상을 많이 가진 아우라의 풍부한 복잡성을 설명하는 데 완전히 부적절하다는 것을 스스로 드러내 보인다. 국소빈혈 가설은 그 단순성 때문에 매력적이긴 하지만, 또 그 때문에 편두통을 설명하기에는 부족한 이론이기도 하다.

편두통에 대한 화학 이론

편두통에 대한 화학 이론들이 있다. 이것들은 초현대식 스타일이고 매력적이지만, 대체로 그리스 시대의 체액 이론에서 유래된 것으로 볼 수 있다. 특정 정신병을 일으키는 화학적인 이유를 알게 되고, 신경 약리학에 대한 우리의 지식이 엄청나게 발전하면서 파킨슨병, 정신병, 편두통 등에 대한 화학적인 기반 역시 금방 알아낼 수 있을지 모른다는 희망을 키워주었다. 예를 들면 1950년대 말에 생물학적인 아민이 아주 뜨거운 관심의 초점이 되었다. 이 시기에 정신병의 세로토닌 이론을 다룬 울리Woolley의 논문, 시쿠테리의 편두통 치료를 위한 세로토닌 길항제 소개, 그리고 곧바로 파킨슨병의 도파민 이론이 나왔다. 일찍이 '요소X'설에 대한 예로서 이보다 더 드라마틱하기도 어려울 것이다.

편두통의 화학 이론들은 자율신경적인 요소가 발작의 중요한 부분이라고 여겼기 때문에 제기된 것이다. 일반적으로 분명한 편두통

증상들에는 혈관성 두통, 두개골 바깥 혈관의 팽창, 내장과 샘腺 활동의 증가 등이 있고, 가끔 나타나는 자율신경의 작은 신호로는 느린 맥박, 동공 축소, 저혈압 등과 같은 것이 있다. 이런 말초 자율신경장애에 덧붙여 근육의 긴장 감퇴, 기면상태, 우울증 등과 같이 중추에서 결정되는 여러 가지 증상이 함께할 수 있다. 그리고 우리는 이런 증상들과 임상적·생리학적으로 반대되는 내장의 소화불량과 팽창, 생리학적·심리학적인 자극에 대한 증거 등이 발작의 주된 과정보다 앞에 또는 뒤에 나타난다는 것을 기억하고 있다.

우리가 전구증상과 회복 단계의 증상들을 제쳐놓는다면, 편두통의 주요 증상들은 부교감신경의 긴장 증기나 교감신경의 긴장 감소, 또는 그 둘 다를 보여주는 것이다. 발작이 생리적이거나 심리적인 각성의 여러 형태에 의해 자연스럽게 끝나거나, 부교감신경 억제제나 교감신경 흥분제에 의한 치료를 통해 끝날 수 있다는 사실은 부교감신경의 지나친 작용이 편두통 발작 대부분의, 그리고 후반부의 특성이라는 생각을 굳히게 해준다.

정리하자면, 편두통에 대한 화학 이론들은 발작이 있을 때 부교감신경이 일시적이지만 심하게 긴장하는 이유를 설명하기 위해서 시작되었다. 그리고 부교감신경계에 있는 시냅스의 접점에서 작용하는 것으로 알려진 신경호르몬 모두가 편두통을 일으키는 주된 이유라고 설명된 적도 있었다. 이런 매개 물질로는 세 가지 예를 들 수 있는데 히스타민, 아세틸콜린, 5-하이드록시트립타민이 그것들이다. 그러나 이들 가운데 마지막 물질에 대해서는 좀더 충분히 고려할 필요가 있다.

편두통의 히스타민 이론은 호턴(1956)과 관계가 있다. 그는 4장에서 소개한 것처럼 히스타민 과민증 때문에 생기는 편두통의 독특한 변종인 편두통성 신경통을 다루었던 사람이다. 그는 특이체질 환자의

경우 히스타민 주사로 발작을 시작하게 만들 수 있고, 발작하는 동안
에는 위의 산성도가 증가하며, 히스타민 탈감작요법으로 발작을 방지
할 수도 있다고 했다. 물론 호턴의 히스타민 탈감작요법이 치료법으로
서 성공했고 소수의 다른 연구자들에게도 퍼졌지만, 플라세보효과 이
상은 아닌 것이 분명했다. 그것은 열광적이었던 의사들이 가졌던 뜨거
운 의학적인 관심과 정서적인 접촉의 결과였다. 더 중요한 문제는 히스
타민에 의한 혈관성 두통에는 편두통성 신경통의 독특한 특성이 없다
는 것이다. 게다가 어떤 종류의 편두통에서도 히스타민의 수준이 상승
된다는 것을 증명할 수 없었다.

　　편두통의 아세틸콜린 이론은 쿤클Kunkle(1959)과 관련이 있다.
그는 편두통성 신경통 발작이 있는 동안 척수액에서 아세틸콜린의 수
준을 검사했다. 환자 전부는 아니었지만, 어느 정도 아세틸콜린의 수준
이 상승했다는 것을 알아냈다. 쿤클은 그 결과가 자신의 기본적인 가
설을 "상당히 지지"한다고 결론 내렸다. 그러나 쿤클의 발견은 널리 알
려지지 않았다. 그리고 아직까지 척수액만이 아니라 국부적으로나 전
체적으로도, 아세틸콜린의 수준 상승이 일어나는지 일어나지 않는지
에 대해 밝혀지지 않았다. 이 문제에 쏠렸던 연구자들의 관심은 그 시
절에 유행했던 세로토닌 이론으로 옮겨갔다.

　　편두통의 세로토닌 이론은 시쿠테리가 편두통 예방을 위한 치
료 효과를 가진 강력한 세로토닌 억제제인 메티세르지드methysergide
를 발견하면서 시작되었다. 킴볼Kimball과 프리드먼Friedman (1961)은
편두통 환자의 경우 편두통 또는 편두통과 비슷한 발작이 서파질Ser-
pasil(혈압강하제의 일종—옮긴이)에 의해 유도될 수 있으며, 그렇게 유도된
발작은 5-하이드록시트립타민을 정맥에 주사함으로써 쉽게 끝낼 수
있다는 것도 알게 되었다. 좀더 정교한 연구는 랜스와 공동 연구자들

(1967)에 의해 수행되었다. 이들은 편두통 발작 전과 발작 동안, 그리고 발작 후의 혈장의 세로토닌 총량TPS, Total Plasma Serotonin을 직접 측정했다. 그 결과 대부분의 피험자들에게서 편두통 두통이 시작될 때 이 TPS 수치가 갑자기 떨어지는 것을 관찰했다. 오늘날 세로토닌을 목동맥 내부에 주사하면 두개골 바깥 동맥의 강직성이 수축되는 원인이 되며, 순환 세로토닌의 수준이 갑자기 떨어지면 그에 대한 반향으로 두개골 바깥 혈관이 고통스러울 정도로 확대된다는 것은 잘 알려진 사실이다. 특히 후자는 랜스와 공동 연구자들에 의해 추정된 것이다.

요약하자면, 우리는 이렇게 말할 수 있을 것 같다. 편두통 발작에서 히스타민이 인체에 변화를 준다는 증거는 무시해도 좋을 정도고, 아세틸콜린과 관련된 증거는 의심스러우며, 비록 랜스의 연구가 다른 연구자들에 의해 다시 증명될 필요가 있지만, 세로토닌과 관련된 증거는 꽤나 설득력이 있다. 그렇지만 우리는 편두통의 화학적인 기반에 여전히 조금도 접근하지 못했다. 화학적인 기반을 수용하기 위해서는 코흐의 가설이 말하는 것과 비슷한 병의 원인에 대한 증거가 필요하다. 말하자면 우리는 연구된 모든 편두통 발작에서 요소 X의 적절한 변화를 증명해야 하고, 요소 X를 주입함으로써 가능한 편두통 증상이 모두 시뮬레이션되어야 하며, 마지막으로 요소 X에 대한 편두통 반응은 종속적이어야 한다. 5-하이드록시트립타민의 경우는 분명히 이런 조건을 만족시키지는 못했다. 한편 서파질이나 레세핀으로 유도된 편두통성 증후군은 편두통의 전체 모습에서 단지 일부분만 닮았을 뿐 아니라, 레세핀으로는 편두통 조짐 증상을 촉발할 수도 없었다. 거꾸로 메티세르지드에 의해 온몸의 세로토닌 수준이 심하게 감소하면, 편두통의 발생 빈도는 줄어들지 않고 계속될 수 있다.

이 문제의 핵심은 공존하는 사실을 편두통을 일으키는 이유로

혼동할 위험이 있다는 것이다. 비록 그럴 가능성은 적지만, 편두통의 임상적·생리적 단계마다 그에 상응하는 만큼 하나 이상의 신경호르몬의 수준 변화가 혈액에서 일어날 수 있다(편두통을 구성하는 부교감신경 활동의 특성이 아주 국부화되고 고립된 것이기 때문에 그럴 것 같지 않지만 말이다). 그러나 이런 비교를 통해서 상호 관련성이 확인된다고 해도, 그것이 원인과 결과가 무엇인지를 말해주는 것은 아니다. 이를 말해주려면 혈액에서 물질 X의 변화 수준이 편두통의 필요충분 조건임이 증명되어야 한다.

전기 이론

편두통은 근본적으로 뇌기능장애다. 두 번째 이유가 국부적인 것이든 체액성이든 그것은 임상적 표현과 관련된 것일 수 있다. 편두통과 같은 양성인 조건에서 뇌 활동에 대한 직접적인 검사는 사실상 뇌파검사 연구 그 자체로 한정될 수 있고, 우리는 그 결과와 뇌파검사에 대한 해석에 관심을 가져야 한다.

두 사람의 깁스가 처음 뇌파검사로 편두통 환자들을 연구한 이래 30년도 더 지났다(깁스Gibbs와 깁스Gibbs, 1941). 이 기간 동안 결론에 이르지 못한 문헌들이 무척 많았다. 이 문헌들에서는 총체적인 서파 율동 장애, 발작적 패턴, 국소적인 비정상 패턴 등과 같은 여러 종류의 뇌파검사 이상을 일으키는 발생률과 그 의미가 무엇인지 거의 규정되지 않은 상태에서 편두통과 관련지어 설명되고 있다. 오늘날 우리는 출판된 관찰기록의 일부만을 가지고 있을 뿐이어서 특히 반신마비 편두통이 발작하는 동안 나타나는 뇌파검사 이상에 대한 자료 전체를 고려 대상에서 제외시킬 것이다. 이런 발작들은 일반 편두통이나 고전적 편두통의 최초 과정에 덧붙여진 부차적인 메커니즘과 관련된 것이 분명하기 때문이다(4장을 보라).

스트라우스Strauss와 셀린스키Selinsky(1941)는 선구적인 연구를 통해 편두통 환자 20명 가운데 9명에게서 과호흡을 시켰을 때 나타나는 서파(초당 3~6회의 주기로)를 관찰했다. 엥겔Engel과 공동 연구자들(1945)은 두 명의 환자에게서 암점이 발생하는 동안 해당 후두부에서 국소적인 서파형 이상이 나타났다고 기록했다. 다우Dow와 휘티(1947)는 최초의 대규모 연구를 통해 30명의 편두통 환자들에게서는 "전반적인 율동 장애"가, 12명에게서는 "대칭적 양측성 간헐적 활동symmetrical bilateral episodic activity"이, 4명의 환자들에게서는 "지속적인 국소 이상"이 있었다고 기록했다. 콘Cohn(1949)은 고전적 편두통을 가진 83명의 환자를 조사했는데, 그들 가운데 거의 절반이 발작과 발작 사이에 지나친 서파 활동을 보인다는 것을 알게 되었다. 그리고 이런 비정상적인 모습을 보이는 환자들은 "율동 장애 편두통"을 가졌다고 했으며, 이들에게는 경련방지 요법이 도움이 되었다. 헤이크Heyck(1956)는 권위 있는 연구를 통해서 65명의 환자 가운데 13명에게서는 특이성이 없는 확산적인 서파의 율동 장애를, 그리고 62명의 편두통 환자들 가운데 5명에게서는 국소적인 이상을 관찰했다. 셀비와 랜스(1960)는 편두통과 함께 혈관성 두통을 앓고 있는 459명의 환자들에게서 발작이 멈췄을 때의 기록을 얻었는데, 이들 가운데 거의 3분의 1은 '비정상'으로 간주되었다. 말하자면 지속적이거나 단속적으로 느린(초당 4~7회의 주기) 활동을 보이는 특성이 발견되었다는 것이다. 경련이 있을 때 나타나는 물결 모양 파동과 스파이크wave and spike 패턴은 두 가지 사례에 기록되어 있다(스파이크란 파 위에 삐죽삐죽 나와 있는 형태를 말한다—감수자).

최근 연구에서는 뇌파검사를 통해 어떤 패턴이 편두통에서 가장 일반적인 것인지를 알아보려고 했다. 화이트하우스와 공동 연구자들(1967)은 소위 초당 14번과 6번의 주기를 가진 양성 스파이크positive spike(두 사람의 깁스(1951)에 의해 처음으로 묘사된 패턴으로, 그들은 이것을 시상 또는 시상하부 간질을 보여주는 증거일지 모른다고 생각했다)의 발생률을 확인하기 위해 어린이 편두통 환자 28명과 비슷한 수만큼의 대조 표준에 대한 기록을 조사했다. 그들은 편두통 환자 집단에 그런 양성 스파이크 패턴이 엄청난 정도는 아니지만, 분명히 지나치게 많다는 결론을 내렸다. 그런데 한 환자에게서 관찰되는 패턴은 편두통이 발작을 일으키는 동안에는 바뀌지 않았다. 결국 14와 6 양성 스파이크 패턴의 의미는 무엇인지 분명치 않고, 특히 어린이의 경우에 더욱더 그렇다는 것은 충분히 잘 알려진 사실이다. 그렇지만 화이트하우스와 공동 연구자들은 임상적인 증거와 함께, 그들의 발견이 연구 대상이었던 환자들이 근본적으로 자율신경장애를 가졌다는 것을 강하게 말해준다고 생각했다. 그들은 이렇게 썼다. "다음과 같이 말하는 것이 훨씬 더 바람직할 것 같다. (…) 편두통은 자율신경장애가 일차적인 것이고, 그와 함께 2차적으로는 혈관 작용에 의한 것이며, 매개 요인으로서 체액 요인이 있을 수 있다."

최근에 출간된 덱스터(1968)의 연구에서는 야간성 편두통 환자들의 뇌파검사를 실시한 철야 기록에 대해 다루고 있다. 이 환자들은 언제나 REM 수면에서 두통 때문에 잠에서 깨어났다. 그러나 뇌파검사에서 보이는 REM 수면의 패턴으로는 이런 환자들의 발작을 예측하는 것이 불가능했다.

이런 연구들은 분명하고 일관된 편두통 특유의 뇌파검사 기형을 찾아내지 못했다. 레녹스와 레녹스(1960)는 20년 동안의 이런 기록 경험을 취합해서 결론을 내렸다. 편두통 패턴을 추적해보았지만 "특이한 것은 전혀 없었다." 즉, 뇌파검사 기록을 근거로 한 편두통 진단은 불가능하다고 결론을 내린 것이다.

뇌파검사에서의 물결 모양 파동과 스파이크 패턴은 간질과 관련된 것이다. 그것처럼 편두통과 관련된 특정 뇌파검사 기형을 규정하는 것은 불가능했다. 그나마 서파 '율동 장애'의 발생률이 편두통을 앓지 않는 사람들에게서 나타나는 15~20퍼센트보다 높은 통계 수치를 보여주었을 뿐이다. 그러나 그 통계 수치의 의미가 무엇인지는 분명치 않다(깁스와 깁스, 1950). 게다가 편두통 조짐이 발작 중일 때의 흔적은 거의 없었고(엥겔과 공동 연구자들에게서 그랬던 것처럼), 편두통성 기절, 혼미, 혼수상태일 때에는 아예 없었다. 결론적으로 뇌파검사에서는 아주 격렬한 형태의 편두통이 여전히 미지의 영역으로 남아 있다.

그런데 우리에게는 이런 궁금증이 생길 수 있다. 왜 간질에 비해 이런 연구의 정보량이 지나치게 적은가? 몇 가지 이유가 이를 설명해준다. 우선 우리에게는 편두통 아우라를 유도해낼 수 있는 믿을 만한 방법이 없다. 그것은 발작 행동을 쉽게 촉발할 수 있는 것과는 대조적이다. 예를 들면, 편두통성 반응을 레세핀으로 유도해낼 수는 있지만, 아우라는 전혀 나타나지 않는다. 두 번째로, 우리는 노출된 뇌를 통해 기록을 얻을 수도 없고, 다른 많은 발작 장애의 경우에는 당연하게 쓰이는 심부 전극deep electrode을 사용할 수도 없다. 세 번째로, 우리는 동물에게서 편두통이나 편두통 비슷한 어떤 것도 찾을 수가 없다. 마지막으로 아마도 가장 중요한 이유일 텐데, 뇌파검사에서 현재 사용되는 매개변수들이 간질을 관찰하는 데는 아주 적당할지 모르지만, 편두통 발작을 연구하거나 심지어 이를 찾아내는 데도 매우 부적당할지 모른다.[1] 예를 들어, 편두통의 다른 과정들의 시간축이 아우라의 시간축보다 엄청 크긴 하지만, 편두통 지각이상증의 확산 속도는 간질의 같은 경우에 비해 몇 백 배나 느리다는 것을 우리는 이미 알고 있다.

어떤 형태의 전기적인 장애가 편두통이 생길 때 동반된다는 것은 거의 의심의 여지가 없지만, 이 장애의 성질이 무엇인지는 여전히 생각해보아야 할 문제다. 자신의 암점을 도표로 그린(115쪽 그림3B를 보라) 래슐리(1941)는 그것들이 확대되는 것은 시각 피질을 분당 3밀리미터 정도의 속도로 가로지르며 움직이는 흥분파에 반응한 것이며, 그 뒤에는 완전한 억제파가 뒤따른다고 추측했다. 밀너(1957)는 노출된 대뇌피질에서 전기적 교란이라고도 불리는 억제가 확산되는 속도는 래슐리가 기술한 암점이 진행되는 속도와 유사하다는 것을 언급했는데, 그것은 레아웅-Leão(1944)이 처음으로 조사해서 설명한 것이다. 밀너에 의하면, 두피 전극들을 통해 레아웅이 말한 억제가 확산되는 것을 관찰하는 것은 불가능했으며, 더 중요한 문제는 알려진 어떤 생리적인 과정에서 억제가 확산되거나 또는 그 관련성을 증명하는 것이 불가능했다는 것이다. 더 나아가 우리가 혈관 수축 이론을 다룰 때 강조했던 것처럼, 임상 증거는 국부적인 문제인 국소빈혈 같은 것보다 피질 기능에서 생기는 광범위한 변화를 가리키고 있다.

래슐리는 거의 30년 전에 이런 결론을 내렸다. "우리는 편두통이 있을 때의 신경계 활동에 대해서 아는 것이 전혀 없다." 그리고 애석하게도 오늘날에도 이 말은 진실이다. 리베잉이 추론했듯이, 편두통의 원인은 뇌줄기 깊은 곳에서 일어나는 흥분과 억제의 느린 긴장성 변화

---

1 최근에 나는 뇌파검사 기사 P. C. 카럴린Carolan과 함께 연구했는데, 일란성 쌍둥이인 두 사람의 환자가 심각한 암점성 편두통 아우라를 겪고 있는 동안 뇌파검사를 모니터하는 아주 특별한 행운을 누렸다. 두 경우 모두에서 우리는 후두부 전극들을 통해서 델타 범위(1~3Hz)에 있는 엄청나게 느린 파동을 보았는데, 이것은 이 환자들이 시력을 회복한 뒤 몇 분 안에 사라졌다.

들 때문이다. 그러나 이런 변화가 무엇인지, 그리고 그 변화의 성질과 이유가 무엇인지에 대해서는 전혀 모르고 있다. 아마 꽤 오랫동안 이대로 지속될 것이다.

결론

지난 30년 동안 편두통 발작과 관련해서 일어나는 혈관성 장애나 화학적, 전기적인 장애에 대해 연구들이 집중적으로 이루어졌고, 이런 비정상적인 상태를 발작의 인과관계 속에서 드러나는 핵심적이고 근본적인 메커니즘으로 설명하려는 이론이 급증했다. 이렇게 엄청나게 많은 연구는 수천 개의 논문(울프가 1960년에 작성한 참고도서 목록 을 보면, 선별한 것만으로도 1,095개의 참고 항목이 있다)으로 문서화되었고, 우리는 현재 시점에서 좀더 중요해 보이는 조사 목록에 대해 의견을 다는 정도에서 다루었을 뿐이다. 그리고 주로 생리적인 문제라는 관점에서 볼 때, 매우 부적절해 보이는 어떤 분야의 연구들(편두통을 일으키는 이유 가운데 알레르기 요인에 대한 연구들)과 하위 이론들(예를 들면 세로토닌 가설과 관련된 자가면역 메커니즘, 그리고 비정상적인 비만세포 가설)은 무시했다.

편두통 두통의 직접적인 이유는 울프와 그의 동료들에 의해 충분히 분석되었는데, 그것은 두개골 바깥 동맥의 팽창과 국부적인 통증 요인의 발생이라는 관점에서 충분히 설명될 수 있다. 그러나 혈관운동 신경 메커니즘이 편두통 발작의 다른 중요한 증상들의 이유가 될 수 있을 것 같지는 않다. 특히 편두통 아우라의 증상들을 국부적인 피질의 국소빈혈로 설명하는 것은 불가능해 보인다.

의사들이 만들어낸 증상들에서는 자연발생적인 발작이 가진 여러 가지 핵심적인 모습을 볼 수가 없지만 메콜릴mecholyl, 히스타민, 레세핀 등과 같은 물질을 사용하면 편두통 발작과 꽤 닮은 임상 증후군을 유도해낼 수 있다. 아직 충분히 실증되지는 않았지만, 온몸의 체액 변화(예를 들어 5-하이드록시트립타민)가 자연발생적인 발작을 동반하게 만든다는 증거도 조금은 있다. 그러나 이런 변화들이 모든 발작의 필요충분조건이라는 증거는 전혀 없다. 편두통에서 볼 수 있는 임상적으로 아주 다양한 변화나 변형, 그리고 꽤 많은 편두통 아우라의 경우, 거의 즉각적인 발생을 유발(그리고 가끔은 종료)하거나 혹은 예방하는 강한 방지 약품들(예를 들면, 세로토닌 억제제인 메티세르지드)과 같은 화학요법에도 불구하고 재발하는 편두통 발작의 경향으로 볼 때, 편두통이 단일한 대사성 기반을 가지고 있으리라고 생각하는 것은 거의 불가능해 보인다.

지금까지 발견되고 앞으로 더 발견될 수도 있는 이런 혈관성 요인과 체액 요인들은 기껏해야 일부의 발작에 대한 적절한 매개 요인으로 자리매김될 뿐, 편두통을 일으키는 원인으로는 부차적인 것일 뿐이다. 마찬가지로 혈관운동신경(레이섬-울프) 가설은 1세기 전 리베잉에게 분명했던 것처럼("누구도 (…) 이런 가설이이 우리가 편두통을 이해하는 데 도움이 되리라고 생각하지 않을 것이다") 부분석으로만 유용할 뿐이다. 그리고 모든 화학적인 가설도 마찬가지다. 이 가설들은 복잡한 편두통 문제 전부를 밝혀줄 수 없기 때문에 흥미롭지 않다.

당신은 실체reality가 흥미로워야 할 필요는 조금도 없다고 대답할 것이다. 그러면 나는 당신에게 이렇게 대답할 것이다. 실체는 그럴 필요가 없을지 모르지만 가설이라면 그렇지 않다(보르헤스).

반면 전기적인 것에 대한 연구는 이런 의미에서 흥미롭다. 이 연구는 편두통의 독특한 신경생리학적인 상관관계를 규명하려는 것이기 때문이다. 지금까지만 보면 이 연구는 완전히 실패했다. 그러나 기술이 세련되어지고 발전함으로써 상당한 정도로 성공하리라 본다. 예를 들면 편두통 아우라는 상당히 독특한 생리적인 상관관계를 가지고 있는 것이 틀림없어 보인다. 모든 형태의 편두통이 보이는 근본적이고 독특한 편두통 과정을 신경계에서 발견할 수 있을 것인가, 하는 문제는 또다른 문제다. 이것에 대해서는 다음 장에서 다룬다.

11장
편두통의 생리적 조직화

우울한 이 병이 사람들에게서 만들어내는 증상은 알파벳 스물네 개가
여러 언어에서 만들어내는 낱말만큼이나 많다. 증상은 한없이 변칙적이
고 기묘하며, 다양하다. 프로테우스도 그렇게 변신하지는 못할 것이다.

— 버턴

편두통을 연구하는 데 있어서의 문제는 로버트 버턴이 알고 낙
심했던 것처럼, 우리가 설명해야 할 증상의 종류가 끝없이 많다는 것이
다. 우리는 앞 장에서 다루었던 단순한 메커니즘보다 훨씬 더 종합적인
이론을 만들어야 한다. 이 이론은 어떤 종류의 편두통이든 그 편두통
의 어떤 면에 대해서든 충분히 설명할 수 있어야 하고, 또 특정 증상 어
느 것에도 적용할 수 있어야 한다.

우리는 가장 낮은 수준에서부터 가장 높은 수준에 이르기까지
다른 기능 수준에서 나타나는 편두통 증상과 그런 증상들이 기반을
두고 있다고 여겨지는 메커니즘을 다루면서 이 장을 시작할 것이다. 만

일 이 방법이 편두통에 관한 문제를 다루는 데 충분치 않다는 것이 판명된다면 우리는 신경생리학에서 말하는 '기능'이나 '중추'에 대해 근본적으로 다른 개념을 채택하지 않을 수 없고, 고정된 신경 조직과 메커니즘이라는 전통적인 관점에서가 아니라 기능적인 시스템의 역동적인 조직이라는 관점에서 생각해야만 할 것이다.

우리는 편두통의 자율신경증상이 부교감신경의 지배를 나타내는 것임을 알고 있는데, 이는 여러 가지 증상들의 다양한 초점이 부교감신경계의 해부학적·기능적인 구성과 일치한다는 사실 때문에 그에 대해 모를 수가 없다. 몸의 주요 내장, 혈관, 샘腺 어디에나 해부학적으로 분리된 신경절망ganglionic plexus이 존재한다. 그것은 몸의 안쪽 또는 내장에서 가장 낮은 수준의 신경표상을 구성한다. 이렇게 기능적으로 분리된 많은 신경절망의 존재가 독특한 부교감신경증후군을 다양하게 만들어내는 생리적인 이유가 될 수도 있다. 처음에는 중추신경계에서 시작되어 일단 불이 붙으면, 그런 신경절망에서 일어나는 국부적인 신경계 작용은 몇 분이나 몇 시간 또는 며칠 동안 기능적으로 분리되고, 격리된 자극의 형태로 지속되기도 한다. 예를 들어, 오래 지속되는 국부적인 편두통을 가진 환자에게서 하나의 혈관 주변 신경절망에 둘러싸인, 상대적으로 격리된 장애를 그려볼 수 있다. 또다른 경우, 국부적인 신경세포 자극이 위, 결장, 눈물샘 등의 벽 신경절망에 머물러 있을 수도 있다. 최초의 신경세포 변화는 결과적으로 국부 조직의 변화에 의해 강화될 수 있다. 예를 들면, 최초의 신경성 장애에 이어 나타나는 지연된 혈관성 두통이나 또다른 장기적인 변화 속에서 생기는 삼출물과 무균성 염증 같은 것들이 있다. 마지막으로 최하위 수준에서 생기는 편두통의 자율신경증상들은 부교감신경계의 신경망 구성으로 조절되거나, 변화 또는 분리될 수 있다. 그리고 선천적이든 조건화된 것이든 국부적인 역치의 차이가 보조적인 역할을 하게 되겠지만, 어떤 형태의 발작을 일으킬 것인가 또는 어떤 종류의 편두통 유사증상이 선택될 것인가 하는 것은 중추 메커니즘에 의해 결정되는 것 같다. 어쨌든 말단기관end-organ 또는 국부 신경절망 하나가 조직에서 제거되면(수술에 의한 경우처럼) 편두통 발작이 조금 다른 형태로 나타난다. 이런 사실은 고정된 말초 메커니즘들이 유효하게 사용되고 있으며, 편두통의 중추 조직은 탄력적이며 가소성이 좋다는 뜻이기도 하다.

부교감신경이라는 용어는 원래 말초신경과 그 작용을 뜻하는 말로 제한해서 쓰였다. 그러니 편두통을 부교감신경 발작이라고 말하는 것은 분명히 적절하지 않다. 왜냐하면 모든 발작이 중추적이고 대뇌적인 요소를 함께 가지고 있기 때문이다. 적절한 개념과 용어는 헤스Hess가 중추 자율신경과 사이뇌의 기능에 대한 자신의 유명한 연구 논문(헤스, 1954)에서 고안해서 사용했다. 헤스는 "에르고트로픽ergotropic"이라는 용어를 만들어 중추의 각성과 함께하는 말초 교감신경 활동을 가리키는 데 썼고, "트로포트로픽Trophotropic"은 거꾸로인 경우를 가리키는 데 썼다. 이 용어들은 생리학적인 것일 뿐 아니라 생물학적인, 또는 유기체적인 용어다. 에르고트로피아ergotropia는 바깥쪽을 지향하고, 활동적이고, 무슨 일인가를 하는 것 등과 같은 유기체의 성향을 가리킨다. 그러기 위해서 흥분 상태가 되고, 감각은 예민해지고, 근육과 교감신경은 긴장되어야 한다. 트로포트로피아Trophotropia는 내면과 내부적인 효율을 지향하는 유기체의 성향을 가리킨다. 그러기 위해서 의식 수준, 감각의 예민함, 근육의 긴장을 상대적으로 억제하는 것과 관련된 내장과 샘腺의 활동이 증가되어야 한다. 헤스의 이 용어들은 우리가 편두통 발작을 이해하는 데 무척이나 유용하다. 트로포트로피아에 대한 그의 모든 기준(증가된 부교감신경의 긴장, 흥분의 감소, 뇌파검사의 지나친 동기화 등)은 대부분의 편두통 발작이 일어나는 동안에 볼 수 있음이 분명하다. 그러니 우리는 이렇게 말할 수 있을 것 같다. 편두통의 주요 부분은 여러 가지 형태의 트로포트로픽 증후군을 보인다.

많은 연구자들이 헤스의 개념을 실험을 통해 정교하게 다듬고 임상 문제에 적용했다. 그런 연구자들 가운데 겔혼Gellhorn이 가장 뛰어났다. 그는 중추신경계통의 모든 수준에 해부학적으로, 생리학적으로, 약리학적으로 뚜렷한 에르고트로픽하고 트로포트로픽한 조직이 존재한다는 것을 보여주었다(겔혼, 1967년을 보라). 그리고 상호 균형 상태에서는 에르고트로픽하고 트로포트로픽한 활동이 정상적으로 나타난다는 것도 보여주었는데, 이 균형은 겔혼이 항상 유지되는 신경계의 '조율'이라고 불렀던 것을 결정한다. 그러니 에르고트로픽한 조직의 억제는 트로포트로픽한 부분의 자극과 관련된 것이고, 거꾸로도 마찬가지다. 또한 전형적으로, 자율신경의 조율에서 생기는 뚜렷한 변화 뒤에는 반대쪽에서 생기는 반향 현상이 따른다.

이제 우리는 일반 편두통의 순서를 헤스의 용어로 번역할 수 있다. 전구증상이나 첫 번째 증상은 무척이나 에르고트로픽한 증상이다. 발작의 대부분은 트로포트로피아에 의해 파괴된다는 것을 보여준다. 그리고 반향 증상은 다시 에르고트로픽해지는 것이다. 그래서 일반 편두통은 천천히 진행되는 3단계 발작으로 생각할 수 있다. 그동안 신경 조율이라는 지속적이고 특징적인 변화가 일어난다. 이런 개념은 레녹스가 편두통을 '자율신경 발작'이라고 묘사한 것과 대충 일치한다. 우리는 편두통 과정이 시작되는 수준이 정확하게 어디인가에 대해서는 단정할 수도 없고, 그런 방식으로 말하는 것은 아무 의미도 없을지 모른다. 왜냐하면 에르고트로픽하고 트로포트로픽한 조직들은 중추신경계통의 핵심을 통해 (중간가쪽intermedio-lateral) 척수각(뿔)에서 뇌줄기

의 그물층에 이르기까지, 시상하부에 이르기까지, 그리고 궁극적으로
는 대뇌피질의 중간기부-mediobasal division에서 위계적으로 나타나기
때문이다.

우리는 또한 편두통 발작의 매우 압축된 과정에서 자극과 억제
의 주기를 확인할 수 있다. 이런 과정은 자극(섬광암점, 지각이상, 흥분, 확산
된 감각의 흥분 등)과 억제(음성암점, 무감각증, 기면상태, 기절, 졸도, 광범위한 감각
의 억제 등)를 주기적으로 반복하면서 자극이 되풀이되는데, 이 과정은
겨우 30~40분밖에 걸리지 않는다.

우리는 리베잉이 1세기 전에 우리에게 그려 보여주었던 것과 비
슷한 그림 앞에 도달했다. 이 과정은 중심뇌 발작의 한 형태고, 대뇌반
구에 앞쪽으로 투영되며, 자율신경을 통해 말초적으로 나타나는 활동
이다.

우리는 편두통 아우라가 있는 동안 피질이 점점 심한 충격을 받
으며 스스로의 반응에 반응한다고 상상할 수 있다. 이런 활동은 여러
곳에서 발생(섬광암점, 지각이상 등)하며, 피질이 광범위하게 각성될 수 있
도록 그 배경에 불을 붙인다. 빗발지는 자극을 받은 말초 자율신경망
도 이와 비슷한 방법으로 여러 곳에서 발생하는 자기 자신의 2차적인
활동에 반응한다고 볼 수 있다. 그림7은 편두통의 이런 과정을 도식적
으로 그린 것이다.

그러나 편두통 아우라가 진행되는 동안 활성화되는 대뇌피질
을 묘사하기 위해서는 더 많은 개념과 용어가 필요하다는 것이 분명하
다. 편두통의 시각적인 환각은 이런 고차원적인 과정과 그 조직에 대
한 아주 뚜렷한 표시다.

우리는 시각적 환각이 아주 단순한 것에서부터 아주 복합적인
형태에 이르기까지 연속적으로 발생하는 경향이 있다는 것을 알고 있

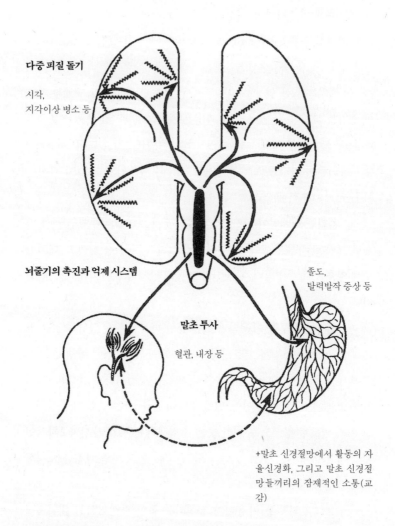

다중 피질 돌기

시각,
지각이상 병소 등

뇌줄기의 촉진과 억제 시스템

졸도,
탈력발작 증상 등

말초 투사

혈관, 내장 등

+말초 신경절망에서 활동의 자
율신경화, 그리고 말초 신경절
망들끼리의 잠재적인 소통(교
감)

그림7 편두통 과정에 대한 가설을 설명하는 도해.
느리고, 주기적인 중심뇌 발작인 편두통 과정을 도식적으로 나타낸 그림이다. 이 발작은 대뇌
피질에 부리 모양으로 전달되어 그곳에서 편두통 조짐의 두 번째 과정(암점, 지각이상 등)을
시작하게 만들고는 꼬리쪽으로 이어져서 온몸을 거치는 자율신경망으로 간다. 그 과정은 (가
워스의 용어로 말하면) "(…) 아주 신비스럽다. (…) 연못에 돌을 던지면 잔물결이 퍼져나가는
것처럼 보이는 특정한 형태의 움직임이 있다. (…) 잔물결이 지나간 다음 그곳에는 조직의 분
자 장애가 남은 듯한 상태가 된다."

다(3장을 보라). 이런 연쇄 발생은 특정 약물(예를 들면 메스칼린(선인장의 일종에서 추출한 환각 물질이 들어 있는 약물—옮긴이)), 수면 부족, 또는 감각상실에 대한 반응으로 생기는 것들과 아주 비슷하다. 이런 편두통의 발생 과정은 감각상실에 의해 유도된 감각적 환각에 대한 헵(1954)의 이야기와 비교할 수 있다.

> 단순한 것에서 복잡한 것으로 규칙적으로 진행되는 것 같다. 첫 번째 증상은 눈을 감으면 시야의 암흑이 엷은 빛으로 바뀐다. 그다음에 점, 선 또는 단순한 기하학적인 형태가 나타난다고 한다. (⋯) 그다음 단계에는 벽지 패턴 같은 것이 보이고 (⋯) 그러고 나서는 배경 없이 격리된 어떤 것이 나타난다. (⋯) 마지막으로 대개 꿈에서 보는 것처럼 통합된 장면이 왜곡된 상태로 나타난다.

시야를 가로지르는 가장 단순한 편두통 안내섬광의 형태는 펜필드와 라스무센Rasmussen이, 노출된 시각 피질(영역17)을 직접 자극해서 불러냈던 빛깔과 추상적인 환각(번쩍이는 빛, 별, 바퀴, 둥근 판, 빙빙 도는 것 등)을 떠오르게 만든다.

섬광암점의 형태는 편두통 과정에서 독특한 것이다. 그리고 아직까지 어떤 실험에서도 시뮬레이션된 적이 없다. 래슐리(1941)는 이런 암점의 특징적인 미세구조(115쪽 그림3B에서 볼 수 있는 것처럼 시야의 아래쪽에 미세하게 각지고 거친 부분)는 1차 시각 피질(코니오코텍스coniocortex◆)의 기

◆　대뇌피질에서 특히 잘 발달된 내부의 오돌토돌한 층granular layer이다. 1차 시각 피질인 브로드만 영역17, 체지각 피질인 브로드만 영역1-3, 청각 피질인 브로드만 영역41이 대표적이다(의학사전 사이트 http://www.medilexicon.com/의 내용 참조).

반이 되는 세포 구조적cytoarchitectonic인 패턴 또는 신경세포의 입자와 관련된 것이라고 추측했다.

래슐리는 또 암점의 확산 속도에 대해서도 다루었는데, 이는 분속 3밀리미터쯤으로 1차 시각 피질을 가로지르는, 완전한 억제파가 뒤따르는 흥분파와 같은 속도라고 했다. 그는 이런 과정의 기반이 되는 "실제 신경 활동에 대해서 아무것도 모른다"는 것을 인정했다. 그래서 국부적으로 시작되는 장애라는 이론이나 피질 아래층으로부터의 자극에 반응한다는 종속적인 이론 어느 것에도 매달리지 않았다.

시각 피질 영역이 피부-운동감각피질(영역3) 또는 청각 피질(영역41) 영역보다 왜 자극에 더 예민해야 하는지 그 이유는 분명하지 않다. 또 암점의 깜박거리는 속도(초당 6~12번)나 지각이상증에 어떤 근본적인 과정이 반영되는 것인지도 분명하지 않다. 그러나 그 깜박거리는 속도는 알파파의 주파수와 같고, 빛으로 구동되는 뇌파검사, 빛에 의한 간질, 빛과 관련된 암점의 이유가 되기 쉬운 스트로보의 조명 주파수와 같다는 것이 단순한 우연은 아닐 것이다. 이런 주파수는 변함없이 일정한 지각의 정교화나 스캐닝 속도와 관련된 것이 아닌가 의심해볼 수도 있다.

단순한 안내섬광과 섬광암점에 뒤이어 아주 심한 시각적인 오인과 환각이 생길 수 있다. 미시증적이거나 거시증적인 환각, 여러 가지 형태의 인지불능증, 모자이크 비전, 그리고 영화를 보는 것처럼 나타나는 시각 이미지들과 같은 현상이 그런 것들이다. 그리고 2차 시각 피질이나 시각 피질의 주변을 자극하면 일정한 시공간의 순서에 맞춰 잘 짜여진 시각적인 환각을 만들어낼 수도 있다는 것이 실험으로 확인되었다(펜필드와 라스무센, 1950). 모자이크 비전 그리고 다양한 크기의 모자이크가 인식되는 것과 관련해서는(137쪽 그림4를 보라) 해부학적으로 고정된 세포 구조적인 패턴을 넘어서는 기능적인 도식화의 어떤 형태를 가정해야만 한다는 것이 명백하다.

코노르스키(1967)는 모자이크 비전과 관련된 것으로 보이는 지각 또는 인식 단위(최소 지각 구조)에 대한 이론을 연구해 실증해냈다. 이 모자이크 비전을 겪게 되면, 거의 알아보기 힘들 정도의 우둘투둘함 또는 아주 작은 수정의 결정 같은 모양으로 시작해서 점점 더 거친 모자이크 형태가 되고, 결국 시각적인 인지불능 상태에 이른다는 것을 앞에서 설명했다. 이런 증상은 인식 단위가 점점 커지는 것을 주관적으로 느끼는 것이라고 생각할 수도 있다. 그것들은 정상적인 상태에서는 보이지 않지만, 의식 속으로 억지로 밀고 들어와 점점 더 거칠어지면서 다각형 단위로 커지다가 결국 자기 정보의 내용보다 더 커져버린다. 그래서 표면이 너무나 울퉁불퉁하게 거칠어서 무엇인지 알아볼 수 없는 사진처럼 인식하기 어렵거나 아예 인식이 불가능해진다.

가장 복잡한 편두통 조짐의 환각은 공감각*과 다른 감각이 뒤섞이거나, 모든 형태의 감각 이미지와 관련된 장면들이 꿈처럼 펼쳐지거나, 수용성 실어증과 표현 실어증의 형태로 나타나거나, 생각과 행동이 총체적인 장애를 보이는 형태를 띤다.

우리는 편두통 조짐에서 나타나는 이런 환각의 위계 구조가 피질의 여러 영역이 연속적으로 활성화되는 것과 관계가 있다고 볼 수도 있다. 중추 피질 영역(예를 들면 시각 피질에서 영역17)은 "신경세포의 조직이 '거칠다는 것' 때문에 다른 영역과 구별될 수 있다. 그것은 자극의 강렬한 흐름을 받아들이고 반응하기 위해 적응된 것이다"(루리야, 1966).

◆　하나의 감각이 다른 감각을 작용하도록 하는 일. 또는 그렇게 느껴진 감각. 예를 들어 소리를 듣고 색깔을 느끼는 것과 같은 감각 작용이다.

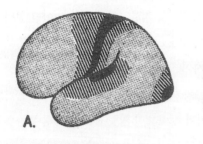
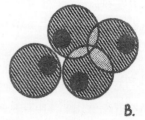

그림8 편두통 아우라와 관련된 피질 영역.
1차(검정), 2차(사선), 3차(점) 대뇌피질의 신경세포 영역의 분포와 분화. 기초적인 감각 환각들(시각, 촉각, 청각)은 역치가 낮은 1차 영역을 자극함으로써 시작되고, 인식과 통합적인 기능의 좀더 복잡한 변화는 강렬한 자극이 2차와 3차 영역으로 확산됨으로써 시작된다고 추정된다(폴리야코프Polyakov의 그림을 다시 그림).

이런 중추 영역들은 특히 시각 피질의 중추 영역이 뇌의 앞쪽으로 투사되는 자극에 가장 예민한 것 같다. 그리고 그 반응은 시각이나 촉각 영역에서 단순한 체표성somatotopic◆ 환각으로 경험된다(암점과 지각이상증). 강한 자극들은 2차 감각영역으로 확산될 수 있고, 실인증과 더 복잡하고 독특한 양상으로 나타나는 환각을 일으킨다. 아주 극심한 편두통 아우라에서는 대개 3차 피질 영역이 활성화되기도 하는데, 루리야 식으로 말하면 이런 것들은 "시각과 청각 그리고 운동감각 해석기가 결합된 활동처럼 가장 복잡하게 통합된 형태"와 관련이 있다. 그리고 자극들은 가장 일반적인 회백질 활동 형태를 해체시키는 원인이 된다. 말하자면 복잡하고 혼란스러운 상태를 만드는 것이다. 그림8은 1차, 2차, 3차 영역이 차지하고 있는, 그리고 하나하나가 맞닿고 겹쳐진 피질 영역을 그린 것이다.

◆   몸에 있는 기관의 수용체 위치와 그것에 의해 활성화되는 대뇌피질 반응 영역의 대응.

편두통에서 장애의 범위가 아주 넓다는 것을 우리는 알고 있다. 그 범위는 기초적인 자율신경장애(말초 자율신경망과 관련된)에서부터 중추의 각성 메커니즘 장애를 거쳐 신경세포 영역의 여러 가지 체계와 관련된 다양한 피질 장애에까지 이른다. 이것이 편두통의 범위다. 우리는 이 범위 안에서 일어나는 변화와 다양성의 문제를 다루어야 한다. 일반 편두통은 피질과 관련된 증상을 전혀 보이지 않지만, 독립적인 편두통 아우라는 주로 피질과 관련된 증상들을 보인다. 그리고 고전적 편두통은 여러 수준이 관련되어 발생한다.

우리는 편두통의 특성인 변형의 생리적인 근거에 대해 조사해야 한다. 말하자면 한 가지 편두통 유사증상에서 다른 것으로의 변환, 일반 편두통에서 고전적 편두통으로의 변환, 편두통성 신경통에서 일반 편두통으로의 변환, 편두통에서 간질, 기절, 미주 발작으로, 그리고 가워스가 같은 경계점에 놓았던 다른 모든 관련 반응으로의 변환에 대한 것이다. 이것들이 편두통을 가장 어렵게 만들며, 가장 매력적인 면이기도 하다. 그리고 대뇌의 기능에 대해 근본적으로 다른 개념을 적용하지 않는다면 편두통을 다룰 수 없다는 것도 분명하다. 고정된 신경계 메커니즘이라는 관점에서 편두통의 다양한 수준과 변형을 설명하는 것은 불가능하기 때문이다.

이것은 1세기 전에 리베잉과 허글링스 잭슨에 의해 분명히 알게 된 사실이다. 잭슨이 훨씬 더 신중하게 작업했지만, 그들이 내놓은 답은 비슷했다. 리베잉은 이렇게 말했다. "특정 부위에 이런 경향[신경 에너지]이 집중되는 것은 (…) 문제가 되는 신경과민증의 특성을 주로 결정하게 될 것이다." 잭슨은 해부학적으로 독특한 중추와 해부학적으로 부여된 기능이라는 개념을 포기하지 않을 수 없었다. 그 대신 신경계는 위계적으로 조직된 것이며, 각각의 기능을 가진 여러 수준으로 구성되었다고 생각했다.

나는 신경계를 철저한 감각 운동 메커니즘이라고 가정하고 있다. 신경
계의 모든 부분은 감각이나 운동, 또는 그 둘 다를 표현한다. (…) 말초
는 실제로 아주 낮은 수준에 있지만, 우리는 진화론적 측면에서의 중추
신경계 발달의 세 가지 수준에 대해서 말하려고 한다. (1) 가장 낮은 수
준은 척수의 전각과 후각으로 (…) 그리고 더 위쪽에 있는 이 부분들의
유사한 기능을 하는 부분으로 이루어져 있다. (2) 중간 수준은 페리어
Ferrier의 운동 영역, 선상체의 신경절, 그리고 감각영역으로 구성되어
있다. 이것은 몸의 모든 부분을 이중석으로 혹은 간접적으로 맡는다.
(3) 최상위 수준은 최고 운동 중추(이마엽)와 최고 감각 중추(뒤통수엽)
로 구성되어 있다.

그래서 각각의 기능은 복잡하고 '수직적인' 조직을 가진 것으로
생각된다. 말하자면 증상의 국부화를 결코 손상된 특정 기능의 국부
화라고 볼 수 없다는 뜻이다. 여러 가지 간질들은 기능이 계층적으로
해소된다는 것을 보여주는 증거가 된다. 그래서 간질병의 대발작은 최
고 수준의 발작으로, 성문경련聲門痙攣 발작은 최하위 수준의 발작으로
볼 수 있다. 잭슨은 글을 쓰면서 편두통을 짧게 다루었는데, 이는 분명
히 고전적인 발작에 대한 것이었다.

나는 편두통 사례들이 간질(감각성 간질sensory epilepsy)이라고 믿고 있
다. (…) 발작의 감각적인 증상들은 시신경 시상에서 발달한 뇌회腦回, 즉
감각 중앙 중추의 '흥분파를 만들어내고 있는 병소' 때문이라고 생각한
다. (…) 나는 두통과 구토는 발작 후기에 나타나는 것이라고 믿고 있다.

두드러진 자율신경증상을 보이는 일반 편두통은 최하위 수준의 발작 형태며, 복잡한 환각이나 꿈과 같은 상태가 되는 편두통 아우라는 최고위 수준의 발작으로 설명된다. 잭슨 식의 용어를 쓴다면, 모든 형태의 편두통은 다른 수준에 있는 유사한 메커니즘을 통해 표현되며 같은 조직을 공유하고 있다.

잭슨은 간질을 분석하면서 특히 신경계 내에서의 움직임과 운동 기능의 위계적인 표현에 관심을 가진 반면, 우리는 자율신경과 감각기능의 수직적인 조직에 관심을 가지고 있다. 간질 역시 중추신경계에서 점점 높아지는 수준에서 되풀이해서 나타난다는 사실은 발작의 형태에 관한 또다른 차원의 선택이 가능하다는 뜻이다. 편두통의 연쇄 발작 과정이나 증후군은 최고의 잭슨 수준(복잡한 아우라로)에서, 중간의 잭슨 수준(피질의 제1차 감각영역에만 관련된 초보적인 아우라로), 또는 최하의 잭슨 수준(일반 편두통 또는 편두통 유사증상으로)에서 나타날 수 있다. 잭슨은 또한 간질이 시작될 때의 수직적인 확산만이 아니라, 수평적인 확산에 대해서도 다루었다. 수평적인 확산은 동일한 기능 수준에 있는 인접 영역과의 관련 때문에 일어난다. 해부학적으로 규정된 흥분파를 만들어내고 있는 병소가 없다는 것은 그런 수평적인 확산에 대한 제한이 조금도 없음을 뜻한다. 그래서 예를 들면 최하위 일반 편두통은 뇌줄기 수준에 있는 자율신경 영역의 어떤 부분과도 관련되어 즉시 편두통 발작, 복부 발작, 전흉부前胸部 발작을 같은 정도로 쉽게 일으키는 반면에, 1차 감각영역의 활성화로 발산되는 아우라는 시각이나 촉각 영역 가운데 아무것에나 관련되거나 '선택'할 수 있다.

신경계 내부에서의 기능과 국재화localisation에 대한 잭슨의 생각을 확인하거나 확장하는 것은 후기 파블로프 이후 조건반사를 연구하는 학자들의 특별한 관심사가 되었고, 많은 기본 원칙에 대해 근본적으로 다시 정의하고 생각해보는 과정이 뒤따랐다(루리야, 1966을 보라).

그래서 이 학파에 따르면, 기능이란 특정한 생리적인 과업을 수행하기 위한 기능 시스템이다. 이런 기능 시스템의 가장 중요한 모습은 신경계의 여러 수준에 있는 접속 부분의 역동적인 '배치'에 바탕하고 있으며, 그리고 이것들은 자유롭게 이것에서 저것으로 대체되거나, 변화하지 않은 상태에서 역할을 서로 바꾸기도 한다는 것이다. 그래서 루리야 식으로 말하면, "그런 기능적으로 통합된 부분은 구체적이지는 않지만 체계적인 구조를 가지고 있다. 그 속에서 중간 고리(과업을 수행하는 도구)는 폭넓은 한도 내에서 변하기도 하지만, 시스템의 처음과 마지막 고리(과업과 결과)는 지속적이며 변하지 않는다."

　　루리야에 의해 다루어졌던 움직임과 운동 과제에 대한 이런 생각들은 편두통과 그 변형된 모습들이 자율신경과 정신-신체적 과제라는 것을 이해하는 데 필요불가결한 것이다. 이 과제는 상황성, 또는 상황에 따른 발작처럼 (주기적이거나 발작적인 편두통에서) 신경세포의 흥분(주기적 혹은 발작적 편두통인 경우 신경이 흥분할 필요에 의해), 또는 신체적이거나 정서적인 요구에 의해 만들어진다. 그리고 편두통의 결과인 마지막 고리를 통해 생리적인(또는 정서적인) 평정을 회복한다. 그러나 적응성 과제는 조직적이고 확정적이지 않은 구조를 가지고 있다. 즉 선택된 실제 메커니즘은 그 수가 많고 다양하며 변화가 많다는 뜻이다. 편두통을 만들어내는 방법은 아마 오믈렛을 요리하는 방법만큼이나 많을 것이다. 만일 특정한 중간 고리 하나, 또는 하나의 메커니즘이 제거된다면 전체 시스템은 방해받은 과제를 회복시키기 위해서 재조직될 수도 있다.

　　운동 과제나 인식 과제에서처럼 특정 메커니즘은 다른 모든 전략에 종속적이다. 이런 원칙은 이론적인 관점에서만이 아니라 아주 실질적인 의미에서, 그리고 치료를 위해서도 중요하다. 예를 들면 편두통이 개인의 생리적이거나 정서적인 조직의 질서 때문에 필요한 것이라면, 어떤 특정 메커니즘이 제거되든 상관없이 발작은 계속해서 발생할 것이고 더 정교해질 것이다. 발작을 막기 위해 관자놀이 동맥 하나, 말단기관 하나, 또다른 어떤 것을 절제해야 할지도 모른다. 또는 세로토닌 억제제 같은 것으로 발작을 막으려고 해도, 발작은 다른 중개 메커니즘을 이용해서 생겨날 것이다.

　루리야가 말했던 것처럼 그 구성의 복잡함, 그 요소들의 유연한 변이성, 그리고 역동적인 자기조절 작용을 가진 이런 기능시스템이 인간의 활동을 확실하게 지배하고 있다.

요약

　낮은 기능 수준에서 일어나는 편두통 반응의 특성은 부교감 신경이나 트로포트로픽한 긴장이 길어지고 생리적으로 반대인 상태가 앞서 나타나거나 뒤따르는 것이다. 높은 수준의 특성은 1차 감각영역에서부터 가장 복잡한 통합 영역에 이르는 드넓은 피질 영역의 활성화(그리고 이어지는 억제)다. 편두통은 느리게 작동하는 중심뇌 발작의 한 형태로 여겨진다. 간질에서 이와 대응되는 발작과 비교할 때 아우라는 20~200배 느리고, 일반 편두통은 수천 배 느리다. 또 편두통을 복잡한 기능 시스템에 의해 수행되는 복잡한 적응성 과제라고 생각할 필요도 있다. 그 시스템 안에서 극단적으로 변하기 쉬운 실행의 수단은 그 목적에 종속된다.

　편두통은 관련된 발작성 반응과 적응성 반응의 경계를 넓혀 나간다. 우리는 이런 모습을 두 축을 사용해서 도식화할 수 있다. 그림 9의 세로축은 기능(잭슨) 수준을 뜻하고, 가로축은 그런 반응의 지속

시간을 뜻한다. 이상적으로 보면, 주어진 시간 척도와 기능 수준에 더해 다양한 편두통증후군과 유사반응들을 나타내는 세 번째 축이 하나 더 있어야 한다.

실질적인 목적(진단과 치료)을 위해서 우리는 대부분의 편두통은 편두통일 뿐이라는 것을 확인할 수 있다. 그러나 이론적으로 보면 모든 형태의 복합적이고 과도기적인 발작이 발생할 것이며 그런 발작은 편두통이 간질, 기절, 미주발작, 그리고 또다른 자율신경과 감정적 위기와 같은 것들과 융합하는 수준에서 일어나리라고 예측할 수 있다.[1] 때때로 우리는 감별진단을 무색하게 만드는(그리고 실제로 아무 의미도 없게 만드는) 이런 복합적이고 과도기적인 발작과 마주진다.

이런 맥락에서 우리는 생리학적인 경계가 임상학적인 경계 정도로 명확할 뿐이며, 그래서 신경계에서 '편두통 과정'의 특이한 어떤 것을 찾으려는 것이 터무니없는 일인지도 모른다고 의심해보아야 한다. 우리는 이 연구가 특정 간질에서 보이는 물결 모양 파동과 스파이크 패턴처럼 분명하고 간명한, 잠재해 있는 비정상적인 어떤 것을 찾아

---

1   우리는 대뇌의 짧은 반응과 발작 사이에 존재하는 형식적·임상적인 상호관련성에 특히 관심을 기울여왔다. 비록 우리가 그림9에서 편두통이나 간질 등과의 가능한 연관성을 표시하기는 했지만, 대뇌의 짧은 반응과 발작에 대한 특정 확산 반응과의 관련성을 조사하는 것은 이 연구의 범위를 넘어선다. 특히 감정적·긴장증적인 위기와의 관련성에 대한 것이 더욱더 그렇다. 독자는 이런 경계(가워스의 경계를 보완한 것)에서의 과도기적인 위기에 대한 블로일러Bleuler의 묘사를 참고할 수 있을 텐데, 그의 결론(《조발성 치매증dementia praecox》, 178쪽)은 이렇다. "(…) 변화가 지속되는 범위는 진성 기질적인 대뇌 발작에서부터 초조해지는 상태까지다." 이와 비슷한 연속성을 억제 상태에서도 찾을 수 있다. 전형적인 사례는 피에르 재닛Pierre Janet(1921)이 제공했다. 그는 한 환자에게서 5년 동안 지속되었던 "좀 더 길거나 짧게 지속되는 기절 발작의 형태로 나타나는 의식의 발작적인 장애"로 시작해 잠자는 것과 비슷한 상태에 이르는 모습을 묘사했다.

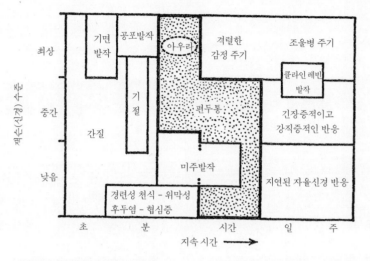

그림9 편두통과 관련된 장애들의 관계.
편두통과 인접 장애들을 시간축과 잭슨(신경) 수준 축으로 나타냈다. 여기서 둘 중 하나가 변조되면 그에 따라 편두통은 쉽게 변형된다. 여기에 표현된 모든 장애들은 독특하고 개별적인 것이다. 그럼에도 서로 겹쳐지는 중간 영역을 가지고 있다.

내리라고 생각할 수가 없다. 그 대신 우리는 여러 기능 수준에서, 그리고 다른 시간축에서 나타나는 신경 활동의 광범위한 스펙트럼을 상상해보지 않을 수 없다.

12장

편두통에 대한 생물학적 접근

보존을 위한 반사: (1) 필요한 물질의 흡수와 관련된 반사 행동 (2) 대사

산물과 사용하지 않는 물질들의 배설과 관련된 반사 행동―날숨, 오줌

누기, 똥 싸기 (3) 회복(잠)과 관련된 반사 행동 (4) 자손을 보존하기 위

한 반사 행동

방어적인 반사 행동: (1) 유독하거나 위험한 자극이 있을 때 그것에서

몸 전체나 일부분을 후퇴하게 만드는 것과 관련된 반사 행동 (2) 몸의

표면이나 몸 안에서 유해한 어떤 것을 거부하는 것과 관련된 반사 행동

(3) 해로운 어떤 것을 무력화하거나 박멸시키는 것과 관련된 반사 행동

― 코노르스키, 1967

우리는 임상 발작을 거짓으로 꾸며내기도 하는 편두통의 내적

인, 또는 생리적인 메커니즘에 대해서 알아보았다. 이제는 다른 측면에

서 생겨난 문제, 즉 편두통 환자와 그가 앓고 있는 편두통이 환경과 어

떤 관련을 맺고 있는지에 대해 다루어보려고 한다. 편두통 그리고 편

두통과 비슷한 반응을 일으키는 생물학적인 이유와 목적을 고려해보면, 우리는 반사, 욕구, 적응과 같은 유기체와 관련된 용어를 사용하지 않을 수 없다.

앞서 살펴보았듯이, 짐승들에게 편두통이라고 부를 만한 것이 있다고 보기 어렵고, 여러 요인들 때문에 피실험 개체를 통한 실험으로 조사하는 데도 한계가 분명하다(10장에서 말한 적이 있다). 그러면 편두통이 인간에게만 나타나는 특유한 것이라고 간주해야 할까? 언어는 인간에게만 있는 아주 독특한 것이다. 그리고 또다른 아주 복잡한 반응(다윈은 웃음, 찡그림, 비웃는 표정 같은 것을 예로 들었다)들도 인간에게서만 볼 수 있다. 그러나 이런 행동과 반응들을 편두통에 비교하는 것은 그다지 의미가 없다. 편두통은 이런 것들과 달리 자율신경 활동의 심한 변질, 그리고 일반적인 활동과 행동의 대규모 변화와 관련된 아주 원시적인 반응이기 때문이다. 우리는 지금까지 환자가 호소하는 편두통 증상을 다루면서 주로 경험적인 용어를 썼다. 그러나 이런 방식으로는 분명히 병을 앓고 있으면서도 괴로움을 표현할 수 없는 동물에게서 아무런 정보도 얻을 수 없다. 만일 우리가 편두통의 생물학적인 역할에 대해, 그리고 동물의 세계에서 상동 반응과 상사 반응에 대해 설명하려고 한다면, 우리는 편두통 환자의 행동과 이런 행동이 관련된 환경에 관심을 가져야만 한다.

편두통의 전형적인 행동을 생각해보자. 증상이 시작되면 환자는 자기 방으로 가서 드러누울 것이다. 그러고 나서 그는 블라인드를 내리고 아이들을 조용히 시키고 어떤 방해도 받지 않으려 할 것이다. 이 심각한 증상은 환자의 마음에서 다른 생각을 모두 몰아내버릴 것이다. 발작이 아주 심각해지면 절망에 빠져서 무기력하고 무감각한 상태가 된다. 담요를 푹 뒤집어쓰고는 바깥세상을 몰아내고 증상의 내면

세계에 자신을 가둔다. "저리 가. 나를 좀 내버려 둬. 내 편두통이야. 무사히 고통을 받게 해줘." 아마도 그는 결국 잠이 들 것이다. 그러고 잠에서 깨어나면 편두통 발작이 사라졌을 것이다. 편두통이 끝났다. 편두통이 제 역할을 끝낸 것이다. 편두통이 지나갔으니 이제 폭발적인 에너지가 솟아날 수도 있고, 말 그대로 소생하는 느낌을 받을 수도 있다. 바깥세상에서의 후퇴, 귀환, 그리고 마침내 회복, 이런 것들이 발작을 설명하는 핵심적인 용어들이다.[1]

좀 덜 공식적인 용어를 쓰자면, 편두통 반응의 특성은 수동성, 고요함, 부동화라고 할 수 있다. 특히 분비와 배출과 관련된 내면 활동은 최고조에 이르지만, 바깥세상과의 관계는 최소한으로 이루어진다. 이것이 편두통의 기본적인 적응 기능이라고 보면(그 뒤에 얼마나 복잡한 목적이 덧붙여지든 상관없이), 이런 일반적인 관점에서 우리는 인간과 동물의 세계에서 비슷한 반응을 찾을 수 있을 것이다.

특히 우리는 편두통의 1차적인 역할이 코노르스키가 말하는 방어적인 반사, 말하자면 '유독하거나 위험한 자극이 있을 때 그것에서' 몸 전체를 후퇴시키는 것이라고 볼 수 있다. 즉, 위협에 대한 특정 형태의 반응이라는 것이다. 동시에 이런 역할과 분리될 수 없는 공격적인 기능(해로운 것을 박멸하거나 무력화하는 것)과 배출 기능이 발생한다. 이 기능들은 둘 다 '위험한 것'을 해롭거나 혐오스럽다고 느끼거나 그런 의

---

1   이 구절을 쓴 뒤에 나는 프로이트가 잠에 대해 말한 것을 보게 되었다. "잠은 바깥세상과 관계 맺는 것을 거절하고, 내 관심을 거두어들이는 상태다. 바깥세상에서 빠져나와 그것에게서 받는 자극을 막고 잠을 잔다. 잠이 들면서 나는 이렇게 말한다. '잠자고 싶으니 나를 조용히 내버려 둬.' (…) 그러니 잠의 생물학적인 목적은 회복이고, 그 정신적인 특성은 바깥세상에 가지고 있던 관심을 정지시켜두는 것으로 보인다"(프로이트, 1920, 92쪽).

미로 인식할 때 특히 적절해 보인다. 편두통이 가진 회복 기능은 육체적이거나 정서적인 스트레스가 장기화된 뒤에 나타나는 발작들을 보면 아주 분명하게 알 수 있는데, 그것은 잠의 역할과 거의 닮았다. 여기서 쓰인 '위협'이라는 말은 최대한 넓은 의미로 쓰인 것으로, 급성이나 만성적인 상황, 그리고 신체적·정서적인 환경 모두에 해당된다.

동물의 세계에서는 위협에 대한 반응이 근본적으로 다른 두 가지 형태로 나타나는데, 둘 가운데 하나가 또는 둘 다 한꺼번에 나타난다. 곧바로 떠오르는 아주 익숙한 형태는 적극적인 신체 반응인데, 분노 또는 공포와 함께 나타나는 투쟁 아니면 도주 반응fight or flight response(갑작스런 자극에 대해 투쟁할 것인가, 도주할 것인가를 결정하는 본능적 반응—옮긴이)이다. 이에 대한 일반적인 메커니즘에 관해 캐넌과 셀리에 Selye가 한 묘사는 비길 데 없이 매우 뛰어나다. 캐넌(1920)은 격렬한 반응에 대해, 셀리에(1946)는 지속되는 육체적인 반응에 대해 묘사했다. 격렬한 투쟁-도주 반응은 극단적인 각성과 교감신경의 지배 형태 가운데 하나다. 말하자면 근육이 긴장되고, 심호흡을 하게 되며, 심장박출량(사람의 심장, 즉 심실에서 1분 동안 박출하는 혈액의 양—옮긴이)이 증가한다. 그리고 감각이 극단적으로 각성되며, 외적인 능력은 모두 최고조에 맞춰지고, 내적인 과정은 부교감신경에 의해 그에 상응하는 정도로 억제된다. 격렬한 반응은 아드레날린과 또다른 기능 촉진 물질인 아민의 분비를 유도하고, 또 그 분비에 의해 반응이 다시 강화된다. 그러나 만성적인 반응에는 부신피질 활동과 그것에 이어 부차적으로 일어나는 화학적이고 조직적인 연쇄반응이 수반된다.

투쟁-도주 반응은 극단적으로 드라마틱하지만, 그것은 생물학적인 실체의 반쪽일 따름이다. 나머지 반도 대조적이라는 점에서 그만큼 드라마틱하다. 위협에 대한 반응으로 나타나는 이 나머지 반의 특성은 수동적이고 움직이지 못하게 되는 것이다. 이 두 가지 대조적인 스타일의 반응에 대해서는 다윈의 설명이 기억해둘 만하다. 다윈은 적극적인 두려움(공포terror)과 수동적인 두려움(무서움dread)으로 나누어 이 둘을 비교해가며 설명했다. 적극적인 두려움에는 '갑작스럽고 통제가 되지 않을 정도로 재빨리 도망치는 성향'이 있다고 말했다. 그리고 수동적인 두려움에 대해서는 이렇게 설명했다. 그것은 내장의 신경과 샘腺의 분비 활동 증가와 관련된 수동성과 탈진 상태의 일종이다("하품을 하고 (…) 주검처럼 창백하며 (…) 땀방울이 피부에서 솟아나오는 것과 같은 경향이 강하게 나타난다. 근육이라는 근육은 모두 이완된다. 극도의 피로가 뒤따른다. 내장이 아파온다. 괄약근이 활동을 멈추고 몸 안의 내용물을 더이상 유지할 수 없게 된다"). 이런 경우에는 대개 몸을 움츠리거나 웅크리는가 하면 주저앉기도 한다. 수동적인 반응이 더 심해지면 갑작스럽게 의식을 잃거나 쓰러질 수도 있고, 수동적인 반응이 계속된다면 생리적인 변화는 덜 드라마틱하지만 같은 방향으로 진행된다.

동물의 세계에서도 위협에 대한 적극적인 반응만큼 수동적인 반응이 중요할 뿐 아니라, 그보다 훨씬 더 다양한 수동적인 반응의 형태를 볼 수 있다. 그 모든 반응의 특징은 대개 분비 기관과 내장신경의 활동 증가와 관련된 것으로, 자세의 긴장도와 각성이 억제됨으로써 얼어붙게 되는 것이다. 이것은 다음과 같은 예만 들어도 충분하다. 겁에 질린 개(특히 파블로프의 개처럼 '억지력이 약한 종류'라면)는 움츠러들고, 토하거나 똥을 참지 못할 수 있다. 고슴도치는 위협에 대한 반응으로 몸을 둥글게 만다. 저빌쥐는 갑작스럽게 근육 긴장도를 잃고 마비된 모습을 보인다. 주머니쥐는 혼수상태처럼 되거나 '죽은 척한다'. 놀란 말은 '얼어붙고는' 갑자기 식은땀을 흘리기 시작한다. 스컹크는 위협을 받으면 얼어붙게 되는데, 그 상태에서 변형된 땀샘에서 많은 분비물을 낸다(이

때 분비 반응은 방어 기능으로 보인다). 위험에 처한 카멜레온은 꼼짝하지 않는 상태에서 내분비 기능을 통해 주위 환경과 비슷한 색으로 변한다. 심지어 원생동물들조차도 육식동물처럼 적극적인 반응을 보이는가 하면, 수동적인 반응을 보이는 것들도 있다. 이런 것들을 보면 생명이 시작될 때부터 위협에 대한 수동적인 반응이 적극적인 반응의 생물학적인 대안으로 활용되어왔음이 분명하다. 그리고 실제로 수동적인 반응이 적극적인 반응보다 살아남는 데 더 좋은 방법인 경우도 많다. 각성된 동물은 위험과 위협을 맞닥뜨리지만(또는 도망가지만), 억제된 반응은 그것들을 피하게 만든다. 그래서 위험에 덜 노출될 수 있는 것이다.

인간이 가진 수동적인 보호 반응의 목록에는 아주 많은 항목이 있다. 그 가운데 많은 것들이 육체적 또는 정서적 위기라는 관점에서 역설적인 형태로 발생한다(파블로프 식으로 엄밀하게 말하면, 엄청나게 역설적이다). 비교적 심한 반응으로는 기면발작, 탈력발작, 신경성 냉담과 폐쇄, 무척이나 다양한 파킨슨병의 위기, 기절과 같은 것들을 꼽을 수 있다. 좀 긴 시간을 두고 나타나는 것으로는 혈관미주신경 발작(가워스가 묘사했던 것처럼), 그리고 물론 편두통이 있다. 또한 기절(발작적인 혼미 상태), 그리고 훨씬 더 길게 지속되는 우울성 혼미 상태, 긴장성 혼미 상태와 같은 형태의 보호 반응이 있다는 것도 알아야 한다. 아주 별난 형태의 강직증으로는 병에 가까운 잠이 있는데, 이는 아주 길게 지속되는 억제 반응의 표본이 될 만하다. 동물의 세계에서는 겨울잠이 그런 것이다.

동물의 세계에서 수동적인 반응과 억제 상태의 생존 가치는 매우 분명해 보인다. 반면에 인간의 행동에서 나타나는 아주 분명한 병적인 수동적인 반응은 애매하거나 무색하기까지 하다. 그러나 반응이 나타나지 않는다면, 반응이 시작되어 존속되는 것이 생물학적으로 생존 가치를 가진다는 점을 이해할 수 없게 된다. 그런 반응들은 분명히 역설적이다. 잠과 겨울잠은 유기체를 보호하는 역할을 하지만, 다른 위험에 노출시킬 수도 있다. 인간이 부교감신경이 지배하는 억제 상태에 빠지는 것은 알렉산더가 했던 매력적인 표현처럼 "식물 상태로 후퇴vegetative retreat"하는 것이다. 그러나 이 '후퇴'라는 격리는 정신생리학적인 구속이 될 수도 있다. 최고의 역설은 죽음을 피하기 위해 죽음을 흉내내는 것이다. 주머니쥐가 죽은 척하는 것, 그리고 아마도 인간의 경우 잠이나 혼미 상태가 그런 경우일 것이다.

이런 생물학적인 반응의 배경을 바탕으로 볼 때 편두통은 진화 과정에서 생겨났으며, 인간의 신경계와 인간의 필요에 의해 점진적으로 분화되면서 다듬어졌다고 생각된다. "원편두통Ur-migraine"[2] 혹은 편두통의 원형은 일반적인 기절이나 얼어붙는 반응보다 길게 지속되는 자연 그대로의 수동적-보호적-부교감신경적인 형태의 반응이다. 아마 그런 원시 편두통은 주로 다양한 육체적 위협, 예를 들면 탈진, 열, 질병, 상처, 통증 등과 같은 것, 그리고 특히 공포심과 같이 절대적이고 압도적인 정서적인 경험에 대한 반응이었을 것이다.

사회가 대규모로 발달하고 그와 함께 나타난 문화적인 억압은 틀림없이 사정이 허락하는 한, 훨씬 더 다양한 식물 상태로의 후퇴를, 그리고 그 이전보다 훨씬 더 길게 지속되는 수동적 반응을 필요하게 만들었다. 직접적인 행동을 할 수도 없고, 해서도 안 되는 상태에서 신경증적인 방어와 반응이 따르는 이런 정신-신체적 반응은 인간에게

---

2   이 말은 어떤 사람(또는 동물)이 맨 먼저 원편두통을 경험했고, 그 뒤에 나타난 모든 편두통은 그것에서 유래되었다는 뜻이 아니다. 이 용어는 논리의 역사 속에서 만들어진 것일 따름이다. 이런 용어로는 원식물Urpflanze, 원인原人, Urmensch, 아담의 언어lingua adamica(원언어라는 뜻—옮긴이) 같은 것들이 있다(리에프Rieff, 1959, 225~228쪽을 보라).

유일한 대안이었을 것이다. 이처럼 점점 더 복잡하고 억압적으로 변하는 문명화된 생활 때문에 정신-신체적 반응들은 더 필요해졌을 뿐 아니라, 다목적으로 쓰이고 더욱더 정교해졌다. 그래서 우리가 앞서 다루었던 단순한 방어적인 반사가 발달해서 풍부하게 암시적이고 다원결정적이며 변화무쌍한 편두통이 되었고, 그런 편두통이 현대사회에서는 아주 흔한 질병이 된 것이다.

이런 전략적 필요와 전략적인 이용이 정교해지면서 신경계도 더욱더 복잡해졌다. 특히 포유동물의 진화 과정에서 통합기능의 대뇌화encephalisation(피질 중추로부터 피질로 기능이 이동했다는 의미다—옮긴이[네이버 영어 사전 참조])가 점진적으로 진행되었다. 상대적으로 원시적인 포유동물들(주머니쥐, 고슴도치 등)은 대뇌피질의 발달과 통제력이 기본적인 수준에 머물러 있기 때문에, 대뇌의 반사는 아직 판에 박힌 형태이고 조절할 수 있는 여지가 거의 없다. 대뇌피질이 복잡해지면 더 많고, 더 다양하고, 더 수월하게 조절되는 대뇌 반사가 나타나게 된다. 우리는 인간의 대뇌피질에서 계층구조로 짜인 신경세포 영역의 마지막 분화(338쪽 그림8을 보라)가 가장 복합적이고 독특한 편두통의 모습인 아우라를 발달하게 했다고 생각한다. 실어증과 같이 감각적·통합적인 복잡한 장애가 일어날 수 있는 편두통 아우라의 복잡성은 인간의 대뇌피질이 분화한 독특한 증거이자 부산물이다. 덜 복잡한 신경계에서는 그런 증상이 일어날 수 있으리라고 상상할 수가 없다. 비슷한 방식으로 우리는 간질이나 정신병의 원시 형태♦(말하자면 갑작스러운 경련과 갑작스러

♦　구조의 기원이 같은 배세포의 원시세포나 첫 축적물. 개체발육 도중에 이미 장래에 어떤 기관이 될 것이 예정되어 있으나, 아직 형태적·기능적으로는 미분화 상태에 있는 것을 말한다.

운 의식상실, 그리고 걷잡을 수 없는 흥분과 희열 발작 같은 것)를 좀더 원시적인 포유류에서도, 아마 포유류가 아닌 척추동물에서도 확인할 수 있을 것이다. 그러나 그것들의 아주 복잡하고 개별적인 특징(예를 들면 환각이나 상상력 장애와 같은 것)들은 우리 인류가 가진 이마엽과 관자엽과 같은 것보다 대뇌피질의 발달과 분화에 훨씬 더 깊게 관련되어 있다는 것을 잊어서는 안 된다.

그러니 이 장을 시작할 때 제기했던 '편두통은 인간만이 가진 독특한 반응인가?'라는 질문에 대해 엄밀하게 말하자면 그렇기도 하고, 그렇지 않기도 하다고 답할 수밖에 없다. 편두통을 인간이 발명했다고 보는 것은 옳지 않다. 우리는 오히려 그것을 태곳적 생물학적인 선조의 혈통을 물려받은 것이며, 인간의 신경계가 가진 독특한 가능성과 인간의 필요라는 독특한 특성에 의해 다듬어지고 분화된 적응 반응의 아주 원시적이고 일반화된 형태를 보여주는 좋은 예라고 생각해야 한다. 편두통 반응이 최종적으로 어떤 형태를 띨 것인가 하는 것은 자신의 환경과 관련된 개인적인 발달 정도에 달려 있다. 그리고 다음 장에서는 이런 편두통의 심리학적인 결정 요인과 개체화에 대해 다룰 것이다.

13장
편두통에 대한 심리학적 접근

의사들이 영혼과 육체를 분리시키는 것은 우리 시대의 크나큰 잘못이다.

— 플라톤

앞 장에서는 인간이 가진 편두통이라는 반응의 기원과 분화를 이해할 수 있는 실마리를 제공하는 원시적인 반응들에 대해 다루었다. 우리는 완전한 유기체라는 관점에서, 그리고 그 유기체의 보호성 반사와 전술이라는 관점에서 그 반응을 다룸으로써 해묵은 문제(또는 거짓 문제)였던 몸과 마음이라는 '이중성'과 그리고 정신생리학적 전환에 대해 다루지 않을 수 있었다. 그러나 이런 원시적인 반응은 그런 반응의 이유가 되는 심리적인 과정에 대해 어떤 것도 말해주지 않을 뿐 아니라, 말해줄 수도 없다. 이 반응들은 반응하는 동물의 정서에 대해, 또는 '마음 상태'에 대해 아무것도 말해주지 않는다. 인간의 경우 긴장성 혼미는 보호를 위한 전술적인 행동일 수 있고, 이런 선택을 하는 이유는 현존하는 위험에 대한 심리적인 두려움 때문일 수 있다. 우리는 블로일러Bleuler가 했던 것처럼, 긴장병 환자의 감정을 전혀 언급하지 않고도 긴장병에 대해 놀라울 정도로 아주 자세하게 묘사할 수 있다. 그러나 그런 상태에 대한 실존적인 문제라면, 이 환자의 감정과 동기를 자세히 분석하지 않고서는 그려낼 수 없다. 편두통 발작은 어떤 것이든 모두 그 환자에게 전술적인 가치가 있다(그 전술은 예를 들어 항상성 전략과 같이 순전히 생리적인 것일 수도 있다). 그러나 이 장에서는 편두통이 특히 환자의 정서적인 상태와 어떤 관계를 맺고 있는지에 대해 다룰 것이다.

우리는 이 책의 앞부분에서 편두통을 어느 정도 자의적으로 분류했다. 이제는 편두통이 개인의 정서적인 효율성과 관련되어 있을 경우와 관련해 좀더 엄격하게 검토해야 한다. 주기성 편두통은 신경세포의 타고난 주기성과 어느 정도 관련되어 있으며, 상황성 편두통은 생리적이거나(탈진 등) 정서적일(분노, 놀람 등) 수 있는, 아주 구체적이고 개별적인 상황에 대한 반응이라고 설명했다. 이런 경우 어떤 편두통 발작이 신체적이거나 생리적인 증상으로 뚜렷하게 규정되었다고 해서, 그 발작에 내포될 수 있는 또다른 기능이나 용도가 더이상 없을 것이라는 뜻은 아니다. 특히 편두통 발작은 어떤 것이든 (그리고 어떤 사람에게 발생하는 어떤 질병이든) 정서적으로도 무척 중요하다. 주기적으로 재발하거나 생리적으로 유발된 질병은 상징적인 역할을 할 수도 있다. 우리는 발작이 보여주고자 하는 것이 무엇인지 따져봄으로써 이런 점에 대해 확실히 알 수 있다. 어떤 아이들은 되풀이되는 발작의 자기유도 과정(예를 들면, 눈 앞에서 빠르게 손을 흔들거나, 베니션블라인드 앞에서 펄쩍펄쩍 뜀으로써)을 겪으면서 섬광이 경련을 일으킨다는 사실을 알게 되고, 어른들의 경우 고의적으로 또는 '우연히' 먹어야 할 약을 먹지 않았을 경우에 발작을 일으킨다. 이런 경우에, 간질은 가끔 환자 자신도 알 수 없는 복잡한 이유 때문에 2차적인 용도를 가진 삐뚤어진 선택을 한다. 이는 '사고경향성accident-proneness'이라는 말로 잘 알려져 있는데, 자학적이고 자기 파괴적인 개인들에게만 드러나는 것으로 우연한 불운 시리즈라는 가면을 쓰고 나타난다.

주기성 편두통과 상황성 편두통 모두가, 또는 그것들 대부분이 이런 방식으로 개인적인 동기와 관련되어 발생하는 것은 아니다. 대부분의 편두통이 발생하고 진행되는 동안 환자를 불편하게 만들긴 하지만, 언제나 특별한 정서적인 의미를 담고 있는 것은 아니다. 그러나 그것들이 다양한 종류의 다른 목적을 위한 것일 가능성은 언제나 존재한다.

앞에서 설명했던 편두통의 세 번째 형태는 상습적이거나 상황에 따른 편두통인데, 이것들은 아주 복잡한 준거틀을 요구한다. 우리는 여기서 정서적으로 중요할 수도 있고 중요하지 않을 수도 있는 주기적이거나 우발적인 발작을 다루려는 것이 아니라, 정서적으로 심각한 스트레스에 의해 유발되기 때문에 더 악화될 수도 있는 끈질기고 악성인 질환을 다루려고 한다. 편두통의 기원과 원시 형태는 단순한 보호성 반사나 보호성 전술과 구별된다. 상황성 편두통 또한 우리가 만든 특별한 조건에 따라 논의될 수 있고, 상습적인 편두통은 특성의 대부분이 드러나는 경우에만 다룰 만한 의미가 있다. 상습적인 편두통은 모든 심신성 질병, 히스테리, 노이로제와 같이 인간이 만들어낸 가장 복잡한 질병이다.

이것들을 이해하기 위해 필요한 용어들은 인간을 다른 동물과 구별하게 해준다. 이 용어들은 정신적·정서적으로 더 복잡할 뿐 아니라, 풍부한 상징성을 지닌다. 말하자면, 우리는 우리의 목숨을 지탱해주는 동기와 반동기를 가지고 있는 것이다. 이것들은 하위 조직으로 온전한 상태와 분리된 상태로 조직되고 나뉘며, 온갖 메커니즘에 의해 유지된다. 이것에 대해서는 프로이트가 자세하게 설명한 적이 있다. 상습적인 편두통과 다른 심신성 질병을 일으키는 데에 특히 중요하게 작용하는 것은 피학적이고 자기 파괴적인 충동으로 일어나는, 심하게 역설적인 경우를 제외하면 어떤 보호 기능도 가지지 않은 동기들이다.

동기와 상징성을 포괄적으로 분석하려면, 그것들이 환자의 상습적인 편두통 패턴을 결정할 수도 있는 것인만큼 심층분석을 통해 결론을 얻어야만 한다. 그러나 대부분의 경우, 편두통을 일으키는 중요한 동기성 결정 요인들은 환자에 대해 집중적으로 조사하지 않아도 부분적으로 알 수 있다(그리고 어느 정도 치료될 수 있다).

우리는 다수의 병력 사례를 통해 상습적인 편두통을 일으킬 수 있는 여러 동기에 대해서 이미 다룬 적이 있다(9장을 보라). 이제 편두통이 개인의 효율성에 영향을 미칠 수 있는 중요한 전략적인 역할에 대해 열거해보려고 한다. 이 목록은 불완전하고 도식적일 수밖에 없다. 편두통 발작은 꿈처럼 무척이나 다원적인 결정 요인들을 가지고 있다. 그런 요인을 결정하는 힘들은 상호작용을 주고받기도 하고 서로 연합하기도 하는데, 이 목록은 편두통 발작을 일으키는 복잡하고 변화무쌍한 힘의 모습을 제대로 보여줄 수 없을지도 모른다.

생물학적으로 보면 가장 단순하고, 역학적으로 보면 가장 양성인 편두통은 **회복력**이 강하다. 이런 편두통은 육체적, 또는 정서적 활동이 오랫동안 계속된 뒤에 우연히 나타나는 경향이 있다. 그리고 악명 높은 주말 발작처럼 상습적으로 발생하기도 한다. 지나친 활동이나 긴장, 자극적인 상태가 계속되는 동안 갑작스럽게 쓰러지는 일도 자주 일어난다. 그런 탈진 상태가 아주 심해지면 기절까지도 할 수 있다. 그런 다음에는 편두통 후 회복이 찾아오는데, 소생하는 듯한 느낌을 주는 특유의 상황이 따른다. 울프는 자기 자신이 특히 이런 종류의 발작과 관련이 있다고 생각했다. 그리고 그런 발작이 극도로 강박적이고 충동적인 개성 때문에 생기는 '슬럼프'라고 보았다. 회복력이 강한 발작들은 생물학적으로 보면 잠과 가장 가깝다. 그리고 그것들은 코노르스키가 말한 보존성 반사가 분명하다.

　이와 비슷한 것으로 환경이나 정서적인 스트레스에 맞춰졌지만 그 패턴이 덜 양성인 **퇴행성** 편두통이 있다. 회복력이 강한 편두통처럼, 이것들도 알렉산더의 표현을 빌리면 식물 상태로 후퇴하게 만든다. 회복력이 강한 발작들은 잠처럼 은밀하고 고독한 상태에서 일어나는 경향이 있지만, 퇴행성 발작들은 가련해 보일 정도로 고통스럽고 다른 사람의 도움을 필요로 한다. 한마디로 말하면 잠과 같은 특징이 아니라, 질병과 같은 특징을 띤다. 심한 경우에는 죽음의 병상에서나 볼 수 있는 것과 같은 비극적인 분위기를 온 집안에 퍼뜨린다. 퇴행성 편두통은 특히 병에 잘 걸리거나 건강염려증적인 특성을 가진 환자에게서 드물지 않게 보인다. 그리고 여러 가지 육체적 통증을 의사에게 호소하는데, 그 내용에는 실제 통증과 함께 상상에 의한 통증도 포함되어 있다. 이 편두통 발작의 패턴은 회복력이 강한 편두통보다 덜 양성인 것으로 관찰되었다. 우리는 여기서 어떤 편두통 환자에게서나 볼 수 있는 우연한 퇴행적 발작에 대해서가 아니라, 점점 더 발작을 일으킴으로써 환자에게 질병이 곧 생활 방식(오랜 질병, 생활)이 되어버리는, 심지어 이런 발작을 병적으로 환영하기까지 하는 상황에 대해서 고찰해보려고 한다.[1]

1　리비도 이론으로 편두통의 회복 기능과 퇴행 기능을 설명하는 것은 가능할 뿐 아니라 중요하다고 생각한다. 우리는 편두통을 외부 세계에 대한 외면 또는 후퇴라고 설명하면서 되풀이해서 잠에 비유해왔다. 또 편두통이 환자를 수많은 증상들로 에워싸고는, 기질성 질병이나 심기증 증상처럼 환자에게 주의를 요구할 뿐 아니라 빼

편두통 반응의 원시적인 보호 역할을 아직도 계속해서 보여주는 이런 종류의 편두통 패턴 가운데 무척이나 중요한 변종 발작을 **캡슐성**encapsulative 그리고 **분열성**dissociative 패턴이라고 한다. (생리적인 드라마를 완곡한 용어로 표현하자면) 정서적인 스트레스와 갈등을 축적하기 시작해서 '그 일을 끝내는' 주기성 또는 단발성 편두통을 고질적으로 겪는 환자들이 많이 있다. 나는 많은 월경성 편두통(그리고 동류의 다른 월경증후군)이 정확하게 이렇게 작동한다는 것을 잘 알고 있다. 말하자면 한 달 동안의 스트레스를 응축시켜 병을 앓는 며칠 안에 집중적으로 몰아넣고, 월경성 증후군을 치료(또는 제거)한 다음 불안감과 신경증적인 갈등을 그달의 나머지 기간 동안에 풀어놓는다. 한마디로 이런 편두통은 '묶는' 역할을 하는데, 이는 흩어지기 전에 기억될 수밖에 없는 만성적으로 반복되는 고통스러운 감정을 억제하려는 것이다.

이보다 더 악성인 것은 분열성 편두통이다. 이것은 상습적인 편두통 패턴으로 의식에서 정서적인 기질이 더 심하게, 더 많이 제거되었기 때문에 그에 반응해 더 자주 발생한다. 이런 경우에는(291~292쪽 사

___

앗기도 한다고 설명했다. 프로이트는 다음과 같은 말로 잠과 고통에 대해서 말한다. "(…) 잠은 이기적인 것이다. 그리고 리비도와 같은 욕망의 껍질을 벗어던지고 자아에게로 물러난 상태다. 잠이 준 회복에 새로운 빛을 비추는 것이 아니겠는가? (…) 잠자는 사람의 내면에는 리비도가 뿌려진 원시 상태가 다시 만들어진다. 그것은 절대적인 나르시시즘 상태다. 그 속에 리비도와 자아 관심ego-interests이 함께 거주하면서 화합해 이것들을 자족적인 자아 안에서 구별할 수 없게 된다." 그리고 증상에 몰입하는 것에 대해 이렇게 썼다. "(…) 기질성 질병을 앓을 때나 고통스러운 자극이 있을 때, 기관에 염증이 생길 때와 같은 상태에서는 리비도의 대상에 대한 애착이 분명히 느슨해진다. 그렇게 조금 물러났던 리비도는 몸의 병든 부분에 더 강한 관심을 보이는 형태로 다시 자아에 집착한다. (…) 이런 상황이 심기증을 이해할 수 있게 해준다. 이와 비슷한 방식으로 어떤 장기organ는 병에 걸린 것을 알지도 못한 상태에서 자아의 일부분으로서 배려 대상이 된다."(프로이트, 1920, 424~426쪽)

례80을 보라) 인격이 분열된다. 그 한쪽은 환경적·정서적 실체를 받아들이지 못한 채 심드렁한 반응이나 대담한 연기를 하고, 다른 한쪽은 고통을 주고 고통을 겪는 순환성 가학적-피학적 시스템으로 분리된다. 매우 지독한 이런 경우는 치료에 대한 저항력이 기묘할 정도로 강할 수 있는데, 그것은 인격에서 차지하는 편두통 부분(작은 편두통 자아)이 억압과 거부라는 두터운 벽에 의해 나머지 다른 인격과 격리되었기 때문이다. 이런 역학과 메커니즘은 노이로제 증상이 만드는 것들과 아주 비슷한 것들을 만들어낸다. 그 차이라면 편두통은 생리적인 반응에 근거를 두고 있지만, 노이로제 증상은 상상력의 병이 만들어내는 허구라는 점이다.

우리가 다루어야 할 또다른 편두통 패턴은 두 개의 범주에 드는 것이다. 이것들은 특히 적대적인 형태를 띠는 것으로 전략적 의미에 따라 구별된다. 우선 **공격적인** 편두통이 있다. 프롬-라이히만(1937), 존슨(1948), 그리고 다른 많은 분석 학자들은 스스로가 이 패턴에 속한다고 생각했다. 정서적인 배경은 강렬하고 만성적이며 억압된 분노와 적의 같은 것들이고, 편두통의 기능은 표현할 수 없는 것, 또는 인정할 수 없는 것을 직접적으로 표현하게 해주는 것이다. 이런 편두통은 갑작스러운 공격성을 보이거나 복수심을 보이는 발작이며, 반대되는 감정이 공존하는 상태에서 발생하는 경향이 있다. 말하자면 사랑하기도 하고 증오하기도 하는 사람과 관련된 감정이 이런 발작을 일으키게 만든다. 이렇게 간접적으로 표현되는 증오심은 주로 편두통 환자가 부모나 자식들, 또는 배우자나 고용인과 맺고 있는 관계 때문에 생긴다. 필요하지만 참기는 어려운 종속 관계나 혹은 친밀감을 중심으로 되풀이되는 것이다(291~297쪽 사례 62, 79, 82, 84를 보라). 이런 반응의 특별한 형태는 **경쟁적인** 편두통이다. 편두통을 가진 부모에 대해 반대되는 두 감정이 함게 존재하는 상태에서 부모와 질병을 함께 겪고, 경쟁한다. 다른 질병의 경우처럼 가족들이 함께 편두통을 일으키는 많은 사례들을 설명하기 위해서는, 유전적이라는 단순한 관점보다는 오히려 이런 관점이 필요해 보인다(6장을 보라).

우리가 고려해야 할 마지막 패턴은 적개심이 내부로 향할 때 **자기 파괴적인** 발작을 되풀이하는 상습적인 편두통이다. 이런 편두통을 앓는 환자들은 심하게 피학적이고, 독기를 품고 있으며, 만성적인 우울증을 가지고 있다. 그리고 은근히 편집증적이며 자멸적인 경향이 뚜렷한 경우도 있다(292~293쪽 사례81을 보라). 그들은 대개 내적인 감정을 제대로 표현하지 못한다. 그래서 다른 방식으로 자기혐오의 감정을 동반할 가능성이 큰 것 같다. 이런 환자들은 여러 가지 의미에서 아주 심하게 병적이며 심한 괴로움을 겪는다. 그들은 필사적으로 저항하면서도 치료를 받으려고 한다. 만일 환자가 치료를 받아들인다면, 노이로제와 같은 형태를 보이는 분열성 편두통보다 치료될 가능성은 훨씬 더 높다.

물론 우리가 지금까지 만들어낸 넓은 범주를 넘어서는 편두통의 특별한 용도는 수없이 많다. 특히 많은 종류가 가혹한 오해나 처벌 때문에 일어나는데, 예를 들면 학교를 싫어하는 아이들을 억지로 학교에 가게 했을 때 일어날 수 있는 발작이다. 기능성 질병들(예를 들어 편두통 발작, 구토, 설사, 천식, 노이로제 증상들이 반복적으로 일어나는 질병들)은 감히 직접적으로 말하지 못하거나 말할 수 없는 고통으로 관심을 돌리게 만듦으로써, 적어도 그동안에는 학교생활의 엄격함과 두려움에서 아이를 보호하는 역할을 한다.

이런 발작 때문에 견디기 어려운 상황에서 해방되었던 유명한 인물들 가운데에는, 편두통을 가졌던 포프Pope와 노이로제성 발작을 일으키곤 했던 기번이 있다. 기번은 말년에 이렇게 썼다. "내 병의 증상은 격렬했을 뿐 아니라 다양한 형태로 나타났다. (…) 그래서 나는 웨스트민스터학교를 자주 결석할 수밖에 없었다. (…) 이 기묘한 신경성 병 (고통스러운 다리근육의 수축 등) 때문에 (…) 나는 허약했고 그래서 공개강좌의 시간과 규율을 감당할 수 없었다. (…) 나는 학교생활이나 동급생들의 모임에서 나를 구해준 이 허약함을 은밀하게 즐겼다." 마침내 학교에서 놓여나고 옥스퍼드대학에 들어간 뒤에는 이러한 기번의 증상은 "아주 놀랍게도 사라져버렸고" 다시는 돌아오지 않았다.

우리는 편두통의 정서적인 배경에는 그 종류가 많고 다양하다는 것을 안다. 그리고 심리 상태와 외적인 발작 사이에는 단순한 관계가 아니라 여러 형태의 관계가 있어야 한다고 생각할 것이다. 우리는 상황성circumstantial 편두통을 상황에 따른situational 편두통과 구별함으로써, 이 둘의 생성 메커니즘에 중요한 차이가 있을지 모른다고 말한 적이 있다. 알고 있는 것처럼 앞엣것은 분노, 공포, 희열, 성적인 흥분 등과 같이 강렬하고 열정적인 흥분에 의해 즉각적이며 극적으로 촉발된다. 뒤엣것은 반대로, 오랜 기간 동안 직접 또는 제대로 표현되지 못한 정서적인 긴장, 충동, 욕구 등과 같은 것들 때문에 발생한다. 그런 것들로는 공격적이고 파괴적이며 선정적인 충동, 불안한 긴장, 강박적인 긴장, 가학적이고 피학적인 요구 등이 있다. 이런 만성적인 정서적 요구와 긴장들은 자주 억압되고 의식과 일치되지 않는다. 그래서 상황성 편두통은 압도적인 감정에 대한 반응이며, 상황에 따른 편두통은 만성적으로 억압된 정서적인 충동의 표현이라고 생각하는 것이 최선인지에 대해 처음부터 궁금증을 품었던 것이다.

이제 그동안 검토한 자료를 바탕으로 문제의 핵심으로 들어가서 감정이나 억압된 정서가 어떻게 편두통을 만들어내는지 검토해보아야 한다. 이것은 프로이트가 "마음에서 몸으로의 신비스러운 도약"

이라고 지적한 영원한 문제 가운데 특별한 경우다. 그리고 마음과 몸의 관계에 대한 논의는 하기에 따라서 아무런 의미가 없는 것이 될 수도 있기 때문에, 이 일은 매혹적인 만큼 위험하다. 우리는 가지고 있는 정보가 충분하지 않음에도 불구하고 그 상태에서 많은 것을 다루어야 한다. 그러나 우리는 언제나 임상 증거와 함께할 것이며, 원칙적으로 어떤 주장도 충분히 증명될 수 있거나 반증될 수 있도록 할 것이다.

이 문제를 다루면서 시작하기에 좋은 최고의 지침은 다윈의 유명한 감정 표현의 원칙들이다. 이는 1872년에 제안되었고, 그 이후 이 주제에 대해 쓰여진 모든 것들의 지적인 선구자였으며 우리 논의의 핵심을 구성한다. 다윈 이후 이 주제를 다룬 것으로는 제임스-랑게James-Lange의 노작인 감정 이론, 프로이트의 전환 메커니즘 이론, 캐넌과 셀리에의 실험, 그리고 심신의학에서 현대적인 사고방식을 구성하는 전체 이론 구조가 있다. 다음은 다윈의 원칙 가운데 세 번째인 "신경계의 직접적인 작용"에 대한 설명이다.

(…) 특정 심리 상태를 표현한 것으로 볼 수 있는 어떤 행동은 신경계 구조의 직접적인 결과다. 이 행동은 처음부터 의지로부터 독립적이었고, 그리고 습관으로부터도 매우 독립적이었다.

이런 직접적인 작용은 운동신경이나 자율신경의 성질 때문일 수 있는데, 아마 대개는 자율신경의 성질 때문일 것이다. 다윈은 떨림과 같은 것을 운동신경이 작용한 예로 들었고, 샘腺의 분비나 혈관운동신경의 활동, 내장 활동 등은 자율신경이 직접 작용한 예로 들었다. 직접적인 작용은 고통이나 분노, 공포를 느낄 때처럼 "감각중추가 강하게 흥분했을 때" 나타난다. 그리고 이런 상황에 대해 다윈은 이렇게 주장한다. "신경의 힘이 충분히 만들어지면, 신경세포 간의 연결에 따라 특정한 방향으로 전달된다."

감정의 이런 표현들은 극단적으로 드라마틱하지만, 거칠고 상투적이어서 섬세한 감정을 표현하는 데는 적당하지 않다. 이런 것들은 다윈의 첫 번째 원칙, "유용한 연관된 습관serviceable associate habit"에 따라 표현되고 자유롭게 변경된다.

어떤 복잡한 행동들은 특정 심리 상태에서 어떤 느낌이나 욕망 등을 해소시키거나 충족시키는 데 직간접적으로 도움이 된다. 그러고 나면 같은 심리 상태가 될 때마다, 이미 필요가 없어진 경우라고 하더라도, 마치 습관과 연상의 힘이 작용하는 것처럼 같은 동작을 하게 된다.

이 원칙은 '복잡한 행동'(동작이든, 자율신경 반응이든)이 어떤 심리 상태를 보여주는 것이며, 습관과 연상(학습, 조건화, 계승)의 힘을 통해 특정 심리 상태를 나타내는 육체적인 상징이 된다는 뜻이다.

다윈은 많은 형태의 감정 표현이 이런 원칙들 모두를 활용한다는 것을 잘 알고 있었다. 예를 들어 눈물을 흘리는 것은 상징적인 움직임이 무의식적인 분비작용과 결합된 것이다("슬픔으로 고통스러운 사람은 자신의 모습을 통제할 수 있을지는 몰라도 눈에 눈물이 고이지 못하게 할 수는 없다"). 비슷하게 신경계의 직접적인 작용 때문이기는 하지만, 분노의 표식은 "극도의 고통으로 앓고 있는 이의 아무 의미 없는 몸부림과 다르다. 왜냐하면 정도의 차이가 있을지는 모르지만, 그들은 분명히 적과 싸우거나 공격하는 행동을 보이기 때문이다"(다윈, 1890, 74쪽).

이제 우리는 이런 원칙들이 어떻게 만성적으로 억압된 감정을 표현하는 데 쓰일 수 있는지, 그리고 다윈의 용어를 그대로 사용해서,

아주 복잡한 그 반응을 편두통으로 간주할 수 있을지에 대해 생각해 보아야 한다. 그러기 위해서는 비록 다윈의 개념을 확대한 것에 지나지 않는 것이긴 하지만, 새로운 용어를 소개할 수밖에 없다. 다윈이 "유용한 연관된 습관"이라고 말한 것을 우리는 '전환'이라고 부를 것이다. 또 "신경계의 직접적인 작용"은 '자율신경 노이로제'라고 할 것이다. 이런 정신병리학적인 용어는 그것들이 비롯되었던 생물학 용어보다 좁고 구체적인 의미를 띠며, 감정을 생리학적으로 표현한 것이다. '전환' 반응과 '자율신경 노이로제'가 생기는 정서적인 이유는 직접적으로 표현할 필요가 있었던 것이 억압되거나, 최소한 거부되었다는 의미이기도 하다.

이런 용어의 사용은 정신분석의 고전적인 문헌에서 잘 드러난다(프로이트, 1920, 393~399쪽).

두통이나 통증, 예민해진 기관, 기능의 약화나 억제 등과 같은 실제 노이로제 증상들이 마음에게는 아무런 '의미'가 없을 뿐 아니라 조금도 중요하지 않다. (…) 이런 증상들은 순전히 육체적인 문제일 뿐이다. 복잡한 정신적인 메커니즘(즉 전환 메커니즘)과 상관없이 생겨나는 것들이다. (…) 그러나 그렇다면 그것들이 어떻게 우리가 마음에서 작용하는 힘으로 알고 있는 리비도의 표현일 수 있을까? (…) 그 대답은 아주 간단하다.

프로이트가 제안한 그 "아주 간단한 대답"이란, 이런 증상들은 '성적 독소sexual toxin'의 불균형 상태인 성적 장애가 만들어내는 직접적인 결과라는 것이다. 만일 우리가 프로이트의 놀랍고 이례적인 성적 독소라는 가설을 잠깐 잊어버린다면, 아주 일반적인 용어로 이렇게 말할 수 있다. 이런 노이로제들은 정서적 긴장이 오랫동안 지속되면 나타나는 전형적인 증상으로 직접적인 신경 작용의 결과다.

전환(히스테리) 증상을 만들어내는 것에 대해서는 근본적으로
다른 메커니즘으로 설명되었다. 이런 증상들은 성정체성을 대신 떠맡
게 된 몸의 특정 기관과 부위가 겪게 되거나, 혹은 몸의 특정 기관과 부
위에서 나타난다는 것이다. 다음은 프로이트의 설명이다.

> 이런 기관들은 생식기를 대신하는 것처럼 작동한다. (…) 성생활과 관련
> 된 것이 분명치 않은 기관들에도 무수히 많은 감각기능과 신경이 분포
> 되어 있고, 사람들은 뒤틀린 성적 욕망을 채우기 위해 그것들을 찾아냈
> 다. (…) 특히 영양을 섭취하거나 배설하는 기관이다.

자율신경 노이로제와 전환 증상 사이에 있는 이런 분명한 차이
에도 불구하고, 경우에 따라서는 이 둘을 구별하기 어려울 수도 있다.
왜냐하면 서로가 합쳐지거나 대체되기 때문이다. 프로이트는 그래서
무척이나 중요한 조건을 덧붙여야 했다. 다음은 프로이트의 설명이다.

> 노이로제 증상은 대개 정신신경증psychoneurotic 증상의 핵심으로 초
> 기 단계에 나타난다. (…) 그런 예는 히스테리성 두통이나 요통에서 찾
> 아볼 수 있다. 분석해보면, 그것은 응축과 대체라는 방법을 통해 리비도
> 의 환상 또는 기억의 대리 만족이 된다는 것을 알 수 있다. 그러나 성적
> 독소의 직접적인 증상이며, 성적 흥분의 신체적 표현인 통증은 한꺼번
> 에 나타난다. (…) 리비도의 흥분이 육체에 미치는 효과는 모두 히스테
> 리 증상이 형성되는 목적에 봉사하도록 특별히 조절된다. 그것들은 진
> 주층 안에서 진주조개가 감싸는 모래알과 같은 역할을 한다.

편두통을 이해하는 데 이런 개념들이 어떻게 적용될 수 있을까? 격렬한 정서장애가 만들어내는 단발성 발작이나 정서의 만성적인 긴장 때문에 반복적으로 일어나는 발작을 이해하는 데 이런 개념들이 어떤 도움을 줄 수 있을까? 이것들은 자율신경 노이로제인가, 아니면 전환 증상인가, 그것도 아니면 둘 다인가?

이 주제를 다룬 문헌들의 내용은 혼란스럽기도 하고 헷갈리게 만들기도 한다. 어떤 저자들(예를 들면, 알렉산더(1950), 푸르만스키Furmanski 외 (1952))은 편두통을 자율신경 노이로제라고 생각했고, 또 다른 저자들(예를 들면, 도이치Deutsch(1948))은 편두통을 전환 반응이라고 보았다. 도이치는 편두통과 심신성 증상 전부를 변환 메커니즘의 결과물이라고 보는 구파舊派의 대표적 인물이다.

> 끊임없는 전환 과정은 정상적인 사람 누구에게나 일어나는 것으로, 건강을 유지하려면 꼭 필요하다. 예를 들면 얼굴 홍조, 지나친 발한 작용, 설사, 편두통 발작 같은 것을 생각해볼 수 있다. (…) 이것들은 모두 억압된 리비도를 배설하는 것이다. (…) '전환들'은 개인의 본능적인 충동을 자신이 몸담고 살아가고 있는 사회의 문화적인 요구에 적응시키기 위해 필요한 끊임없는 정신역학적인 과정이다. (…) 누군가 이렇게 말할지 모른다. 인간은 아주 불행해지거나 아니면, 가끔이라도 병에 걸릴 수 없다면 노이로제 속으로 멀리 도망가게 될 것이다.

우리는 도이치의 말에 동의할 수밖에 없다. 기능성 질병은 언제나 우리 모두에게 견딜 수 없는 감정이나 혹은 노이로제성 방어벽의 구축에 대한 대안이 될 수 있다. 그러나 이런 병을 모두 전환 증상이라고 설명하는 그의 의견을 지지할 수는 없다. 만일 그의 말이 맞다면, 우리는 다윈이 설명했던 신경계의 직접적인 작용이라는 훨씬 더 일반적인 원칙을 전혀 이해할 수 없게 된다. 특히 알렉산더는 전환이라는 개념을 정신-신체적 증상에 무차별적으로, 또는 지나치게 확대 적용할 수 없게 만드는 강력한 예외를 가지고 있었다. 그는 그 대신에 작용하는 '근본적으로 다른' 메커니즘 두 가지를 알고 있었고, 그 차이를 다음과 같이 설명했다(알렉산더, 1948).

> 나는 다음과 같은 원래 내 생각을 그대로 가지고 있다. 히스테리성 변환 현상은 수의적인 신경 근육과 감각의 지각 시스템 증상에 제한되며, 그 증상들은 자율신경에서 발생하는 심인성psychogenic 증상과 구별된다는 것이다. (…) 히스테리성 전환 증상들은 정서적 긴장이 성숙한 운동신경의 행동을 통해 적절한 배출구를 찾을 수 없을 때 나타나는 대리 표현이다. (…) 정서적 긴장은 그런 증상들에 의해 최소한 부분적으로라도 해소된다. 우리는 자율신경 노이로제의 영역에서 일어나는 특이한 정신역학적·생리적인 상황을 다룬다. (…) 여기서 육체적인 증상들은 억압된 감정의 대리 표현이 아니라, 이런 증상에 동반되는 일반적인 동반 증상이다.

전환 증상과 자율신경 노이로제에 대한 알렉산더의 구분법은 명확하고 간결하다. 이 구분법에 따르면 히스테리성 마비와 정서성 고혈압의 차이가 어떤 것인지, 말하자면 환자가 인식하지 못하는 변덕스러운 상징적 표현과 생리적인 표식의 근본적인 차이가 무엇인지 아주 명확해진다. 그런데 특정 자율신경증상에는 그의 구분법을 적용하기가 쉽지 않다. 여기서 알렉산더는 두 가지의 메커니즘이 함께 연관되어 있을 것이라고, 어느 정도 마지못해 인정하는 것 같다. 편두통은 그런 복잡한 장치의 두드러진 예로 볼 수 있고, 우리는 이런 관점에서 편두통을 다루어야 한다.

우리는 일찍이(1장과 5장에서) 감정적인 증상과 육체적인 증상이 동시에 일어나는 것이 '전형적인' 편두통의 모든 단계에서 나타나는 특징임을 강조했다. 그 동시성은 우리가 제임스-랑게 이론(제임스는 "감정이란 육체 상태에 대한 느낌일 따름이다"라고 주장했다)의 관점을 따르지 않으면 안 될 것처럼 느껴질 정도로 뚜렷하고 지속적이다. 예를 들면 분노와 같이 격렬한 정서적 흥분에 의해 촉발되는 상황성 두통은 이후에 어떤 부차적이고 상징적인 용도가 덧붙여지든 상관없이, 적어도 처음에는 자율신경 노이로제라고 볼 수 있다.

그러므로 분노성 편두통은 복합적이긴 하지만, 분노에 대한 전형적인 반응으로 볼 수 있다. 이런 발작의 초기 단계(초기 확장 단계라고도 한다)에는 정서적으로 과민성 분노가 나타나는 특징을 보이고, 생리적으로는 혈관과 내장 팽창, 체액 잔류, 요량尿量 감소, 배설물 잔류 등과 같은 일반적인 교감신경 방출 증상이 특징적으로 나타난다. 또 분노로 가득 차고 충격을 받아서 붓기도 한다. 그런 다음 이 발작은 고비(짧고 격렬한 구토, 갑작스러운 방귀 뀌기나 똥 누기, 재채기 등)를 맞거나 해소(이뇨, 발한, 누루 등)된다. 따라서 이런 분노 발작은 다혈증plethora으로 나타나고, 갑작스러운 내장의 사정(욕설을 내뱉거나 코를 푸는 것과 비슷하다)이나 느린 분비성 카타르시스(눈물 흘리는 것과 비슷하다)와 함께 해소된다. 감정 표현은 직접적인 신경 작용으로 이루어진다. 그리고 어떤 개념 작용의 중개나, 감정과 육체적인 증상을 통합하는 어떤 의식적 또는 무의식적 상징과도 상관없다. 프로이트의 용어를 빌리자면, 이런 편두통 증상들은 마음과 관련해서 아무런 '의미'도 없다. 이런 종류의 편두통은 필수적인 모든 원시적인 반응들처럼 정서적 경험과 그에 대한 생리적 대응이 지속적으로 공존하는 곳에서 시작된다.

그러나 상황에 따른 편두통에 대해서는 이처럼 기본적인 상황을 떠올릴 수가 없다. 왜냐하면 상황에 따른 편두통은 격렬한 감정 장애 증상이 아니라, 만성적이고 대개는 억압된 정서의 요구로 생겨나기 때문이다. 이 편두통은 감정에 대한 단순한 반응이 아니다. 오랫동안 있었던 정서적인 문제와 그 영향을 제쳐두고는 생각할 수 없는 것이다. 이 편두통은 여러 가지 기능을 가지고 있으며 효과적이다. 그리고 개인의 정서적인 효율을 위해서도 드라마틱한 역할을 한다. 이 편두통은 꿈이나 히스테리 증상, 노이로제 증상들처럼 정서적인 평형을 대단히 성공적으로(또는 조금 성공적으로) 이루어낸다. 만일 편두통이 특별한 용도로 쓰인다면, 그것은 그 환자에게 특별한 의미가 있어야 한다. 무엇인가를 나타내야 하고, 무엇인가에 대해서 말해야 하며, 무엇인가를 대신해야 한다. 그래서 우리는 그 편두통을 육체적인 병으로서만이 아니라 환자의 중요한 생각과 느낌을 번역해놓은 특별한 형태의 상징적인 드라마라고 생각할 수 있어야 한다. 만일 그럴 수 있다면, 우리는 마치 꿈을 해석하는 것처럼 이 편두통을 해석할 수 있다. 즉, 나타난 증상의 숨겨진 의미를 찾아야 하는 것이다. 환자에게 상황에 따른 편두통의 중요성과 특별한 전략적 가치는 이 편두통이 증상에 따른 역할이나 전환 증상으로 사용될 수 있는 생물학적인 반응을 대표한다는 데 있다.[2]

---

2   알렉산더는 이렇게 제안했다. 전환이라는 용어는 자율신경증상을 제외하고 운동신경과 감각기관의 증상에만 제한해서 써야 한다. 그러나 일반적으로 의식적이거나 무의식적으로 통제된다고 여겨지지 않는, 대부분의 자율신경 활동과 증상들은 사실상 상징으로 사용되며 적절히 변화된다는 충분한 증거가 있다. 가장 분명하고 유명한 예는 히스테리 징표에서 나타난다.
자율신경 작용도 학습된다는 아주 중요한 실험적 증거가 최근에 나왔다. 큐라레로 마비시킨 개의 자율신경을 훈련시킬 수 있었던 것이다. 심장박동수를 빠르게 또는

모든 편두통은 환자에게 어떤 의미가 있을 뿐 아니라, 발작의 개별적인 증상들도 모두 구체적이며 상징적인 중요성을 띠고 있다. 더 나아가 그 중요도에 따라 조절될 수 있다는 가능성을 인정해야 한다. 우리는 메스꺼움이나 구토가 편두통의 중요한 증상이라는 것을 알고 있다. 이런 것들은 일반적으로 혐오감, 주로 성적인 혐오감을 나타낸다. 그리고 대개의 심인성 구토가 그렇듯, 이것들은 혐오스러운(두려운, 미운) 상황이나 사람 등에 대한 배제를 나타내는 상징적인 의미로 해석될 수 있다.[3] 장의 활동도 처음에는 생리적인 필요나 주기성으로 결정되지만, 나중에는 똥이나 똥 누기에 붙여진 상징적인(무의식적인) 의미가 아주 큰 영향을 미치기도 한다. 여러 가지 상징적인 의미를 가진 변비와 설사는 가장 일반적인 기능장애며 또한 우리가 알고 있듯이, 대부분의 편두통에서 자주 나타나는 중요한 증상이기도 하다. 푸르만스키(1952)는 편두통 환자 100명의 성격을 연구하면서 이 집단에서 '구강적인 특성'과 '항문적인 특성'을 가진 환자가 얼마나 되는지를 알아본 적이 있다. 그러나 유감스럽게도 그는 이런 특성과 편두통 종류가 어떤 상관관계를 가지고 있는지에 대해서는 조사하지 않았다. 예를 들어, 우리는 이런 것이 궁금하다. 항문 집단에서 내장장애의 발생률이 높다면, 그와 반대인 구강 집단의 일반적인 환자는 구토성 발작 또는 심한 메스꺼움과 구토를 동반하는 편두통을 일으키는 경향이 있는가 하는

느리게 만들 수도 있고, 내장 근육을 이완시키거나 수축시킬 수 있으며, 한쪽 귀의 혈관이 팽창할 때 다른 쪽 귀의 혈관은 수축시키고, 위장의 수축을 통제하고, 오줌을 만들어내며, 혈압이나 다른 반응들도 통제할 수 있었다.

3   구토는 대개의 동물에게서 나타나는, 거부를 뜻하는 원시적인 반사다. 심인성 구토는 상징적인 의미에서 이런 반사의 재현으로 간주된다. 통증(감각, 감정, 개념)이 아픈 자극에 반응하는 반사작용인 것처럼, 메스꺼움은 감각이면서 동시에 태도다. '혐오감'이라는 감정과 개념은 분명히 거부를 위한 반사에서 비롯된 것이다.

것이다. 개별 증상이 가질 수 있는 상징적인 의미와 그것에 대한 해석
은 제쳐둔다고 하더라도, 우리는 편두통의 전체 발작 과정은 그 자체
로 타당한 해석을 하는 데 도움이 된다는 것을 이미 알고 있다. 예를 들
어서 만일 편두통이 고통스럽거나 혐오스러운 상황에 반응해 발생하
는 것이라면, 이것은 (그리고 이것에 수반되는 감정은) 그런 고통을 대신하
는 육체적인 통증으로 나타날(구체화될) 수 있고, 발작을 끝내기 위해서
는 내장과 샘腺의 배제성 활동이 상징적으로 나타날 수 있다. '캡슐성'
편두통의 역할과 거의 비슷한 이런 경우의 전체 발작은 연극 용어로
표현하자면, 정신생리학적인 팬터마임이나 혹은 불쾌한 내장의 환상
이 길게 나타난 것으로 이해될 수 있다.

　　앞에서 (육체적) 노이로제 증상이 히스테리성 허구의 시작 또는
핵심이 될 수 있다는, 프로이트의 관찰 결과를 인용했던 적이 있다. 편
두통에서도 이와 비슷한 현상이 나타날 수 있다. 최초의 육체적 증상
은 구체적인 정서적 요구나 환상과 관련되고, 그럼으로써 상징적인 것
이 된다. 그러나 편두통은 그 자체로 히스테리가 만들어낸 허구가 아니
다. 그 증상은 생리적인 반응에 뿌리박고 있는 실체다. 히스테리 증상
은 자의적이고 개인적이며 상상 속의 육체 이미지에 대해 반응하는 것
으로써, 어떤 생리적인 변화에 반응하는 것이 아니다. 히스테리에서 상
징은 곧 증상으로 나타난다. 상상 속에서 손은 흉기이기 때문에 마비
라는 형태로 억제되거나 형벌을 받을 수 있다. 그러나 히스테리성 마비
는 어떤 신경 장애에도 반응하지 않는다. 편두통 증상들은 생리적인
관계에 의해 치료되고 회복된다. 그러나 그 증상들은 육체의 알파벳
또는 원시언어가 되고 그 이후에는 상징으로 사용된다.4

　　그래서 우리는 상황에 따른 편두통을 그 환자의 요구와 상징이
새겨진 팔림세스트palimpsests◆를 읽는 자세로, 그러나 기초적인 생리

증상이라는 관점에서 해석해야 한다. 이런 해석은 전환 증상과 자율신 경증의 정의 모두에 겹치므로 둘 가운데 하나라고 한다면 적당치 않 다. 그러니 스타로빈스키Starobinski와 다른 연구자들이 지적했듯이, 알 렉산더가 사용한 상징적인 표현과 생리적인 반응이라는 기준은 두 개 의 다른 논리 영역에 속하며, 둘 가운데 하나만으로도 질병의 문제 모 두를 다룰 수 있다(리에프, 1959, 10쪽)는 사실은 그다지 놀라운 일도 아 니다.

우리는 이제 한 바퀴를 빙 돌아 처음에 출발했던 다윈의 개념 으로 돌아가야 한다. 신경계의 직접적인 작용으로 시작한 것이 차츰 '유용한 연관된 습관'이 되어간다. 그리고 감정에 대한 육체적인 표현으 로 시작된 것은 의식하지 못하는 사이에 서서히 전체 감정 상태에 대 한 암시 또는 표식이 된다. 몸의 반응에는 원시적인 육체 언어가 포함 될 수 있다. 예를 들어 편두통에는 불수의적인 얼굴 표정과 운동 동작 처럼 자율신경의 의도를 보여주는 한 묶음의 내면적인 동작이 있다.[5]

---

4   여기서 다루는 상징은 내장, 샘腺 등과 같은 내장 증상과 관련된 것이 아니라, 편두
     통의 여러 가지 증상들과 관련된 것이다. 몸의 표면과 달리 몸의 안쪽은 지형학적으
     로 인식되지 않는다. 그래서 사람들은 대개 내장의 형태나 관계에 대해 어처구니없
     는 이미지를 가지게 되는데, 히스테리와 심기증의 기묘한 증상에는 그 이미지가 환
     각으로 투영된다. 이것이 조너선 밀러 박사의 《문제의 몸The Body in Question》
     에서 신중하게 논의되었던 요점이다. 편두통의 경우에는 실제 증상에 상징적인 의
     미가 부여된다. 그러나 히스테리에서는 몸에 대한 상상의 모습 또는 도덕적인 모습
     에 덧붙여진다.
◆   원래의 글 일부 또는 전체를 지우고 다시 쓴 고대 문서. 고대 서양에서는 양피지에
     기록하는 경우가 많았는데, 양피지가 워낙 비쌌기 때문에 지우고 그 위에 다시 쓰는
     경우가 많았다.
5   개인적인 상징적 표현으로 사용되는 원시적인 신경 증상의 용도는 운동신경 메커니
     즘의 영역에서 이미 예시되었다. 입술을 단속적으로 삐죽거리는 병(슈나우츠크램
     프Schnauzkrampf)은 대뇌피질의 질병, 이마엽의 병변, 정신분열증 등에서 볼 수
     있다. 이것은 코를 후비거나 빠는sucking 반사처럼 이마엽의 억제가 줄어든 정도에

프로이트가 꿈의 상징에 대해 말했던 많은 것들이 편두통에서 나타나는 원시적인 육체적 상징에 적용될 수 있다. 프로이트는 꿈이 상징하는 것은 원시적이고 일반적이며, 개인적으로 학습된 것이라기보다는 타고났으며, "아주 오래되었지만 이제는 쓸모없게 된 표현"을 사용하는 퇴행적인 표현 방식이라고 보았다.[6] 이처럼 편두통 증상들과 다른 많은 정신-신체적 증후군들도 신경계의 작용과 구조에서 선택한 상징을 보면, 아주 오래된 일반적인 형태의 표현으로 복귀하는 것 같다. 그리고 필요하면 언제든지 사용할 수 있는 상태로 보인다.[7]

우리는 편두통에는 수많은 변종, 변이, 변형이 있고, 이런 것들 가운데 하나가 다른 하나와 '같은 것'으로 거의 호환될 수 있다는 중요한 사실을 되풀이해서 강조해왔다. 가워스도 이 점에 대해서 힘주어

따라 다르게 발생한다. 그럼에도 불구하고 이것은 특히 정신분열증에서 상징적 목적에 추가적으로 도움이 될 수 있다. 블로일러는 이렇게 말했다. "슈나우츠크램프는 입술 돌출을 통제하는 근육의 긴장 때문에 생기는 국부적인 수축이라기보다는 경멸을 표현하는 모습으로 보기 쉽다. 이 병이 특징은 정신적인 영향을 받아 극심하게 변화한다는 것이다. 그 변화의 폭은 제로에서 극한점까지다. 이런 변화의 이유는 정신적인 문제에서 찾을 때에만 그 성질을 이해할 수 있다"(블로일러, 448쪽). 훨씬 더 많은 예는 지겨움을 나타내는 하품의 용도에서 찾을 수 있다.

6 "꿈꾸는 사람은 자신이 전혀 모르는 상징적인 표현 형식을 마음대로 사용한다. (…) 꿈에서 쓰이는 이런 상징적·비유적인 표현들은 새로이 만들어지는 것이 아니라 아무 때나 쓸 수 있도록 완벽하게 준비되어 있다. (…) 우리는 많은 사람들에게서 나타나는 모습으로 미루어볼 때 그러리라고 짐작한다. (…) 우리는 여기서 아주 오래되었지만, 이미 쓸모없어진 표현 형식이라는 것을 느낄 수 있다. (…) 그것은 우리가 오래전에 지나온 옛날의 지적인 발달 단계에서 쓰였던 것이다. (…) 이런 것들을 보면 상징은 절대로 개인적으로 학습된 적이 없는 표현 형식이며, 인종적인 유산으로 보아야 한다."(프로이트, 1920)

7 훨씬 더 오래된 고대의 표현 형식은 알레르기 반응이 가진 상징적인 의미에서 찾아볼 수 있다. 알레르기 반응은 개인의 정서적인 효율을 위해 생기는 세포와 조직 수준의 반응이다. 우리는 정서적으로 촉발된 알레르기 반응이 편두통과 함께 나타나거나 육체적인 표현을 대신하는 경우가 얼마나 많은지 잘 알고 있다.

강조했지만, 그 이유에 대해서는 설명하지 못했다. 그는 단지 이렇게 말했을 뿐이다. "우리는 그 신비스러운 관계를 알 수는 있지만 설명할 수가 없다." 많은 가능한 선택지 가운데서 환자가 특정 시점에 '선택'할 특정한 형태의 발작이 정해지는 요인이 무엇인지는 정확하게 알 수가 없다. 다만 우리는 환자에 따라서 한 종류의 편두통 형태만을 일으키는 특별한 생리적 특이체질, 우선 경로, 메커니즘을 가지고 있으리라고 짐작한다. 그리고 이런 경향은 특히 희귀하고 고정된 형태의 편두통, 예를 들어 편두통성 신경통의 반신마비 발작과 같은 경우에 특히 강하지 않을까 싶다. 그러나 대개의 경우 이런 생리적인 요인들이 임상 패턴을 크게 변화시키기에는 약하거나 상대적인가 하면, 불안정해 보이기도 한다. 그러므로 다음과 같이 짐작할 수밖에 없다. 이런 생리적인 요인들은 심인성 결정 요인들에 종속되며, 결국 다른 모든 요인들을 지배하고 변화시키는 심인성 결정 요인들이 수많은 편두통 반응 가운데 어떤 형태를 취할지를 결정하리라는 것이다. 또 가워스가 말한 "신비스러운 관계"란 다른 종류의 발작이 서로 같은 의미로 사용되는 상징적인 관계가 아닌가 싶다.

이 장과 앞 장에서 편두통의 전략적인 기능에 대해 정의해보려고 했다. 그리고 편두통을 결정하는 요소들의 계층구조에 대해 알아보았다. 이 계층구조는 유기체의 아주 일반적인 반사에서 시작해서 다양한 생리적인 특이체질을 거쳐, 개별 환자가 가진 구체적인 전환 메커니즘까지 관련되어 있다. 또 우리는 이렇게 가정했다. 만일 편두통의 기반이 일반적인 적응 반응에 기초를 두고 있다면, 그 상부구조는 환자 개개인마다 다른 필요와 상징적인 표현에 맞춰 구성되었으리라는 것이다.

이제 우리는 6장의 딜레마였던, '편두통은 선천적인가, 후천적인가' 하는 질문에 답할 수 있게 되었다. 답은 그 둘 다라고 할 수 있다.

고정적이고 포괄적인 속성으로 보면 선천적이다. 그러나 변화가 심하고 구체적이라는 속성으로 보면 후천적이다. 모든 언어의 일반적인 '심층 문법'은 선천적이고(촘스키), 모든 특정 언어는 학습되는 것과 비슷한 이 치다.

걷기는 기본적으로 척추 반사지만, 점점 더 높은 수준으로 정교해지면 마침내 우리는 어떤 사람이 그의 방식으로 걷는다는 것을 인식할 수 있게 된다. 편두통 역시 이와 비슷하다. 반사로 시작되기 때문에 각 단계에서 생기는 특성을 그러모아 하나의 독특한 창조물이 될 수 있다.

결론

편두통이라는 과정(또는 병)은 중심뇌에서 비롯된 흥분과 억제의 순환과정이며, 신경계의 패턴과 시간축을 따라 광범위하게 변화한다. 중심뇌는 국부적(혈관성)이고 시스템적(화학적)인 장애 때문에 그런 역할을 하게 되는 것 같다. 이런 장애는 그 발생 형태나 방식에서 역할 중재지로서, 그리고 뇌줄기 활동의 원초적이고 신경생리학적인 장애에 대한 2차적이라는 점에서 아주 다양하게 나타난다.

편두통이 아주 복합적이고 다목적적인 반응이라는 느낌을 사람에게서 받기는 아주 어렵기 때문에 그런 표식이 될 만한 것이나 비슷한 것을 하등동물에서 찾아보았다. 그래서 마치 동물들이 안팎으로부터의 위협(추위, 열, 탈진, 통증, 질병, 그리고 적들)에 대응하기 위해 선택하는 반응처럼, 부교감신경의 특성을 띤 수동적인 보호성 반사라는 넓은 영역에서 반응으로 분화된 것이 편두통이라고 생각하게 되었다. 편두통과 같은 이런 반사적인 반응들은 모두 투쟁-도주 반응과 달리 퇴행이나 무력증과 구별된다.

그래서 결국 편두통은 정서 생활과 관련해서 많이 경험되고 많이 쓰이는 것이라고 결론 내렸다. 어떤 사람에게는 정기적으로 재발하는 발작들이 '질병으로 도망'갈 수 있게 해주는 것이며, 그런 도망의 목적은 노이로제성 또는 히스테리성 행동의 이유만큼이나 다양하다. 확실치는 않지만 편두통의 특정 증상이 특정한 감정 또는 공상과 관련되어 있을지도 모른다.

편두통에는 이렇게 정신의 영향을 받는 세 가지 형태가 있는 것 같다. 첫째는 어떤 증상과 감정 사이에 있는 생리적인 관계를 타고났다는 점, 둘째는 얼굴 표정으로 의도를 나타내는 것처럼 심리 상태와 특정 육체적 증상 사이에 상징적으로 같은 의미가 미리 정해져 있다는 점, 셋째는 히스테리 증상이 만들어질 때와 마찬가지로 육체적 증상과 상상이 결합된 상징적 표현이라는 점이다.

이런 메커니즘 가운데 어떤 것을 선택하든 편두통은 직접적으로, 또는 적절하게 표현할 수 없었던 감정을 간접적이지만 효과적으로 드러낸다. 이런 점에서 편두통은 다른 많은 정신-신체적 반응과 비슷할 뿐 아니라, 몸의 언어나 꿈의 언어와도 비슷하다. 이런 언어들 가운데 우리는 원시적인 언어를 선택한다. 그 언어는 말이라는 언어 이전에 시작되어 진화해온 것이다. 왜 우리는 언어를 사용하면서도 자율신경 증상이나 몸짓이나 이미지의 언어를 계속 사용하고 있는 것일까? 이런 행위는 퇴행적인 것이지만, 결코 폐기되지는 않을 것이다. 비트겐슈타인은 이렇게 말했다.

"보여줄 수 있는 것은 말로 표현되지 않는다."

"인간의 몸은 인간의 정신을 보여주는 최고의 그림이다."

4부

편두통 치료법

지금까지 편두통의 성질에 대해서 규명할 수 있는 만큼은 기술했다. 여기서는 '치료법'을 자세하게 다루려고 한다. 생각하기에 따라서는 이런 작업이 필요 없을 수도 있다. 그것은 '실어증'을 다루면서 언어장애 치료법을 꼭 다루어야 하는 것은 아닌 것과 같다. 물론 치료법은 이미 다루었던 내용 속에 내포되어 있었다고도 볼 수 있다. 그러나 잘 생각해보면, 우리가 다루는 이 주제는 실어증이라는 주제와 비교할 수 없다는 것을 알 수 있다. 편두통은 아주 흔하고, 환자는 지독하게 고통스럽다. 편두통은 환자가 일상생활을 하지 못할 정도로 무기력하게 만든다. 반복해서 발작을 일으키면서도 양성이다. 게다가 환자와 의사 모두 이를 오진하거나 잘못된 치료법을 사용하기 쉽다.

우리는 이 책의 앞부분에서 편두통의 생태에 대해 설명하면서 논리적으로 모순되지 않도록, 그리고 일관성을 유지하기 위해 애썼다. 치료법적인 접근을 위한 대부분의 내용은 당연히 앞서 다루었던 것들의 영향을 받게 될 것이다. 그러나 의학은 논리적으로 일관된 용어로 단순화할 수 있는 것이 아니다. 의학은 수많은 변수와 불가해한 것들, 무엇보다 의사와 환자의 신뢰 관계와 같은 '마법'과 관련된 것이다.

14장
편두통을 관리하는 일반적인 방법

전체 인구 중 대략 10분의 1이 일반 편두통으로, 50분의 1이 고전적 편두통으로, 그리고 아주 적은 수의 사람들이 희귀한 편두통 변종(편두통성 신경통, 반신마비 편두통 등)으로 고통받고 있다. 아마 그보다 더 많은 사람들이 편두통 유사증상과 독립적인 아우라에 시달리고 있을 것이다. 그러나 이런 증상들은 오진되는 경우가 많기 때문에 그 수를 짐작할 길이 없다. 두통은 진료하는 의사들에게 가장 많이 호소되는 통증임에도 불구하고, 실제로는 아주 적은 수의 편두통 환자들만이 의학의 도움을 받고 있다. 이런 환자들의 발작은 잦거나 심각하며 유난스럽다. 이 장에서 다룰 내용은 바로 이들에 관한 것이다.

의사는 먼저 진단자가 되어야 하고, 그런 다음 치료자 또는 조언자로서의 역할을 해야 한다. 진단에는 두 가지 일이 포함된다. 무슨 병인지 확인하고, 그 병의 원인을 설명하는 것이다. 환자에게서 자세하게 이야기를 듣거나 발작을 보았을 수도 있다. 적절한 검사를 모두 한 다음 환자의 병이 정기적으로 재발하는 편두통임을 확신하게 되었다고 하자. 경우에 따라서는 초기의 병력만으로도 발작의 패턴과 주요 원인들을 충분히 설명할 수 있다. 아마도 이런 경우는 주기성 편두통(발작이 생활 스타일과 상관없이 대개 2~8주 간격으로 반복된다) 종류이거나 상황성 편두통(흥분, 탈진, 알코올 등과 같이 분명하게 발작을 촉발하는 구체적인 상황과 관련되어 있다)일 것이다. 그러나 쉬 알아볼 수 있는 전조증상이 없는데도 아주 잦은 발작으로 심하게 고통받는 다수의 환자 집단이 있다. 이런 환자들은 편두통을 촉발하는 요인들이 드러날 때까지 되풀이해서 관찰해야 하고 조심스럽게 검사해야 한다. 반복되는 편두통의 패턴과 촉발 요인을 밝혀내는 데 특히 유용한 두 가지 보조 수단이 있다. 편두통 일기와 일상적인 일을 기록하는 보통의 일기, 이 두 종류의 일기를 기록해나가는 것이다. 이 기록들은 발작을 촉발하는 뜻밖의 상황에 대한 정보를 준다. 두 번째는 (의사가 그럴 필요가 있다고 판단한다면) 아주 중요한 정보를 제공해줄 수 있는 가족이나 가까운 친척과 인터뷰를 하는 것이다.

의사는 무슨 말을 하든, 무엇을 하든 환자를 위한 치료자임을 잊어서는 안 된다. 의사는 환자를 한 번 볼 수도 있고, 여러 번을 볼 수도 있다. 정신과 의사라면 천 번쯤 봐야 할지도 모른다. 의사가 조언하고 치료하고 또는 분석하고, 어떤 방법을 선택하든 언제나 가장 중요하게 생각해야 할 것은 환자와의 관계다. 의사와 환자의 관계에서 만들어지는 의사의 권위, 공감, 무형의 무의식적인 유대감 같은 것들은 의사의 말이나 행동만큼이나 중요하다. 이런 관계는 특히 기능적인 질병을 가진 환자를 치료할 때 무척이나 중요하다.

약물 사용은 처음부터 문제가 되기 쉽다. 꺼릴 수도 있고, 희망을 가질 수도 있고, 독단적일 수도 있다. 편두통 치료를 위해서 수많은 약물이 사용되었고, 그것들 가운데 많은 약이 성공적이었지만 구체적인 효과가 증명된 약은 거의 없다(15장을 보라). 그리고 환자나 의사 모두 약물에 대한 입장은 극단적으로 다양할 수밖에 없다. 내 입장은 일반적으로 이렇다. 환자를 처음 한두 번 보았을 때라고 해도 급성인 발작에 대해서는 나타난 증상에 맞춰 처방을 한다. 동시에 환자에게 그 약을 쓰는 이유에 대해 분명히 설명해준다. 이것이 편두통 치료를 위한 약물요법에 대한 내 생각이다. 아주 심한 고통을 받고 있는 환자에게 약을 처방해주지 않는 것은 잔인한 일일 뿐 아니라, 그래야 할 이유도 없다. 그러나 이것은 어떤 약물치료든 그것을 심각한 편두통이 자주 반복되는 환자를 치료하는 유일한 방법으로 사용하는 것과는 전혀 다른 문제다. 약물치료법은 환자의 상황과 그가 겪고 있는 편두통에 대해 충분히 이해한 다음, 보조적이며 임시변통적인 방법으로 사용하기를 권한다. 물론 환자가 다른 치료법을 거부하고 약물치료(또는 알레르기나 히스타민 '탈감작요법' 등)만을 주장한다면, 그가 원하는 방법으로 치료해야 한다.

편두통 환자에게 쓸 만한 일반적인 치료 수단은 세 부분으로 나누어 설명할 수 있다. 발작을 촉발하는 상황을 피하도록 하는 것, 전반적인 건강 향상, 그리고 마지막으로는 사회적·정신적인 치료법이다. 앞의 두 가지 치료는 병행할 수도 있다.

일반적인 치료법과 발작을 촉발하는 상황 피하기

의사의 전통적인 역할 가운데 하나는 환자에게 이렇게 말해주는 것이다. 걱정하지 말라, 휴일을 즐기라, 충분히 운동하라, 밤에 너무 늦게 잠들지 말라 등이다. 이런 충고는 편두통 환자들에게도 해당되는 것인데, 히포크라테스 이래로 성공적이었다. 2세기에 쓴 아레타에우스의 글을 보면, 간질과 편두통을 가진 환자에게 이렇게 권했다.

도금양과 월계수 나무 아래에 있는 구불구불하지 않고 바람이 잘 통하는 장소에서 오랫동안 산책하라 (…) 오랫동안 걷는 것이 좋다. (…) 땀이 나고 열이 날 만큼 격렬하게 운동하고 (…) 조급하게 굴지 말고 열정적인 성품을 기르도록 하라.

그로부터 17세기가 지난 뒤, 피터(1853)는 이렇게 주장했다. 편두통에 대한 '위생적인' 치료법은 약을 사용하는 것만큼이나 중요하다고 덧붙이고는, 아레타에우스의 조언을 정교하게 다듬었다.

활기찬 생활 방식, 식습관, 운동이 필수적이다. 많이 움직이지 않는 습관을 가진 사람이나 정신노동이 심한 사람, 잠이 부족한 사람은 생활습관을 반드시 고쳐야 한다. (…) 지나친 걱정이나 지나치게 신경 쓰는 일을 피하라. (…) 홍차를 삼가라. (…) 집에서나 해변가에서의 샤워나 소금물 목욕은 도움이 된다. (…) 장운동이 규칙적일 수 있도록 하고 (…) 위와 간의 기능이 제대로 활동할 수 있도록 건강한 상태를 유지하라. (…) 그리고 자궁을 가진 사람들은 생리가 있을 때 매우 주의하라. (…) 과도한 쾌락, 업무, 슬픔, 폭식으로 몸을 소진시키는 사람들은 계속 두통을 달고 살 것이다.

편두통이 사회적 계층을 가리지 않고 발생한다는 것을 알았던 리베잉(1873)은 편두통을 일으키는 생활환경을 가진 기억해둘 만한 두 종류의 집단에 대해서 말했다. 한 집단은 다음과 같은 이유로 편두통을 앓게 된다.

부실하고 불충분한 식습관으로 인한 피로 (…) 여성들의 경우에는 너무 잦은 모유 수유나 출산 (…) 너무 오랜 시간 노동을 하거나, 건강에 나쁘고 환기가 잘 안 되는 좁은 공간에서 일하며, 혼잡한 곳에 거주하게 되는 직업을 가진 사람들 (…).

리베잉은 런던의 빈곤층을 위해 좀더 나은 생활환경, 적절한 식사, 강장제 등을 제안했다. 그러나 안타깝게도 리베잉은 그들을 도와줄 수 없었다. 사회 개혁이 의술보다 앞서 이루어져야 했기 때문이다. 편두통에 시달리기 쉬운 두 번째 집단은 다른 계급의 사람들이었는데, 이들은 학생들이나 전문직을 가진 사람들로서 다음과 같은 상황에 묶여 있었다.

전문가로서의 입지를 쌓아가기 위한 경쟁과 노력 (…) 업무에 대한 책임과 압박, 상업적인 투기로 인한 경쟁과 흥분 (…) 또는 점점 더 커지는 가족 부양에 대한 압박감으로 나빠지는 건강….

리베잉은 이런 사람들에게 야망을 줄이고 스스로를 덜 몰아세우며, 정신적으로나 도덕적으로 좀더 편해지라고 권했다. 이런 충고를 하기는 쉽지만, 이는 거의 받아들여지지 않는다. 현대의 의사인 앨버레즈는 이렇게 말한 적이 있다. "두통에 시달리는 교수보다 건강하고 행복한 농부가 훨씬 더 나을 것이다!" 그러나 그는 두통에 시달리는 교수로 살았다.

아레타에우스에서 앨버레즈까지 거의 그대로인 이 내용을 의사들은 환자들에게 의무적으로 열심히 권하지만, 대개는 공염불에 불과하다. 만일 환자들과 상담하면서 편두통 발작을 일으키는 구체적인 상황을 방지할 수 있는 방법을 일러줄 수 있다면, 의사들의 입지는 더욱더 탄탄해질 것이다. 그러한 상황(많은 사례들이 8장에서 열거된 바 있다)들은 수없이 많다. 얼마나 많이, 얼마나 정확하게 그 상황을 찾아내느냐 하는 것은 의사의 통찰력에 달렸다.

어떤 환자들은 일정한 주파수로 반짝이는 빛에 민감한데, 이런 경우 환자에게 민감하지 않은 주파수로 빛을 주사走査하도록 텔레비전을 조절해야 한다. 또 어떤 환자들은 식사를 한 끼라도 거르는 것을 견디지 못하는데, 거꾸로 부담스러운 식사를 견디지 못하는 환자들도 있다. 편두통 발작을 각오하지 않고는 술을 한 잔도 마실 수 없는 사람도 있다. 잠을 적게 자는 것이 도움이 되는 환자가 있는가 하면, 반대로 수면 부족을 견딜 수 없는 환자도 있다. 이런 경우에, 환자는 편두통 발작을 피할 것인지 편두통 발작의 위험을 무릅쓸 것인지를 선택해야 한다. 그러나 가장 중요한 범주에 드는 분노나 다른 격렬한 감정이 편두통을 촉발하는 환자들에게는 선택의 여지가 없다. 존 헌터John Hunter가 과도한 운동이나 감정으로 촉발되는 자신의 협심증 발작에 대해 이렇게 말한 적이 있다. "인간은 의자에서 절대로 일어나지 않겠다고 결심할 수는 있지만, 절대로 화를 내지 않겠다고 결심할 수는 없다."

보조적이며 정신치료학적인 방법

울프(1963)는 자신의 논문에서 편두통 환자들에 대한 정신치료학적인 방법을 뛰어난 솜씨로 충분히 다루었다. 이 논문에서는 환자들이 울프 자신처럼 편두통 성격을 보인 경우로 그 논의의 범위를 한정했다. 여기서 우리는 세 가지 주장을 발견할 수 있는데, 이것들은 좀더 다듬어져야 한다.

1. 편두통 환자를 치료할 때 사용되는 정확한 방법은 궁극적으로 의사의

개인적인 역량과 경험에 의존해야 한다. 환자들과의 다양한 접근을 통해서 만족스러운 결과를 얻을 수 있다. 가장 중요한 점은 치료를 위해 사용하는 방법의 이점과 단점을 의사 자신이 잘 알고 있어야 한다.

무엇보다 먼저 편두통 환자와 의사의 관계를 해칠 수 있는 두 가지 위험에 대해 말해야겠다. 첫째, 분석 경험이 부족한 의사들이 정신분석학 자료를 많이 읽고 자신만만해질 수 있다. 이런 경우 환자들의 억눌린 감정을 잘못 '해석'하는 일이 자주 발생한다. 그래서 엉뚱하거나 책임지기 어렵거나 시기에 맞지 않은 진단을 내리기도 한다. 이렇게 되면 환자들은 대개 다른 의사에게로 발길을 돌린다. 물론 그래야한다. 두 번째 위험은 보다 흔하고 좀더 심각하다. 그것은 끈질기게 지속되는 편두통을 호소하는 특정 환자들의 정신병리학적인 중대성과 심각성을 의사가 깨닫지 못할 때 생긴다. 이런 환자들 가운데 어떤 환자들의 장애는 심각하며(12장), 극소수의 사람들은 불안해하며 우울증을 앓거나 자기 파괴적인 상태에까지 이른다고 이미 지적했다. 이들의 수는 적지만 고통은 너무나 크다. 피상적인 정신의학으로 치료할 수있는 정도를 훨씬 넘어선 상태로, 보다 전문적이고 집중적인 치료를 받아야 할 필요가 있다.

환자를 치료하기 위해서 의사가 선택할 수 있는 치료법은 환자가 다양한 만큼이나 매우 다양할 수밖에 없다. 이런 상황에서 큰 도움이 되는 확실한 방법은 거의 없다. 그러나 중요한 원칙은 있다. 의사는 언제나 환자의 말에 귀 기울여야 한다는 것이다. 편두통 환자들이 편두통과 관계없을 듯한 일반적인 이야기를 하면 의사들은 잘 듣지 않는다. 진찰하고, 검사하고, 투약하고, 치료비를 청구하지만, 환자들에게 귀 기울여주지는 않는다.

환자의 편두통을 치료하기 위한 제대로 된 인터뷰를 초기에 하게 되면, 환자가 집이나 직장에서 받는 스트레스나 피로감, 분노, 불만과 같은 생활의 여러 측면을 알게 된다. 귀를 기울이는 만큼 더 분명하게 알게 되고, 긴장을 누적시키는 억지력을 풀어줄 수 있다. 또 환자에게 스트레스를 피해가거나 편하게 대하는 방법을 알려줄 수도 있다.

정서적인 문제에 관한 한 직접적인 충고나 권고의 효과는 아주 미미하다. 와이스Weiss와 잉글리시English(1957)가 쓴 정신신체의학 교과서에 편두통 환자들이 가져야 할 아홉 가지 마음 자세에 대한 '간단한 원칙들'이 나온다. 그 내용에는 "작은 것에 만족하라. (…) 비판적으로 보지 말라. (…) 자신을 받아들여라. (…) 죄의식을 느끼지 말라" 등과 같은 가르침이 들어 있다. 이런 교훈들은 액자로 만들어 벽에 걸어둘 수는 있지만, 이런 말만으로 정서적인 문제가 해결되지는 않는다.

울프는 특히 강박증이 심한 환자들에게 관심을 가졌다. 이런 환자들은 자신의 양심과 기준을 무자비할 정도로 강요하면서 '이렇게 해야 해, 저렇게 해야 해'라는 명령 속에 스스로를 가둬버린다. 울프는 이런 환자들의 특징은 팽팽하고 불안한 긴장이라는 것을 알게 되었고, 그래서 이들을 치료하기 위해 "대화를 통해 긴장을 풀어주는 일을 되풀이했으며", "환자가 자신의 긴장이나 피로감, 불만족, 불만 그리고 일이나 책임감에 대해 가지는 지나친 강박감을 인식할 수 있도록" 했다.

그러나 상습적인 편두통 환자들 모두가 이런 특징을 가지고 있는 것은 아니다. 그 점에 대해서는 9장과 12장에서 이미 길게 다루면서 논증했다. 많은 편두통 환자들이 과잉 행동을 하거나 과잉 관심을 보이는 일은 거의 없다. 오히려 지나칠 정도로 남의 말을 잘 들어주는 편이고 수동적이다. 반면 분노나 적의를 심하게 억누르고 있는데, 그것이 편두통으로 표현되는 것이다. 경우에 따라서는 심하게 무관심하고,

어떤 문제나 스트레스조차 인정하지 않는다. 특히 히스테리 증상처럼 생기는 "분열성 편두통"이 그렇다. 증상이 심한 또다른 환자 집단의 경우, 심하게 우울해하고 피학적이다. 그러면서 자학적인 행동과 편두통이 서로 번갈아드는 일이 잦다. 이런 환자들을 제대로 치료하려면, 다른 편두통 환자들보다 훨씬 더 세심하게 집중적으로 보살펴야 한다.

2. 편두통 환자들에 대한 예방 치료는 의사 입장에서 보자면 에너지가 많이 드는 일이다. 이는 단지 몇 분 동안의 상담만으로 치료법을 처방할 수 있는 일이 아니다.

여기서 다시 울프의 설명을 부연하는 것이 좋겠다. 의사를 찾아오는 환자들 가운데는 정확한 진단을 받고 싶거나, 자신의 병이 양성이라는 확인을 받고 싶거나, 예후豫後나 관리에 대해 평범한 설명을 듣고 싶거나, 격렬한 발작에 듣는 약을 처방받고 싶은 경우가 많다. 이런 환자들은 모두가 상대적으로 드문 발작, 말하자면 1년에 열 번 정도의 발작을 겪는 환자들이다. 이런 환자들의 경우, '사실'을 알려주기 위해서라도 1년에 한두 번은 만나볼 필요가 있다. 현재 상태가 지속되고 있다는 것을 확인하기 위해 긴 간격을 두고 1년에 한두 번 보는 것이다. 좀더 심하게 앓는 환자라면 규칙적으로, 의사와 환자가 동의할 수 있는 선에서 대략 2~10주 정도의 간격으로 보아야 한다. 초기의 인터뷰는 길고 철저하게 해야 한다. 의사는 환자와 좋은 관계를 만들어가면서 동시에 환자와 의사 모두가 편두통과 관련된 일반적인 상황이나 구체적인 스트레스가 무엇인지를 알 수 있도록 해야 한다. 나중에는 상담 시간이 짧아지거나 좁아질 수 있다. 이때는 아마 주로 편두통으로 표현되는 환자의 당면 문제를 다루게 될 것이다. 대충대충 하는 진료는 끔직한 결과를 부른다. 그것이 이른바 '난치성' 편두통을 만드는 중요한 이유가 되기도 한다.

3. 두통을 없애기 위해서는 환자가 기꺼이 응하는 정도보다 훨씬 더 많이 환자의 사생활을 조절해야 한다는 것을 의사는 알고 있어야 한다. 의사의 역할은 환자에게 자신의 생활 방식을 포기해야 한다는 것을 분명히 알려주는 것이다. 그런 다음 환자가 자신의 두통을 달고 살 것인지, 없애려고 노력할 것인지 결정해야 한다.

그로덱이 그 타당성에 대해서 문제를 제기한 적이 있었던 것처럼, 울프도 의사가 심신성 질병을 다루는 데는 한계가 있다고 강조했다. 그리고 두 사람 모두, 환자가 자신의 증상을 계속 가지고 있을 것인지 버릴 것인지를 '선택'해야 하는 실질적인 문제에 대해 절대적인 관심을 표시했다. 그렇다면 우리는 치료의 목적이 무엇인지 생각해볼 필요가 있다.

여기서 치료는 단순한 '치유'가 아니라 각각의 환자를 위한 '최선의 생활 방식'을 찾아내어 확인시켜주려는 시도로서, 특정 환자 개인을 위해 만들어지는 전략의 하나로 인식해야 한다. 그러나 잘 드러나지는 않지만, 생활 방식에 관한 한 환자와 의사의 생각은 무척 다를 수 있다. 이런 경우의 환자들은 자신의 증상에 애착을 가지고 있고, 그것을 필요로 하는 것처럼 보인다. 그들은 소수지만 종종 심각할 정도로 무력해질 뿐 아니라, 그렇게 많은 고통을 받으면서도 자신이 선택할 수 있는 다른 생활 방식보다 편두통을 일으키는 생활 방식을 더 선호한다. 울프는 이런 가능성까지도 고려하고 있지만, 딱 한마디로 정리해버린다. "변화하려는 의지가 없다면, 치료를 위한 어떤 노력도 소용이 없다." 그러나 우리는 특히 평생 의학적인 도움을 받고 싶었지만, 결국 그들의 두통이 '치료불가'한 것으로 판명된 환자들의 그 완고하고 비극적인 병의 핵심이 무엇인가에 대해 좀더 자세히 따져보아야 한다.

우리는 앞 장에서 전환에 대해 다루었다. 전환이란 좌절된 욕구가 신체의 병이라는 형태로 나타나는 간접적인 표현 방식으로 우리 모두에게 잠재되어 있다. 독일의 격언에도 그런 뜻을 담은 말이 있다. "인간이 가끔 병에 걸리지 않는다면, 노이로제에 걸려 아주 불행해질 것이다."

극단적으로 지독한 편두통을 끊임없이 겪어야 하는 환자들은 세 그룹으로 나눌 수 있다. 어떤 환자들은 참을 수 없는 외부 상황에 노출되어 있고, 어떤 환자들은 잠재적으로 참을 수 없는 내부 상황에 노출되어 있다. 그리고 간질과 유사하게, 특발성인 생리적 발작 원인을 가진 것으로 보이는 아주 적은 수의 환자들이 있다. 이들은 주로 아주 어린 시절부터 고전적 편두통을 자주 앓아온 환자들로, 대개 같은 병에 대한 강력한 집안 내력을 가지고 있다. 우리가 여기서 논의할 대상은 첫 번째와 두 번째 그룹이다. 우리는 이미 그런 환자들의 경우, 심각한 편두통이 심각한 노이로제를 동반하거나 심각한 노이로제가 편두통 대신 발생한다고 말한 적이 있다. 병인에 대해 무관심하거나 히스테릭한 성격을 가진 환자(291~292쪽 사례80)의 경우, 심각한 습관성 편두통을 제거하려고 시도할 때 환자는 편두통보다 훨씬 더 견디기 힘든 극심한 불안과 감정적 갈등과 맞닥뜨릴 수 있다. 역설적이게도, 편두통의 신체적인 증상들이 숨어 있는 동시에 표현되는 갈등 그 자체보다는 오히려 덜 고통스러운 것일 수 있다. 우리는 편두통의 개성과 증상을 관찰함으로써 이런 경우가 아닌지 의심해볼 수 있다. 그리고 이런 경우라면, 편두통은 환자의 현재 상태를 방해하는 치료 때문에 나타날 수 있는 노이로제성 불안과 갈등의 폭발 때문이라고 증명해보일 수도 있다. 이런 경우 편두통은 심각한 노이로제 증상들처럼 역설적인 역할을 하고 무의식적인 모순을 표현한다. 이런 편두통은 내부를 보호하면서도 외부로의 확장을 막는 도시의 성벽처럼, 자기의 특성을 지키고 특별한 이점과 안정성을 제공하면서 동시에 자유로운 활동과 확대를 막는 이중적인 역할을 한다. 그로덱의 말을 조금 바꾸어 말하자면, 이런 경우에 질병은 친구이자 적이다. 그리고 만일 환자가 근본적으로 새로운 선택을 할 수 있게 된다면 조용히 물러갈 것이다.[1]

---

1   프로이트도 노이로제 증상과 질병의 관리에 대해 근본적으로 같은 말을 했다. "비록 그가 '병으로 도망쳤다'고 말할 수 있을지 모르지만, 대개의 경우에 그 도망은 충분히 정당하다고 인정해야 한다. 그리고 환자의 이런 상태를 알고 있는 의사라면 신중한 태도로 조용히 물러날 것이다. (…) 질병을 통해 얻는 이런 이점은 드러나게 되어 있으며, 현실에서 어떤 것도 이를 대체할 수 있는 것은 없다. 그러니 노이로제를 치료해보려고 애쓸 필요는 없다."

15장
발작하는 동안,
그리고 발작과 발작 사이의 조치

　　많은 환자들과 함께 적잖은 의사들마저도 편두통을 치료하는
확실한 특효약이 출현하기를 끊임없이 기다린다. 그래서인지 신약이
출시되면 열렬한 환영을 받으면서 기존의 치료약 대신 유행처럼 팔리
는 경우가 많다. 이 책을 순서대로 읽어 여기까지 이른 독자라면 편두
통에 관한 한 지금까지 어떤 특효약도 없었고, 앞으로도 없을 것이라고
확신하게 되었을 것이다. 그리고 그 이유도 잘 알게 되었을 것이다. 그러
니 간질이나 파킨슨병처럼 편두통을 위한 특별한 치료법이라는 것도
대증요법(병의 원인을 찾기 어려운 상황에서, 겉으로 드러나는 증세에 대응해 처치
하는 치료법—옮긴이)과 유사한 것으로, 신경계의 특정 메커니즘에 작용
하는 수많은 약이나 보조적인 약, 또는 약을 사용하지 않는 다른 중요
한 치료법들 가운데 하나를 선택해서 써보는 것일 뿐이다.

　　편두통 발작을 치료하는 방법에는 그동안 무척이나 많은 내과
적·외과적인 수단이 있어왔다. 그런데 그 방법들 가운데 적잖은 것들
이 두개골을 뚫는 석기시대 방법만큼이나 과격했다. 중세에 쓰이던 편

두통 치료법은 그 당시에 쓸 수 있는 모든 종류의 약을 사용했으며, 마지막 수단으로 사혈을 했다.

쓸 만한 약 가운데 처음으로 발견한 것은 아마도 카페인이었을 것이다. 윌리스는 3세기 전에 편두통 치료약으로 아주 진한 커피를 권했다. 19세기가 막 시작될 즈음에 헤버든은 자신의 저서에서 "길초근 吉草根(쥐오줌풀 뿌리를 말린 것, 진정제로 쓰인다―옮긴이), 악취가 나는 고무질 gum, 몰약, 사향, 장뇌, 아편, 헴록hemlock 추출물, 재채기를 유발하는 가루…"를 사용하는 것이 그 당시에 유행하고 있었지만, 효과는 없었다고 썼다. 헤버든은 토주석吐酒石으로 만든 물약과 아편 팅크가 가장 유용한 처방이라고 생각했다. 1세기 전에는 리베잉이 브롬화물bromide 과 길초근을 진정제로, 카페인과 벨라도나, 콜히친을 편두통 발작 치료약으로 특효가 있다며 사용하기를 권했다. 가워스는 19세기 말 무렵에 그 당시 사용 가능한 치료법을 평가하면서 맥각과 함께 쓰이기도 하는 브롬화물을 기본적이면서도 중요한 치료약으로 추천했다. 그는 니트로글리세린이 대단히 효과가 있으며, 특히 겔세뮴 뿌리와 마전자馬錢子(낙엽 교목인 마전의 씨로 흥분제 따위의 약재로 쓴다―옮긴이)를 함께 쓰면 좋다고 여겼다. 그런 혼합물의 효과는 마리화나indian hemp를 첨가함으로써 더욱 커졌다(부록3 참고).

맥각은 1880년대부터 간간히 사용되었는데, 그 당시에는 효과에 대해 대단한 믿음을 가지고 있지 않았다. 그러다가 1950년대쯤에야 순수 결정 제제가 등장하면서 유행하기 시작했는데, 그때부터 맥각은 편두통 치료 설비에 꼭 포함되는 중요한 약이 되었다. 1960년대 초반에는 전적으로 다른 종류의 약이 소개되었는데, 그것은 편두통 메커니즘에 대한 화학적 연구의 성과였다. 이 약들 가운데 가장 잘 알려진 것은 메티세르지드다. 맥각 알칼로이드인 에고타민은 급성 발작 치료에 주로 쓰이고, 메티세르지드는 편두통 예방에 탁월한 효과가 있다.

편두통 치료를 위한 약리학적인 특효약을 발견 순서대로 아주 간단하게 정리했는데, 이런 약들의 수는 아주 적다. 그 이유는 이런 약을 찾아내는 것이 매우 어렵기 때문이다. 또다른 이유는 편두통 치료의 특성 때문인데, 이는 약을 거의 사용하지 않기 때문이 아니라 어떤 약이든 환자가 충분히 신뢰할 때 효과가 있기 때문이다.

편두통을 치료해준다고 알려진 특효약은 무척이나 많다. 그런 것들로는 특허 의약품, 민간요법, 묘약, 영약, 동종요법약, 플라세보 효과를 위한 약 등이 있다. 그럴듯한 것도 있지만 어처구니없는 것도 있고, 오히려 해롭거나 엉터리 같은 것도 있다. 편두통 치료제로 홍보했던 약의 목록을 만들면 두꺼운 한 권의 책이 될 텐데, 그 내용은 약을 다룬 진서 가운데 하나가 될 것이다.

편두통 발작을 치료할 때 유용한 약

우리는 여기서 세 종류의 약을 고려해야 한다. 첫째는 특히 두통의 원인이 되는 두개골 바깥 동맥의 팽창을 일으키는 것과 같은 편두통 발작의 실제 메커니즘에 영향을 미치는 약, 둘째는 통증, 욕지기, 그리고 그 밖의 동반 증상에 사용하는 약, 그리고 마지막으로 긴장을 완화시키고 수면을 촉진시켜주는 보조제가 있다.

에고타민 타타르산염

에고타민 타타르산염은 극심한 편두통 두통 치료에 쓸 수 있는 최고의 약이다. 그러나 발작이 가벼운 경우라면, 필요하지도 않고 권하고 싶지도 않다. 이 약의 효과가 빨리 나타나기를 바라는 정도에 따라 그리고 개인의 선호도에 따라 먹거나, 혀 밑에 넣어 흡수시키거나, 좌

약이나 에어로졸 혹은 주사로 투약한다. 울프는 다른 투약법들보다 에고타민 주사를 선호했는데, 다른 투약법으로는 효과가 없을 때 이 방법으로 발작을 중단시킬 수 있었다. 그러나 이 약은 일상적으로 쓰이거나 초기의 치료법으로 권장되지는 않는다. 에고타민의 효과(편두통 발작의 약 80퍼센트 정도에 효과가 있다)를 보려면, 편두통 발작이 시작된 뒤 가능한 한 빨리 투약해야 한다. 왜냐하면 대개의 경우 발작이 시작되면 매우 빠르게 악화되고, 그럴수록 점점 더 치료하기 어려워지기 때문이다. 예를 들어 편두통성 신경통 발작이 시작되면 몇 분 이내로 통증의 강도가 절정에 이르게 되는데, 이런 경우라면 에고타민을 먹는다고 해도 약의 흡수가 너무 늦기 때문에 효과를 볼 수 없다(에고타민 알약은 위가 비어 있을 경우 30분 정도면 흡수되고, 좌약과 혀 밑에 넣는 조제품은 15분 정도면 흡수되며, 에어로졸과 주사 투약은 5~10분 이내에 효과가 나타난다). 고전적 편두통은 아우라가 진행 중일 때 에고타민으로 치료할 수 있다. 운이 좋다면, 두통이나 한창 발작 중일 때 나타나는 다른 증상을 모두 피할 수 있다. 일반 편두통은 발작이 시작되었음을 환자가 알게 되었을 때 곧바로 치료해야 한다.

　　대부분의 치료 예정표에 따르면, 발작한 지 1시간 이내에 에고타민을 대량으로 투약할 것을 권한다. 이때 투약할 수 있는 총 양은 4~8밀리그램인데, 먹게 하거나 직장으로 투약한다. 만일 주사를 쓴다면, 이 양의 4분의 1만 써야 한다. 울프는 발작이 지속되는 동안 먹는 약을 기준으로 최대 투여량이 11밀리그램을 초과해서는 안 된다고 조언한다. 만일 처음에 에고타민을 주사하거나 투약했음에도 발작이 지속된다면, 환자가 에고타민을 계속해서 복용하지 않도록 주의해야 한다. 에고타민 주사가 몇 시간 동안 지속되고 있는 발작을 중단시킬 수 있지만, 그리고 좀더 일찍 투약하지 않았다고 해도 언제나 시도해볼 만한 가치가 있지만, 언제나 효과가 있는 것은 아니다. 전혀 효과가 없거나, 아니면 아주 대단히 좋을 수 있다. 만일 효과가 있다면, 발작이 시작된 뒤 1시간 이내에 나타난다.

에고타민을 사용하면 안 되는 중요한 금기가 있다. 무엇보다 먼저, 임산부에게는 절대로 투여하면 안 된다. 대개의 경우 환자가 임신을 하면, 편두통 발작이 줄어들거나 심지어 완전히 없어지기도 하기 때문에(9장 참조) 임신 기간이라면 에고타민을 사용할 필요가 없을지도 모른다. 또한 편두통 환자가 레이노병, 버거병 또는 다른 말초 혈관순환장애와 관련된 병을 앓고 있는지를 확인하는 것도 중요하다. 이런 증상들이 있다면, 절대로 에고타민을 사용해서는 안 된다. 관상동맥 질환을 가지고 있다면, 그 심한 정도에 따라 상대적으로 금지해야 한다. 만일 심각한 상태라면 에고타민을 절대 쓰지 말아야 한다.

에고타민의 부작용은 어떤 환자에게는 두드러지게 나타나지만, 또 어떤 환자에게는 대단찮다. 가장 흔한 부작용은 욕지기와 구토를 일으키는 것이다. 이런 부작용이 있는 환자들은 지독한 두통을 앓는 대신에 계속되는 욕지기와 구토를 견딜 것인지를 선택해야 한다. 또 어떤 환자들은 에고타민을 복용하고 나면, 견딜 수 있는 정도이긴 하지만 활동하기 어려울 정도로 어지럽고 나른해지기도 한다. 그러나 대개의 경우, 그러니까 열에 아홉은 이 약에 대한 부작용이 나타나지 않는다.[1]

---

1 울프는 맥각중독ergotism(맥각은 에고타민의 주성분이다—옮긴이)에 대한 임상 양상이 극적일 뿐 아니라, 끔찍하기까지 하다고 쓴 적이 있다. 먼저 격렬한 구토가 있고, 그다음 사지에(대개는 발 부위에) 맥박이 사라지고 울혈과 청색증을 보이면서 부어 오른다. 결국 괴저(혈액 공급이 되지 않거나 세균 때문에 비교적 큰 덩어리의 조직이 죽는 현상—옮긴이)가 나타난다는 것이다. 나는 이 정도로 심각한 맥각중독

에고타민의 치료 효과는 다른 약들, 특히 카페인과 벨라도나와 함께 사용할 때 강력해지는데, 그런 조합을 이용한 전매 약품은 시중에 많이 나와 있다.

다른 특효약

카페인은 자극제고, 두개골 동맥의 수축제이며, 또한 이뇨제다. 카페인을 복용하는 것은 간단하고 독성이 없으며 즐겁기까지 하다. 이는 편두통이 발작하면 먹을 수 있는 약으로, 절대 가볍게 여겨서는 안 된다. 발작 초기에 진한 차와 커피를 되풀이해서 마시는 것은 언제나 추천할 만하다.

앞의 여러 장에서 편두통 증상의 특징이 부교감신경 때문이라는 것을 강조했다. 그러니 부교감신경 억제제나 교감신경 흥분제를 치료에 사용할 수 있으리라고 짐작할 것이다. 그 예상이 맞다. 이런 약들은 특히 환자가 에고타민을 견디지 못하거나, 사용할 수 없는 상황, 또는 효과가 없을 때 쓰인다. 나는 상대적으로 가볍지만 오래 지속되는 편두통을 가진 많은 환자에게 벨라도나 또는 관련 합성제제를 처방해왔고, 그 결과는 만족스러웠다. 나는 이런 치료 결과가 이 약들의 약리적인 효과를 의미하는 것인지, 아니면 플라세보효과인지 확신할 수는 없다. 단지 그 약들이 쓸 만하다는 사실을 알게 되었다는 것만 말할 수 있을 뿐이다. 벨라도나의 약효를 보완해주기 위해 함께 쓰는 약은 암페타민이다. 나는 이 약을 특히 아침에 잠에서 깨자마자 몇 분 안에 나타

을 본 적이 없다. 그러나 만성 에고타민 투약자(특히 매주 50밀리그램씩 과용하는 환자)들의 경우, 사지에 가벼운 국소빈혈증이 나타나는 것을 보았다. 그들의 사지는 창백해지고 힘이 없으며 얼룩덜룩해지고, 피부는 추위에 민감해진다. 가끔은 아주 작은 상처나 미세경색증으로 반점이 생기기도 한다.

나는 편두통 발작이나 편두통성 신경통 치료를 위해 처방했다.

벨라도나와 암페타민과 같은 유형의 약들은 분명히 중독성이 있고 허탈감을 일으키며, 의존성이 높다. 그럼에도 적합한 환자들에게 신중하게 사용한다면, 이 약들은 특히 편두통 메커니즘에 작용하는 무기가 되는 약에 포함될 자격이 충분히 있다.

증상에 따른 처방

일반 편두통에서 가장 두드러진 증상은 두통이고, 그 빈도와 격렬함에 있어서 두 번째로 꼽을 수 있는 것은 욕지기다. 편두통 발작이 가벼울 때는 진통제로도 충분할 수 있다. 그런 경우에는 아스피린만으로도 치료가 된다. 그러나 심각한 두통이 올 경우에는 코데인codeine이나 모르핀까지 써야 할지도 모른다. 지독한 편두통을 자주 앓는 많은 환자들이 마약성 진통제를 사용하는 것을 흔히 볼 수 있다. 그런 환자들은 편두통 발작이라는 문제에 덧붙여 그런 약물에 대한 의존이나 중독의 문제까지 떠안게 된다. 당연히 그런 의존이나 중독의 문제가 더 위험할 수 있다. 에고타민을 한번도 사용해보지 않았던 이런 환자들에게 에고타민을 사용하면 강력한 진통제를 끊게 만들 수도 있다.

욕지기와 구토가 심하면 먹는 약으로 투약할 수 없다. 그런 경우에는 직장을 통해 투약하는 것이 최상의 방법이다. 실제로 진통제와 구토 진정제는 좌약의 형태로 투약할 수 있다.

보조 약물

편두통이 아주 심각하면 신체 활동을 거의 할 수 없다. 그럴 때는 활동하지 말고 쉬어야 한다. 따라서 모든 형태의 진정제가 편두통 발작의 구체적인 증상 치료에 보조제로 쓰인다. 이런 약 가운데 가장 일반적으로 유용한 약은 보통의 지속 효과를 가진 바르비투르산염 barbiturates이며, 대개 여러 가지 전매 화합물 형태의 진통제들과 함께 만들어진다. 진정제는 또한 발작이 심할 때, 특히 극도의 흥분이나 불안, 우울증이 있을 때 치료제로 쓰이기도 한다.

그 밖에 여러 종류의 약

심한 편두통 발작을 치료하기 위해 수많은 약이 사용되어왔고, 아직도 사용되고 있다. 그런 것들로 니코틴산, 항히스타민제, 이뇨제 등이 있다. 이것들 가운데 이뇨제 하나만이 진지하게 고려할 가치가 있다. 많은 편두통의 경우, 특히 월경성 편두통이 더 그런네, 심한 체액 정체 현상이 뒤따르거나 동반될 수 있다. 그리고 일반 편두통의 경우, 3분의 1 정도는 어느 정도의 체액 정체 현상이 동반되는 것으로 알려져 있다(1장을 보라). 울프는 경험적으로 볼 때 편두통 두통이 이뇨 작용이나 수분 공급 작용의 영향을 받지 않기 때문에, 이런 체액 정체 현상은 편두통 두통과 관련이 없다고 생각했다.

한때 나는 특히 길게 지속되는 월경성 편두통 환자에게 자주 이뇨제를 처방하곤 했다. 이뇨제가 효과를 볼 것이라는 기대를 한 것은 아니었고, 실제로 효과가 있었던 것도 아니다. 내가 보증할 수 있는 것은 이뇨제를 통해 치료 효과를 얻을 수 있다는 생각을 가진 의사가 환자에게 자신의 생각을 잘 전달하고 사용할 때 효과가 나타날 수 있다는 점이다. 만일 이뇨제가 편두통 치료에 효과가 있다면, 그것은 플라세보효과 때문이다. 굳이 따로 증명할 필요도 없다.

격렬한 발작에 대한 일반적인 조치

가볍거나 중간 정도의 편두통이라면 정상적인 신체 활동을 충분히 할 수 있기 때문에, 그 상태에서 환자의 상태가 좋아질 때까지 약물(에고타민과 진통제 등)로 치료할 수 있다. 그러나 발작이 심각한 경우라면, 정상적인 활동을 겨우 할 수 있는 정도일 것이다. 그런데도 계속해서 활동하면, 대개의 경우 편두통이 악화되거나 발작은 더 길게 지속된다. 그러나 언제나 그런 것은 아니고, 많은 환자들이 발작에서 벗어날 수 있다는 것을 알고 있다. 그럼에도 모든 편두통 발작에는 어느 정도의 무기력증과 근육의 탄력 감소, 기면상태(비록 너무나 지독한 두통 때문에 이런 증상들을 느끼지 못할 수도 있지만)가 수반되면서 환자들로 하여금 휴식을 갈구하게 만드는 경향이 있다. 편두통은 환자에게 휴식을 요구하는 것이다. 따라서 환자를 쉬게 하는 것이 가장 좋다. 울프는 다음과 같이 말했다.

> 에고타민을 투약한 뒤에는 2시간 정도 침대에서 쉬게 해야 한다. 이것이 바람직하다는 것은 아무리 강조해도 지나치지 않다. 만일 환자가 곧바로 활동을 다시 시작한다면, 발작을 일으킨 생물학적인 목적이 달성되지 못하기 때문이다. (…) 에고타민으로 발작을 중단시킨 뒤에 침대에서 긴장을 풀고 적당히 쉬지 않으면, 두통은 정말로 더 심하게 자주 생길 것이다.

어떤 환자들은 드러누우면 두통이 더 심해지기 때문에 의자에 앉아서 쉬고 싶어 할지도 모른다. 이럴 때는 통증이 있는 동맥 부분을 누르고, 이마에 아이스 팩을 가져다 대는 국부적인 수단을 사용할 수 있다. 환자의 감각과 몸 전체가 아주 예민해질 수 있으므로 빛이나 소음을 피하게 해주고, 신경 쓰이게 하는 행동을 하지 말아야 한다. 환자는 심한 갈증을 느끼기 쉬운데, 반복되는 구토와 지나치게 많은 땀,

경우에 따라서는 설사 때문에 탈수 상태가 되기도 한다. 이런 경우에는 체액과 염분의 균형을 유지하기 위해 약간의 소금을 친 연한 수프를 먹는 것이 좋다. 그러나 고형음식물이라면 어떤 것도 주지 말아야 한다. 하루 정도 굶는다고 해도 환자가 심하게 고통스럽지는 않을 것이다. 공복 상태가 유지되면 욕지기도 줄어든다.

편두통 지속 상태의 치료

'지속성status'이라는 용어는 그것이 간질성이든, 천식성이든, 또는 편두통성이든 상관없이, 발작성 질병paroxysmal illness이 융합적이거나 지속적인 발작을 일으킬 때를 가리킨다. 진성 편두통이 지속되는 상태가 발생하면, 긴급 의료 상황으로 취급해야 한다. 환자는 며칠 동안 끊이지 않는 지독한 두통으로 고통받을 수 있고, 계속되는 구토로 몸을 가누지 못하게 되거나 의식을 잃고 쓰러질 수 있으며, 심각한 탈수증이 올 수 있다. 지속성 편두통은 치명적인 병처럼 느껴질 수도 있어서, 환자는 거의 자살 충동을 느낄 정도로 아주 심하게 불안해지거나 우울증에 시달릴 수 있다.

의사가 취해야 하는 첫 번째 조치는 환자를 안심시키고 격리해서 보호하는 일이다. 왜냐하면 환자는 극도로 불안한 상태고, 친지들이 주변에서 서성대는 것은 아무리 좋은 의도를 가지고 있다고 해도 환자에게는 아주 거슬리는 일이기 때문이다. 그리고 그런 상황은 편두통을 지속시키는 중요한 요소가 될 수도 있다. 집에서라면 철저하게 보호를 받아야 하고, 아주 심하다면 병원에 입원해야 한다. 환자에게는 많은 약이 처방되는데, 비경구 바르비투르산염, 코데인이나 모르핀, 구토 억제제 그리고 종종 클로르프로마진chlorpromazine 같은 강한 신경안정제 등이 필요하다. 취할 수 있는 조치는 모두 취해야 하며, 그 가운데서도 수분을 정맥으로 주사하는 것이 결정적으로 중요하다. 이런 상황에서는 에고타민을 사용하면 안 되는데, 그것이 증상을 좋아지게 만들기보다는 악화시키기 쉽기 때문이다.

다른 이유 때문에 투약을 금지한 경우가 아니라면, 스테로이드는 모든 경우의 진성 지속성 편두통 치료에 사용할 것을 고려해보아야 한다.

마침내 지속되던 편두통이 끝나고 정상적인 건강 상태로 돌아오더라도, 치료를 지속적으로 받도록 권해야 한다. 편두통 발작이 계속되는 것은 그 특성상 분명 한계가 있다. 하지만 지속성 편두통이 계속되는 것은 거의 언제나 강렬하지만 감춰진 정서적인 스트레스와 정서적인 기질의 심각성을 반영하는 증상이 가진 대단히 위험한 특성과 관련이 있다.

편두통 발작의 예방

편두통 예방 치료에 사용되는 약물은 두 가지로 분류된다. 첫째 그룹은 편두통 메커니즘과 특정 편두통 반응을 완화시킨다고 여겨지는 약물이다. 첫째 그룹만큼이나 중요한 둘째 그룹은 편두통을 자주 일으키는 중요한 요인이라고 여겨지는 정서적인 반응을 약화시키는 것을 목적으로 하는 약물이다.

사실 예방 치료가 필요한 편두통 환자의 수는 많지 않다. 편두통이 비교적 드물게 독립적으로 발작하는 환자들은 그다지 예방 치료를 받고 싶어 하지 않을 것이다. 우리가 여기서 관심을 가진 환자 집단은 잦고 심각한 발작을 끊임없이 일으키는 편두통을 가진 환자들이다. 예를 들어 가장 심하게 발작을 일으키는 환자들은 매주 다섯 번 정도의 편두통을 앓게 되고, 만성적으로 심각하게 무기력해진다. 예방 치료가 필요한 또다른 집단은 군발성 두통을 가진 환자들이다. 이들은 엄청나게 고통스러운 편두통성 신경통 발작을 2~8주 동안 하루에 무려 열 번 정도나 겪는다. 예방 치료가 필요한 세 번째 집단은 심각한 월경성 편두통이 길게 이어지는 환자들이다.

　　편두통 발작에 대한 특정 예방 효과를 가진 약 가운데 가장 강력한 것은 에르고메트린ergometrine과 메티세르지드(미국의 샌서트San-sert, 영국의 데세릴Deseril)다. 벨라도나 화합물도 어느 정도는 예방 목적으로 사용되고, 항히스타민제도 이런 목적으로 널리 쓰이지만, 그 효능이 증명되지는 않았다. 군발성 두통을 치료하기 위해 메티세르지드를 써도 듣지 않을 경우, 지속성 편두통 치료와 관련해 앞에서 언급한 적이 있는 스테로이드를 쓴다.

　　메티세르지드(리세르그산 부탄올아미드)는 10년 전, 시쿠테리의 연구와 그가 논증한 메티세르지드의 놀라운 항세로토닌 작용이 알려지면서 편두통 예방법으로 소개되었다. 사실 이 약은 항세로토닌 약제로 소개되었다. 그러나 메티세르지드는 항염증, 항히스타민 그리고 다른 약리학적 특성을 갖고 있으며, 이 약이 가진 치료 효과가 항세로토닌 작용 때문이라는 것은 전혀 분명치 않다. 1960년대 초반에 이 약의 초기 효능은 무척이나 놀라운 것이었는데, 이 약을 투여하면 90퍼센트 이상의 환자들이 드라마틱할 만큼 좋아질 것이라고 주장할 정도였다. 사람들은 마침내 편두통 특효약을 찾았다고 생각했다. 아마도 그 약이 편두통을 치유해줄 것이라는 기대감이 그 약의 효과를 더 강하게 만들어주었을 것이다. 그러나 시간의 흐름과 함께 이 약의 효능과 명성은 모두 수그러들었다. 메티세르지드는 심한 편두통을 자주 겪는 환자들 가운데 3분의 1 정도에게만 효능을 발휘한다고 말할 수 있을 것 같다. 그럼에도 메티세르지드는 구할 수 있는 약 가운데 가장 강력한 예방약

이다. 그러므로 '난치성' 편두통의 예방을 위해서는 투약해보긴 해야
할 약이다. 물론 의학적인 이유로 사용이 금지되지 않은 경우여야 하
고, 부작용이나 유독한 효과를 피하기 위해 의사와 환자 모두가 충분
히 조심한다는 전제가 있어야 한다.

메티세르지드는 2밀리그램 알약 형태로 구할 수 있고, 환자들
에게 하루 복용량으로 20밀리그램까지 준 적이 있다. 그러나 이제는
하루 최대 복용량을 8밀리그램으로 본다. 그보다 더 복용한다고 해서
더 나은 효과를 얻을 수도 없는 데다가, 유독한 효과가 급격하게 증가
하고 있기 때문이다. 초기 부작용으로는 흔히 욕지기, 졸음증, 또는 비
정상적일 정도의 각성 상태가 있다. 이런 증상은 대개 일시적이며 견딜
만한 정도고, 메티세르지드의 최대복용량을 지키고 일주일이나 열흘
이 지나면 점진적으로 최소화된다. 이 정도의 기간은 보통 치료 효과
가 충분히 나타나기 전까지 걸리는 시간인데, 의사는 환자들에게 이에
대해서도 분명히 설명해두어야 한다. 이보다 더 심각한 메티세르지드
의 다른 부작용은 여러 가지가 있는데 대뇌의 고등기능장애, 혈관운
동신경장애, 순환 부전, 섬유증 같은 것들이다.

신경기능장애는 아주 다양하고 기묘한 형태로 나타난다. 메티
세르지드를 처방해본 경험이 많은 대부분의 의사들은 이 약을 복용한
환자들에게서 이런 증상을 자주 보았을 테지만, 나는 그것들이 체계
적으로 연구된 것을 아직 보지 못했다. 끊임없는 불면증이나 끊임없는
졸음증이 나타날 수 있다. 또 환자들에 따라서는 이 약을 복용하는 동
안 상당히 의기소침해질 수 있다(예비 연구에서는 메티세르지드가 조증 치료
에 쓰였다). 적은 수의 환자들이겠지만, 강직증catalepsy(몸이 갑자기 뻣뻣해
지면서 순간적으로 감각이 없어지는 상태—옮긴이)이나 넋을 잃음, 조각상처럼
움직이지 못하는 상태, 정신운동의 흥분, 그리고 강박운동과 같은 기

묘한 수의운동장애를 경험할 수도 있다. 이런 증상들은 파킨슨병이나 긴장증(특히 정신분열증으로 인해 오래 움직이지 못하는 증상—옮긴이), 몇몇 중독 증세(페노티아자이드phenothiazide, 불보카프닌bulbocapnine, LSD, 엘도파L-dopa 등)의 특정 형태로서 더 친숙한 것들이다. 극소수의 환자들은 특히 생생한 꿈을 꾸거나, 기묘한 인식 변화나 환각(메티세르지드는 리세르그산 디에틸아미드, 즉 LSD와 화학적으로 대단히 가깝다) 속에서 꿈을 꾸고 있는 듯한 상태로 잠을 깨는 경험을 할 수도 있다.

메티세르지드가 혈관을 수축시키고 혈관운동신경에 미치는 영향으로 말미암아 혈압이 상승할 수 있고(특히 고혈압 환자들의 경우에), 더 심한 경우에는 사지와 내장의 혈액 공급에 문제를 일으킬 수 있다. 팔다리에 혈액 공급이 원활하지 않으면 손가락이나 발가락이 마비되거나, 차가워지거나, 쑤실 수 있다. 드물지만 사지 전체에 국소빈혈이 올 수 있고, 치료하지 않으면 끔찍한 결과가 생길 수 있다. 특히 관상동맥과 장간막동맥과 같은 중요한 내부 동맥 모두에 영향을 미칠 수 있다.

독성 문제의 세 번째 경우는 오직 그 약을 장기적으로 복용했을 경우에 나타나는데, 가슴막(흉막) 공간과 심낭강에 섬유성 경결fibrotic induration이, 드물게는 후복강섬유증retroperitoneal fibrosis을 일으킨다. 메티세르지드 투약과 관련된 이런 독성의 문제는 거의 100개에 달하는 사례가 보고되어 있다. 섬유성 경결의 경우 숨이 가쁘거나 가슴막 통증이 나타날 수 있고, 후복강섬유증의 경우에는 등 통증, 허리 통증, 혈뇨증 등의 증상을 보인다. 메티세르지드가 일으키는 후복강섬유증은 임상적으로 드러나지 않고 증상도 없이 심각한 단측성 수신증unilateral hydronephrosis으로 진행될 수 있다는 점에 특히 유의해야 한다.

이렇게 무서운 잠재적인 부작용에 대한 목록이 이 약을 사용해서는 안 된다고 말하는 것은 아니다. 정해진 검사법을 통해 환자를 주기적으로 공들여 검사해야 할 필요가 있다는 뜻이다.

메티세르지드를 투약한 환자는 한 달(최대한 6주) 간격으로 진료를 받아야 한다. 가슴을 청진해보고, 혈압을 점검하고, 말초 맥박 모두를 조심스럽게 검사하는 것과 같은 임상적 검사도 해야겠지만, 환자에게 이상한 증상(가슴 통증, 숨이 가쁨, 냉증, 손가락 마비 등)이 없는지 꼼꼼하게 물어야 한다. 아무런 증상은 없지만 말초 순환계에 문제가 생겼다면, 혈압계 벨트를 최고혈압 이상으로 유지할 경우 몇 초 안에 손가락이 따끔거리며 아플 것이다. 그러나 정상적인 경우라면 혈압계의 밴드를 최고압으로 유지해도 60초까지는 아무 이상이 없어야 한다. 해야할 검사 가운데 가장 중요한 것은 3개월에 한 번씩 적혈구와 백혈구의 수치 측정, 가슴 엑스레이, 심전도검사다. 메티세르지드 복용을 장기적으로 해야 한다면, 초기에 신장조영촬영을 해야 한다(예를 들면, 환자가 약을 계속해서 잘 복용하고 있다면 한 달 뒤에). 그리고 6개월 간격으로 깔때기 조영사진을 찍어보아야 한다(엘킨트Elkind 외, 1968).

우리는 메디세르시느를 사용할 때 나타날 수 있는 부작용과 그것을 피하는 방법, 그리고 큰 위험은 환자나 의사의 부주의 때문에 생긴다는 것에 대해 상당히 길게 다루었다. 이 약은 결코 가볍게 사용해서는 안 된다. 그런 의미에서 메티세르지드는 다른 어떤 치료 수단으로도 효과가 없는 난치성 편두통 환자를 위한 약으로 적절하게 사용된다면 그 예방 효과는 아주 대단하며, 언제나 그런 환자들에게만 사용해야 한다는 점을 강조해야겠다. 나는 2년 정도 동안 200명이 넘는 환자들에게 메티세르지드를 사용했는데, 그들에게 어떤 이상한 부작용도 나타나지 않았다. 이 약을 8년 동안 복용한 환자들을 본 적도 있는데 효과는 무척이나 만족스러운 것이었다.

이 약을 장기간 복용하는 환자의 경우에는 6개월에 한 달 정도는 약을 끊어보라고 권하고 싶다. 그러면 부작용이 나타날 가능성이 확실하게 줄어들 것이다. 복용량은 그런 시기에 조금씩 줄여야만 한다. 만일 갑작스럽게 약을 끊으면 격렬한 반발 현상이 편두통 지속 상태로 나타나게 되는데, 그것은 간질 환자가 경련 억제제를 갑자기 끊었을 때 간질 지속 상태가 나타날 수 있는 것과 비슷하다.

맥각은 메티세르지드가 나타나기 전까지는 오랫동안 편두통 발작 예방을 위해 사용되었지만, 이 새로운 약이 등장하고는 거의 사용되지 않는다. 내 환자들 가운데 많은 수가 오랫동안 예방을 위해 맥각을 사용했고, 그 결과도 만족스러웠다. 그러나 나는 맥각과 메티세르지드의 효과를 제대로 비교해볼 기회가 없었다. 그런데 최근에 배리 Barrie와 공동 연구자들이 이 약품들의 효과를 비교 연구했다(1968). 그들은 에고타민 타타르산(하루에 0.5~1밀리그램)과 에고타민 말레인산 maleate(하루에 1~2밀리그램), 그리고 메티세르지드(하루에 3~6밀리그램)의 효과를 비교해보았다. 이 실험에서 위 약품들이 가진 치료 효과의 차이가 아주 적다는 것이 밝혀졌다. 맥각은 거의 메티세르지드만큼 효과가 있었고, 부작용이나 효과가 없을 확률은 더 낮았다. 또 모든 경우에서, 1회분 투여량이 더 많았을 때가 적었을 때보다 효과가 더 컸다.

메티세르지드를 투약하지 않아야 할 경우는 에고타민의 경우와 근본적으로 같다. 이 약은 레이노병이나 레이노 현상을 보이는 환자에게는 절대로 사용해서 안 된다는 것을 되풀이해서 말해둘 필요가 있다.[2] 많은 연구자들이 교원병膠原病, collagen disease이 있을 때 메티세

르지드를 투약해서는 안 된다고 생각한다. 만일 메티세르지드를 복용하는 동안 후복강섬유증이나 다른 섬유증이 나타난다면(이것들은 더 심해지지 않으면, 원래대로 돌아갈 가능성이 있다) 이 약을 다시 주어서는 안 된다는 것이 확실하다.

비교적 가벼운 편두통 발작을 매달 여러 번 겪는 환자들도 아주 많다. 이 커다란 집단의 환자들에게도 예방약은 필요하지만, 많은 양의 메티세르지드나 에고타민을 사용해서는 안 된다. 내 경험으로 보면, 이런 환자들에게는 벨라도나가 적절한 효능을 가진 예방약이 될 수 있다. 이때 적은 양의 에고타민과 페노바르비탈phenobarbital을 함께 투여하는 것이 아마 최선의 선택일 것이다. 이런 종류의 전매 약품은 많이 나와 있다.

편두통을 방지하기 위해서 스테로이드를 장기간 사용하는 것은 군발성 두통과 같은 특수한 경우가 아니라면 적당하지 않다. 심한 군발성 두통은 편두통의 형태 가운데 가장 견디기 어려운 것이다. 환자는 개별 발작을 하루에도 열두 번이나 경험하게 되고, 그 하나하나가 고문을 받는 것처럼 견디기 어려울 정도로 지독해서 완전히 절망에 빠질 수도 있다.

개별 발작은 재빨리 흡수되는 에고타민으로 치료할 수 있지만, 꼭 성공한다고 볼 수는 없다. 예방 치료를 통해 이를 보완해야 한다. 이런 경우에 메티세르지드를 사용할 만한 가치는 언제나 있지만, 이는 군발성 두통의 일부만을 막아줄 수 있을 뿐이다. 메티세르지드를 복용

는 사람들에게 특히 일반적이므로 조심해야 한다. 일부 의사들은 적은 양의 맥각이나 메티세르지드로 환자들을 '적정하게 만들려고' 시도한다. 이 과정은 허혈성 사지의 손상으로 진행될 수 있으므로 피해야 한다.

하고 2주가 지나도록 심각한 군발성 두통의 정도가 줄어들지 않는다면, 불소를 첨가한 스테로이드 가운데 하나를 많이 복용함으로써 이를 보완해야 할 필요가 있다. 그리고 이 두 경우 모두 진정제를 추가하는 것이 도움이 된다.

편두통 예방을 위한 일반적인 약물치료

편두통 패턴에 대한 임상 관찰을 통해, 극단적으로 심한 발작을 자주 겪는 난치성 편두통을 가진 환자들 대부분이 심각한 정서적인 스트레스나 갈등을 겪는다는 것을 알 수 있다(그들이 이를 알 수도, 모를 수도 있다). 그리고 그런 상황에 내재한 정서적인 문제가 만들어내는 정신적·신체적인 표현이 편두통으로 나타나는 것이다. 우리는 환자들 가운데 적은 수만이 어릴 때부터 계속해서 편두통을 앓았으며(대개 고전적 편두통), 특발성 병의 형태로 고통을 받고 있다는 것을 말한 적이 있다. 이런 환자 집단도 정서적인 장애를 겪을 수 있고, 그 정서적인 장애는 딱히 그들이 가진 난치성 편두통의 이유라기보다는 부차적인 것일 수 있다. 두 집단 모두 메티세르지드, 에고타민 등과 같은 추가적인 예방약의 도움을 받아야 한다. 이런 약을 선택하는 것은 물론 환자가 보이는 증상이 얼마나 심각한지, 그리고 어떤 종류의 정서적인 괴로움인지, 시험적으로 투약해본 뒤 환자의 반응은 어떤지, 의학적으로 볼 때 어떤 약을 투약하면 안 되는지, 그리고 의사의 개인적인 선호도에 따라 결정해야 할 것이다.

어떤 환자들은 페노바르비탈(1/4-1/2 gr. t.d.)이나 메프로바메이트meprobamate와 같은 가벼운 약물로 치료될 수도 있고, 또다른 환자들은 클로르디아제폭시드chlordiazepoxide 타입의 혼합물(리브리엄, 발륨 등)이 필요할 것이다. 그리고 아주 심각한 상태의 환자라면, 페노티아진

phenothiazine과 같은 진정제나 항우울제(토프라닐 등)가 필요할 것이다. 그보다 더 심한 환자라면, 심리요법 같은 것을 받도록 권하거나 꼭 받도록 해야 한다. 심리요법에는 간단한 보조요법과 의사의 정기적인 치료에서부터 집중적인 심리요법까지 있다.

편두통을 치료하는 여러 가지 약

수없이 많은 편두통 약들이 화학적으로 보면 그 효능이 있을 것 같지 않거나 전혀 효과가 없는 데도 한 번쯤은 잘 알려졌던 적이 있고, 그런 것들 가운데 또 많은 약이 드라마틱할 정도로 성공적이었다고 앞서 말했다. 편두통은 치료요법의 암시에 아주 예민한 것으로 유명하고(그래서 다행이지만), 많은 환자에게 플라세보효과가 너무나 뚜렷하게 나타나기 때문에 약리적 효과를 제대로 평가하기가 극단적으로 어렵다. 여기서 그런 몇 가지 약에 대해 짧게 다룬다.

히스타민 탈감작

호르몬에 대해서 잘 알려지면서 편두통성 신경통을 치료하는 방법으로 히스타민 '둔감화' 방법이 소개되었는데, 그것은 발작이 몸 안에서 만들어지는 히스타민에 대해 비정상적으로 반응하기 때문이라는 가정에 근거한 것이었다(나중에 그렇지 않다는 것이 밝혀졌다). 이 치료법은 카리스마를 가진 창안자가 직접 사용했을 때 대단히 성공적이었다. 그러나 다른 사람의 경우에는 대개 그저 그런 정도였다. 히스타민이 효과를 발휘했다면, 열성적인 의사의 관심과 함께 반복되는 히스타민 주사에 대한 신비스러운 분위기(아마도 피학적인 만족감 또한 그런 역할을 했을 것이다)가 성공의 비결이었다는 것은 의심의 여지가 없다. 이 방법은 환자가 이 방법에 대해 알고 있고 강하게 요구할 때, 아무런 해가 없는 플라세보효과를 위한 하나의 과정으로 추천할 수 있다.

알레르기 탈감작

히스타민 탈감작처럼 이것 역시 잘못된 이론에 근거해서 널리 알려진 것이다. 그러나 환자에 따라서는 유용할 때가 많다. 예측할 수 있겠지만, 이 방법 역시 효과가 있을 법한 환자는 정서적인 고통의 가능성, 또는 그것이 편두통의 이유라는 것을 부정하거나 자신의 발작이 알레르기 때문이라고 묵시적으로 믿고 있는 환자들이다. 이런 환자들은 그들과 믿음을 공유하고, 그들에게 필요한 정서적인 접촉과 주사를 연계시키면서 세심하게 배려할 줄 아는 알레르기 전문 의사에게 치료를 받게 하면 대단히 좋아질 수 있다.

호르몬 치료법

편두통과 관련된 호르몬에 대한 일반적인 문제는 8장에서 길게 다루었다. 여기서는 그때 내린 결론만 되새겨보자. 그런 연구들은 대부분 적절한 통제가 이루어지지 않은 채 실행되었기 때문에 당연히 그 연구의 결과는 여러 가지로 해석될 수밖에 없었다. 우리는 호르몬제에 따라서는 편두통을 악화시킬 수도 있을 뿐 아니라, 원치도 않고 예상할 수도 없는 부작용에 환자를 노출시키는 결과를 가져온다는 것을 알고 있다.

이런 이유들 때문에 호르몬 치료법은 니코틴산, 포도당 알약, 또는 히스타민 주사처럼 아무런 해가 없는 플라세보효과를 얻을 수 있다고 볼 수 없다. 그러니 하루빨리 실험을 통해 전반적인 문제를 명확히 할 필요가 있지만, 현재로서는 그 효과를 알 수 없는 상태라고 보아야 한다. 그래서 나는 통제된 실험을 통해 얻은 결과를 가지고 있지 않

은 호르몬제 사용을 반대하고, 내 환자들에게 호르몬제를 사용하지
않기를 권하며, 나 역시 사용하지 않는다.

외과 수술

편두통의 고통 때문에 절망할 정도의 환자들 가운데 남의 말
을 잘 믿는 경우, 성공하기 어려운 외과 수술의 대상이 되기 쉽다. 이 경
우의 외과 수술은 잘해야 하나마나한 결과를 얻거나 잠시 완화되는 정
도고, 최악의 경우에는 완전히 사기를 당하거나 불구가 될 수도 있다.

그런 수술로는 국부 수술이 옹호되어왔고, 여전히 지지를 받고
있다. 국부 수술로는 지속적으로 반복되는 심각한 편측 편두통의 경
우, 한쪽 관자동맥을 묶거나 신경을 제거하는 수술과 같은 것이 있다.
이런 수술과 또다른 수술들에 대해서는 울프(1963)가 아주 상세하게
다루었다. 그러니 우리는 울프가 국부 수술들에 대해 평가한 것을 다
시 되새길 필요가 있다. 이 수술들은 겨우 일시적인 도움이 될 뿐이다.

또다른 아주 심각한 문제는 편두통 치료를 위한 일반 수술 때
문에 생긴다. 그런 것으로는 이를 몽땅 빼버리거나 편도선을 제거하는
간단한 것에서부터 환자의 내장 적출에 가까운 수술까지 있다. 대개
쓸개, 자궁, 난소 같은 것들이 외과의사의 칼에 의해 잘려나간다. 특히
많은 희생자는 편두통을 앓는 중년의 여성들인데, 잦은 편두통을 없
애겠다고 자궁절제술을 받는 경우다. 이런 종류의 수술을 하고 나면
편두통이 완화되는 기간이 있다. 그러나 그 이후에는 또다시 발작이
같은 패턴으로, 또는 다른 패턴으로 시작되는 경우가 많다. 만일 편두
통이 영원히 제거되었다면, 그 수술이 엄청난 플라세보효과를 만들어
내는 역할을 했거나 아주 강렬한 피학적인 욕구를 만족시켜주었다고
생각할 수밖에 없다. 아직도 많은 환자가 수술해줄 것을 강하게 요구하

고 외과의사가 그들의 요구를 들어주고 있기는 하지만, 외과적인 수술이 편두통 치료에 아무런 도움이 되지 않는다는 사실은 아무리 강조해도 지나치지 않다.

편두통 때문에 불구를 만드는 외과 수술을 하는 데 있어서 절대적인 도덕적 근거가 있는 것은 아닌지 의심스럽다. 우리는 이와 관련해서 빅토리아시대의 간질 치료법을 떠올려볼 수 있는데, 그당시에는 그런 도덕적인 이유를 공공연하게 인정했다.

> 거세가 치료 수단으로 제안되었다. (…) 시술이 잘되면 대개 성공적이다. 그리고 이 병(간질)은 수음과 관련이 있기 때문에 이 방법을 선택해야 한다(가워스, 1881).

결론

중요한 규칙은 단 하나뿐이다. 환자의 말에 귀를 기울여야만 한다. 그러니 가장 큰 잘못은 환자에게 귀를 기울이지 않는 것이다. 어떤 치료를 시작하든 먼저 해야 할 일은 바로 이것이다. 환자와 좋은 관계를 시작하면서 의사소통을 제대로 하는 것이다. 환자와 의사는 서로를 이해할 수 있어야 한다. 완전히 수동적이거나 순응하지 않는 관계에서 의사가 말하는 대로 믿거나 하라는 대로 하고 '요구하는' 것을 받아들이는 관계가 아니라, 근본적으로 함께하는 관계여야 한다.

편두통 치료의 역사는 거의가 지나친 의료 행위와 환자를 착취한 이야기다. 환자가 의료 상담을 받을 때 잊지 말아야 할 것은 자신과 의사 사이에 신중한 토론이 충분히 이루어져야 한다고 주장하는 일이다. 그 토론은 의사의 전문적인 지식과 기술에 대한 믿음을 바탕으로 한 것이어야겠지만, 인간 대 인간의 토론이어야 한다. 현명한 의사라면 자신이 육체의 지혜를 따라야 한다는 사실을 알고 있고, 편두통과 비슷한 병에서 보았던 자연 치유 능력을 믿기 때문에 신중해지려고 노력할 것이다. 지나치게 '개입'하고 '설쳐대는 것'은 어리석은 짓일 뿐 아니라, 역효과를 낼 것이고 상황을 더 복잡하게 만들어 발작이 끝나는 시간만 연장시킬 것임을 잘 알고(허포크라테스가 알았던 것처럼) 있을 것이다.

거의 대부분의 편두통 발작들은 꽤 긴 시간 동안 진행되고 나면 저절로 끝난다는 사실을 생각하면, 환자가 발작이 진행되는 시간을 견딜 수 있도록 해주는 아주 간단한 처치만이 필요할지도 모른다. 진한 차(또는 커피) 한잔이나 휴식, 어두움과 조용함 같은 것 말이다. 아스피린과 같은 아주 단순한 진정제만으로도 발작으로 인한 통증을 완화시킬 수 있다. 통증이 줄어들면 그다음에는 욕지기나 다른 증상도 완화될 것이다(육체의 '공감'으로 인해 아팠던 기관의 원기 회복은 전반적으로 건강을 회복하게 해줄 것이다).

마찬가지로 어떤 하나의 증상을 치료하기 위한 방법이라면 그것이 어떤 것이든, 다른 증상 모두를 없애는 데 도움이 될 수 있다. 욕지기가 심하다면 구토 억제제가 도움이 될 텐데, 그것은 욕지기만이 아니라 두통을 완화시키는 데도 도움이 된다. 아주 가벼운 진정제도 모든 종류의 병리학적인 흥분, 예를 들면 지끈거리는 두통이나 과민함, 안절부절못함, 불안감 등을 완화시키고 발작이 아주 빨리 끝날 수 있도록 도와준다. 그런 진정제로는 적은 양의 페노바르비탈, 리브리엄 또는 바륨(가워스가 말한 브롬화물 같은 것이다)이 있다.

이 책 초판에서 나는 발작을 멈추게 해줄 수 있는 생리적인 수단(운동, 잠 등)만큼이나 에고타민과 다른 약들에 대해 많이 다루었다. 그러나 지금은 발작을 멈추게 하는 것이 현명한 일인지 의심스럽다. 그래서 나는 곧바로 이런 약들을 처방해주는 대신, 발작이 자연스럽게 진행되도록 할 때의 장점과 단점에 대해 환자가 생각해보도록 권유한다. 다음 사례가 이런 상황을 잘 설명해준다.

사례75

이 환자는 고전적 편두통을 앓고 있으며 불같은 성격을 지닌 중년의 교수다. 그는 열정적이고 영감에 찬 강좌 일정이 끝나는 금요일 오후에 자주 발작을 일으켰다. 집에 도착하면 거의 곧바로 암점과 다른 증상들을 겪었는데, 몇 분 안에 격렬한 두통과 욕지기, 구토가 뒤따랐다. 만일 이런 증상들을 견디고 발작이 모두 진행된다면 3시간 안에 끝이 나는데, 거의 다시 태어난 것처럼 아주 기분 좋은 상태로 원기가 회복된다. 그러나 발작이 멈췄을 경우(에고타민 때문이든, 운동이나 잠 때문이든) 주말 내내 끊임없는 불안감에 시달린다. 따라서 이 환자는 선택의 기로에 놓이게 되었다. 3시간 동안 격렬한 통증을 견디고 나머지 시간을 완벽하게 잘 지내거나, 아니면 조금만 아프고 대신 이틀이나 사흘 동안을 끔찍한 기분으로 보내야 했다. 그는 자신의 상황을 알고 나서, 발작을 멈추기 위한 어떤 방법도 사용하지 않기로 했다. 가볍지만 길게 늘어지는 편두통보다 지독하지만 짧은 편두통을 선택하는 편이 훨씬 더 낫다는 사실을 알게 된 것이다.

다른 시대, 다른 장소에서는 의료 행위에 대한 분위기가 달랐다. 현대의 우리는 편두통 환자를 두고 주사를 놓거나 진료하면서 너무 호들갑을 떤다. 어떤 면에서는 이런 것이 리베잉, 또는 빅토리아시대의 사람들을 소름끼치게 만들었다. 편두통을 더 악화시키는 것이 바로 이런 식의 호들갑이다. 역설적이게도 바로 이런 매우 집중적이고 끊임없는 치료가 질병을 낫게 해주는 것이 아니라, 악화시키는 역할을 할 수도 있다는 것이다. 내가 보았던 편두통 치료를 위한 최고의 병원은 쓸데없는 말이나 행동 없이 작고 어두운 방으로 환자를 안내해 누워서 쉴 수 있게 해주고, 차 한 주전자와 아스피린 두 알을 처방해주는 곳이 었다.

엄청나게 심각한 고전적 편두통 발작인 경우에도 이렇게 간단하고 자연스러운 처방의 결과가 내가 본 다른 어떤 병원의 결과보다 훨씬 더 감명 깊었다. 나는 어떤 확신에 압도되어 결국 집으로 다시 돌아왔다. 거의 대부분의 환자들과 발작을 위한 답은 최고로 강력한 약과 약물의 공격에서 찾을 수 있는 것이 아니라, 고통과 자연에 대한 세심한 감정에서 찾을 수 있다. 자연 자체가 가진 치유력이라는 깊은 의미, 그리고 결코 자연을 협박하지 않고 자연에게 간절히 바라는 겸허함이 그것이다.

비록 편두통이 생리적인 병이지만, 단지 생리적인 병인 것만은 아니다. 편두통은 병에 걸린 개인, 말하자면 그의 성격, 그의 요구, 그의 환경, 그의 생활 방식과 깊이 관련되어 있다. 또는 그런 것들이 편두통을 일으킨다. 그러니 편두통이 치료될 수 있고 치료해야 한다면, 순전히 생리적인 치료법을 찾는 것만으로는 충분하지 않고 생활 방식 전체를, 생활을 몽땅 치료해야 한다.

이것이 언제나 의술의 아버지인 히포크라테스의 핵심 모토이자 메시지였다. 병이 아니라 고통받는 사람을 치료해야 한다는 것이다. 의사는 비록 질병, 약, 생리학, 약물학에 대한 풍부한 지식을 가지고 전문가가 되어야 하지만, 의사의 궁극적인 관심은 환자 그 자체여야 한다.

의사는 환자를 지배하거나 환자에게 독단적이어서는 안 된다. '내가 가장 잘 안다'고 주장하는 전문가 역할을 해서는 안 된다. 환자에게 귀 기울여야 하고, 말 속에 숨겨진 뜻을 들어야 한다. 환자에게 특별한, 환자가 말하지 않는 요구를 들어야 한다. 그리고 환자의 기질과 그의 생활 패턴에 대해 고심해야 한다. 그의 병인 편두통이 '말하는 것'을 들어야 한다. 그럴 때에만 치료법이 뚜렷하게 나타날 것이다.

16장
편두통 치료법에 대한 최근의 발전

갑작스러운 감정이나, 생활 방식 또는 생활에서 받는 스트레스, 환자의 성격과 관련되어 편두통 발작이 일어날 수 있다는 사실 때문에 편두통은 기능성 또는 정신-신체적 질병이라는 개념이 생겼다. 그렇다고 해서 편두통이라는 현상이 이례적으로 특별하며, 특별한 메커니즘과 근거가 있다는 것을 인정하지 않는다는 뜻은 아니다. 고대로부터 우리는 편두통을 일으키는 일반적인 상황이라는 개념과 이것을 치료하는 일반적인 수단을 가지고 있었다. 그러나 우리가 편두통과 관련된 특별한 메커니즘에 대해, 그리고 이를 치료하기 위해 사용할 수 있는 특별한 치료법에 대해 어느 정도 알게 된 것은 비교적 최근, 특히 지난 20년 동안에 거둔 성과다.

편두통에 대한 우리의 생각과 분위기의 변화는 메티세르지드라는 약이 처음으로 쓰였던 때인, 정확하게는 1960년으로 거슬러 올라가 찾을 수 있다. 닐 라스킨Neil Raskin은 이렇게 썼다.

1960년에 메티세르지드가 소개되었을 때 나는 아직 견습 중이었다. 이 약이 편두통의 성질에 대한 의사들의 생각을 바꾼 것은 아주 놀라운 일이었다. 그 이전에는 (…) 편두통은 주로 정신-신체적 질병이라고 생각했지만 (…) 갑자기 환자들은 메티세르지드 몇 알을 먹고 일주일이 채 지나지 않아 두통에서 해방되었다. 정신적인 변화는 전혀 없었지만 치료되었다.[1]

이 시기 이전에 쓰인 약들은(에고타민은 1920년대에 소개되었다) 편두통의 특정 증상을 억제했다. 그러나 기본 메커니즘을 제대로 '재설정'할 수 있도록 해주는 약은 없었다. 1950년대까지 우리는 기본 메커니즘이 무엇인지 전혀 몰랐기 때문이다. 1950년대에 와서야 편두통 발작이 신경 전달 물질인 세로토닌 이상과 관련되었을지도 모른다는 사실을 알게 되었다. 그리고 메티세르지드를 세로토닌길항제로 쓸 수 있으리라고 생각했던 것이다. 그때는 뇌에 있는 간단한 '세로토닌 체계'

---

1 이 시기에 다른 신경 질환에 대해서도 비슷한 생각의 변화가 생겼다. 1960년에 할로페리돌haloperidol(진정제의 하나로 정신분열증 등의 정신병 치료에 효과가 있다고 한다—옮긴이)이라는 약이 투렛증후군Tourette's syndrome(신경 장애로 인해 자신도 모르게 자꾸 몸을 움직이거나 욕설 비슷한 소리를 내는 증상, 틱장애라고도 한다—옮긴이)이라는 현상을 대폭 줄여준다는 것을 알게 되었다. 이 약이 쓰이기 전에 투렛증후군은 '프로이트 학설'처럼 순전히 정신 작용의 문제라고 보았고, 환자들은 오랫동안 정신분석 치료를 받았다. 의도는 좋았지만 효과는 전혀 없었다. 그러던 것이 할로페리돌의 효과를 발견한 뒤로, 이번에는 갑자기(아마도 지나칠 정도로) 변화가 생겼다. 이제는 투렛증후군을 순전히 '화학적'인 것으로 보았다. 이 병은 뇌에서 분비되는 도파민 체계가 유전적으로 불안한 상태이기 때문에 생기는 것이다. 다시 반작용에 대한 반작용이 일어났다. 투렛증후군처럼 성격과 감정에, 그리고 일상적인 경험에 지장을 주는 증후군은 화학적인 이유만큼이나 정신역학적이고 환경적인 결정 요인을 가질 수밖에 없다. 이것이 진실임에 틀림없다. 그 정도가 덜할지 모르지만 편두통도 마찬가지다.

하나만 알고 있었고, 그것에 이상이 생기면 한편으로는 편두통이 생기고 다른 한편으로는 불안, 우울증, 수면장애가 생긴다고 생각했다.

그 시대의 이런 단순한 생각은 이제 사라졌다. 우리는 뇌에 마흔 개가 넘는 신경 전달 물질이 있으며, 그 신경 전달 물질 체제 모두가 극단적으로 복잡하다는 것을 알고 있다. 세로토닌 수용체만 하더라도 크게 세 종류가 있고, 그 각각에는 또 많은 아단위subtype가 포함되어 있다. 우리는 1980년대에 들어와서야 이런 복잡한 체계를 분석할 수 있게 되었고, 특정한 부분에 작용하는 약을 골라낼 수 있을 만큼 발전했다.

그러나 이런 발전은 단지 편두통의 일부분인 화학적인 면과 관련된 것일 뿐이다. 그렇다면 다른 면은 어찌 되었을까? 리베잉에게 중요했던 혈관과 전기적인 면도 마찬가지로 중요하지 않은가? 편두통 아우라, 그리고 두통의 생리학적인 측면은 어떤가? 자신의 편두통 아우라를 한계에 이르기까지 측정했던 래슐리는 그것이 대뇌피질에서 흥분한 다음 잦아드는, 분당 2~3밀리미터 속도를 가진 뇌파의 활동이 반영된 것이라고 추측했다. 이런 과정이 사람에게서 관찰된 적은 전혀 없었다. 그러나 아마도 이와 비슷한 과정으로 보이는 '확산성 억제spreading depression'가 레아옹에 의해 실험 동물의 노출된 피질에서 관찰된 적이 있다(325쪽을 보라). 1970년대 초 덴마크의 올슨은 방사성 표지자radioactive tracer라는 새로운 기술을 사용해서 대뇌의 혈류를 측정했고, 대뇌피질에서 천천히 확산되는 감소된 혈류의 파동이 정확하게 같은 속도로 시각 피질을 가로질러 나아간다는 것을 발견했다. 레아옹의 확산성 억제가 이러한 혈류 감소의 이유인지 아니면 결과인지에 대한 문제는 여전히 남아 있지만, 이런 실험 결과는 인간의 뇌에서도 일어날 수 있을 것이라고 강하게 암시한다. 바로 지난해 아니면 2년

쯤 전부터, 두개골 전체에서 대뇌의 신경자기 영역을 측정할 수 있게 되었고, 이것이 편두통 아우라가 있는 동안 자기파가 시각령을 가로질러 분당 2~3밀리미터의 속도로 움직이는 것을 보여주었다. 이것으로 마침내 인간에게서도 확산성 억제가 일어나며, 이것이 아우라라는 특이한 대뇌피질 현상의 직접적인 이유임이 확인되었다.[2]

그러나 리베잉과 가워스에게도 분명해 보였던 것처럼, 아우라는 대뇌피질과 관련된 것일지 모르지만 편두통의 원인은 그게 아니었다. 편두통은 오히려 비정상적인 신경 활동 때문에, 또는 뇌줄기 깊은

---

2   편두통을 유발하는 대부분의 요인들에 대해서는 오래전부터 알고 있었다. 그러나 1972년까지 의학 문헌에서 설명되지 않았던 새로운 것이 하나 있었는데, "풋볼선수 편두통"이라고 부르는 것이다. 이는 럭비공을 헤딩하고 몇 분 뒤에 나타나는 증상으로 곧바로 안내섬광, 섬광암점, 색깔 인식능력의 소멸, 그리고 시각 피질 상실까지 나타난다. 그리고 편측성 두통, 구토 등이 뒤따른다. 이런 증상은 한번도 편두통을 겪어본 적이 없는 선수에게도 나타날 수 있다. 이것은 아마도 머리를 한 방 얻어맞음으로써 시각 피질에 즉각적인 확산성 억제가 일어나고 일반적으로 나타나는 특발성 메커니즘을 건너뛰어 곧바로 편두통으로 넘어가는 것이 아닌가 싶다.

이에 대해서는 임상적인 증거 그리고 전기생리학적인 증거, 둘 다 있다. 고전적 편두통을 가진 환자의 경우, 발작과 발작 사이에도 시각 피질은 흥분과 혼란스러움에 대해 평소와는 달리 심하게 민감해진다. 순전히 시각적인 자극만으로도 편두통 아우라를 일으키기도 한다. 리베잉은 눈이 내리는 것만 보고도 발작을 시작하는 환자에 대해서 묘사했고, 나 역시 시야에 나타나는 혼란(물결이나 나뭇잎이 가장 일반적이다. 그리고 한 환자의 경우에 대해서는 169~171쪽 사례90을 보라) 때문에, 그리고 비대칭적인 것(예를 들어 단추가 잘못 꺼워진 재킷을 입은 것)을 보기만 하면 아우라가 시작되는 많은 환자들을 보아왔다. 이런 것들은 시각장애, 시야 왜곡을 일으키고 그렇게 시작된 것이 모든 방향으로 확산된다. 환자들에 따라서는 반짝이는 빛이 편두통을 촉발하기도 한다. 심지어는 그런 촉발 요인이 없는데도 뇌의 시각 영역에서 뇌파검사에 지나친 부하가 걸리는 경우도 있다. 시각적인 촉발 잠재력에 대한 연구는 심지어 발작과 발작 사이에도 편두통 환자들의 1차 시각 피질과 시각 연합영역에서 이런 것들이 강화된다는 것을 보여준다. 이런 관찰 결과는 편두통이 무엇보다 선천적이고 특정한 뉴런의 민감성에 기초한 신경성 질환, 신경성 반응임을 강력하게 지지해준다.

곳의 반응 때문에 일어나는 것처럼 보인다. 이것 역시 일반적인 임상적·생물학적인 이유에 근거한 내 자신의 느낌이다. 뇌줄기에서, 그리고 뇌줄기의 신경계 '상류'와 '하류'에서 뿜어져 나오는 크고 느린 전위電位가 있음에 틀림없다. 자기뇌파검사에 의해 기록된 기묘하고 거대한, 긴 시간 동안의 활동전위가 이것에 대한 첫 번째 직접적인 증거다. 이 첫 번째 직접적인 증거의 의미는 편두통이 혈관이나 다른 어떤 것의 변화가 일어나든 일어나지 않든 상관없이, 대뇌 깊은 곳에 있는 신경세포의 비정상적인 활동 때문에 만들어지는 신경 현상이라는 것이다. 뇌에 그런 신경세포들이 있다는 것을 입증할 수 있는가? 그것들이 편두통을 일으키는 데 실제로 개입되어 있다고 증명할 수 있는가? 이런 질문에 대해서 많은 연구자들이 대답했다. 그 연구자들 가운데 미국 샌프란시스코에 있는 캘리포니아대학의 닐 라스킨, 오스트레일리아 시드니에 있는 뉴사우스웨일스대학의 제임스 랜스가 있다.

샌프란시스코와 오스트레일리아의 연구자 둘 다 특히 새로이 정의된, 뇌줄기에서 척수로 내려가는 통증조절 시스템 때문에 통증과 그것의 조절에 관심을 가져왔다. 신경외과의사들은 전극을 뇌줄기에 심고, 대뇌수도관 주변의 회백질에 있는 신경세포들을 자극함으로써 등 아래쪽이나 사지의 통증(비록 머리나 목의 통증이 아니긴 하지만)을 대단히 많이 줄일 수 있다는 것을 알게 되었다. 이런 시술을 받은 환자들 대부분은 전극이 작동할 때 지끈거리는 심각한 편측성 두통(대개 전극을 심은 쪽), 구토, 시각장애와 함께 전형적인 편두통을 시작한다. 이런 대단히 전형적인 편두통은 디하이드로 에고타민dihydro-ergotamine 정맥주사에 대한 예민한 반응으로 나타나기도 한다. 그러나 이런 경우는 그 이전에 한번도 편두통을 겪어본 적이 없었던 환자들에게도 생긴다. 이것은 분명히 증명될 수 있는 후천적인, 또는 경험 때문에 생기는 편두통의 첫 번째 예다. 이 편두통은 전극을 심음으로써, 뇌줄기에 있는 솔기 뉴런raphe neuron에 대한 인공적인 전기 자극의 결과로 얻게 되는 것이다. 전극에 전기가 흐르면 신경세포를 자극하게 되는데, 그것이 전형적인 편두통을 일으킨다. 이렇게 보면 곧바로 다음과 같은 궁금증이 생긴다. 자연스러운 또는 정상적으로 발생하는 편두통도 그와 비슷하게 이런 솔기 신경세포들에 대한 자극이 증가함으로써 발생하는 것일까?

원숭이와 고양이를 통한 랜스의 추가적인 연구는 이런 세포핵에 대한 직접적인 전기적 또는 화학적 자극이 편두통에서의 전형적인 혈관 변형을 일으킬 수 있다는 것을 보여주었다. 랜스는 이런 뇌줄기 세포핵들이 위쪽으로는 대뇌피질까지, 아래쪽으로는 뇌줄기에서 척수에까지 이르는 통증조절 시스템에 투사된다는 것을 덧붙여 보여주었다. 이때 위쪽의 세 부분이 머리의 '통증 센터'를 이룬다. 환자들은 편두통 아우라가 시작되기 전 몇 시간 동안 감정적으로 흥분하는(불안감, 가끔은 희열) 전구증상을 겪는데, 이것은 시상하부나 중간뇌의 고차원적인 메커니즘이 이후의 발작 과정 전체에 일정한 영향을 미친다는 것을 암시한다.

그러면 도대체 어떻게 이렇게 다른 메커니즘들이 고전적 편두통을 일으킬 수 있도록 짜 맞춰지는 것일까? 가장 일반적인 가설은 랜스가 세운 것이다(랜스, 1982, 169~171쪽을 보라). 그는 편두통 발작이 내부의 주기성에 의한 것이든 대뇌피질의 자극에 반응한 것이든 상관없이, 언제나 시상하부에서 시작된다고 생각했다. 일단 그렇게 시작되면, 그 추진력은 시상하부에서 뇌수도관 주위의 회백질, 그다음 솔기핵까지 내려가는데, 여기서 우리가 알고 있듯이 피질의 미소순환계가 수축되고, 확산성 억제가 피질에서 시작된다(그래서 발작의 아우라 단계를 만들어내는 것이다). 그리고 동시에 척수의 (엔케팔린 동작성enkephalinergic) 신경에 의해 통증 전달을 차단해 통각을 조절할 수 있다.

뇌줄기의 노르아드레날린 동작성 신경계와 세로토닌 동작성 신경계의 과잉흥분성에 의존적인 이 단계는 모노아민 신경 전달이 감소되는 단계로 이어진다. 그렇게 되면 척수의 통문이 열리고, 이전에 억제되었던 통증이 머리로 온통 쏟아진다. 동시에 특수 감각을 향한 구심성 문이 열리고, 견딜 수 없을 만큼 강화된 특징적인 시야, 소리, 냄새를 만들어낸다.

또한 여러 현상의 악순환이 시작된다. 위쪽 세목신경들에서 출발한 구심성 신경과 삼차신경의 하행 경로가 척수에서 수렴한다는 것은 통증이 목에서 관자놀이로 퍼질 수 있으며(방사통), 등으로도 퍼질 수 있음을 의미한다. 게다가 삼차신경에서 출발한 자극은 신경 혈관의 반사작용을 통해 두개골 바깥혈관의 혈류를 더욱 더 증가시킨다. 이것이 더 큰 통증으로 이어지고 혈관도 더 많이 확장된다. 편두통은 결국 계속 더 악화되는 지독한 악순환에 빠져들게 되는 것이다. 이런 편두통의 통증을 멈추게 하기 위해서는 삼차신경 혈관의 반사작용을 통해 단지 고통을 줄이는 것만으로 되는 것이 아니라, 통증이 악순환되는 것을 방지해야 한다.

이런 연구를 통해 우리는 원칙적으로 편두통을 일으키는 이유와 관련된 중요한 요소들이 무엇인지, 그리고 그것들이 편두통을 일으키기 위해 어떻게 일제히 작동하는지 알게 되었다. 또한 우리는 중요한 연결 고리, 즉 뇌줄기의 1차적인 병 유발 과정에 개입함으로써 편두통을 예방할 수 있는 방법 또는 그 과정을 심하게 변경할 수 있는 방법도 알게 되었다.

다시 돌아가서 이제 신경 전달 물질의 역할에 대해서 이야기해 보자. 편두통을 일으키는 데 관련된 신경 전달 물질은 적어도 여섯 가지는 된다. 노르아드레날린, 아세틸콜린, 도파민, 히스타민, 감마아미노부티르산GABA(포유류의 중추신경계에 생기는 신경 전달 물질의 하나—옮긴이), 엔케팔린이 그것이다. 그리고 5-하이드록시트립타민 또는 세로토닌이 있다. 이런 것들 각각에 효과를 볼 수 있는 다른 약들이 있는데, 그것이 최근까지 환자에게 서너 가지의 약을 동시에 투약해야 하는 이유였다. 그래서 랜스가 이름 붙인 "광란의 복합 투약법"을 사용했던 것이다.

이런 다양한 약 사용의 범위와 안전성은 이 책, 《편두통》의 초판이 출간된 이래 상당히 확대되었다. 예를 들면 격렬한 발작을 위해 쓸 수 있는 에고타민이 있고, 또 하나는 부작용 때문에 마음대로 사용하기를 주저했던 메티세르지드가 있다.

환자가 한 달에 한 번 이하의 발작을 겪는다면 그 개별 발작이 있을 때 치료하면 된다. 그러나 두 번 이상의 발작을 겪는 환자들이라면 예방을 위한 약을 써야 한다. 그리고 가끔은 하나 이상의 약을 함께 사용해야 할지 모른다. 이 모든 약들은 의사의 관리하에 사용해야 한다.

가장 잘 알려졌고 또 가장 중요한 새로운 약은 1970년대에 소개된 프로프라놀롤propanolol이다. 프로프라놀롤은 새로이 개발된 베타아드레날린 동작성 약의 범주에 속하는 것으로, 동맥 벽과 다른 곳에서 베타-2 수용체들을 차단한다(또한 세로토닌길항제로도 작용한다). 프로프라놀롤은 편두통을 예방하기 위해 장기간 복용할 수 있는데, 그 효과는 메티세르지드와 비슷하고 훨씬 더 안전하다. 이것은 편두통이 있을 때 두개골 바깥 동맥의 무제한 확장을 막는 효과 이외에도 혈압이나 심장박동수, 그리고 심장 리듬 등과 같은 자율신경에 여러 가지로 영향을 미친다. 프로프라놀롤은 치료 효과가 매우 뛰어난 약이며, 특히 고혈압이 있는 편두통 환자에게 쓰기가 좋다. 그러나 저혈압이나 기관지 경련 같은 것이 있다면, 이 약을 써서는 안 된다.

클로니딘clonidine과 같은 알파-아드레날린 약들 역시 1970년 대에 소개되었다. 클로니딘은 영국에서 편두통 치료약으로 널리 쓰이고 있지만, 미국에서는 충분히 받아들여지지 않았다. 그러나 환자에 따라서는 이 약이 좋은 효과를 발휘할 수 있다.

프로프라놀롤보다 안전하지만, 좀 가볍고 덜 효과적인 약이 피조티펜pizotifen이다. 이 약 역시 편두통을 가진 대부분의 환자들에게서 통증의 정도나 발생 빈도를 줄여주는 효과를 확실하게 보인다. 그러나 프로프라놀롤이나 메티세르지드만큼 강력하지는 않다. 피조티펜은 히스타민의 혈관 확장 작용을 막고, 세로토닌이 혈관에 미치는 효과에 꽤 복합적으로 작용한다.

개별 발작의 심각성과 편두통 발작의 빈도를 줄여주는 데 확실한 효과를 가진 다른 새로운 약들 가운데 하나가 비스테로이드성 소염제NSAIDs, Non-Steroidal Anti-Inflammatory Drugs다. 나프록센naproxen, 톨페남산tolfenamic acid, 메펜남산mefenemic acid과 같은 것들이 비스테로이드성 소염제 가운데 가장 효과가 좋은 약들이 아닐까 싶다. 여기서 꼭 말해두어야 하는 것 가운데 하나가 아스피린이다. 아스피린이 편두통 예방약의 역할도 할 수 있다는 사실이 새로이 알려졌다. 아스피린은 혈소판 집적과 프로스타글란딘prostaglandin 합성을 줄인다. 이 것은 둘 다 편두통 발생 원인의 부차적인 메커니즘이 되기도 한다. 비스테로이드성 소염제와 아스피린은 위장에 그리고 다른 부작용을 일으킬 수 있는데, 그런 것들이 괜찮은 환자에게라면 편두통 예방에 아주 대단한 역할을 할 수 있다.

약초인 화란국화feverfew가 편두통을 예방하는 색다른 요법이 되었다. 그러나 아직은 플라세보효과 그 이상의 것인지 확실하지 않다 (그러나 존슨과 그 외, 1985를 보라).

완전히 새로운 다른 범주의 약으로는 자율신경에 여러 가지 중요한 효과를 미치는 칼슘 채널 차단제가 있다. 이 약들은 말초 혈관 경련과 협심증과 함께 편두통도 예방할 수 있다. 이것들 가운데 베라파밀이 가장 효과적인 약으로 알려져 있다.

지난 20년 동안 여러 가지 항우울제가 사용되었는데, 이 약들의 편두통 치료 효과는 항우울제 효과와 완전히 별개다. 3환계 항우울제 가운데 아미트리프틸린amitryptaline이 가장 강력하다. 이 약은 중추성 시냅스에서 세로토닌을 재흡수하는 것을 막는 것으로 보인다. 아미트리프틸린은 다른 모든 3환계 항우울제와 같은 생리적인 효과를 가지고 있으며 발작이나 심혈관, 좁은앞방각녹내장narrow-angle glaucoma, 요저류urinary retention 증상 경험이 있었다면 조심해서 사용해야 한다.

또다른 아주 강한 항우울제 범주에 드는 것으로 모노아민 산화효소MAO 억제제가 있다. 이것은 저항력이 강한 환자의 경우 편두통 예방을 위해 쓰면 무척이나 효과가 좋다. 이런 경우에 페넬진phenelzine이 특별히 쓰인다. 그러나 모노아민 산화효소 억제제 사용과 관련해서 중요한 위험 요소가 있다. 이 약과 다른 여러 종류의 식품이나 다른 약 사이에 일어나는 반응이 위험할 정도의(심하게는 치명적일 수도 있을 만큼) 고혈압을 일으킬 수 있기 때문에 사전에 철저하게 조사해야 한다. 환자는 치즈, 고기즙, 붉은 포도주, 누에콩, 청어 피클, 닭의 간 등을 철저하게 피해야 한다. 마찬가지로 아편이 든 약, 암페타민, 정신안정제, 진정제, 코막힘 완화제, 기관지 확장제 등도 피해야 한다. 모노아민 산화효소 억제제는 3환계 항우울제라면 어떤 것과도 함께 복용해서는 안 된다. 이런 것들을 철저히 지킬 수 있다면, 모노아민 산화효소 억제제는 몇 년 동안이라도 안전하게 사용할 수 있다.

물론 일반적으로는 가장 안전하고, 가장 가벼운 약부터 먹기 시작할 것이다. 그리고 이런 약들이 효과가 없을 때 가장 강한 약 쪽으로 옮겨가야 한다. 물론 그러면서 좀더 조심스러워져야 한다. 예를 들어 랜스는 환자들에게 피조티펜을 사용하는 것으로 시작했다. 한 달이 지난 뒤에도 전혀 좋아지지 않으면 프로프라놀롤을 쓴다. 이것도 듣지 않으면 메티세르지드를 사용한다. 그래도 안 되면 이번에는 페넬진을 쓰고, 이것마저 듣지 않으면 마지막 수단으로 프로카인procaine이나 리그노카인lignocaine을 정맥으로 주사한다. 두 번째 의사는 아마 아주 다르게 할 수도 있을 것이다. 칼슘차단제, 클로니딘 또는 아미트리프틸린을 선택할지도 모른다. 세 번째 의사라면 또다른 선호하는 요법을 선택할 수 있다. 편두통을 치료하는 데는 많은 길이 있다. 어떤 요법도 그것만이 최선이라고 말할 수 없다. 각각의 의사, 환자가 그들에게 무엇이 최선인지 찾아야 한다.

목록이 무척이나 길게 이어졌다. 이제 남은 것은 예측할 수 없는 반응에 대한 것이다. 1세기 전에 가워스는 이렇게 말했다. "분명히 아주 비슷한데도 어떤 경우에는 잘 듣던 방법이 다른 경우에는 듣지 않는다." 이 말은 다음과 같은 의미다. 기계적인 방법으로는 환자를 치료할 수 없다. 환자 누구에게나 맞는 도식이나 공식 같은 것도 없다. 한 달에 여러 번의 발작을 겪는 환자를 치료하려면 그 환자 개인에게 맞는 어떤 것을 찾기 위해 고생스럽더라도 가능한 모든 약, 그리고 모든 약의 조합을 시도해야 한다.

그러나 적어도 원칙적인, 이런 것들 이상의 무엇인가가 있지는 않을까? 예를 들어 우선 중요한 연결 고리를 바꾸는 약학적 방법은 없을까? '이상적'인 편두통 약이 있지는 않을까? 만일 있다면 어떤 종류의 약이 그런 것일 수 있을까?

1950년대부터 편두통에서 뇌의 세로토닌 시스템의 역할이 관심을 끌었다. 초기에는 그와 관련된 자료들이 무척이나 혼란스러웠다. 편두통은 마치 세로토닌 결핍을 반영하는 것처럼 보였다. 그러나 세로토닌길항제인 메티세르지드가 도움이 되었다. 이런 역설은 다른 종류의 세로토닌 수용기가 발견됨으로써 해결되었다($5-HT_1$, $5-HT_2$, $5-HT_3$ 수용기라고 알려져 있다). 그 수용기들은 자기들끼리 대립적이면서 서로 연관된 역할을 하고 있었다. 메티세르지드와 편두통에 쓰였던 그때까지의 모든 약들은 사실 '지저분한 것'이었다. 이때 지저분하다는 말은 그 효과가 특정적이지 않고 여러 시스템에 영향을 미쳤다는 뜻이다. 1980년대에 발견된 메티세르지드는 $5-HT_2$ 수용기에 대한 강력한 차단제인데, $5-HT_2$ 수용기는 그 기능이 $5-HT_1$ 수용기에 대립적인 것이었다. 그러면 $5-HT_1$ 수용기만을 활성화시켜주는 '순수한' 세로토닌길항제를 찾아서 자극할 수 있는 방법이 있을까? '산탄총'을 쏘는 듯한 방식으로 약을 사용해봄으로써 경험에 의거해서 확인하는 그전의 방식과는 아주 다른 이런 질문이 마침내 1980년대 말에 수마트립탄 sumatriptan이라고 부르는 약의 합성으로 이어졌다. 이 새로운 약에 관한 첫 실험이 아주 성공적이었음이 보고된 것은 1988년 말이었다.

$5-HT_1$ 수용기들은 특히 목동맥 순환에 분포한다. 그러나 수마트립탄은 아주 특정적으로 모세혈관만을 수축시키고, 목동맥 순환에 중요하고 수적으로도 많은 미세순환 내 동정맥 채널을 수축시킨다(헤이크가 1969년에 세운 가설에 따르면, 이 채널은 편두통이 있을 때 대뇌피질에서 혈액이 빠져나가는 통로가 된다). 그러나 랜스는 수마트립탄이 그런 방법으로

미소순환에만 영향을 미칠 뿐 아니라 솔기핵에도 직접적인 영향을 미친다는 것을 보여주었다. 만일 거대솔기핵의 세포에 직접적으로 영향을 미친다면, 수마트립탄은 이들 세포의 자극을 강력하게 억제할 것이다. 그래서 그 세포들의 자극과 병을 일으키는 반응을 차단할 것이다.

언제나 현혹되는 '경이로운' 약에 대한 유혹이라는 위험이 도사리고 있다. 이것에 대해서는 이 책의 마지막 장을 시작하면서 설명할 것이다. 그리고 그것은 또다른 내 책《깨어남Awakenings》(1973)의 중심 주제다. 1967년, 이 장의 초고에 나는 이렇게 썼다.

> 이 책을 펼쳐서 순서대로 여기까지 읽은 독자라면 (…) 편두통을 치료하는 어떤 특효약도 없었고, 앞으로도 없을 것이라고 확신할 것이다. (…) 간질이나 파킨슨병처럼 편두통을 위한 특별한 치료법이라는 것도 대증요법과 관련된 보조적인 약을 써보거나, 혹은 약을 사용하지 않는 다른 중요한 치료법과 더불어, 신경계의 특정 메커니즘에 영향을 미치는 상당히 많은 약들 중에서 선택해서 써보는 것일 뿐이다.

이 글을 쓴 그달에 파킨슨병 치료를 위한 새로운 약 엘도파가 발표되었다. 이 약은 그때 이후로 파킨슨병 환자들의 생활을 바꿀 수 있을 만큼, 그 효과가 근본적이며 매우 극적이었다. 나는 파킨슨병과 관련된 내 말을 취소해야 했다. 그런데 편두통에 대한 것 역시 취소해야 할까? 내가 처음 이 책《편두통》을 썼을 때 그런 약은 결코 찾을 수 없을 것이라고 확신했다.

아마 편두통을 만들어내는 방법은 오믈렛을 만드는 방법만큼이나 많을 것이다. 하나의 연결 고리가 되는 메커니즘을 제거하면 전체 시스템은 다시 재조직된다. (…) 관자동맥, 말단기관, 그리고 또다른 어떤 것을 작동하게 만들어 사용한다. 즉, 세로토닌 억제제 같은 것으로 발작을 막으려고 해도 발작은 다른 중개 메커니즘을 이용해서 생겨날 것이다.

나는 이제 편두통은 동작과제나 운동(367~369쪽에서 설명한 것처럼)과 비슷한 복잡한 '가소성' 구조를 가지고 있다고 본 것이 잘못이었다고 생각한다. 나는 편두통의 전략적인 용도가 무엇이든(그것은 환자에 따라서 아주 중요할 수 있다고 지금까지 생각해왔다), 편두통이 전술을 가지고 있다고 말하기는 힘들다. 그러나 편두통은 메커니즘을 가지고 있다. 그 메커니즘은 이해할 수 있고, 아주 많이 변형될 수 있는 것이다.

우리는 지난 20년 동안 편두통에 이르는 최종 공통 경로에 아주 가까이 다가갈 수 있었다. 편두통은 뇌줄기의 핵에 있는 뉴런이 신경의 내재적 감수성 과잉에 근거해 신경세포가 비정상적으로 흥분했기 때문에 비정상적으로 활성화되는 상태라는 것이다. 그 현상과 촉발요인들의 엄청난 다양성과 광범위함에도 불구하고, 이것이 정말로 최종 공통 경로라면(편두통이 최종 공통 경로를 가지고 있다면) 우리가 수십 년 동안 해온 치료법의 특징이었던 '광란의 복합 투약법'을 포기할 수 있을 만큼 충분히 구체적인 약을 찾을 수 있을 것이고, 환자들에게 아무런 해도 없고 효과가 좋은 약만을 줄 수 있을 것이다.

초판의 결론에서 나는 편두통 치료에 관한 한 '심하게 비관적'이지 않았는지 모르겠다. 최근 20년 동안의 발전은 나를 훨씬 덜 비관적으로 만들어주었다. 그러나 꽤 조심스러운 회의론이 남아 있기는 하다. 나는 직접 그 효과를 확인하기 전까지는 새로운 발견이나 영약, 특효약 같은 것을 믿지 않기 때문이다.

1960년대는 화학에 지나치게 경도되었고, 그다음 10년은 다른 형태의 의학으로 이어졌다. 그것은 스트레스 줄이기, 휴식, 명상, 요가 등과 같은 전체론적인 개념, 그리고 새로이 발전된 바이오피드백♦의 도움을 받는, 의지와 마음을 이용한 자조self-help의 개념에 바탕을 둔 것이었다. 니체는 "계획할 수 없다. 무엇인가를 바랄 수 있을 뿐이다"라고 썼다. 바이오피드백의 핵심은 정상적으로는 보이지 않는 '어떤 것'을 뚜렷하게 보이도록 해서 의식할 수 있게 하는 것이다. 그리하여 '의지'가 그것을 인식하고, 바라건대 변화할 수 있도록 하는 것이다. 바이오피드백이 처음 사용된 것은 간질 환자가 뇌파를 직접 보도록 하는 것이었다. 그것은 많은 간질 환자에게 성공적이었다. 이와 비슷한 기술을 편두통 치료에도 적용할 수 있을까? 수의적인 통제하에서 편두통 환자들이 어떤 생체 신호를 의식적으로 통제하도록 해야 할 것인가?

편두통 두통과 가장 상관관계가 높은 것은(즉, 두통이 오면 어김없이 나타나는 증상으로는) 얕은관자동맥의 이마 가지frontal branch의 맥박이다. 그리고 그런 맥박은 모니터를 통해 쉽게 볼 수도, 측정될 수도 있다. 혈관성 두통은 대개 어느 정도의 긴장성 두통을 동반하는데, 두피 근육과 목 근육의 긴장은 근전도 검사 기록법을 사용하면 쉽게 모니터할 수 있다. 편두통이 있을 때 얼굴이나 관자놀이 또는 손의 피부 체온을 측정하는 것도 역시 쉽다(손의 체온을 모니터링한다는 묘한 발상은 발작이 있을 때 차가워졌던 손이 진정되면 다시 따뜻해지더라는 많은 편두통 환자들의 자기 관찰에서 시작되었다).

환자들은 이런 피드백 장치들(맥박기, 체온계, 근전도 검사 기록계)을

♦　뇌파나 혈압 등 생체의 신경적·생리적 상태를 오실로스코프 등을 통해 앎으로써 정신-신체적 상태를 의식적으로 컨트롤하는 것을 말한다.

사용해서 의지의 힘으로 지금 자신에게 일어나는 증상에 집중하고, 그것을 변화시키려고 스스로 노력한다. 그래서 환자는 자신의 관자동맥 맥박을 감소시키는 방법을 배울 수도 있는데, 그럴 수 있게 되면 편두통 두통은 아주 극적으로 줄어드는 효과가 있고, 그럼으로써 통증이 심한 정도에 따라 나타나는 다른 많은 편두통 증상들도 줄어든다. 또 손의 피부 체온을 의도적으로 상승시키는 방법을 배울 수도 있고, 그럼으로써 비록 반사를 통한 것이지만 팽창된 편두통성 동맥들이 정상으로 회복되기도 한다.

이런 식으로 자신의 잘못된 또는 비정상적인 반응을 일어나지 못하게 하거나 변형시키는 방법을 배울 수도 있는데, 점점 이런 방식이 자리를 잡아가고 있다. 그러나 이런 방법을 지지하는 사람들이 주장하는 것처럼, 이것이 아주 유용하고 중요하며, 혁명적인 치료법이 될지는 아직 확실치 않다.

몇몇의 예를 보면 바이오피드백은 무척이나 효과적일 수 있다. 어떤 환자는 내게 이렇게 편지를 쓴 적이 있다. 윌리스의 환자가 '백약이 무효했던' 것처럼(495쪽) 자신 역시 어떤 약에도 효과가 없었다는 것이다. 끊임없이 일어나는 일반 편두통으로 고문을 받는 것 같았던 이 여자는 일상생활을 계속할 수 있을지 걱정했을 정도였다. 그러나 반신반의하면서도 바이오피드백을 시도한 뒤로는 실제로 편두통에서 자유로워졌다. 그러나 내가 아는 환자들 가운데는, 비슷한 상황에서 시도한 바이오피드백으로 전혀 효과를 얻지 못했거나 거의 얻지 못했던 환자들도 있었다. 그리고 다른 환자들의 경우 제한적으로만 효과를 거두었는데, 이런 환자가 대부분이었다. 바이오피드백의 효과 역시, 약이 그랬던 것처럼 개인적인 차이가 아주 크다. 이 방법이 얼마나 큰 효과가 있을지 예측할 수는 없지만, 언제나 시도해볼 만한 가치는 있다. 요즘 대부분의 편두통 치료 병원에서는 바이오피드백 장비들을 갖추고 있다.

이런 피드백 기법이 분명히 효과적일 때, 정확하게 어떤 방법으로 치료하는 것일까 하는 의문이 생긴다. 환자는 피부 체온이나 맥박의 양과 같은 특정 생체 신호에 완전히 집중하는 것인지, 아니면 피드백 장치들의 도움을 받아 몸과 마음의 지나친 흥분을 감소시킴으로써 완전한 이완에 도달하는 것인지 궁금하다.

우리 삶에서 스트레스와 정신-신체적 장애들은 아주 일반적인 것이 되었다. 그리고 스트레스를 줄여야 할 필요와 휴식의 필요가 우리를 끊임없이 압박하고 있다. 편두통에 대해서도 자기 관리를 이렇게 해야 한다는 것은 분명하다. 그것은 격렬한 발작이 있을 때나, 발작을 예방할 때나 모두 마찬가지다. 1970년대에 들어서 유행하게 된 두 개의 기법이 있는데, 그것은 요가와 초월명상이다(이것은 자기최면을 위한 만트라를 반복하는 것에 지나지 않는다). 이런 치료법과 명상은 모든 사람의 성향에 맞는 것은 아니다. 그러나 이 방법이 환자들에게 도움이 될 수 있다는 것은 의심의 여지가 없어 보인다.[3]

침술은 2,000년 이상을 중국 의학으로서 전통적인 역할을 해왔지만, 서양에서는 반쯤은 진지하게 반쯤은 일시적인 유행처럼 소개된 것이 겨우 20년 전이다. 환자에 따라서는 침술로 병의 상태가 좋아지기도 하지만(통제되지 않은 한 연구에 따르면, 치료받은 환자의 3분의 1이 좋아졌다고 주장한다), 그 좋아진 것이 침술의 구체적인 효과를 보여주는 것인지, 아니면 치료법에 대한 관심으로 생기는 플라세보효과 때문에 다

---

3 한번은 격렬한 안면 경련, 심한 기침, 울부짖음, 손발 경련 등과 같은 투렛증후군 발작이 초월명상법 방식의 자기최면에 의해 곧바로 완전히 끝나는 것을 본 적이 있다. 나는 그런 효과가 생리적으로 가능하다고는 생각할 수가 없다. 그리고 그 이후로 이런 기법의 힘에 대한 경외심이 더 커졌다.

른 수많은 치료법들처럼 그럴듯한 성공일 뿐인지는 분명하지 않다. 이것은 엄격하게 통제된 이중맹검법에 의한 연구가 필요하다. 그러나 그것은 쉽지 않아 보이는데, 약이 아니라 침술일 경우 무엇을 검사할지 알 수 없기 때문이다. 침술이 생리적으로, 특히 몸의 내생적인 안정 시스템에 효과가 있을 수 있다는 증거는 있다. 아마 그것이 편두통에 영향을 미친 것이 아닐까 싶다. 랜스의 경험에 따르면, 치료를 받는 동안 환자가 좋아질 수 있지만 오래지 않아 병이 재발했다. 이는 물론 구체적인 효과 또는 플라세보효과와 같은 것일 수 있다.

마침내 우리는 괴로움에 시달리는 개인, 편두통 환자에게로 돌아왔다. 정말로 메커니즘이 있다. 아마도 여러 개의 편두통 메커니즘이 있을 것이다. 그러나 이런 메커니즘들은 생활 속에서, 한 사람에게서 구체화된다. 편두통은 분명히 생리적인 병이지만, 살아온 삶의 복잡한 짜임새를 보여주는 한 부분으로서, '편두통 환자들이 고통을 겪으면서 또 만들어내기도 하는 변화무쌍한 형태와 요소들'의 평생 패턴의 한 부분으로서 역사적인 병도 된다(어떻게 그럴 수 없겠는가?). 우리는 특정 발작이나 특정 메커니즘을 떼어낼 수도 있을 것이다. 그러나 그것들은 이 편두통 시공연속체를 구성하는 부품들일 뿐이다.

첫 번째 문제는 순전히 의학적인 문제로, 현상을 명확하게 설명하고 진단하고 무슨 일이 일어났는지를 이해하는 일이다. 처음으로 발작을 경험하는 많은 사람들이 생각하는 것처럼 편두통은 발작도 아니고, '신체증상화'된 것도 아니며, 너무 심한 비난과 자책을 짊어짐으로써 생기는 히스테리도 아니라는 것, 그리고 기질적인 것이지만 근본적으로 양성인, 실제로 일어나는 윤리적으로 중립적인 사건임을 이해해야 한다. 이렇게 명확하게 편두통을 설명하면서(이것만으로도 환자를 엄청

나게 안심시킬 수 있다) 극단적으로 단순화시킨 의학적인 접근은 투약을
위한 처방전 단계까지 계속되어야 한다.

그러나 편두통 환자는 정기적으로 재발하는 기능장애만을 호
소하지는 않는다. 의사가 환자의 말을 귀 기울여 듣는다면, 그는 우리
에게 자신의 인생 이야기를, 삶의 패턴을, 반응의 패턴을, 그리고 아마
도 자신은 전혀 의식하지 못하지만 자신의 편두통과 관련된 심층의 패
턴 가운데 어떤 것을, 또는 전부 다를 말해줄 것이다. 환자와의 첫 만남
에서 어떤 것이 관련이 있을지 없을지를 미리 알 수는 없다. 그러니 발
작을 일으키는 환경에 대해 모조리 자세하게 조사하는 일은 너무나
중요하다. 발작이 아주 일반적인 것일 때, 혹은 아주 드문 것일 때 발작
의 패턴과 그것을 일으키는 요인이 무엇인지를 알아야 하기 때문이다.
그러나 좀더 심층적인 수준에서 개인의 심리적·생리적인 요구인 삶
의 상태에 대해 알아야 한다. 이런 것은 금방, 대충해서는 확인할 수 없
다. 이는 환자와 의사 사이의 관계를 필요로 한다. 그리고 자기 삶의 패
턴과 편두통의 관계에 대한 환자의 통찰력이 필요한데, 이것 역시 금
빙 얻을 수 있는 것은 아니다. 어느 정도는 무의식을 의식의 세계로 끌
어낼 것을 요구한다. 프로이트 식으로 말하면, '그것'을 '나'로 대체하는
일이다.

55쪽의 사례18의 환자(그는 내가 본 초기 환자들 가운데 한 사람인데,
그때는 순전히 생리적인 관점에서 환자를 보았던 때다)에게는 편두통을 '대체'
하는 단 하나, 천식이 있었다. 그때 우리는 이상한 대화를 나눴다. 환자
는 이렇게 말했다. "당신이 보기에 내가 일요일에 병을 필요로 하는 것
같나요? 편두통이든 천식이든 그게 무엇이든 말이에요." 나는 이 질문
이 놀랍다는 것을 안다. 그러나 그때는 비록 그가 편두통이 치료되자
일요일이 되면 '지루해'졌고, '할 일이 없다'고 느낀다는 것을 알았지만,

나는 그런 관점에서 생각하지 않았다. 지금은 '치료'와 대화라는 측면에서 우리의 관계는 꽤 달라져 있다. 초기에는 순전히 생리적인 것에 초점이 맞춰져 있었지만, 이제는 상황과 요구에 대한 질문이 중심이 되었다. 그가 제기했던 질문(그의 생활에서 병을 '필요'로 하는 것이 무엇인지, 그의 일요일 편두통이 어떤 역할을 하려고 하는지)에 대한 철저한 논의를 통해, 더이상 약을 사용하지 않고도 그의 편두통(그리고 천식)은 완전히 제거되었다. 그는 일요일을 즐길 수 있게 되었고, 병들어야 할 이유는 사라졌다.

역시 내가 초기에 보았던, 수학자인 편두통 환자(67~68쪽 사례 68) 때문에 나는 현실적인 상태에 대한 문제를 고려해야 한다는 사실을 알게 되었다. 내가 이 환자에게 맞는 효과적인 편두통 치료약을 찾는 것은 쉬운 일이었다. 그에게는 맥각에 대한 효과가 아주 좋았다. 그러나 내가 그의 편두통을 제거했을 때, 나는 그의 수학까지도 제거해 버린 셈이 되었다. 그는 역설적이게도 어떤 것을 대신하는 무엇인가가 필요한 듯했다. 그 시점에서 그가 말했다. "나는 계속 편두통을 가지고 있을 겁니다. 모든 것을 그대로 지속시키는 것이 좋다고 생각해요." 이런 경험은 치료에 대한 내 성급함을 줄이는 데 도움이 되었고, 내가 '편두통 환자들이 고통을 겪으면서 또 만들어내기도 하는 변화무쌍한 형태와 요소들'의 전체 패턴이 무엇인지를 더 잘 알 수 있도록 환자들의 이야기에 더 정성스레 귀를 기울이게 만들었다.

그러나 예를 들어 발작이 한 달에 한 번도 채 일어나지 않는, 편두통이 가끔 나타나는 환자의 경우라면 이렇게 하지 않았다. 하지만 편두통이 심각하다면, 환자의 생활 속으로 밀고 들어온다면, 복합적인 상호작용들이 일어나게 되고, 이때 치료는 '순전히 생리적인' 것이어서는 안 된다. 이런 경우에 의사는 생리적인 치료도 거부하지는 않을 것이다. 즉 환자에게 도움이 된다면, 의사는 어떤 약이든 또는 다른 방법을 찾으려 할 것이다. 그러나 동시에 환자와 의사 모두가 좀더 심층적으로 조사해야 한다. 편두통이 자주 일어난다면 그것은 단순한 질병이 아니라, 환자에게 특별한 적응과 정체성을 강요하는 존재 방식이 될 수도 있기 때문이다.

의사들은 새로이 개발된 약 덕분에 발작을 '빼앗긴' 것을 갑자기 깨달은, 평생 동안 간질을 앓아온 환자에게서 이런 경우를 자주 본다. 그들은 아주 오랫동안 간질 환자였기 때문에 그들이 만든 특별한 적응 방식을 갑자기 버릴 수가 없다. 그들에게 발작은 사라졌을지 모르지만, '간질의 정체성'은 여전히 남아 있을 수 있다.[4] '편두통의 정체성'도 이와 꼭 같거나 아주 비슷하다. 내 일요일 편두통 환자는 그런 점을 깨달았고, 편두통의 정체성은 계속 유지되다가 폐기되었다.

역설적으로, 건강해지는 것은 그렇게 쉽지 않다. 오히려 제한된 삶을 사는 것, 말하자면 병든 상태에 놓여 있는 것이 여러 가지 점에서 좀더 쉽다. 역설적인 방식이지만, 잦은 편두통과 심하게 거슬리는 증상이 계속되면서 환자가 이에 적응하고 배워서 병이 드는 것이다. 새로운 약과 새로운 치료법이 발달하면서, 생리적인 고통이 줄어들기 시작하면서 환자는 회복되어야 하고, 마땅히 회복을 위한 기간이 필요해졌다. 이제 환자들은 건강해지는 방법을 배워야 한다. 오직 이런 것들로, 그리고 점진적인 관심과 배려로, 전반적으로 퍼진 병의 그림자는 결국 뒤로 처지고, 완전히 회복될 수 있는 가능성이 환자 앞에 열리게 될 것이다.

---

4   《아내를 모자로 착각한 남자》에 실린 〈익살꾼 틱 레이〉에서, 나는 아주 어릴 때부터 투렛증후군을 가지고 있던 젊은이를 치료한 이야기를 했다. 그는 평생 동안 유지해온 '투렛증후군의 정체성'을 포기하려면 특정 약에 제대로 반응하기 전에, 먼저 투렛이 없고 건강한 상태라는 도전을 받아들여야 했다.

5부

편두통이라는 보편적인 경향

17장

편두통 아우라와 환각 상수

—랠프 시겔 박사*와 공저

기하학적인 스펙트럼이란 무엇인가? 그리고 그것들은 몸 또는 정신의
어느 부분에서, 어떻게 비롯되는가?

— 허설, 〈시각視覺에 대하여〉, 1858

들어가며

편두통의 시각장애는 일반적이다. 편두통 인구 가운데 적어도
10퍼센트에게서 시각장애가 나타난다. 이는 고대로부터 관심과 호기
심의 대상이 되었을 만큼 무척이나 놀라운 것이다. 2세기에 아레타에
우스는 발작이 시작되기 전이나 발작이 끝난 뒤에 "눈앞에 보라색이나
검은색 섬광이 나타난다. 또는 하늘에 펼쳐진 무지개처럼 모든 색깔이
뒤섞여 나타나기도 한다"는 것을 관찰해 기록했다.

• 　　뉴저지 주의 뉴어크에 있는 룻거스대학교 분자와행동신경과학센터Center for Mo-
　　lecular and Behavioral Neuroscience에 근무하고 있다.

자세한 묘사, 무엇보다 자기 자신에 대한 묘사가 18세기 말과 19세기에 많이 나타난다. 이런 것들은 주로 과학자들(조지 에어리George Airy, 허셜스 부자, 아라고Arago, 데이비드 브루스터David Brewster, 휘트스톤Wheatstone 등)과 의사들(허버트 에어리Hubert Airy, 월라스턴, 패리, 포더길 등)이 제공했다. 이 시대의 주목할 만한 과학자나 의사들은 모두가 실제로 편두통을 가지고 있었고, 경쟁이라도 하듯 편두통을 묘사하고 설명하려 했다.

특히 1870년에 쓰인 허버트 에어리의 아름다운 묘사와 설명이 흥미롭다. 그는 아레타에우스가 무지개에 비교했던 아주 특별한 현상, 팽창하면서 반짝이는 지그재그 불꽃에 대해서 묘사했다.

그것이 한창일 때는 전체가 능보로 둘러싸인 요새화된 도시처럼 보인다. 이 능보는 아주 아름다운 색깔을 띠고 있다. (…) 성채의 모든 장식들은 모두 마치 살아 있는 끈적끈적한 액체처럼 아주 놀라운 형태로 뒤끓는 듯 사납게 굽이치고 있다.

발작이 있을 때마다 보게 되는 이렇게 찬란하고 눈부신 요새의 변함없는 모습 때문에 에어리는 그 이미지들이 뇌에 있는 그와 같은 구조물을 찍은 사진 같은 것이라고 생각하게 되었다. 그보다 더 젊었던 허셜은 분명히 같은 현상을 경험했지만, 좀더 복잡하게 설명했다. 그가 본 것도 역시 "요철凸凹 모양, 능보, V자형 보루처럼 요새의 일반적인 모습과 아주 닮은 모난 형태가 한 줄로 늘어서 있는 패턴"이었다. 그는 그 요새의 움직임은 어떤 "망막이나 시신경에 있을 수 있는 규칙적인 구조물"과 다르다고 생각했다. 분명히 그 요새는 좀더 높은 수준, 말하자면 뇌 또는 마음에서 생겨나는 것이었다. 그러나 그것들은 "어떤 사람이나 장면을 불러내는 것"이나 "우연히 얼룩을 보고 얼굴을" 상상하거나 "불을 보고 그림을" 떠올리는 것과 같은 일반적인 상상이나 이미지와는 아주 달랐다. 묘사된 것들은 개인적인 것이지만, 반면에 기하학적인 스펙트럼(그는 이렇게 부르기를 좋아했다)은 추상적인 것이다. 일반적인 인식처럼 상상은 연상과 기억에 의존하는 반면, 기하학적인 스펙트럼은 새로이 만들어지는 것처럼 보인다. 이런 스펙트럼, 이런 패턴들은 '마음'에서 생겨나는 것일까? 허셜은 이렇게 주장했다. "만일 그렇다면 개인적이지 않은 무의식적인 마음 영역에서 생겨나야 한다." 우리의 개성과 구별되는 생체 조직 내에서 작동하는, 뇌 또는 마음의 근본적이고 "기하학적인 도형으로 이루어진" 부분에서 생겨난다고 보아야 한다는 것이었다. 아마도 가장 자연스러운 시각적인 모델을 상사analogy라고 생각했던 허셜은 "감각중추에 있는 변화무쌍한 힘이 요소들을 대칭적으로 결합해서 규칙적인 패턴으로 만든 것"이라고 결론을 내린 것 같다. 그리고 이런 치환하고 종합하는 힘이라는 개념으로 그의 논점은 마무리된다.

에어리가 고정된 구조물이라고 생각했던 것을 허셜은 조직화해서 기하학적인 도형을 만드는 메커니즘 또는 지적인 존재의 작용이라고 생각했다. 에어리에게 편두통으로 인한 환각들은 뇌의 구조를 아주 직접적으로 보게 해주는 것이거나 곧바로 그 속으로 들어가는 것이었고, 허셜에게 그것은 정신 작용을 보는 것이었다. 둘 다 이 현상은 근본적인 어떤 것을 비춰주는 것이라고 생각했다.

환각의 형태 또는 수준

가워스는 '주관적인 시감각Subjective Visual Sensations'(1985년에 발표된 그의 논문 제목)에 매력을 느껴, 그가 살았던 긴 일생 동안 그것에 대해 되풀이해서 글을 썼다. 그는 편두통과 간질의 아우라를 대조해서 비교하면서, 다음과 같이 강조하며 설명했다. "편두통 아우라는 조금 더 복합적인 변형인 기하학적 형태와 함께 반짝이는 물방울, 별, 요새처럼, 대개 '기초적인' 환각으로만 이루어진다. 반면에 간질의 경우는 기하학적인 형태가 나타나기보다는 복합적인 사건과 장면과 같은 드라마틱한 환각으로 나타나는 경향이 강하다." 가워스가 느끼기에 간질의 흥분파는 감각중추의 환각과 함께 대뇌의 하위 감각중추에서 고위의 관념중추로 상승하는 것 같았다. 이런 아우라가 생길 때는 오히려 아주 짧고 간단하며 몇 초 정도에 걸쳐 일어나는데, 이는 좀더 복잡한 형태의 아우라를 위한 전주곡일 뿐이다. 한 간질 환자는 다음과 같았다고 한다.

맨 먼저 심장이 두근거리는 것을 느꼈다. (…) 그런 다음에는 그것이 소리가 되어 들리는 것 같았다. (…) 그러고는 눈앞에 불빛 두 개가 나타났다. (…) 그다음에는 통카콩tonquin bean 냄새가 나는 어떤 것을 권하는 붉은색 망토를 걸친 나이 많은 여자의 모습이 보였다(그리고 의식을 잃었다).

반면에 편두통에서는 그 표현 내용이 같은 방식으로 상승하지 않고 오히려 하위 감각중추(감각중추의 1차 시감각 영역)에 '머무는' 경향이 있다. 가워스는 이런 차이가 그것들이 표현되는 시간의 흐름과 어느 정도 관계가 있다고 생각했다. 빠르게 진행되는 간질의 조짐은 겨우 몇 초밖에 지속되지 않는다. 반면에 편두통 아우라의 느린 자극은 비록 하위 중추에 한정된 '기초적인' 장애이긴 하지만, 훨씬 더 복잡한 것들을 흥분시키면서 30분이나 지속된다.

복잡하고 '개인적인' 환각은 편두통의 경우 아주 가끔 일어난다. 그러나 시간의 흐름과 함께 다시 기초적인 감각으로 복귀한다. 키니어 윌슨Kinnier Wilson이 묘사했던 다음과 같은 사례처럼 말이다.

한 친구는 처음에 아치 모양의 기다란 창문이 달린 넓은 방을 보았고, 그런 다음에 아무것도 없는 긴 탁자에 앉아 있거나, 옆에 서 있는 흰색 옷을 입은 사람을 보았다. 이것이 몇 해 동안 변하지 않는 아우라였다. 그러나 이것은 원시적인 형태(원이나 나선형)로 조금씩 대체되었다. 그러면서 가끔 두통이 뒤따르지 않는 상태로 발전했다.

그러나 이것은 우리가 관심을 가질 필요가 있고 분석하기 위해 범주화할 필요가 있는 '거친' 형태의 아우라다. 우리는 기하학적 환각 중을 세 개의 '수준'으로 구분할 수 있을 것 같다.

첫 번째는 '별을 보는 것'(안내섬광)이다. 두 번째는 가장자리가 요새의 성벽 같은 모양을 한 고전적인 확장 스펙트럼이나 암점이다. 세 번째는 덜 나타나지만 더 일반적인데, 빠르게 변하는 복잡한 패턴으로 구성된다. 이 세 가지 수준은 안내섬광에서 시작되며, 분명히 순서대로 일어나는 경향이 있다.

극단적으로 단순한 환각은 빛나는 별, 불꽃, 섬광 또는 단순한 기하학적인 형태가 춤을 추며 시야를 가로지르는 모습으로 나타난다. 이런 종류의 안내섬광들은 대개 하얗지만 반짝이는 스펙트럼 색깔을 띠기도 하는데, 수없이 많은 것들이 무리 지어서 시야를 빠르게 가로질러간다.

비록 어떤 환자들에게는 이것이 아우라 이상의 어떤 것일 수 있고, 실제로 전체 발작이 일어나는 동안 내내 지속될 수 있기도 하지만,

더러는 안내섬광이 추는 춤에 지나지 않는 것일 수 있다. 가끔은 가워스가 기록한 사례처럼, 정교하게 잘 다듬어진 안내섬광일 수도 있다. 환자는 "눈부시게 빛나는 디스크가 위로 떠오르다가 네 조각으로 쪼개진 다음 사라져버리는 것"을 볼 수도 있다.

어떤 환자들은(전부는 아니지만) 안내섬광에서 다음 단계(요새화 또는 섬광암점이 나타나는 단계. 어떤 환자들에게는 안내섬광 없이 곧바로 이것이 나타난다)로 나아가기도 한다. 에어리의 묘사와 설명에서 볼 수 있는 것처럼, 일종의 폭발 같은 것으로 시작해서 고정점 근처의 눈부신 빛, 그다음에는 거대한 초승달 또는 편자 모양으로 시야를 가로질러 바깥으로 사라지기도 한다. 그 자극은 아주 강한데, 앞쪽 가장자리나 암점은 한낮에 뜨는 태양의 하얀 표면만큼이나 밝다. 그것이 시야를 가로질러 사라지는 데는 20분 정도가 걸린다. 그리고 반짝이는 속도는 초당 10회쯤이다.

편두통 아우라에 대한 대부분의 묘사는 대개 이 두 가지, 안내섬광과 암점에 한정된다. 그러나 다른, 훨씬 복잡하면서도 마찬가지로 독특한 현상도 있다.

시각적인 소란이나 시각적인 헛소리의 형태가 있다. 이것들은 모자이크, 벌집, 터키산 양탄자 등 (…) 또는 무아레 무늬를 연상시킨다. 이런 허상들과 이미지들은 대개 휘황찬란하다. (…) 아주 심하게 불안정하고 만화경처럼 갑작스럽게 변형되기도 한다.

세 번째 수준에서는 다각형이 두드러지게 보일 수 있다. 사각형, 장사방형, 부등변 사각형, 삼각형, 육각형, 또는 더 복잡한 형태, 가끔은 그 속에 작지만 바깥과 같은 모양을 담고 있는 도형 같은 것들이다. 허설도 이렇게 정교해진 것을 처음부터 관찰했던 것은 아니다. 이것들은 몇 년을 지내는 동안 분명해졌는데, 그것은 허설이 에어리에게 보낸 편지에서 볼 수 있다.

당신에게 편지를 보낸 뒤, 나는 이 현상을 매우 자주 보았습니다. (⋯) 이 현상에서 새로운 형태가 나타났어요. 요새의 구석에 있는 색깔이 들어간 체크무늬의 세공품 조각 같은 것입니다.

다음은 지난달, 6월 22일에 내가 본 것에 대한 기록입니다. "오늘 요새 패턴이 두 번 나타났다. (⋯) 체크무늬가 세공된 것처럼 보인다. 사각형 조각 안에 채워져 있는 체크무늬, 그리고 시야의 나머지 부분에는 흔히 양탄자에서 볼 수 있는 무늬가 깔려 있다"(1869년 11월 17일의 편지. 에어리가 인용, 1870).

여기서는 편두통 아우라와 관련해서 격자무늬와 양탄자 무늬를 묘사하고 있다. 그것들은 특히 요새의 철각 부근에서 생겨날 때가 있다.[1] 허설은 그러나 이에 만족하지 않았다. 그는 클로로포름(그는 작

---

1   요새들은 극단적으로 찬란했다. 그것은 한낮에 보이는 하얀 표면에 비교할 수 있을 정도였다. 체크무늬 세공, 격자무늬 세공, 선조線條 세공 등은 아주 희미해서 알아보기 힘들 정도였다. 그러나 어떤 환자들의 경우에는 허설이 묘사했던 것처럼 처음에는 안내섬광과 요새만 나타나고, 나중에야 체크무늬와 알아보기 힘들 정도의 형태가 나타났다. 의사들의 판에 박힌 질문은 훨씬 더 복잡한 기하학적인 형태가 자주 드러나지 못하게 만들 수도 있다. 아주 최근에 나는 우연히 만난 두 사람에게서 뜻밖에도 모자이크 비전에 대한 놀라운 묘사를 이끌어낼 수 있었다. 두 사람 모두 의사의 진찰을 받아왔고 '고전적인' 암점을 겪는지 질문을 받기는 했지만, 자신들이 겪고 있는 또다른 발작 형태인 모자이크 비전에 대해서는 질문을 받은 적이 없다고 했다. 아름답고 공포스럽게 느껴질 수 있는 이 중요한 증상은 의사들의 아주 단순한 질문으로는 '끌어내기가' 어렵다.

은 수술을 받아야 했다)의 '축복받은 영향력' 아래서 자기가 본 복잡한 기하학적인 무늬를 우리에게 매혹적으로 묘사해주었다. "눈부신 빛 같은 것이 보이더니 곧 이어서 아주 아름답고 완벽하게 규칙적이며 대칭적인 '말타곤 백합' 무늬가 나타났다. 그 모양은 중앙에 하나의 원이 있고 그 바깥선을 접한 수많은 원들이 서로 맞물리면서 만들어지는 것이었다." 그리고 여러 가지 '자연발생적인' 발작에 대해 자세하게 묘사했다. 그러나 왜 그런 증상이 생기는지는 알 수 없었다.

나타나는 무늬는 거의 모두가 격자무늬다. 그리고 평행사변형 모양의 커다란 축이 수직으로 서 있는데, 가끔은 그 축이 수평일 때도 있다. 겹친 부분이 작거나 밀착되어 있을 때도 있다. 분명히 복잡한 무늬의 조각이다. (…) (가끔) 격자무늬는 직사각형으로 대체되기도 한다. 그 직사각형 가운데는 작은 격자무늬로 채워졌거나 선으로 세공된 마름모꼴 같은 것이 들어 있는 경우도 있다. (…) 가끔 그러나 훨씬 더 드물게 양탄자의 무늬처럼 색색의 복잡한 무늬가 나타나기도 하는데, 최근에는 보지 못했고 기억나지도 않는다. 두세 번의 예가 바로 이런 경우였는데, 무늬는 그대로 있지 않고 시시각각 변했다. 너무나 빨리 변했기 때문에 다른 것으로 바뀌기 전에 그것들이 대칭적인지, 규칙적인지 알 수가 없었다. 다른 예에서는 완전히 다른 것으로 갑작스럽게 변하지는 않았지만, 위에 설명한 것 가운데 앞엣것이 변형된 형태였다.

다음은 클리(1968)가 제공한 동시대의 묘사다.

사례10. 그녀는 점점 커지면서 자신을 향해 다가오는 붉은 삼각형과 녹색 삼각형들을 보았다. 그 삼각형 속에는 빛을 뿜는 원이 들어 있을 때

도 많았다. 그녀는 빛나는 원이 들어 있는 육각형 물체를 보거나, 너울
거리는 체크무늬 담요처럼 보이는 빨갛고 노란 빛이 희미하게 흔들리는
것을 보기도 했다.

좀더 일반적으로 다각형들이 모여서 '그물'을 형성하는데, 환자
들은 이것을 거미줄, 벌집, 모자이크, 네트워크, 격자무늬에 비교하곤
한다. 이런 격자무늬는 다시 움직인다. 그물들은 몇 초 안에, 또는 몇
분의 1초 만에 모양이나(대개 원형에서 장사방형이나 사다리꼴로, 또다른 어떤
모양으로) 크기가 변한다. 생각이나 의지와는 상관없이 자연스럽게 자
율적으로 변하는 것 같다.

다각형 격자무늬가 지나치게 강렬하지 않으면, 눈에 보이는 것
이 무엇이든 상관없이 겹쳐진다. 그것은 도판7A, 7B에 아름답게 그려
져 있는 것처럼 희미하고 섬세하고 끊임없이 변하는 거미줄 또는 그리
드가 겹쳐진 모습과 비슷하다. 그리드 눈금이 너무 조밀하면 이미지
는 쪼개져서 불규칙적이고 수정결정 모양처럼 끝이 날카로운 조각으
로 변한다. 이것이 모사이크 비전이라고도 불리는 기묘한 현상이다
(도판6). 이렇게 모두가 깨어지면 환자들은 그것을 입체파 그림에 비교
하고, 아주 잘게 깨어진 경우에는 점묘화에 비교한다. 대개 끊임없이
크기가 변하는 움직임이 있고, 동시에 여러 가지 크기가 뒤섞이는 경우
도 많다.

키니어 윌슨의 환자가 원과 나선형 모양들을 보았던 것처럼, 환
자들은 아우라가 있는 동안 복잡한 둥근 형태를 볼 수도 있다. 이것들
은 잘 변하고 불안정하며 형태나 크기, 움직임 등도 빠르게 변화하는
경향이 있다. 원이 회전하고 돌면서 나선형으로 변하고, 나선형이 심해
지면 소용돌이가 되고, 커다란 소용돌이가 부서져서 작은 소용돌이무

느나 회오리바람이 된다. 시야의 전체 또는 시야의 반이 보이는 형상들을 모두 쓸어서 일종의 위상적인 혼란 속으로 몰아넣는 격렬하고 복잡한 난기류에 휘말리기도 한다. 직선으로 된 가장자리는 곡선이 될 수 있고, 작은 장면이 확대될 수 있으며, 또는 고무 시트 위에 내뻗은 것처럼 왜곡될 수도 있다. 클리는 여기서 물체의 윤곽을 변형시켜 보는 변형시증에 대해 말한다. 그는 이렇게 썼다. "한 환자가 기계 앞에서 일하고 있었는데, 그 기계의 직선 부분이 분명히 파도 모양으로 구부러졌다"(도판5A와 5B를 보라).

결국 이런 상태에서 인식되는 세계는 완전히 왜곡되고 혼란스러운 상태에서 모든 것이 살아서 아주 심히게 난폭하게 날뛰는 것처럼 보인다. 그 공간 자체는 안정적이고 오돌토돌하지 않고 움직이지 않고 보이지도 않는 것이 정상이지만, 격렬하고 거슬리며 뒤틀리는 시야를 만들어내는 바람, 파도, 회오리바람, 소용돌이를 느낄 수도 있다.[2] 그러나 매혹적이게도 그런 총체적인 맹렬한 혼란이 완전히 시야의 절반에만 한정되기도 한다. 나머지 반은 고요하고 차분한 상태로 남아 있다(도판2A, 2B). 또는 시야의 반쪽에서도 작은 영역에, 또는 여러 영역에 한

---

2 에어리는 열다섯 살이던 학생 때부터 써온 일기에 이렇게 썼다. 요새의 장식은 "끈적끈적한 액체가 마치 완전히 살아 있는 것처럼 뒤끓는 듯 사납게 굽이치고 있다." 그리고 1870년의 논문에서는 자신이 겪은 여러 번의 발작에서 본 거의 기상학적인 난기류 이미지를 추가했다. 그는 자신의 시야에서 느리게 '굼이치는' 또는 '울렁거리는' 또는 '흔들리는' 부분에 대해서 되풀이해서 말한다. 이것은 요새가 빠르게 '진동'하는 것과 아주 다르다. 그는 다음과 같이 거의 시적인 묘사를 우리에게 보여주었다.

시야의 가장자리는 산란스러운 빛과 함께 울렁이는 것 같고, 가끔 여기저기의 집합점(1세기 뒤에 우리가 아마도 '어트랙터attractor'라고 부르게 되는 것이 아닌가 싶다)으로 모여든다. 그런 다음 곧바로 파랑고 빨갛고 초록색을 띤 커다란 빛과 함께 소용돌이치는 바다의 해변을 따라 다시 멋지게 흐르는 것이 보이기도 했다.

정될 수 있다. 비록 섬광암점의 빛나는 원호는 보고 있는 것 사이에 끼어들거나 혹은 가리거나 또는 물체의 주변을 무지개빛을 내는 바늘의 형태로 두르거나 하지만, 이런 방식으로 공간을 왜곡시키는 것이 아니라 인식 영역을 왜곡시킨다(도판1A와 1B를 보라). 왜곡은 이처럼 장애의 세 번째 수준에서만 일어난다.

이런 세 번째 수준의 장애는 아주 대단히 불안정하다. 재빨리 조절될 뿐 아니라 재빨리 변한다(거의 동시에 일어나는 것처럼 보인다). 회전하던 것은 갑작스럽게 거꾸로 돌기도 하는데, 보기에는 그 방향이 바뀌는 '중간'에 조금도 느려지지 않는다. 소용돌이꼴 또는 마름모꼴의 무늬가 만화경을 보는 것처럼 갑자기 다른 것으로 대체된다. 그리고 시간이 좀 지난 뒤에는 강렬하게 계속되는 감각중추의 흥분에도 불구하고 소란스러웠던 아우라는 차분해지고, 정리되고, 전체가 기하학적인 형태로 변하는 경향이 있다. 규칙적인 소용돌이가 시야를 가로질러 펼쳐질 수도 있다. 복잡한 격자무늬가 반복해서 나타나고, 가끔은 이런 것들이 여러 개가 되거나 겹쳐지기도 하는데, 이는 복잡한 간섭무늬와 무아레 무늬를 만들어낸다. 이때 고차원의 기하학적인 형태 역시 나타날 수 있다. 이것들은 정교해진 다각형 그물 모양처럼 보인다. 그리고 나사조개나 성게 또는 방산충放散蟲의 복잡한 '풀러린Fullerenic' 형태에 비교되기도 한다.

가끔 이런 그물들은 바늘이나 수정의 결정 모양을 가지고 있다. 그리고 '유리창 위의 서리'나 '원시 식물'처럼 눈에 띄게, 가끔은 아주 빠른 속도로 자라기도 한다. 가끔은 또 끊임없이 자기를 드러내면서 계속해서 펼쳐지는 꽃이나 솔방울처럼 방사상 대칭형으로 나타난다. 또는 마음의 눈앞에서 끊임없이 자기 자신을 만들어나가며 자기유사성으로 끝없이 확대되는, 엄청나게 복잡한 '지도'나 '경치' 또는 유사지형일 수 있다. 이런 지리적인 무늬들은 결코 실제이거나 특정 위치가 아니라 흥분된 두뇌가 만들어낸 모의 또는 상상의 지형이다. 이것들 역시 시간이 지나면 흐려지고 모든 것이 정상적인 모습으로 돌아간다. 아우라가 끝나면 두통이 있을 수도, 없을 수도 있다. 그러나 아마도 결코 잊을 수 없는, 놀라울 정도로 복잡한(그리고 아마도 아름답기도 한) 뜻밖의 상황이 20분 동안 일어날 것이다.

예민한 관찰력은 대개 아주 격렬한 편두통 아우라를 겪는 동안에도 그대로 남아 있다. 이 정신력으로 집중하고 관찰하고 묘사하고 분석하고, 그리고 기억할 수 있다. 우리는 이런 깊은 아우라 상태의 모습에 대한 놀라운 그림들을 가지고 있다. 이 그림들은 정확하게 그대로 그린 것이거나, 꼭 같은 사진은 아니지만 적어도 공들여 재구성한 것이다.[3] 다음 부분에서 분명해지겠지만, 우리는 다양한 신경계의 상태에 대한 묘사만이 아니라 분석도 자세하게 해보았다.

환각 상수

편두통에서 보이는 것과 아주 비슷한 기하학적인 형태는 여러 가지 중독 상태에서도 나타날 수 있다. 다음은 매우 신중하게 문서화한 것으로, 클루버(1928)가 메스칼린(먹으면 환각 증상을 일으키는 선인장의 한 종류—옮긴이)과 관련해서 작성한 것이다. 그리고 로널드 시겔Ronald Siegel(1975, 1977)이 마리화나와 관련해서 작성한 것이다. 우리는 클루버가 인용한 몇 가지 사례를 통해 편두통과 비슷한 경험을 확인할 수 있다.

---

3   베링거 잉겔하임 문서보관소는 편두통 아트의 실제 사례가 되는 환자들이 자신의 아우라를 그린 수많은 그림을 가지고 있다. 최근에 이것들 90점이 샌프란시스코의 전시회장에서 "모자이크 아트"라는 제목으로 전시되었다.

메스칼린 황산염을 0.2그램 주사하고 나자, 내 눈앞에는 곧바로 수많은 고리ring가 나타났다. 이것들은 분명히 매우 미세한 쇠줄로 만들어진 것이었고, 시계 바늘이 돌아가는 방향으로 끊임없이 돌아가고 있었다. 이 고리들은 동심원을 이루고 있었는데, 맨 안쪽에 있는 것은 극단적으로 작아서 거의 점처럼 보였다. 맨 바깥 것은 지름이 1미터 50센티미터쯤 되는 것 같았다. (…) 내가 보았을 때 그 중심은 주변을 그대로 둔 채 방의 한가운데로 물러나는 것 같았는데, 나중에는 철사줄 고리로 만들어진 속이 깊은 깔때기 모양이 되었다. 이 철사줄은 이제 펴져서 밴드나 리본이 되었는데, 횡단하는 줄무늬처럼 보였다. (…) 이런 밴드는 요동치며 위쪽으로 박자에 맞춰서 움직이더니 작은 모자이크로 천천히, 그러나 계속 변화하면서 벽을 따라 세로로 올라갔다. 전체 그림이 갑자기 뒤로 물러나더니 그 중심은 아주 옆으로 빠지고, 순간적으로 내 위로 올라가 무척이나 아름다운 모자이크 돔이 되었다. (…) 그런데 이 돔에는 알 수 없는 무늬가 새겨져 있었으며, 고리들은 여전히 변형되고 있었다. 이 고리들은 이제 날카로워져서 길게 늘어지더니 장사방형이 되었다가 다시 직사각형이 되었다. 그리고 다시 온갖 종류의 별스러운 각이 만들어졌다. 그리고 숫자들이 지붕을 가로지르며 어느 하나가 다른 하나를 뒤쫓고 있다.

다음은 클루버의 개인적인 경험 가운데 하나다.

단추처럼 생긴 메스칼린 약을 두 번째로 먹은 뒤 30분이 지나자 (…) (시야의 중심에서) 꿩의 꼬리가 밝게 빛나는 노란 별로 변했고, 별은 다시 불꽃으로 변했다. 반짝이는 나사못이 움직이고 있었다. 수백 개의 나사못이 (…) 조가비 모양의 불꽃은 폭발해서 이상한 꽃으로 변했고 (…) 색깔도 바뀌었다. 비가 내리듯 수직으로 금이 떨어지고 (⋯) 빙빙 도는 보석들이 중심의 둘레를 돌고 있었다. 그런 다음 갑자기 모든 동작이 뚝 멈췄다. 무지개빛 색깔을 띤 규칙적인 형태가 방사충, 멍게, 조가비 등을 생각나게 했다. (⋯) 서로 다르게 생긴 곡선을 따라 '미친' 움직임과 함께 느리고 당당한 움직임이 있었다. 이는 움직임이 그 자체에서 나타나는 느낌이 있었다.

클루버는 자신의 경험에서 더 나아가 다른 문화적 기원과 배경에도 불구하고 서로 대단히 비슷한 메스칼린 중독에 대한 이야기에서 환각 경험에 대한 일반적인 형태, 또는 그가 그것들을 불렀던 이름인 '일정한 형태form constants'를 끌어냈다. 그는 이렇게 썼다. "이런 일정한 형태들 가운데 하나는 쇠창살, 격자, 번개무늬, 선조, 벌집, 또는 체스판 디자인과 같은 것으로 (⋯) 그물처럼 보이는 거미줄 모양과 아주 비슷하다." 그는 계속해서 썼다. 두 번째 일정한 형태는 "터널, 깔때기, 오솔길, 원뿔 또는 그릇과 같은 것이고, 세 번째는 나선형이다". 이런 일정한 형태로 나타나는 환각은 시각 때문에 경험되기도 하지만, 촉각도 그 이유가 될 수 있다. 다음은 클루버가 이런 경우의 예를 든 것이다.

줄무늬의 능동적인 움직임으로 눈부신 나선형 형태가 만들어진다. 빠르게 회전하는 나선형은 시야에서 앞뒤로 왔다 갔다 한다. 동시에 (⋯) 내 다리 하나가 나선형이 되는 것 같다. (⋯) 빛나는 나선형과 촉각의 나선형이 심리적으로 섞이고 (⋯) 몸과 시력이 하나가 되는 인상을 받는다.

비슷한 융합이 격자무늬 환각으로 묘사된 적이 있다. 이 경우는 눈에 보이기도 하고 몸에 투사될 뿐만 아니라, 이 두 가지 방식이 한데 뒤섞이거나 하나가 다른 하나를 대체하기도 한다. 그래서 몸 자체를 모자이크나 격자무늬로 느끼게 되는 것이다. 클루버는 다음과 같은 예를 들었다.

피실험자는 다음과 같이 말했다. 눈앞에 번개무늬가 나타나는 것을 보았다. 곧 팔, 손, 손가락이 번개무늬가 되더니 내가 번개가 되었다.

복잡한 환각이 이처럼 시각 현상과 촉각 현상으로 동시에 발생하는 일이 편두통 아우라에서도 드물지 않다. 최근에 샌프란시스코 전시회장에서 "모자이크 아트"라는 제목으로 열린 전시회에서, 이런 격자무늬 환각이 시각적·육체적 현상으로 바뀌어 몸을 '그물'이나 '거미줄'로 느낀 것을 그린 작품들이 여럿 있었다. 이는 우리에게 이것들이 단지 시각 현상만이 아니라 감각적인 일정한 형태라는 것을 보여주는 중요한 사례다. 혹은 아주 일반적으로 말하자면, 아마 생물학적인 조직 형태라고 볼 수 있을 것이다.

메스칼린에 대한 연구를 끝내고 몇 년 뒤, 1942년에 클루버는 자신이 무척이나 중요하다고 생각했던 주제인 '환각 메커니즘'을 광범위하게 다룬 논문을 썼다. 이 논문에서 그는 이런 일정한 형태에서 표현되는 '기하학적인 도형화'에 대해서 탐구했다. 이런 현상은 주± 패턴 (격자, 나선형 등)이 끝없이 만들어질 뿐 아니라, 가끔은 작아지고 작아져서 초소형의 크기가 되는 데 이처럼 계속 그 수가 늘어나거나 반복되는 경향을 가지고 있다.

이런 일정한 형태로 표현되는 기하학적인 도형화 경향은 분명히 다음 두 가지 방식으로 나타난다. a. 형태가 반복되거나 결합하거나 다듬어져서 장식적인 모양과 여러 종류의 모자이크로 변한다. b. 형태를 구성하는 요소들은 기하학적인 형태의 범위 안에 드는 것들이다.

클루버가 이름 붙인 것처럼 이런 '기하학적인 장식 구조'는 중독 상태나 아우라 상태에서 다양한 규모로 확대될 수 있고, 그런 끝없는 확대 속에서 스스로를 재생산해낸다(대개 크기는 다르지만 모양은 비슷한 구조를 가진다).

허셜이 자신의 기하학적인 스펙트럼에 대해 말한 것, 그리고 정신이상자가 된 루이즈 웨인이 자신의 '모자이크' 고양이(138쪽 그림5-C) 그림에서 그렸던 것이 바로 이 무한한 기하학적인 도형화다(그리고 이것들은 프랙털 무늬와는 구별되는 자기유사성을 가진 무한 도형화다). 마리화나로 유도해낸, 기하학적인 도형이 무한하게 만들어지는 만화경 같은 형태의 패턴들은 시겔과 웨스트의 1975년 책《환각Hallucination》에 아름다운 그림으로 실려 있다(그림10).

클루버는 비슷한 환각들, 즉 비슷한 일정한 형태들이 다른 여러 가지 상황에서도 나타날 수 있다는 사실에 사람들이 관심을 가지게 만들었다. 최면 환각 상태에서, 내시성內視性 현상에서[4], 인슐린 저혈당증에서, 열성 섬망 상태에서, 대뇌의 국소빈혈 상태에서, 어떤 간질의

---

4 단순한 기하학적인 형태의 무늬는 눈동자를 눌러 나타나게 만들 수 있는데 이는 분명히 눈에서 생기는 것이다. 거의 2세기 전에 퍼킨제Purkinje가 이런 무늬를 그린 적이 있다. 망막이 이런 패턴을 만들어낼 수도 있고, 제한된 '자기조직화'일 가능성도 있다. 그러나 편두통의 경우 허셜에게도 분명했던 것처럼, 이 무늬는 뇌에서 생겨난다. 왜냐하면 이것들은 반맹처럼 분포되기 때문이다. 그리고 고차원에서 생겨난다는 다른 증거도 있다. 이런 무늬는 완전히 어두운 곳에서, 또는 피실험자가 눈이 없는 맹인인 경우에도 보인다. 이것은 마리화나나 메스칼린에 의해 유도되는 기초적인 환각의 경우에도 마찬가지다.

그림10 기하학적으로 도형화된 만화경 형태의 무늬(로널드 시겔 박사의 허락을 받아 실음).

경우에는 회전하거나 반짝이는 시각적 자극에 반응해 나타날 수 있다는 것이었다. 클루버는 편두통에 대해서도 빠뜨리지 않았다. 클루버의 목록은 더 확장될 수 있다. 예를 들어 헵에 의해 자세하게 연구되었던 것인데, 환각이 음성적으로 유도되는 중요한 경우는 감각상실증 때문에 나타난다. 감각이 상실되면 뇌는 '점, 선, 또는 간단한 기하학적인 도형무늬'처럼 단순한 환각을 만들어내면서 시작한다. 계속해서 '벽지무늬 같은 것'을 만들고, 그다음에는 '배경이 없는 격리된 물체'를 만든다. 그리고 마침내 '대개 꿈처럼 왜곡되지만, 통합된 장면'을 만든다.[5]

같은 현상을 일으키는 매우 많은 인과관계와 아주 많은 이유들이 있음에 틀림없다. 클루버는 감각중추 피질에서 작동하는 어떤 일반적인 경로, 어떤 '기본적인 메커니즘'이 있으리라고 추측했다. 아주 다양한 이유가 있음에도 불구하고 일정한 형태는 피질 구조 또는 유기체의 상수임이 틀림없고, 감각중추의 기능 그리고 감각의 인식과 인식 과정에 대해 근본적인 무엇인가를 말해주는 것이 틀림없다고 생각했던 것이다.

클루버가 20년 동안 연구한 것은 약의 효과에 대한 이야기를 모으고 분석한 일종의 보고이자 평가다. 20년 전에 메스칼린의 사용은 드물었고 비밀스러웠다. 반면에 마리화나는 환각제로서 1960년대에 유행했다. 1970년대에는 좀더 정확한 분석이 나왔는데, 그것은 UCLA의 로널드 시겔에 의한 것이었다. 클루버는 일화적이고 질적이었지만, 시겔은 실험적이었고 양적이었다. 마리화나(그리고 디메틸트립타민)를 섭취한 피실험자가 클루버의 묘사와 근본적으로 비슷한 환각을 경험하는 것을 보았던 실험 초기부터 거의 대부분을 인식하고 있었던 시겔은 클루버보다 훨씬 더 범위를 넓혔다. 그리고 '정해진' 형태만을 분석한 것이 아니라(클루버는 네 개의 범주로, 시겔은 아홉 개의 범주로 구분했다), 정해진 움직임(집중적인, 회전하는, 맥동하는 경우 등)에 대해서도 분석했다.

---

5   고차원 이미지와 마찬가지로 감각상실증으로 이런 무늬가 만들어지는 것은 특히 흥미롭다. 왜냐하면 이런 사실은 휴식하는 동안에도 자율신경의 피질 활동이 계속 된다는 뜻이며, 피질이 지나치게 자극되고 정상적인 지각 억제 작용이 제 역할을 못 함으로써 비정상적으로 확대되거나 병의 원인이 될 수 있다는 뜻이기 때문이다.

이런 실험을 통해서 시공간 안에서 역동적이고 복잡하게 조직되는 환각과 인식 변화의 흐름이 분명하게 드러났다.

시겔의 분석을 통해 뚜렷해진 불안정과 변화에 대해 강조하는 것은 중요한 일이다. 클루버는 순수하게 특별한 의미를 담은 "일정한 형태"라는 용어를 사용했는데, 이 용어는 시간이 흘러도 안정적이고 변하지 않는다는 잘못된 느낌을 줄 수 있다. 그러나 환각은 안정적이거나 평형상태에 있는 것이 아니다. 끊임없이 자기를 재조직하기 때문에 평형상태와는 아주 거리가 멀고 불안정하다. 환각증 단계의 끊임없는 움직임은 집중적이고 회전하며 맥동할 뿐 아니라, 클루버가 1세기 전에 "만화경과 같다"라고 했던 것처럼 무늬와 이미지가 갑작스럽게 바뀌거나 대체되는 모습을 보인다. 시겔은 환각증이 이런 만화경처럼 변화하는 경우가 10퍼센트 정도라고 짐작했다. 시겔은 클루버보다 자신의 분석을 좀더 높은 수준으로 확장했다. 그리고 추상적이며 경험이나 정황과는 상관없는 환각의 기본적인 시공간 패턴만이 아니라, 피실험자의 이미지 형성에 대해서도 관심을 쏟았다.

클루버는 기하학적 도형 무늬는 그 위에서 또는 그 안에서 실제 이미지들이 생겨나는 '스크린'이나 '매트릭스'를 형성할지도 모른다고 암시했던 적이 있다. 실제로 사람과 장소의 작은 이미지들이 격자무늬의 연결 부분이나 틈새 안에서 나타나는 경우가 많다. 이런 암시는 기하학적인 무늬가 장면이나 이미지로 변하는 것을 보았던 아주 드문 편두통 경험을 통한 것이기도 하다.[6] 이는 시겔의 연구와 이런 상황을 아름답게 그린 그림이 담긴 그의 저서(1975, 1977)를 통해 충분히 확인되었

---

6   부록2 '카르단의 환영'을 보라.

다. 모든 이미지처럼 이런 이미지들도 언제나 개인적이며, 개인의 상상력과 기억의 특수성을 보여준다. 그리고 이 이미지들은 1차 감각중추 피질보다 더 높은 수준에서 만들어지는 것이 틀림없다.

그러나 '높은 수준'은 낮은 수준 없이 생겨나지 않는다. 1차 시각 피질이 비록 자기 힘으로 복잡한 이미지를 만들어낼 수는 없지만, 그것이 생겨나게 하기 위해서는 필수적이다. 1차 시각 영역이 광범위하게 손상되거나 이 부분을 잘라낸 환자는 눈이 멀게 될 뿐만 아니라, 내면적인 시각 이미지도 만들어내지 못한다. 편두통의 경우처럼 중독 때문에 환각이 생겨나는 과정을 보면 좀더 복잡한 이미지를 준비하기 위해서 감각중추 피질에서 '전前처리'와 같은 활동이 필요하리라는 생각이 든다. 이 상태에서 피질의 활동은 분명히 대단히 병리학적인 형태를 띤다. 이 형태는 볼 수 있는 상태가 되지만 환각적이며, 억제되지 않은 상태에서 자발적으로 일어난다. 이런 상태는 정상적인 메커니즘을 밝혀주는 것이기도 하다. 사실 여기서 병리학이 사용되어야 한다.

환각 메커니즘

앞에서 말했던 것처럼 극단적으로 단순한 편두통 환각들은 안내섬광이다. 그것은 시야에 나타난, 단순하고 특별한 구조를 가지고 있지 않은 움직이는 빛일 뿐이다. 실제로 이와 같은 안내섬광들은 시각 피질의 1차 영역(브로드만 영역17)이나 시각연합 피질 주변을 전기로 직접 자극함으로서 쉽게 유도해낼 수 있다. 펜필드는 자신의 연구를 통해 이런 자극으로 다음과 같은 것을 유도해낼 수 있음을 보여주었다.

반짝이는 빛, 춤추는 빛, 여러 가지 색깔, 밝은 빛, 별들, 바퀴들, 파랗고 푸르고 붉은 색깔의 디스크들, 파랗고 엷은 황갈색조의 빛, 빙글빙글 돌아가는 색색의 공 등….

　아마도 편두통은 이와 비슷한 시각 피질의 내생적인 자극으로
시작되는 것 같다(이것에 대해서는, 편두통이 있을 때 생기는 이런 자극의 시각적
유발 전위(외부 자극에 의해 신경세포에 발생하는 활동전위—옮긴이)에 대한 측정과
뇌파검사에서 얻은 직접적인 생리적 증거가 있다). 단지 단순히 섬광에 지나지
않는 것이지만, 안내섬광은 1차 시각 피질을 직접 자극함으로써 유도
될 수 있다. 그러나 결코 더 복잡한 형태나 혹은 꽤 길게 지속되는 형태
를 볼 수는 없다. 펜필드와 라스무센은 "우리는 편두통 이미지의 자세
한 지그재그 윤곽선을 본 적이 없다"고 말했다. 그리고 여기에 클루버
는 메스칼린 중독 상태에서 나타난 일정한 형태 역시 후두엽 자극으
로 유도되지 않는다고 덧붙였다. 이 두 개의 설명은 모두, 좀더 복잡하
고 오래 지속되는 피질의 장애를 명확하게 해줄 또다른 설명이 필요하
다는 것을 말해준다.

　그렇다면 이렇게 독특하고 오래 지속되며 활기찬 피질성 처리
과정의 특성은 무엇인가? 다음은 가워스가 1세기 전쯤에 쓴 글이다.

　그 과정은 무척 신비스럽다. (…) 연못에 돌을 던지면 퍼져나가는 물결처
　럼 확산되는 독특한 형태의 작용이 있는 것 같다. (…) [그리고] 그 잔물
　결이 지나간 영역에는 조직의 분자 수준의 교란과 같은 상태가 남는다.

　40년이 지난 뒤 래슐리는 시야를 가로지르는 전체 형태와 확대
된 것을 그려보기 위해 자신의 편두통 암점에 대해 자세하게 연구했
다. 그는 암점이 마치 한결같이 균형 잡힌 원심력에 의해 뒷받침되는 것
처럼 언제나 확산된 형태로 지속된다는 것을 관찰했다. 이 시대 신경학

계의 분위기를 보면, 두뇌를 수없이 많은 작은 중추의 모자이크로 보고 국부화에 집착했다. 이에 반대하는 래슐리는 뇌의 광범위한 영역을 통합하는 능력을 가진 좀더 포괄적인 처리 과정이 작동하고 있음에 틀림없다는 생각을 오랫동안 가지고 있었다. 그는 초기(1931) 논문에서 이에 대해 길게 썼다. 그의 생각에는 신경 충동이 동종의 세포망을 통해서 파도처럼 전파 또는 확산되며, 이 확산은 물리적인 파동이나 화학적 확산과 비교할 수 있는데, 그것들처럼 복잡한 형태의 독특한 간섭무늬를 만들어낸다는 것이다.

래슐리에게는 자신의 편두통 암점이 뇌의 겉질을 가로지르며 파도처럼 전파되는 자극의 예가 될 수 있을 것 같았다(이 예에서 전파는 느리고 일정한 경로를 거친다). 암점의 확산 속도를 그래프에 나타내고 그것을 알려진 선조체의 크기와 비교함으로써, 래슐리는 흥분파가 황반에서 처음 나타난 후 대뇌피질을 가로질러 가는 속도가 분당 3밀리미터임을 계산해낼 수 있었다.

가워스가 1904년에 대뇌라는 연못의 '잔물결'에 대해 썼을 때는 단지 은유였을 뿐이다. 그리고 래슐리는 1931년 논문에서 파동을 다루면서, 피질에서의 '양작용量作用'과 파동은 '무척 은유적'으로 나타날 수밖에 없다고 조심스럽게 썼다. 그리고 '그러나 실제로도 그럴 것'이라고 덧붙였다. 1941년이 되자 그는 자기 관찰을 통해 그런 파동들이 실재한다는 것을 좀더 강하게 확신할 수 있었다. 가워스의 '잔물결' 개념은 은유 이상의 것이 되었고, 그것들은 정량적인 것으로 측정 가능한 사실이 되었다.

그러나 이런 파동이 만들어내는 것, 말하자면 파동의 활성화 패턴인 요새를 어떻게 이해할 수 있을까? 래슐리는 다음과 같은 내용을 관찰했다. "요새는 각각의 영역에서 독특한 패턴으로 생기는데, 대개 시야의 위쪽 사분면에서는 섬세하고 덜 복잡하며, 아래쪽 사분면에서는 거칠고 좀더 복잡했다. 암점은 확대되는데 이것들은 확대되지 않았다. 대신 활성화된 영역이 커지면 요새가 추가되기는 했다." 그는 이렇게 덧붙였다. 반짝이는 불빛은 "회전하는 스크루가 만들어내는 환영처럼, 앞쪽 여백을 휩쓸어버리고 내부 여백을 끊임없이 새로이 만들어내는 것 같다." 그리고 섬광의 속도와 패턴들은 이것을 겪는 누구에게서나 같아 보였다.

래슐리는 이런 반복적인 활동 패턴이 다른 병적인 상황에서도 발생하는 것을 보았기 때문에(그는 클루버의 메스칼린 연구를 인용했다), 이는 특정 편두통 과정이 아니라 대뇌피질의 일반적인 반응과 활동이라고 생각했다. 그의 결론은, 이런 반복적인 패턴은 "일정한 신경 영역(로렌테 데 노Lorente de Nó에 의해 기술된 반향회로의 구조적 배열을 가지고 있는 신경 영역)을 통한 자극의 자유로운 확산으로 예측되며 (…) 그 패턴은 조직 구조의 고유한 특성의 결과로서 피질 활동이 만나는 조직의 종류를 나타낸다"는 것이다.

래슐리는 동시대인들에게서 심하게 비판받았고, 소외될 때가 많았다. 그것은 그가 당시에 유행하던 국부화라는 생각에 만족할 수 없었고 양작용과 파동과 같은, 동시대인들이 보기에는 공상처럼 보이는 개념을 이야기하는 그를 이해할 수 없었기 때문이다. 그러나 래슐리의 진보적인 혜안은 놀라운 것이었다. 우리는 그와 함께했던 동시대 사람들보다 더 좋은 위치에서 볼 수 있기 때문에 그의 생각을 이해할 수 있다. 그는 자신의 생각을 실용적으로 확증하고 적용하려는 생각을 가지고 있지는 못했다. 래슐리의 1941년 논문이 나오고 오래지 않아 레아웅은 동물의 피질에 난 상처에 뒤이어 피질에 나타나는 것으로 보이는, 천천히 그 범위가 확대되는 '확산성 억제'에 대해 증명했는데, 그것은 래슐리가 자신의 암점을 통해 계산해낸 것과 꼭 같은 특성과 확산 속도를 가지고 있었다. 최근에는 자기뇌파검사법이라는 기법을 이용해서, 편두통 아우라가 있는 동안에 선조 피질을 가로질러 천천히 확산되는, 정확하게 그것과 같은 자극과 억제를 위한 느린 파동이 실제로 나타나는 것을 확인했다(웰치Welch, 1990).

이런 자극을 만들어내는 조직 구조에 대해서는 허블Hubel과 위젤Wiesel이 시각 피질에서 작은 '칼럼'들로 구성된, 다양한 '형상 검출기'의 존재를 증명할 수 있었던 1960년대까지 아무런 말도 할 수 없었다. 이런 새로운 사실에 대해 알게 됨으로써, 편두통의 요새라는 문제에 대해 새로운 방식으로 접근할 수 있게 되었다. 1971년에 리처즈Rich-ards는 자기 이전에 래슐리, 허셜, 에어리가 그랬던 것처럼, 자신의 암점을 관찰 영역으로 삼고 이를 새로운 방식으로 시험했다.

허셜과 래슐리의 묘사 어디에서나 나타나는 것처럼 요새에 대해 아주 분명한 것은 그 구성 요소들이 지향하는 방향(요철각, 보루, V자형 보루(해자로 둘러싸인 외곽 보루—옮긴이)에서 직선으로 만들어진 각도)이다. 이것은 피질의 뉴런들이 스스로 그와 같은 방향으로 활성화되거나(만일 대뇌피질의 패턴과 환각 패턴이 정확하게 일치한다면), 또는 다른 어떤 방향에 대해 예민하다는 것을 의미한다. 물론 피질에 있는 뉴런들의 방향이 그렇다는 것을 허블과 위젤이 1963년에 증명할 수는 있었다. 허블과 위젤의 방위 검출기의 칼럼 면들은 0.2밀리미터였고, 반면에 톱니 모양 가장자리의 크기는 피질 사이의 거리와 정확하게 일치했는데, 그것은 1밀리미터쯤 되었다. 이런 것들은 리처즈가 계산했다. 그러므로 리처즈는 전진하는 파도는 개별 칼럼을 활성화시키는 것이 아니라 같은 방향에 대해 반응하는 칼럼의 집단이나 연합체라고 주장했다. 피질을 가로지르는 흥분파는 한 집단을 활성화시킨 뒤 또 하나의 집단을 거듭해서 활성화시키고, 이것들에 대한 직접적인 전기 자극을 일으킴으로써 칼럼들이 자극되고, 환자들로 하여금 다른 각도, 다르게 흔들리는 빛의 줄기를 보게 만드는 것이다. 리처즈는 이렇게 썼다. "이런 방법으로 보자면, 편두통의 요새는 아주 대단한 자연적인 실험이다. 전진하는 방해파는 피질을 가로질러 계속되는 흔적을, 그리고 30분도 안 되는 시간 동안 뉴런이 가진 조직적인 비밀의 한 부분을 드러내 보여준다."

1970년에 이 책을 쓰면서, 나는 암점과 요새에 대한 래슐리와 리처즈의 이론이 비록 세밀한 부분에서는 수정이 필요하겠지만, 이것들을 설명하는 데 원칙적으로 적절할 것이라고 느꼈다. 그러나 흥분파에 의해 활성화되는 세포 구조의 패턴에 대한 어떤 도식적인 설명도 편두통에서의 세 번째 수준, 즉 클루버식 수준의 환각에는 적용할 수 없을 것 같았다. 그런 환각들은 끊임없이 크기와 형태가 변하는 모자이크와 격자 모양, 그리고 나선형과 깔때기처럼 구부러진 구조를 가진 형태, 그리고 만화경처럼 갑작스럽게 변하는 경향을 가진 터키산 양탄자와 방산충과 같은 고차원적인 기하학적 형태로 나타나기 때문이다. 나는 이 책의 1970년 초판에서 이렇게 썼다. "해부학적으로 고정된 세포 구조 패턴 이상의 어떤 기능적인 도식화 형태가 있다고 가정해야 하는 것이 분명하다." 나는 크기가 변할 수 있는 지각 단위에 대한 것(337쪽)을 포함해서 여러 이론들을 다루었다. 그러나 나는 이 모든 것에 대해 만족할 수 없다고 느꼈지만, 1970년에는 이론을 더 진전시킬 수 없었고 그런다고 해도 직관에 의한 것일 수밖에 없었다. 개념적이고 실증적인 진전이 아직 이루어지지 못한 상태였고, 근본적으로 새로운 원리나 이론이 필요했다. 시각 피질에 대한 기능 위주의 해부학과 생리학에 대해 좀더 깊이 있는 이해가 필요한 상태였고, 흥분하기 쉬운 매개물에서 복잡한 파동의 전파를 계산해낼 수학 이론의 발달을 기다려야 했다.

그리고 최소한 서로 연결된 수많은 뉴런을 시뮬레이션하고 모형화하는 방법을 알아야 했던 것이다. 아마도 복잡계와 적시에 이루어지는 자기조직화를 바라보는 근본적으로 다른 방법도 마찬가지로 필요하지 않았나 싶다. 비선형적인 역동적 시스템 또는 짧게 줄이면 카오스이론(카오스의 배후에는 질서가 내재하며, 그 법칙에 따라 미래 상태가 결정된다고 보고 그 법칙성을 찾아내려는 연구—옮긴이)이라는 이제 갓 태어난 상태의 과학이 우리에게 필요했던 것이다.

자기조직화 시스템

부닥치는 문제 가운데 하나는 그것이 비록 아주 단순한 기하학적인 형태이기는 하지만, 마치 생물처럼 태어나고 성장하는 형태 발생에 대한 것이다. 이런 단순한 수준과 훨씬 더 복잡한 수준에 대한 관심은 모두 아리스토텔레스까지 거슬러 올라간다. 그리고 고전주의자이자 수학자이고 생물학자라는, 기묘하게 조합된 정체성을 가진 다크리 톰슨D'Acry Thomson의 특별한 열정이 있었다. 그는 자신의 책《성장과 형태Growth and Form》에서 이 주제에 대해 길게 쓰고 있다. 클루버의 일정한 형태에 대한 개인적인 경험을 가진 편두통 환자 또는 누구든《성장과 형태》를 펼쳐보면, 그리고 그 책에 있는 방산충과 태양충, 불가사리와 성게, 솔방울과 해바라기, 또는 나선형, 격자무늬, 터널, 그리고 방사대칭을 그린 그림을 보면 깜짝 놀라 탄성을 지를 수밖에 없을 것이다.

1968년 이 책의 초판 5부를 쓰고 있었을 때, 이런 것들이 내게 큰 영향을 미쳤다. 그러나 다크리가 사용했던 순전히 위상적인 접근 방식에 대해서 나는 다음과 같이 생각했다. 그것으로 형태나 패턴이 천천히 변화하는 것을 설명할 수 있을 것이다. 예를 들어 평면 격자가 곡면 격자로 변하는 것과 같은 경우라면 설명이 가능하다(도판7A와 7B를 보라). 그러나 갑작스럽고 포괄적인 변화는 설명할 수 없었다. 그래서 그때 썼던 5부의 원고를 버렸던 것이다.

이것을 설명하기 위해서는 다른 종류의 접근 방법이 필요했다. 그러나 다크리가 집필하던 그때나 내가 이 책의 초판을 쓸 때 역시 그럴 수 있는 방법이 없었다. 이 새로운 접근 방법은 비록 이론의 형태를 온전히 갖추지는 못했지만, 아마도 수학자인 앨런 튜링Alan Turing에 의해 처음으로 알려졌을 것이다. 앨런의 후기 논문 가운데 하나에서 그는 형태발생이라는 문제를 검토하면서 이것들이 파동에 의해 어떻게 형태를 갖추게 되는지, 또는 어떻게 시작되는지를 보여주었다. 예를 들면, 확산 매체의 복잡한 화학 시스템에서 화학적 농도의 파동이나 패턴은 임계점에서 생성될 수 있다는 것이었다(튜링, 1952).

이런 시스템은 몇 년 뒤에 벨로소프Belousov가 발견했고, 자보틴스키Zhabotinski가 유황산에 용해시킨 세륨황산염, 말론산, 취소산칼륨화합물을 가지고 벨로소프와 상관없이 독립적으로 실험했다. 이런 시약들을 젓지 않고 얇은 판 위에 두면 여러 가지 기하학적인 형태의 파동이 자연스럽게 나타나서 자라났다. 원형 파동은 고정된 중심에서 동심원으로 확대되고, 나선형은 바깥쪽으로 시계 방향 또는 시계 반대 방향으로 확대되었다. 이 시약들을 계속 흔들거나 휘저으면 나선형 무늬는 나타나지 않는다. 그러나 갑작스럽게 전환하고 요동치는 순간적인 무늬는 볼 수 있다. 혼합물의 전체 색깔은 잠깐 파랗다가 빨개지고, 다시 파랗게 된다. 그것은 프리고진Prigogine의 말을 빌자면 화학 시계처럼 규칙적이다.

현재까지 이런 종류의 다른 많은 화학 시스템이 발견되었다. 또는 고안되었다고 말해야 할지 모르겠다. 이것들은 시공간을 통해 아주 복잡한 기하학적 도형들을 생성해낼 수 있지만, 이 모든 것의 기초적인 형태는 클루버가 말한 환각의 지속, 그리고 허셜이 말한 감각중추의 만화경과 관련된 요소와 닮았다. 그래서 멀러Muller와 공동 연구자들 (1989)은 다음과 같이 썼다.

화학적 패턴은 관찰된 것만큼 복잡할 수 있다. (…) 그것들을 통해 기본 적인 구조의 종류를 어느 정도 정리해낼 수 있음은 분명해 보인다. (…) 이것들은 대개 삼각형, 날카로운 밴드, 넓은 줄무늬, 동그라미, 다양한 규칙성을 가진 조각들, 나선형과 함께 나타나는 특이점과 분기점이다. 변위나 다각형 또는 과녁도 이런 요소들의 구성물이다. (…) 이것들은 자주 다른 공간 규모에서 만들어진다.

복잡한 패턴으로 만들어지는 이런 자연발생적인 조직은 정말 기묘하고 자연이 만들어낸 괴물처럼 보였다. 그러나 일리야 프리고진 은 이런 시스템의 대단히 우주적인(또는 우주 생성의 기원에 대한) 중요성 을 깨달았고, 그리스 시대로부터 철학자들을 자극했던 과학적이고 철 학적인 딜레마를 해결하려는 열정을 가지고 있었다.

아리스토텔레스는 유기체의 형태를 목적을 위한 설계의 결과 라고 보았고, 데모크리토스는 원자들이 우연히 배열된 결과라고 보았 다. 관념론과 유물론이 2,000년 이상 경쟁해왔지만 분명한 것은 아직 도 자연을 (또는 실제로 어떤 것도) 설명해주지 못한다는 것이다. 허셜도 실 제로는 이런 기하학적 스펙트럼을 '생각이나 지성'의 표현으로 볼 것인 지, 아니면 빅토리아시대 응접실에서 아주 인기 높았던 만화경과 같은, 순전히 기계장치의 결과로 볼 것인지 망설였다. 그는 이 목적론적인 설 명 어느 하나에 만족하지 않았다. 그리고 실제로 둘 가운데 하나의 작 용도 아닐 것이다.[7] 우리는 완전히 다른 이론이 나타나기를 기다려야 했다. 발생이나 진화의 원칙 또는 이미 있던 패턴이나 설계에 대한 것이 아니라, 질서나 형태의 자발적인 발생에 대한 이론이 필요했던 것이다.

이 새로운 이론을 프리고진은 '자기조직화'라고 불렀다. 그는 이것을 자연에 내재하는 일반적인 창조력이라고 보았다. 우주에서 물리화학, 생물학, 문화에 이르기까지, 자연의 모든 수준에서 출현하는 창조하는 질서, 창조하는 복잡성, 창조하는 '시간의 화살'이 자발적인 자기조직화라는 것이다. 이것은 자연, 또는 신을 바라보는 완전히 새로운 관점이 되었다.

자발적으로 복잡성을 만들어낸다는 자기조직화 이론은 자연에 대한 새롭고 황홀한 관점을 열어주었다. '기계장치'와 '열역학적인 죽음'(엔트로피가 최대가 된 열평형상태—옮긴이)이라는 관점이 아니라, (또는 그 관점을 보완하는) 창조적 또는 진화론적인 관점을 열어준 것이다. 그러나 역설적으로 자기조직화 시스템은 자연에만 존재한다. 이것은 겨우 30년 전에 '발견'되었을 뿐이고, 이 발견 뒤에 여러 해 동안 카오스이론의 발달과 함께 수학적인 분석이 끝난 상태일 뿐이다. 프리고진이 상기시켜주었듯이, 우리는 자연을 적분 불가능한 미분방정식으로 '생각하고', 카오스와 자기조직화라는 관점에서 '생각하며', 비선형적인 역학 시스템이라는 관점에서 '생각한다'는 것을 이제는 알고 있다(프리고진은 "우주는 거대한 두뇌 같다"고 말했다). 이런 시스템은 평형상태와 거리가 멀다. 그리고 이런 시스템을 예민하게 만들고 임계성을 부여하고, 근본적이고 예측할 수 없는 변화를 일으킬 수 있는 능력을 주어서 새로운 구조와

---

7   프리고진은 이렇게 말했다. "그래서 역학이나 열에 의한, 또는 인공두뇌 기계와 같은 그 당시의 기술로 만들어진 구조적인 모델이 스스로 조직하는 지성이 있다는 생각에 반대되는 경우가 많다. 아마 곧바로 이런 질문이 나올 것이다. '누가' 외부의 명령에 복종하는 그 자동 기계장치를 만들었단 말입니까?"

형태를 만들고 발달하게 만드는 것은, 바로 이처럼 평형상태에서 멀리 떨어져 있다는 사실이다. 카오스이론 연구자들이 '일반적인 행동 방식'이라고 부르는 이런 시스템은 우리의 일상생활 속에 널리 퍼져 있지만, 대부분은 숨겨져 있기 때문에 보이지 않고, 낌새를 알아챌 수 없다.

우주론자인 폴 데이비스Paul Davise는 이렇게 썼다.

3세기 동안 과학은 뉴턴주의자와 열역학 패러다임이 지배해왔다. 이 패러다임은 우주가 불임의 기계이거나 쇠퇴하며 부패해가는 상태라고 설명한다. 이제 물리적인 변화의 혁신적이고 획기적인 특성을 인정하는 창조적인 우주라는 새로운 패러다임이 나타났다(1988년).

과학에서의 이런 새로운 관점이 왜 전에는 나타나지 않았느냐고 묻는다면(어떤 의미에서 직관적으로는 언제나 분명했던 것이다), 우리는 실제의 복잡성과는 아주 다르게 단순화시킨 모델이라는 이상적인 상태를 가정해서 만들어진 과학의 이상적인 품질이라는 관점에서 부분적인 대답을 찾을 수 있을 것이다. 고전적인 역학은 단순화에 기초를 둔다. 진자 운동을 분석할 때는 마찰을 무시하고, 두 천체의 운동을 분석할 때는 다른 것들을 모두 무시한다. 이런 단순화한 또는 이상적인 시스템은 변하지 않는 평형상태를 이루고 있다. 그곳에는 어떤 작은 변화도 없고 "시간의 화살"도 없다.

그러나 자연계는 닫혀 있지 않고 변화하는 모든 것과 함께, 세상의 한 부분으로서 환경을 향해 열려 있다. 이렇게 환경을 향해 열려 있기 때문에 예측할 수 없는 변화를 일으키고, 그 힘이 시스템을 더욱더 평형상태에서 멀어지게 만든다. 곧 임계점(클러크 맥스웰Clerk Maxwell에게는 이것이 특이점이었다)이 찾아오고, 그 순간 갑작스러운 변화가 일어난다. 소위 두 갈래로 갈라짐이 시작된다고 말하는 것이다. 그때는 엄청나게 확대된 변화가 시스템을 새로운 국면으로 몰고 간다. 그리고 이 새로운 국면은 또 새로운 분기점을 향해 움직여 간다. 그래서 번갈아 나타나는 수없이 많은 경로를 따라 재빨리 갈라진다. 고전적으로 보면, 닫힌 시스템의 변화는 빠르게 사그라지고 억눌려진다. 그러나 진실에 가까운 실제 시스템인 열린 시스템에서는 정반대로 변화가 전체 과정의 엔진, 추진력이 된다. 프리고진은 이런 현상을 '변화를 통한 질서'라고 불렀고, 그는 이것을 자연의 기본적인 구성 원리라고 생각했다.

물론 이 새로운 발견에서, 새로운 사고의 조류를 헤쳐나간 사람이 프리고진 혼자였던 것은 아니다. 서로 관련이 없는 분야에서 독립적으로, 한꺼번에 많은 것들이 발견되었다. 우리는 오늘날에 와서야 어떻게 그럴 수 있었는지 알게 되었지만, 가장 심층적인 수준에서 이것들은 모두가 관련되어 있었다. 장기 예측을 언제나 실패하게 만드는 복잡한 열린 시스템 가운데 하나가 일기예보다. 1960년대까지는 충분한 정보와 컴퓨터 장비만 있다면 장기 예측을 정확하게 할 수 있다고 생각했다. 에드워드 로렌츠Edward Lorenz는 그렇게 되지 않는다는 것을 증명했다. 왜냐하면 이런 복잡계는 비선형적인 방식으로 작동하고, 편미분 방정식에 의하면 하나의 답으로 수렴되지 않고 수많은 대안들로 나뉘기 때문이다.

이 영역은 카오스이론 또는 비선형 동역학이라는 이름이 붙은 완전히 새로운 영역으로 급성장했다. 우리는 카오스이론이 자연계 전체의 복잡성과 가역성을 이해하는 기본적인 열쇠가 된다는 것을 조금씩 알아가고 있는 중이다.[8]

또다른 접근 방법은 브누아 만델브로Benoit Mandelbrot가 '프랙털'의 주기성과 차원을 발견함으로써 나타났다.《자연의 프랙털 구조

The Fractal Geometry of Nature》라는 자신의 책에서 만델브로는 구름, 나무, 눈송이, 산맥 등 지질학적인 크기에서부터 미세한 것에 이르기까지 자연 경관의 모든 것을 기묘하게 닮은 무늬를 컴퓨터로 만들어 보여주었다. 자연스러운 형태의 특징은 크기가 어떻든 상관없이 같은 모양으로 여러 종류의 크기로 동시에 존재한다. 그것이 컴퓨터에서 확대되거나 분석되면 부분이 전체를 닮은 형태를 무한대로 만들어내는데, 그 모두가 처음 시작되었을 때의 모습이다. 이것이 그 유명한 '만델브로 집합'이다. 이것은 클루버가 말했던, 크기가 점점 더 작아지면서 무한하게 반복되는 자기유사성이라는 성질을 가진 '기하학적인 장식 구조'와 비슷하다. 이런 현상들은 '정상적인' 유클리드 이론 지지자들의 보수적인 관점으로는 이해할 수 없는 것이다. 그러나 프랙털 혹은 프랙털 차원의 개념에서는 완벽하게 자연스럽고 필연적이다.

많은 분야의 개념과 발견이 종합되어 지난 20년 동안의 새로운 혁명이 지금까지 진행되고 있다. 파이겐바움의 표현을 빌리면, 우리는 우주적인 것에서부터 신경세포에 이르기까지 모든 수준에서 작동하고 있는 '보편적인 행동'을 보기 시작한 것이다(파이겐바움, 1980). 실체란 틀림없이 단순할 것이라 믿는 사람들에게 이러한 우주적 복잡성은 반증이 될 것이다. 그리고 이런 보편적인 행동을 충분히 설명하거나 해결책을 마련하기 위해서는, 수학에서의 새로운 분야만이 아니라 엄청난

---

8 미첼 파이겐바움Mitchell Feigenbaum은 이 분야의 선구적인 이론가다. 파이겐바움은 특히 '주기배증period doubling' 갈래질bifurcation을 발견함으로써 유명해졌다. 이는 다른 어떤 매개변수의 변화에 따라 시스템의 주파수가 정확하게 두 배로 변하는 것이다. 중요한 점은 갈래질이 정확하게 등비수열(파이겐바움 수열)에 맞춰 발생한다는 것이다. 이는 시스템에 대한 기본적인 설명으로는 예측할 수 없다. 이런 주기배증은 놀랍게도 물방울이 떨어지는 수도꼭지에서부터 심장박동, 명왕성의 혼란스러운 움직임에 이르기까지 자연계에서 아주 많이 나타난다.

힘을 가진 슈퍼컴퓨터의 발달을 필요로 한다.

편두통 아우라의 새로운 모델

이런 흥미로운 발전은 복잡하고 변화가 심한 아우라 형태와 일정한 형태의 환각이라는 다루기 까다로운 문제를, 이 책을 처음 쓸 때는 불가능했던 새로운 방법으로 재검토하게 해준다. 마찬가지로 시뮬레이션이라는 새로운 방법도 중요하다. 이를테면, 실제 대뇌피질의 특성을 최소한으로라도 구현시킨 뉴런의 그물망 모형을 설계해서 만든 다음, 자극을 주고 어떻게 작동하는지를 슈퍼컴퓨터로 볼 수 있게 만드는 것이다. 평형상태에서 멀어지는 쪽으로 임계치를 몰아가면 그것들이 실제로 아우라 무늬와 비슷한, 일시적이지만 특별한 무늬를 만들어내는지 살펴보자는 것이다. 이것이 지금 우리가 시도해보려는 것이다.

모형은 단순할 수밖에 없다. 그것이 모형의 특성이다. 우리는 이 모형에 대뇌피질이 가진 것을 그대로, 말하자면 수억 개의 세포, 20개나 되는 세포 종류, 6층으로 구성된 대뇌피질, 무한히 많은 내부와 외부의 연결 구조 등을 그대로 구현할 수가 없다. 그러나 우리는 특정 상황에서 일어날 수 있는 실제 상황을 어느 정도는 시뮬레이션할 수 있다(시겔, 1991). 피질의 뉴런은 시간에 의존하는 복잡한 방식으로, 이온이 세포에서 드나드는 움직임의 결과로 생기는 활동전위를 가지고 있다. 이런 활동전위는 아주 기본적인 신경계 기능으로, 신경세포들끼리 소통할 때 쓰이는 유일한 방법이다. 활동전위는 축색돌기와 시냅스를 건너기 위해 시간이 필요하기 때문에 곧바로 그물망으로 퍼지지 못한다. 이 시간 요인은 무시할 수 없다. 편두통 아우라는 때맞춰 일어나고, 때맞춰 진행되고, 때맞춰 발달한다. 편두통은 시간에 독립적인 공간적 패턴으로 구성되지 못한다. 비록 우리의 모델은 뉴런이 400개밖에 없고(가로와 세로 각각 20개씩 배치했다), 단 하나의 '세포 종류'지만, 그럼에도 불구하고 생리적으로 중요한 시간과 관련된 특성을 부여받았다. 실제로 대뇌피질을 닮은 '기능해부학'과 연결성을 구현하기 위한 활동전위, 시냅스에서의 흥분 전도의 지연(즉 활동전위가 하나의 뉴런에서 다음으로 가기 위해 필요한 시간), 시냅스 등. 자극은 물론 모든 매개변수들이 독립적으로 바뀔 수 있도록 했다.

이 네트워크를 작은 슈퍼컴퓨터에서 분석하면, 우리는 사용된 매개변수에 따라 아주 다른 세 가지 종류의 행동을 볼 수 있을 것이다. 한 점에 집중된 자극은 자극점에서부터 (활동전위를 강하게 떠거나 전혀 떠지 않는 상태로) 만들어지고 전파되다가 갑자기 붕괴되어 사라지는 파동을 만들어낼 수 있다. 이런 파동들은 시작될 때에는 안내섬광과 비슷한 것으로, 그리고 이어서 신경망으로 확산되는 것은 일률적인 암점 확대의 기저를 이루는 대칭적으로 확산되는 대뇌피질의 파동과 비슷한 것으로 볼 수 있다. 우리 모형에서 이런 파동들은 활동전위의 흥분과 전파에 의해 만들어지며, 순전히 물리적인 확산이나 방산이 아니라는 점을 강조하지 않을 수 없다.

다른 매개변수를 통해서 활동의 1차 파동은 2차, 3차 파동을 만들어내도록 자극한다. 흥분된 뉴런은 하나하나가 그런 부수적인 파동의 잠재적인 원천이 될 수 있다. 그리고 이런 2차, 3차 파동들은 보강 간섭과 상쇄 간섭 속에서 충돌해 분명히 무작위적인 방식으로 엄청난 자극을 만들어낼 수도 있다. 이것은 격자무늬와 다른 모양으로 자기조직화가 시작되기 전에 나타나는, 초기의 소란스러운 세 번째 단계에서 볼 수도 있는 격렬한 장애나 혼란과 비슷한 것으로 간주될 수 있다.

아주 다른 매개변수를 사용하면 완전히 새롭고 눈에 띄는 현상이 발생한다. 이 현상은 시공간 속에서 아주 자연스럽게 복잡한 기하학적인 무늬로 나타나서 발달하는 것이다. 이런 기하학적인 무늬들 가운데 일부는 비교적 단순한 형태인데, 편두통에서 나타나는 격자무늬, 방사형, 나선형과 일치한다. 또다른 것들은 좀더 복잡한데, 클루버가 묘사한 좀더 정교한 '장식적인' 형태와 비슷해 보인다.

우리의 모형 망이 보여주는 분명하고 독특한 세 가지 행동은 하나의 매개변수를 변화시킴으로써 유도해낼 수 있다. 예를 들어 시냅스 연결성의 강도를 조절하는 것이다. 그러나 그 무늬는 시냅스의 연결 강도에 의존적일 뿐 아니라, 전파 지연 때문에도 변화가 심하다는 것을 알 수 있다. 그것은 시스템 자체가 일정한 행동 범위를 가지고 있는 것처럼 보인다. 그리고 이런 행동은 연결망에서 자생적인 '자기조직화'의 결과이며, 시스템의 '보편적인 성질'이다. 이것은 마치 뉴런 전체가 흥분한 것처럼 보이고, 스스로를 조직하고 일관된 전체로 행동한다. 이렇게 한번 흥분되면 이것들은 스스로의 자유로운 과정, 자신의 전체적인 특성과 연결성에 의해서만 결정되는 과정을 시작하는 것 같다. 1차시각 영역의 뉴런도 역시 그런 '영역'을 형성한다는 것이 우리의 가설이다. 이때 '영역'은 래슐리가 말한 의미로 쓰인 것이다. 그 영역 속에서 뉴런의 사건과 통합이 일어나도록 하는 결정은 미세해부학과 핵, 칼럼, 중추들에 대한 국소적인 고려보다는 활발하고 스스로 능동적이며, 엄청나게 복잡한 뉴런의 환경에서 일어나는 파 활동wave action(두 개의 파가 서로에게 미치는 영향, 또는 한쪽이 다른 쪽에 미치는 영향—옮긴이)과 상호작용에 대한 전반적인 고려에 의해 이루어진다.

자기조직화와 카오스의 정상적인 패턴이 엄청나게 확대되고 파괴적일 수 있다면, 이런 포괄적인 영역 패러다임은 심장박동, 심장의 전기적인 '양상', 시공간에서 나타나는 기하학적인 도형들, 그리고 특히 그런 활성화를 일으키는 병리학을 이해하는 데 무척이나 중요하다. 또

이 포괄적인 영역 패러다임이 대뇌피질의 활동을 이해하는 데 마찬가지로 유용할 것이라고 기대할 수 있다. 그리고 우리가 복잡한, 또는 발전하는, 또는 빠르게 변하는 활동의 패턴을 이해하려고 할 때 수많은 '고전적인' 메커니즘이 스스로의 한계를 보이기 때문에 더욱더 그렇다. 이런 한계는 높은 수준에서 뚜렷하게 나타난다. 그러나 편두통 또는 다른 상황에서 나타나는, 기본적인 기하학적 스펙트럼이 생성되고 발달하는 1차 시각 피질 수준에서도 역시 뚜렷하다.

이미 시각 시스템에 대해 연구하던 어멘트라우트Ermentrout와 코완Cowan이 환각과 일정한 형태의 환각에 관한 클루버의 연구에 대해 알게 되었을 때 그들에게도 비슷한 생각이 떠올랐다. 실제로 그들은 자신들의 1979년 연구를 클루버에게 헌정했다. 어멘트라우트와 코완이 마찬가지로 궁금했던 것은, 1차 시각 피질에서 나타나는 파동의 전파에 대한 분석을 통해 편두통과 다른 상황에서 나타나는 일정한 형태의 환각을 설명할 수 있을까 하는 점이었다. 그들이 사용했던 모형은 지나치게 비현실적이어서 파동의 전파가 즉각적으로 일어났다. 그들은 시간이라는 변수를 전혀 고려하지 않았던 것이다. 그러나 그들은 수학의 군론과 갈래질 이론으로 그들의 방정식을 분석하게 되었고, 그들 역시 이중주기의 정상 상태에서 공간적인 롤rolls과 그리드grids라는 해답을 찾아냈다. 이것들을 망막에 비추면 클루버가 묘사한 일정한 형태가 인식되었다.[9] 그들의 결과와 우리의 결과, 수학적인 분석과 실제

---

9 코완과 다른 이들에 의해 시각 영역을 대뇌피질 위에 정각도법으로 그릴 수 있다는 생각이 제시되었다. 즉 시각 영역의 원형 구조를 피질 위에 직선 구조로 그려낼 수 있다는 것이었다. 본질적으로 등각사상等角寫像은 눈에 보이는 세계를 펼치고 구부리는 것이다. 이런 투영법이 가능하다는 것은 피질의 등위상선等位相線이 시야에서 곡선 구조로 인식될 수 있거나, 환각으로 나타날 수 있다는 뜻이다.

컴퓨터 시뮬레이션의 결과가 일치했다.

물론 이것은 단지 우연일 수도 있다. 우리가 만들어낸 피질 형태의 기하학적 패턴은 피질의 실제 기능의 작동 방식과는 전혀 다른 방법으로 만들어진 것일 수 있다. 뇌를 흉내 낸 것이지만, 제대로 모형화하지 못했는지도 모른다. 그러나 뇌가 단순하고 자연스러운 메커니즘(자연 어디에나 있는 보편적인 메커니즘)을 이용하지 않고 그 대신 필연적으로 훨씬 복잡하고 번거로울 수밖에 없는 메커니즘을 사용할 것 같지는 않다.

이제 우리는 한 바퀴를 다 돌았다. 허셜이 기학학적 스펙트럼이라는 생각을 가지고 '감각중추에 변화무쌍한 힘'이 있는지 없는지에 대해 질문을 던진 뒤로 거의 1세기 반을 훑었다. 이제 20세기 말이다. 우리는 자기조직 신경망이 자신의 패턴을 만들도록 함으로써, 감각중추의 만화경을 흉내 낼 수 있다. 우리는 뇌에 자연스럽고 역동적인 만화경 그림을 그릴 수 있다. 우리의 모형 그물망(그리고 뇌)은 에너지와 시간에서 기하학적인 도형을 만들어낼 수 있다. 셰링턴Sherrington은 뇌를 끝없이 변화하고 사라지지만 언제나 의미 있는 패턴을 직조해내는 "매

정각도법은 클루버가 말한 네 개의 일정한 형태가 피질에 있는 흥분된 영역과 일치한다는 것을 보여주었다. 이렇게 되자, 피질에서 격자무늬와 그물 모양은 직사각형 그리드가 되었지만, 클루버가 말한 원형·나선형·방사형의 일정한 형태는 단순한 직사각형 또는 롤이 되었다. 어멘트라우트와 코완의 분석은 그런 그리드와 롤을 만들어냈고, 우리는 그와 비슷한 그리드와 롤을 시뮬레이션을 통해 보았다. 그러나 우리는 격자, 나선형, 터널 같은 형태는 그대로 볼 수 있었다(도판8A~8F를 보라). 우리는 두뇌 영상 장치의 발달이(아마도 편두통 아우라가 있을 때 특히 PET 스캐닝과 SQUID(전자식 뇌촬영술)를 통해서) 환자가 내면적으로 보는 바로 그 순간에 전자기 패턴으로 이 형태의 존재를 증명해줄 수 있으리라고 기대한다. 환각은 단지 주관적인 그림일 뿐이지만, 이런 영상 제작 장치는 편두통 과정에서 나타나는 객관적인 사진을 제공해줄 것이다.

력적인 베틀"이라고 불렀다. 그는 생각과 상상에 대해 말했지만 우리는 여기서 훨씬 더 기본적이고 본질적인 어떤 것, 말하자면 창조와 행위 또는 순수한 패턴과 순수한 형태를 다루었다.

질서와 카오스의 복잡한 패턴인 이런 자기조직 활동이 꼭 병적인 상태에서만 생겨난다고 생각해서는 안 된다. 카오스적인 자기조직화 과정은 대뇌피질에서 정상적으로 발생하는 것이며, 이 과정이 실제로 감각의 처리와 인식을 통제하고 있을 뿐 아니라, 감각기관이 제대로 작동하기 위해서도 꼭 필요하다는 것을 보여주는 증거가 점점 늘어나고 있다. 이에 대한 아주 분명한 표식 가운데 하나는 외부로부터의 자극이 전혀 없을 때 아주 과장된 형태가 나타난다는 것이다(463쪽 그림 10을 보라). 그러나 피질에서 일어나는 카오스와 자기조직화 과정은 국소적이고 미시적인 것이며, 그 자체로는 볼 수 없는 상태다. 오직 병적인 상태일 때만 이것들은 결합하고 동기화되며, 전체적인 형태를 갖춰 볼 수 있게 되는데, 그것이 패턴화시킨 환각으로 인식의 영역으로 들어가는 것이다. 우리가 만든 모형은 정상적인 활동과 자기조직화의 정상적인 과정을 보여주도록 설계되었다. 그리고 그것은 특정 매개변수를 변화시킬 때에만 병적인 상태가 된다. 말하자면 우리의 모형이 편두통을 가지게 되는 것이다.

자연에 대한 우리의 관점은 지난 20년 동안 변해왔다. 우리는 자연계에 광범위하게 퍼져 있는 비선형 동역학적 과정, 카오스와 자기조직화 과정에 대해 알게 되었고, 그것들이 우주가 진화하는 데 핵심적인 역할을 한다는 것도 깨달았다. 하지만 멀리 갈 필요는 없다. 예를 들어, 점균류粘菌類의 공격성이나 명왕성의 운동까지 가지 않아도 된다는 말이다. 우리 머릿속에 소우주가, 자연 실험실이 있기 때문이다. 이런 의미에서 결국 편두통은 마음을 사로잡는 주제다. 편두통은 대뇌피질의 본질적인 행동만이 아니라, 작동되고 있는 완전히 자기조직적인 시스템과 보편적인 행동을 환각이라는 형태로 보여준다. 편두통은 우리에게 뉴런 조직의 비밀뿐 아니라, 자연의 창조적인 마음까지 보여주는 것이다.

부록1

힐데가르트의 환영

어느 시대든 종교 문헌에는 찬란한 광휘의 경험과 함께 장엄하고 말로 표현할 수 없는 감정을 느낀 '환영'에 대한 묘사로 가득 차 있다(윌리엄 제임스는 이것을 '환시'라고 한다). 대부분의 경우에 그 경험이 무엇인지 확인하는 것은 불가능하다. 히스테리나 정신병적인 엑스터시인지, 중독의 효과인지, 간질이나 편두통의 징후인지 알 수 없다. 그러나 독특한 예외가 하나 있는데, 그것이 빙겐Bingen의 힐데가르트(1098~1180)의 사례다. 힐데가르트는 뛰어난 지성과 글솜씨를 지닌 신비주의적인 성향을 가진 수녀였다. 그녀는 수없이 많은 환영을 어릴 때부터 죽을 때까지 경험했고, 그것에 대한 이야기와 그림을 그린 두 권의 필사본 코덱스가 우리에게 전해 내려온다. 《주님의 길을 알라Scivias》와 《성스러운 작품에 대한 책Liber divinorum operum simplicis hominis》이 그것이다.

이 이야기들과 그림들을 조심스럽게 살펴보면, 그것이 무엇인지 분명해진다. 그것들은 말할 것도 없이 편두통에 의한 것이고, 우리가 앞에서 다루었던 다양한 시각적 아우라다.

싱어Singer(1958)는 힐데가르트의 환각에 대해 폭넓게 다룬 논문에서 그것들 가운데 가장 독특한 다음의 현상을 골랐다.

아주 두드러진 모습은 하나의 반짝이는 빛 또는 빛의 무리다. 이것들은 희미하게 반짝이며 파도처럼 움직이는데, 불타는 눈처럼 보이는 별이라고 느낄 때도 많았다(그림11-B). 또 아주 많은 경우에는 나머지 다른 것들보다 큰 불빛 하나가 펄럭이고 있는 일련의 동심원 모습을 비쳐주고 있다(그림11-A). 확실한 요새 모습도 자주 나타나는데, 채색된 영역에서 빛을 발산하고 있을 때도 있다(그림11-C와 11-D). 그 빛은 수많은 선지자들이 묘사했던 것처럼 무엇인가 이루어지고 있다는 느낌, 끓어오르거나 자극받는다는 느낌을 줄 때가 많다.

힐데가르트는 이렇게 썼다.

내가 본, 내가 가진 그 환영들은 잠에서 본 것도 아니고 꿈에서 본 것도 아니며, 미쳐서 보게 된 것도 아니다. 육체의 눈이나 육체의 귀로 경험한 것도 아니고, 은신처에서 경험한 것도 아니다. 나는 하느님의 의지에 따라 의식이 맑은 상태에서 영혼의 눈과 내면의 귀로 그것들을 열린 마음으로 받아들였다.

이런 환각 가운데 하나를 그린 그림에는 별이 쏟아져 바닷속으로 사라지는 모습이 그려져 있다(그림11-B). 이것은 그녀에게 '천사의 강림'을 의미했다.

그림11 힐데가르트의 환영에 나타났던 다양한 편두통 환각.

힐데가르트가 빙겐에서 1180년경에 쓴 필사본《주님의 길을 알라》에 그려진 편두통 환각들의 모습. 그림11-A의 배경에는 희미하게 반짝이는 별빛이 흔들리는 동심원 선을 만들어내고 있다. 그림11-B에서는 반짝이는 별들이 쏟아지다가 사라지는데, 양성과 음성암점이 이어진다. 그림11-C와 11-D에서 힐데가르트는 중심점에서 방사상으로 기울어진 전형적인 편두통의 요새 모습을 그렸다. 원본을 보면 찬란하게 빛나는 색깔이 칠해져 있다(텍스트를 보라).

나는 무척이나 찬란하고 아름다우며 커다란 별을 보았다. 그 주변에는 아주 많은 별들이 떨어지고 있었으며, 그 별들은 남쪽으로 흐르고 있었다. (…) 그러더니 갑자기 별들이 모두 사라지고 새까맣게 변했다. (…) 깊은 심연으로 빠져들었고, 나는 더이상 그것들을 볼 수 없었다.

이것이 힐데가르트의 우의적인 해석이다. 우리가 있는 그대로 해석하면 다음과 같다. 그녀가 경험한 것은 시야를 가로지르며 지나가는 소나기 같은 안내섬광이었고, 그에 이어서 음성암점이 뒤따랐던 것이다. 요새 모양의 환각은 그녀의 〈질투하는 하느님Zelus Dei〉(그림11-C)과 〈찬란한 하느님의 옥좌Sedens Lucidus〉(그림11-D)로 표현되었다. 이 성채는 찬란하게 빛나고 (원본에는) 반짝이며 채색된 한 점에서 사방으로 뻗어 있다. 이 두 개의 환각은 하나의 그림(권두 삽화)에 연결되어 있고, 그 그림에서 그녀는 요새를 하느님의 도시에 있는 건물이라고 해석했다.

아주 드문 경우지만, 원래의 반짝임에 이어 두 번째 암점이 이어지면 엄청나게 밝은 빛을 경험하기도 했다.

내가 본 그 빛이 어디에 있는 것인지는 알 수 없었다. 그러나 태양보다도 밝았다. 나는 그 빛의 높이나 길이나 너비를 가늠할 수 없었다. 나는 그것을 "살아 있는 빛무리"라고 부른다. 그리고 태양, 달, 별들이 물에 반사되어 그 속에서 인간의 글, 말, 미덕, 작품들이 빛나고 있었다. 내 앞에서 (…).
나는 가끔 이 빛 안에서 다른 빛을 바라본다. 그 빛은 내가 "살아 있는 빛 그 자체"라고 부르는 것이다. (…) 그것을 바라보고 있으면 내 기억속의 모든 슬픔과 고통은 사라지고, 나는 늙은 여인이 아니라 다시 평범한 아가씨가 된다.

신의 부름과 철학적으로 중요한 의미를 강렬하게 담은 엑스터시였던 힐데가르트의 환영은 그녀의 삶을 성스럽고 신비롭게 만드는 중요한 것이었다. 환영은 거의 대부분의 사람들에게는 생리적인 병이며 지겹거나 아무 의미 없는 것이었지만, 힐데가르트에게는 영광스러운 것으로서 극단적으로 황홀한 영감의 원천이 되었다. 역사적으로 보면 도스토예프스키도 이와 충분히 비교할 만한 것을 가지고 있었다. 그는 자신이 아주 중요한 의미를 부여했던 황홀한 간질 아우라를 가끔 경험하고는 했던 것이다.[1]

---

1 (도스토예프스키는 이런 아우라에 대해서 다음과 같이 썼다.) "겨우 5~6초 동안이지만 그런 순간이 있다. 당신이 영원한 조화로움의 존재를 느끼게 되는 순간이다. (…) 놀라운 일은 그것이 무척이나 뚜렷하게 나타나 당신을 황홀하게 만든다는 것이다. 이런 상태가 5초 이상 지속된다면, 영혼은 견디지 못하고 사라져버릴지도 모른다. 이 5초 동안 나는 완전한 인간으로 산다. 이를 위해서라면 내 삶의 모든 것을 바칠 수도 있다. 그런다고 해도 지나친 것은 아니다."

카르단의 환영(1570)

초기의 임상적 자서전 가운데, 이탈리아 사람으로 의사였던 '제로니모 카르단Jeronimo Cardan(카르다노Cardano)이 일흔 살에 쓴《내 인생의 책》이라는 매력적인 책이 있다. 37장('기묘한 자연 현상에 관하여—꿈이라는 경이로운 것')에서 카르단은 자신이 세 살에서 여섯 살 사이에 경험한 이상한 환영에 대해서 묘사하고 있다. 그는 수없이 많은 작은 동물들이 만들어내는 장면들이 반원형으로 움직이고 있는 것을 보았는데, 이 작은 이미지들은 격자무늬로 세공된 작은 고리에서 시작되었다(또는 고리에 비춰졌다). 이 환영이 사라지고 나면 한동안 무릎 아래가 차가워졌다. 비록 두통과 분명한 암점에 대한 이야기는 없지만, 이것들은 편두통에 의한 것일 확률이 높다.

나는 환영을 보고는 했다. 실체가 없는 여러 가지 이미지였다. 비록 그때까지 나는 갑옷 전체를 보지는 못했지만, 그것들은 갑옷 조끼를 구성하는 작은 고리들인 것 같았다. 이 이미지들은 침대의 오른쪽 아래 구석에서 시작되어 반원을 그리며 위로 움직였다. 그러고는 점잖게 왼쪽으로 내려가 곧바로 사라져버린다. 그 이미지들은 성, 집, 동물, 말을 타고 있는 사람, 풀과 나무, 악기, 극장 같은 것들이다. 심지어는 플루트 연주자도 있었는데 악기도 그대로이고 막 연주하려는 것처럼 보였지만, 어떤 소리도 들리지는 않았다. 이런 환영 말고도 나는 군인, 군중, 들판, 사람의 몸통처럼 보이는 모양까지 보았는데, 지금까지도 혐오스럽게 느껴진다. 이제는 잘 기억나지 않지만 작은 숲, 큰 숲 그리고 또다른 환영도 있었다. 그때 나는 수많은 어떤 것들이 어지러울 만큼 엄청난 속도로 맹렬하게 일제히 돌진하는 것을 틀림없이 보았다. 더욱이 이 이미지들은 투명했지만, 눈에 보이지 않을 정도는 아니었다. 그러나 작은 고리들은 불투명했고 구멍은 투명했다.

나는 환영을 보고 무척 놀랐다. 이 놀라운 모습을 정신없이 바라보고 있는데, 한번은 숙모가 내게 무엇을 보고 있는지 물어본 적이 있다. 나는 아직 소년이었지만 자문자답해보았다. "내가 이것에 대해서 말하면 숙모는 이 대단한 행진을 만들어내는 것이 무엇이든 싫어할 것이고, 내 환영들의 축제를 없애버리려고 할 거야." 많은 종류의 꽃과 네 다리 달린 짐승들, 그리고 여러 종류의 새가 내 환영 속에서 나타났지만, 이 무척이나 아름다운 행렬에는 색깔이 없었고, 연기처럼 사라지는 것이었다. 젊을 때도, 나이 들어서도 이런 장면을 다시는 보지 못했지만, 그때는 누가 불러도 대답하기까지 한참을 그대로 서 있었을 만큼 빠져들었다.

숙모는 묻고는 했다. "뭘 그렇게 열심히 쳐다보고 있는 거니?" 그때 내가 뭐라고 대답했는지 지금은 기억나지 않는다. 아마 "아무것도 아니에요"라고 대답했을 것이다.[1] (…)

---

1 복잡한 편두통 환각 또는 환영은 특히 아이들에게 무서운 것이다. 이런 아이들은 카

이런 환영들을 보고 나면 거의 새벽까지 무릎 아래로는 조금의 온기도
느낄 수 없었다.

르단처럼 다른 누구에게도 자신의 경험을 말하지 않으려 한다. 사람들이 자기를 공
상적이라고 미쳤다고 거짓말한다고, 또는 뭔가 더 나쁜 상태라고 생각하게 만들고
싶지 않은 것이다. 캐나다 토론토에서 편두통을 가진 아이들을 연구하고 있는 J. C.
스틸 박사와 그의 동료들은 그런 "환영"의 빈도를 확인했을 뿐 아니라, 많은 사례에
서 아이들을 설득시켜 아우라의 환영을 그리도록, 또는 의학 분야의 삽화가들과 함
께 그들의 환영을 그릴 수 있도록 했다(이런 그림들은 하친스키Hachinski와 공동
저자들의 1973년 저작물에 실려 있다). 스틸 박사는 이런 환영을 가진 아이들이 잔
소리나 꾸지람을 듣는 대신에 자신들의 이상한 경험을 인정할 때, 특히 그것을 묘사
해보고 친근하게 이해하면서 그런 경험을 하게 되면 무척이나 편안하게 느낀다고
알려주었다.

부록2 카르단의 환영(1570)

부록3

윌리스, 헤버든, 가워스의 치료법

지난 시대의 치료법을 알아보는 것은 역사적인 관심 이상의 의미가 있다. 세 권의 유명한 책에서 고른 편두통 치료에 대한 이야기를 부분적으로 소개한다. 그 세 권은 윌리스(1672), 헤버든(1801), 가워스(1892)의 저작물이다.

이런 두통을 치료하는 모든 종류의 치료법, 헛된 시도

이 병의 전체 과정을 솜씨 좋은 의사에게 치료받기 위해서, 아니 수많은 치료법을 시도해보기 위해서 우리나라와 해외의 다른 나라에서 처방을 받았지만 효과도, 차도도 없었다. 모든 종류와 모든 형태의 대단한 치료법을 다 시도했지만, 그녀에게는 모두가 헛수고였다. 몇 년 전 그녀는 수은이 함유된 연고를 견뎌보았던 적이 있다. 오랫동안 성가시게 침을 흘렸는데, 목숨을 걸고 위험을 감수했던 것이다. 대개는 그 유명한 엠페릭 찰스 휴스Emperick Charles Hues가 주는 수은이 함유된 가루약을 입으로 흘려 넣는 방법으로 두 번 시도해보았지만 헛수고였다. 그녀에게 성공할 것 같은 느낌과 휴식을 주는 것은 목욕이었는데, 온천물이 그녀에게는 거의 모든 것이었고 자연스러운 것이었다. 그녀는 사혈했던 적이 있고, 동맥을 절개했던 적도 한 번 있다고 인정했다. 그녀는 자신이 가진 여러 가지 증상에 대해 이야기했는데 가끔은 머리 뒤쪽이, 그리고 가끔은 머리 앞쪽이, 또다른 곳이 아프다고 했다. 그녀는 고향뿐만 아니라 여러 곳에서 요양을 했는데, 아일랜드와 프랑스에도 갔다. 그런데 그곳에는 두통약, 괴혈병 치료제, 히스테리 약, 그리고 유명한 약들이 한 가지도 없었다. 약을 가지고 가지 않았을 때는 배운 사람에게나 못 배운 사람에게, 또는 돌팔이 의사와 나이 든 여자들에게서 약을 얻어야 했다. 이렇게 애썼지만, 그녀는 제대로 치료를 해주거나 조금이라도 낫게 해주는 치료를 한번도 받아본 적이 없었고, 이 오만방자한 난치병은 나을 기미도 없고, 어떤 약도 듣지 않더라고 고백했다.

—윌리스, 《짐승의 영혼에 대하여De anima brutorum》

이 만성병을 치료하는 방법으로 배출은 소용이 없을 뿐 아니라, 해롭기까지 하다는 것이 증명되었다. 특히 피를 빼는 것은 아주 해롭다. 찜질약은 오래 견디기 어렵고 환자에게 괴로움만 더해준다. 기나피Peruvian bark는 자주 쓰이지만 소용이 없다. 그리고 다음과 같은 것들도 마찬가지다. 쥐오줌풀의 뿌리, 악취 나는 고무, 몰약, 사향, 장뇌, 아편, 헴록 즙, 기침을 일으키는 가루약, 발포제, 강한 소작제, 자극제, 헴록을 달인 약으로 찜질하기, 따뜻한 페딜루비아pediluvia, 에테르의 여수 조직, 가벼운 진통제, 약용 포도주의 주정酒精, 송이버섯으로 만든 바르는 약, 호박 기름, 관자동맥 절개, 이빨 뽑기 등. 이런 것들은 이 난치병에서 부수적으로 나타나는 통풍 같은 것도 전혀 낫게 해주지 못한다. 이런 상황에서도 여전히 기나피는 아주 드물긴 하지만 치료 효과가 있을 때가 있다.

그래서 맨 먼저 권하는 약이 되었다. 기나피를 1온스쯤 또는 그보다 훨씬 적게 날마다 일주일 동안 처방하는 것이다. 귀 뒤에 발포제를 바르면 심한 발작이 조금, 누그러지는 것 같기는 하다. 그리고 현기증 없이 견딜 수 있는 만큼 그 물집들을 매일 짜내는 것이 효과가 있다는 사례는 적잖다. 모든 것이 듣지 않는 경우에는 가끔 1회 복용량의 4분의 1을 토주석으로 하고, 그것에 아편 팅크를 40방울 섞어서 잠자기 전에 6일 동안 복용하면 지속적인 치료 효과가 있다.

─헤버든,《통증을 없애는 방법에 대하여Capitis Dolores Intemittentes》

특별한 치료법에서 중요한 것은 우선 발작의 빈도를 줄이고 증상을 완화시키기 위해 발작과 발작 사이에 지속적으로 약을 복용해야 하고, 두 번째로는 발작 자체를 잘 다루어야 한다는 것이다. 발작과 발작 사이에 약을 먹는 대개 효과가 좋은 방법도 발작에 아무런 효과가 없을 수 있다. (…) 앞에서 말했듯이, 한 사람에게 효과가 좋다고 해도 다른 사람에게는 그렇지 않을 수 있다. 분명히 그와 비슷한 경우다. (…)
간질에서 브롬화물(옛날에는 진정제로 쓰였다─옮긴이)이 보여준 효과는 우리를 자연스럽게 이 지독한 병에도 도움이 될 수 있으리라고 생각하게 만든다. 이 두 가지 병은 비슷한 데가 아주 많기 때문이다. (…) 이것은 얼굴색에 변화가 전혀 없는 경우나 발작할 때 얼굴이 붉어지는 경우에 효과를 볼 확률이 아주 높다. 맥각을 함께 쓰면 효과가 좋을 때가 많다. 대부분의 경우에, 특히 초기 단계에서 눈에 띨 정도로 얼굴이 창백하다면 가장 효과가 좋은 약은 니트로글리세린이다. 간질을 치료하기 위해 브롬화물을 처방받는 것처럼 발작과 발작 사이에 정기적으로 처방을 받으면 효과가 아주 좋을 것이다. (…) 마전자 젤세미움gelsemium 팅크, 묽은 인산이나 구연산 산화 리튬 또는 레몬 시럽 등과 함께 써도 좋은 효과를 얻을 수 있다. 가끔 이것을 브롬화물과 함께 사용함으로써 더 좋은 효과를 얻기도 한다. (…) 나는 니트로글리세린 물약 제제와 다른 약들을 섞어 씀으로써, 니트로글리세린 알약을 복용하는 것보다 훨씬 더 좋은 효과를 볼 수 있다는 것을 알게 되었다. 그러나 발작이 있을 때 지속적으로 복용하는 것은 좋지 않다. 발작이 시작될 때 바로 약을 먹을 수는 있겠지만, 약효가 없다면 발작이 끝날 때까지 먹지 않아야 한다. 약을 먹어서 증상이 완화되는 경우는 드물고, 가끔 더 심해지기도 한다. (…)

발작이 있을 때는 절대 안정이 가장 중요하다. (…) 강렬하게 감각을 자극하는 것은 모두 피해야 한다. (…) 브롬화물을 충분히 투여함으로써 통증을 완화시킬 수 있고, 마리화나 팅크를 5~10미님을 더함으로써 더 좋은 효과를 얻을 수 있다. 이런 방법으로 2~3시간 간격으로 반복할 수 있다. (…) 동맥 수축을 일으키는 약들은 거의 효과가 없다. 맥각소를 충분히 투여해도 환자들이 호소하는 심한 통증을 완화시킬 수 있다. 진한 차와 커피도 인기 있는 치료법이고, 가끔은 아주 큰 도움이 되는데, 이는 카페인 가루를 조금 먹음으로써 얻을 수 있는 효과이기도 하다. (…)

교감신경계 치료를 위해 반복적인 직류 전기 치료가 치료 수단으로 추천되고 있다. (…) 이 치료 효과는 조금도 과장하지 않고 말하자면, 거의 느낄 수 없다.

—가워스, 《신경계 질병에 대한 매뉴얼A Manual of Diseases of the Nervous System》

감사의 말

어느 누구보다 오랫동안 고통을 겪은 많은 편두통 환자들에게 빚을 졌다. 그들이 이 책을 쓸 수 있게 해주었기 때문이다. 나는 그들이 제공해준 임상적인 실체를 관찰할 수 있었고, 모든 가설을 검증할 수 있었다. 그러니 이 책은 정말 환자들의 것이다.

편두통 아우라를 겪는 동안 자신의 시각적 경험을 그림으로 그려서 보여준 환자들은 아주 특별한 시각적인 실체를 제공해주었다. 그 덕분에 편두통 환자만이 볼 수 있었던, 환자가 아닌 사람들은 상상도 할 수 없는 시각적 현상을 볼 수 있었다.

윌리엄 구디 박사에게 특별히 많은 신세를 졌다. 그는 1968년에 이 책《편두통》의 원래 원고를 읽고 덧붙이거나 수정할 것에 대해 제안해주었다. 그것들은 아주 소중했다. 그리고 서문까지 써주었다.

이 책의 여러 판본을 만든 여러 편집자들에게도 감사한다. 특히 진 커닝햄은 초판을 편집해주었다. 그리고 다른 편집자들, 헤티 디스틀레스웨이트, 스탠 홀위츠, 케이트 에드가에게도 고마움을 표하고 싶다.

초판에 실린 원래 그림들은 오드리 베스터먼이 그려주었고, 사진 삽화는 베링거 잉겔하임 유한회사의 더렉 로빈슨의 호의로 제공받을 수 있었다.

초판이 출판된 이래, 편두통을 이해하는 데 기여한 저명한 동료들의 저작물을 접하는 즐거움을 누렸다. 특히 월터 앨버레즈, J. N. 블로, G. W. 브루인, 도널드 달레시오, 세이무어 다이아몬드, 아서 엘킨드, 고故 A. P. 프리드먼, 블라디미르 하친스키, 닐 라스킨, 클리포드 로즈, 클리포드 세이퍼, 세이무어 솔로몬, J. C. 스틸, 마르샤 윌킨슨 들의 작품들이 그랬다. 제임스 W. 랜스의 작품은 아주 특별했다. 이들에게서 받은 많은 자극에 깊이 감사한다. 그렇지만 이 책의 내용과 잘못된 부분은 순전히 내 몫이다. 마지막으로 친구이자 동료인 랠프 시겔에게 많은 신세를 진 것에 대해 말하지 않을 수 없다. 그는 이 책의 마지막 장을 쓸 수 있도록 도와주었고 형상화시켜 컴퓨터 그래픽으로 제공해주었다.

편두통을 본격적으로 다룬
첫 번째 책이기 때문이다

비전공자로서 나는 뇌 과학을 공부한 적이 있다. 인간의 학습 능력과 기억, 그리고 창의력에 대한 궁금증 때문이었다. 당연히 올리버 색스의 책을 좋아했다. 그는 극단의 부정을 통해 극단의 긍정을 드러내 보여준다. 병이라는 결핍을 통해 오히려 더 생생한 실재를 보여주는 것이다. 로빈 윌리엄스와 로버트 드 니로가 주연한 영화 〈어웨이크닝〉에서 시작된 관심은 《아내를 모자로 착각한 남자》, 《색맹의 섬》에 이어 《뮤지코필리아》로 이어졌다. 《뮤지코필리아》의 일부는 영어판으로도 보았다.

그래서 출판사에서 보내온 《편두통》을 꼼꼼히 들여다보지 않고 선뜻 번역을 맡았다. 올리버 색스가 쓴 서문을 보면, 이 책은 "무엇이든 깊이 성찰하는 습관을 가진 일반 독자들"을 위한 것이라는 말이 나온다. 그동안 내가 읽었던 색스의 다른 책들과 크게 다르지 않다는 뜻이 아니겠는가.

막상 번역을 해보니 세 가지 문제가 있었다. 가장 큰 문제는 내가 편두통은커녕, 두통으로 고생해본 적도 없다는 것이다. 그러니 두통과 두통에 동반하는 증상, 환각에 이르는 과정에 대한 묘사에 전혀 공감할 수가 없었다. 전혀 알지 못하는 상황을 글로 옮기는 일은 쉽지 않았다. 게다가 한국어로 쓰여진 편두통 관련 자료가 거의 없었다. 내가 구해본 책은 《편두통과 다른 두통》이라는 얇은 번역서와 신경생리학 분야의 의과대학 교과서였다. 둘 다 큰 도움이 되지 않았다. 그래서 인터넷에서 구해볼 수 있는 의학사전과 전문 분야의 내용을 다룬 영문 사이트, KMLE 의학 검색 엔진 등을 이용할 수밖에 없었다. 그러나 그 설명들도 쉽게 이해되지 않는 경우가 많았고, 가끔은 그나마도 찾을 길이 없는 낱말들이 영어판에서 툭툭 튀어나왔다. 그런 낱말을 이해하기 위해서는 영어로 쓰여진 의학 전문 사이트를 끝없이 뒤져야 했다. 마지막 문제는 《편두통》의 원문이 색스의 다른 책에서 본 것과 달리 명료하지 않았다는 점이다. 이 문제로 인해 번역하는 동안 역자의 무지함 때문일지도 모른다는 생각에 늘 시달려야 했다.

《편두통》을 번역하는 동안 즐거움이 전혀 없었던 것은 아니다. 몸의 병이 거의 언제나 마음의 문제임을 다시 한번 더 새기게 되었다. 색스의 설명에 따르면, 편두통은 병이 아니라 강제로 주어지는 휴식 같은 것이다. 설사 근본적으로 치유하지 못한다고 해도 심각한 악성 질병이 아니라는 것도 알게 되었다. '일반 독자'라면 저자의 해박한 지식과 논리의 뜀박질을 숨 가쁘게 따라가면서 지적인 즐거움도 느낄 수 있을 것이다. 그러나 한글로 옮기는 번역 작업을 할 때는 독서할 때처럼 내 나름대로의 해석에만 머무를 수 없었다. 누구나 동의할 수 있는 근거를 가진 명확한 해석이 필요했다. 용어의 문제도 심각했다. 의학용어가 충분히 잘 정리되어 있지도 않았을 뿐더러, 현재 쓰이고 있는 의학용어를 그대로 쓸 수 없는 경우도 많았다. 예를 들면 아우라aura가 있다. 대개의 경우 '조짐'이나 '징조'로 번역하고 있었다. 그러나 이 책에서는 그럴 수 없었다. 이런 문제들을 해결하기 위해서는 전문가의 의견을 꼭 들어야 했다.

출판사에 번역 원고를 넘기면서 안승철 교수에게 감수를 맡겨달라고 편집자에게 부탁했다. 나는 그가 번역한《우리 아이 머리에선 무슨 일이 일어나고 있을까?》(리즈 엘리엇, 궁리, 2000/2004)라는 두꺼운 책을 몇 번이나 읽은 적이 있다. 그 책은 인간의 뇌가 발달하는 과정에 대해 아주 자세하게, 잘 설명하고 있다. 생리학을 전공한 이 젊은 의학 박사의 꼼꼼함과 열정이 용어나 개념어를 바로잡아 주고, 더불어 오역을 찾아내 바로잡아 줄 수 있기를 바랐다.

다행히도 안승철 교수가 꼼꼼하게 원고를 감수해주었다. 출판사 편집부의 정확한 번역을 위한 집요한 노력도 대단했다. 그 과정에서 나도 번역 원고를 여러 번 더 보았다. 처음 번역 원고를 넘긴 것은 2010년 8월 말이었고, 다섯 번째로 번역 원고를 다시 본 것이 2011년 9월 중순이었다.

마지막으로 원고를 넘기면서 위로가 되는 말을 들었다. 감수자도《편두통》원문에 대해 한마디했고, 편집부 직원들 또한 그간 올리버 색스가 펴냈던 다른 책들의 영어 문장과는 달리 난해한 구석이 있다고 생각한다는 것이었다. 이 문제는 어쩌면 '편두통'이라는 주제 때문인지도 모른다. 한 가지 병을 주제로 500쪽이 넘는 책이 쓰여졌다는 것도 그렇다. 잘 모르는 것을 설명하려면 길어질 수밖에 없다. 편두통에 대해서 모르는 것이 더 많다는 뜻일 수도 있다. 현대 의학의 발달로 인간의 뇌에 대해 많은 것을 알게 되었다. 그러나 가장 확실하게 알게 된 것은 '아는 것보다 모르는 것이 훨씬 더 많다는 것'이라고 하지 않던가.

오역이 아직도 남아 있다면 순전히 번역자의 부족함 때문이다.

이 난감한 책이 이만큼 나올 수 있었던 것은 감수자와 편집부 직원들이 애쓴 덕분이다. 이제 다시 오역을 줄이는 기회는 독자의 손으로 넘어간다. 쇄를 거듭하면서 잘못된 부분이 발견되고 좀더 다듬어질 수 있다면, 더 없이 고맙겠다.

2011년 9월

강창래

가끔 정신이상증lunacy과 번갈아든다.

변화를 보임.

사례35(56~57쪽) 일반·월경성 편두통. 둘 다 심한 체액 정체와 과잉 행동이 전구증상으로 나타남. 많은 양의 이뇨와 무의식적인 누루涙漏와 함께 발작이 끝남.

사례38(229~230쪽) 중년 말기에 호르몬제가 투여된 뒤 나타난 심각한 일반 편두통.

사례40(48쪽) 붉은 편두통. 분노 반응으로 나타나는 만성적인 얼굴 피부의 변화와 홍반.

사례43(259~260쪽) 리탈린 중독에서 약을 끊은 뒤에 나타나는 편두통 상태와 부교감신경 증상들.

사례48(198~199쪽) 편두통이라고 오진한 관자동맥염의 경우.

사례49(84~85, 96쪽) 다양한 형태의 증후군을 보임. 식후마비, 일반 편두통과 지속적으로 잠재적인 혈관성 두통, 밤중에 발작적으로 침이나 땀을 많이 흘림. 기립성 저혈압. 갑작스러운 내장통. 기면발작과 탈력발작.

사례50(199~200쪽) 뒤통수엽 경색증으로 인한 가성 편두통.

사례51(58쪽) 동공 축소와 느린 맥박이 나타나는 일반·복부 편두통.

사례52(240쪽) 일반 편두통의 연례 군발성 발작.

사례54(256쪽) 심각한 기능성 저혈당증이 원인이 되는 일반 편두통.

사례55(296쪽) 성교 뒤에 나타나는 편두통.

사례56(294쪽) 상습적인 편두통이 발작을 일으키지 않는 경우. 임신 기간, 상중喪中일 때, 그리고 병에 걸렸을 때.

사례58(83쪽) 두통을 동반하는 심각한 가슴 통증(가성 협심증)이 함께 오는 고전적 편두통. 가슴 편두통도 두통 없이 일어날 수 있음.

사례60(57쪽) 높은 열을 동반하는 일반 편두통.

사례61(99쪽) 환자와 가족들에게 다양한 형태의 증후군이 나타남. 일반 편두통, 건선, 건초열, 천식, 두드러기, 메니에르증후군, 소화성궤양, 궤양성 대장염, 크론병.

사례62(98, 297쪽) 다양한 형태의 증후군. 일반 편두통, 궤양성 대장염, 건선. 상황이라는 덫에 걸린 상태, 부차적으로 죄의식 반응을 일으킴.

사례63(66쪽) 짧지만 미친 것 같은 모습으로 전구증상이 나타나는 일반 편두통.

사례81(292~293쪽) 심각한 우울증, 죄의식과 자책감이 강제하는 고전적 편두통. 환자가 잘 일으키는 사고가 났을 때, 그리고 우울증으로 수용되었을 때 발작이 일어나지 않음.

사례82(295쪽) 환자와 배우자 사이의 가학피학성변태성욕적인 관계 때문에 생기는 반복적이고 심각한 편두통.

사례83(297~298쪽) 강박적인 편두통 성격 때문에 나타나는 일요일(안식일) 편두통.

사례84(296쪽) 참을 수 없는 작업 환경에서 받는 무기력한 분노와 관련된 편두통 증상과 트림.

사례90(169~171쪽) 실제 생활에서 틈이나 구멍이 나타나는 심각한 음성암점을 가진 의사 이야기.

사례91(171~172쪽) 마루뒤통수 병변으로 인해 시야의 왼쪽, 몸의 왼쪽 부분 등, 환자의 왼쪽이 모두 일시적으로 사라져버림.

사례92(173~174쪽) 감각중추의 뇌졸중이 뇌의 오른쪽 반구에 영향을 미침으로써 왼쪽이라는 개념과 인식이 영원히 사라져버린 환자 이야기.

사례98(164~165쪽) 관자엽의 혈관종과 관련된 복합적인 편두통간질.

사례99(196쪽) 지속적인 장애와 함께 25년 동안 눈마비 편두통이 정기적으로 발생.

가성 편두통pseudomigraine   뇌의 해부학적인 이상(종양, 기형, 동맥류動脈瘤 등) 때문에 나타나는 편두통, 또는 편두통과 비슷한 증상이 생기는 것을 가리 킨다. 이런 상황은 드물다. 가성 편두통은 증상적인 편두통symptomatic migraine이라고 부르기도 한다. 이것은 특발성 편두통과 구별되는데, 특발 성 편두통은 이 경우처럼 구조적인 기형이 원인이 되어 생기는 것이 아니다.

간대성근경련間代性 筋痙攣, myoclonic jerks   신체의 근육계에서 상당히 많은 부분 과 관련된 격렬한 경련이다. 이런 경련은 잠이 든 상태에서 가끔 누구에게나 일어난다. 그러나 편두통 발작 전에, 또는 발작 동안에 특히 일반적으로 자 주 일어난다.

갈고리이랑 발작uncinate seizures   뇌의 깊은 곳에 있는 갈고리에서 일어나는 간 질 (또는 편두통) 발작. 이 발작의 특징은 이상한 냄새, 전에 가본 적이 있다 (기시감)는 이상한 느낌이 나타나는 것이다. 가끔은 어린 시절이 선명하게 기억나고, 가끔은 언어장애가 오기도 한다.

강제 생각forced thinking   강제로 떠오르는 일련의 생각, 회상, 예감, 느낌 그리고 떠오른 또다른 어떤 것인데, 어쩔 수가 없다. 정신분열증에서 일반적인 증상 이지만 편두통, 간질, 열병, 정신착란과 같은 기질성 질병에서도 일반적으로 나타난다.

결막부종結膜浮腫, chemosis 눈의 결막에 생긴 염증과 삼출물. 눈이 촉촉하고 반짝이게 된다. 결막부종은 편두통 발작에서 자주 나타난다(49쪽을 보라).

경결硬結, induration 염증이 경화되는 것.

고급통합(또는 피질) 기능higher integrative (or cortical) function 신경심리학적인(뇌심의) 기능은 말, 복잡한 행동, 지각, 그리고 기타 같은 종류의 것들을 한꺼번에 묶어내는 데 필요하다. 이 기능에 장애가 생기면 인식불능증, 실어증, 운동불능증, 실음악증 같은 증상이 나타난다.

고혈압hypertension, 저혈압hypotension 각각 혈압의 긴장이나 수준이 높거나 낮은 경우를 말한다.

공감sympathy(글자 그대로는 함께 느낌 또는 함께 고통받음이라는 뜻이다) 여러 내장 기관들과 관련해서 쓰이던 용어다. 예를 들어 편두통에 대한 옛날의 관점에서 보면, 위장은 머리에 공감해 아픈 것이다(29~32쪽을 보라).

공감각synaesthesia 정상적으로 구별되는 감각들끼리 통합된 상태다. 예를 들면 소리를 '볼' 수 있게 되거나 느끼거나 맛볼 수도 있다(루리야가 쓴《기억술사의 영혼The Mind of a Mnemonist》에 멋지게 묘사되어 있다). 아마도 원시적인 상태가 이렇지 않을까 싶다. 아주 어린 시절에는 이것이 정상적인지도 모른다.

광선공포증photophobia, 소리공포증phonophobia(글자 그대로 빛과 소리를 혐오하는 증상) 편두통이 있을 때 자주 생기는 것으로 과장된 빛과 소리에 참을 수 없을 정도로 민감해지는 상태다(59~61쪽을 보라).

교감신경sympathetic/부교감신경parasympathetic 이는 자율신경계를 구성하는 두 개의 큰 부분이다(자율신경을 보라). 교감신경계의 작용은 유기체의 '긴장 높이기'다. 근육의 긴장도, 근육으로 가는 혈류, 심장 작용, 혈압, 각성, 에너지, 그리고 다른 기능에 영향을 미쳐서 긴장도를 높인다. 그래서 유기체가 투쟁 아니면 도망, 또는 일을 할 수 있도록 준비한다(이를 과제관련성이라고도 한다). 부교감신경계는 반대로 정리, 유지, 휴식에 집중한다. 식사 후에, 잠자는 동안 그리고 편두통의 마지막 부분에서 부교감신경계가 활성화되면, 내장과 샘腺의 활동을 증가시키는 반면에 에너지, 각성, 심장박동, 근육

긴장도 등등을 줄인다(이를 영양향성營養向性이라고도 한다). 정상적이라면 이 두 시스템은 섬세하게 조절되거나 균형을 유지한다. 그러나 편두통에서는 총체적으로 장애가 생긴다.

교감신경긴장증sympathotonic/미주신경긴장증vagotonic(교감신경/부교감신경, 자율신경 등을 보라) 한때 널리 쓰였던 오래된 용어다. 이는 교감신경계가 지나치게 자극되는 압도적인 경향을 가리킨다(그래서 과민증, 분노, 긴장 등을 보이기도 한다). 또는 반대로 부교감신경 또는 미주신경계가 그런 영향을 받는다(그래서 쇠약, 의기소침, 금단증상 등을 보일 수도 있다). 이런 비정상적인 예민함과 자율신경의 균형이 깨지는 것 등이 편두통 환자의 특성 또는 일반적인 모습으로 여겨진다.

귀울림tinnitus 편두통에서 잠깐 나타나는 음조가 높게 울리는 소리인데, 가끔은 듣기 왜곡, 부분적인 귀먹음, 또는 현기증을 동반하기도 한다. 귀울림은 시각에서 나타나는 섬광이나 안내섬광과 청각적인 등가물이다. 그것은 의주감이나 지각이상증이 귀울림의 촉각적인 등가물인 것과 마찬가지다.

기립성 저혈압증orthostatic hypotension 일어서면 정상적인 혈압을 유지할 수 없는 증상이다. 갑자기 일어서면 어지럽거나 심하면 기절할 수도 있다.

기절syncope 아주 짧은 시간 동안 의식을 잃거나 혼란스러운 상태. 일시적인 의식 상실blackout.

꿈꾸는 듯한oneiric 꿈의, 꿈속에 있는 듯한 상태.

낙인stigmata 질병의 표식 또는 흔적이다. 또는 실제로는 그 밖의 무엇인가가 남긴 흔적이다(예를 들면 은혜의 흔적 또는 불명예의 흔적). 이 용어는 순전히 의학적인 용어인 '어떤 질병에 특징적인 증상'과 '특정 질병으로 진단되는' 것 이상의 의미를 담고 있다. 이 두 의학 용어는 환자에게 '표시되어' 특정 질병으로 진단된다는 의미다. 병이라는 의학적인 의미 이상이라는 뜻은 그 병에 의해 낙인이 적힌다는 문제를 나타내는 것이라고 말할 수도 있다. 간질 환자들은 지독하게 잔인하게(그리고 정당하지 않게) 낙인이 적히고 편두통 환자들은 자비롭게도, 그보다 훨씬 덜하다.

내장성splanchnic 주로 편두통의 초기에 나타나는데, 혈관(그리고 샘腺)의 모습과 활동처럼, 내장의 불수의적인 조직과 활동이 지나치게 되거나 점점 증가

한다.

노르아드레날린nor-adrenalin 아드레날린을 보라.

뇌파검사EEG, electroencephalography 두피에 붙인 전극을 통해 대뇌의 활동 (뇌파)을 기록하는 기술.

눈근육마비ophthalmoplegia 눈 동작이 부분적으로 또는 완전히 마비되는 증상. 편두통에서는 아주 드물게 일어나는 증상이다. 뇌의 눈 관련 통제에 장애가 생겨서 나타나는 증상이다(4장을 보라).

눈물 흘림 증상lacrimation 눈물을 흘리는 것. 특히 생리적으로 무의식적으로 감정과는 상관없이 눈물이 흐르는 것을 가리킨다.

눈알꺼짐enophthalmos, 안구돌출exophthalmos 각각 눈이 함몰하거나 돌출하는 것을 가리킨다. 둘 다 편두통 발작 때 나타날 수 있고 눈의 신경 긴장도나 조절 작용에 나타난 변화를 반영하는 증상이다.

느린 맥박bradycardia 분당 60회 이하의 맥박을 가리킨다(심박급속증을 보라).

다혈증plethora 충혈 또는 울혈.

대뇌화encephalization 신경 기능이 뇌의 고차원으로 상승하는 것.

데이메어daymare 정상적으로 의식이 깨어 있는 상태에서 나타나는 가위눌림 같은 경험.

도파민dopamine 아드레날린과 같은 신경 전달 물질의 하나로 특히 신경 활동을 상승시키는 데 관여한다.

동공 축소meisosis, 동공 산대mydriasis 각각 눈동자가 축소되거나 확대되는 상태다.

동맥꽈리aneurysm, 혈관종angioma 혈관에 드물게 생기는 이상 증세로, 아주 드물게 편두통 비슷한 증상을 일으킨다. 동맥꽈리는 혈관이 풍선처럼 부푼다. 혈관종은 종양처럼 생긴 비정상적인 혈관 무더기다. 그러나 혈관종은 종양이 아니라 기형의 한 형태라고 말하는 것이 적절하다.

두드러기urticaria 무슨 설명이 필요하겠는가.

두통cephalalgia(대개 줄여서 cephalgia라고 쓴다) 두통. 옛날 문헌에는 이와 비슷한 낱말들이 나온다. 위통, 가슴 통증, 단지 '알지아'라고만 쓰면 요즘은 주로 신경통을 가리킨다.

둔감hebetude 감각, 감정, 다른 느낌 등이 둔한 상태. 편두통의 말기, 탈진한 상태에서 자주 나타난다.

모발작성 수면narcolepsy 짧고 갑작스럽게 꿈을 꾸는 잠을 잔다. 거의 예고 없이 항거할 수 없는 힘에 의해 발작적으로 잠이 든다. 발작성 수면은 가위눌림, 몽유병, 수면마비(잠에서 깨어났지만 움직이지 못한다) 그리고 다른 현상과 관계가 있다. 이런 수면장애는 모두 편두통과 관련이 있다.

모자이크 비전mosaic vision, 시네마틱 비전cinematic vision 모자이크 비전 상태에서는 뚜렷하고 연속된 감각을 잃어버리고 너비나 의미가 없는 평평한 모자이크만을 본다. 시네마틱 비전에서는 시간에 대한 감각, 시간의 연속성, 명확함, 흐름에 대한 감각이 혼란스럽다. 예를 들면 움직임이 없는 스틸 사진이 이어지는 식으로 세상을 보게 된다.

무감각증anesthesia 감각과 느낌이 완전히 박탈된 상태다. 감각과 느낌이 왜곡된 상태인 지각이상증도 참고하라.

무긴장증atonia, 근긴장저하hypotonia, 근긴장항진hypertonia 등 근육의 긴장이 없거나 줄어들거나 증가되는 것이다. 근육 긴장은 대개 편두통의 긴장 국면인 초기에 증가하고, 끝나가는 상태에서 탈진한 뒤에는 줄어들거나 없어진다.

무도병舞蹈病, chorea(말 그대로 춤이다) 기묘하게 춤추거나 씰룩거리는 동작을 보이는 병이다. 몸의 한 부분에 이어서 다른 한 부분이 산만하게 움직인다. 특정 질병(헌팅턴 무도병 등)에서 일반적으로 나타난다. 파킨슨병에서 나타나는 것은 엘도파로 치료한다. 편두통에서 몇 분 정도 나타나는 경우도 가끔 있다(3장을 보라. 복잡한 무도병 같은 동작이 틱과 닮은 데가 있다).

반맹半盲, hemianopia 특이하게 눈이 멀게 된 상태. 뇌장애로 인해 생기는데 시야의 반을 잃어버리는 상태가 된다. 시야를 잃어버린 반쪽은 어두워지는 것이 아니라 (눈이 멀게 되는 경우처럼) 아예 존재하지 않는 상태가 된다. 이런 증상이 생기면 자신이 반맹(또는 암점) 상태라는 것을 알지 못한다. 이 경우는 시야의 반을 잃는 것일 뿐 아니라, 이 반에 대한 관념 자체를 잃어버린다(3장을 보라).

반상斑狀출혈ecchymosis 이유를 알 수 없는 멍 또는 응혈 상태.

반신불수hemiplegia 뇌졸중, 종양, 그리고 아주 드물게 편두통에서도 나타나는

데, 몸 한쪽이 마비되는 것이다. 반신불수는 대뇌의 한쪽 반구의 운동신경 영역이 억압되거나 파괴되면 나타난다. 편두통에서 훨씬 더 일반적으로 나타나는 반맹은 시각 영역과 관련된 것이다. 반쪽감각장애 또는 반쪽감각상실은 일반 감각 영역 또는 촉각 영역과 관련되어 나타나는 것일 수 있다.

반짝거림scintillation 편두통의 시각 현상에서 자주 나타나는 아주 특징적인 반짝거림. 특히 점점 확장되는 암점에서 나타나는데, 안내섬광과 시네마틱 비전에서도 나타난다.

발작 증상ictus 모든 종류의 발작을 말한다. 발작에 앞서 발작 전 흥분이 있을 수있고, 또 발작에 이어서 발작 후 탈진(그리고 면역성)이 있을 수 있다.

발한發汗, diaphoresis(diaphora) 땀을 흘리는 것, 특히 심하게 흘리는 것.

배에서 나는 소리, 복명腹鳴, borborygmi 내장에 가스가 차거나 부어 오른 상태에서 경련이나 소리가 나는데, 그것을 가리키는 의성어다.

부종edema 체액이 비정상적으로 축적되어서 조직, 기관 또는 사지 가운데 하나등이 부은 상태.

비갑개turbinates 작은 두루마리나 터번과 닮은 콧구멍의 뼈 구조.

삼출exudation 삼출물을 보라.

삼출물transudation 몸의 한 부분에서 또는 한 조직에서 다른 곳으로 흘러나가는 액체를 가리킨다. 기관의 표면, 또는 피부로 흘러 나간다.

상복부epigastric 위장 바로 위를 가리킨다.

스펙트럼spectrum 시야에 나타나는 눈부신 암점이다. 무지개처럼 색색이고 아치 형태를 하고 있다(3장을 보라).

신경성neurogenic 신경계에 의해 만들어지는 것이다. 편두통이 있을 때 열이 날수 있는데, 이런 경우는 염증이나 감염에 의한 것이 아니라 순전히 신경성이다.

신경심리학적neuropsychological 변화하는 신경계의 조건과 인식, 느낌 그리고 심리적인 변화 상태와의 관계(또는 상관관계)를 나타낸다. 이것이 신경학과 생리학에 근거를 둔 심리학의 기초가 된다. 편두통의 모든 현상은 모두가 신경심리학적인 연구 대상이지만, 이런 상관관계 가운데서 최고의 것들은 편두통 아우라에서 찾을 수 있다(3장을 보라).

신경통neuralgia 예민해졌거나 흥분되었거나 상처를 입은 신경의 통증을 말한다.

이런 통증은 아주 짧은 경우(전격통lightning pains)가 많지만, 고문받는 것처럼 끔찍하게 격렬하다. 특히 편두통성 신경통에서 나타난다(4장을 보라). 이 통증은 아주 독특해서, 편두통에서 훨씬 더 일반적인 혈관성 통증(부어서 욱신거리는 혈관의 통증)이나 근육통(긴장되거나 경련에 의한 근육통)과는 아주 다르다.

실어증aphasia 언어를 이해할 수 없거나 사용하지 못하는 상태 또는 그런 능력이 감소한 상태(언어를 이해할 수 없는 상태를 수용 실어증, 사용하지 못하는 상태를 표현 실어증이라고 한다. 각각이 다른 하나와 독립적으로 나타날 수 있다). '세 개의 불능증', 즉 운동불능증, 실인증, 실어증은 편두통 아우라에서 아주 드물지 않다. 아주 가볍게라도 나타난다(3장을 보라).

실失음악증amusia 음악을 인시할 수 없는 상태다. 가락이나 조성을 제대로 인식하지 못한다(실어증aphasia을 보라).

실행증apraxia 뇌심이 행동을 위한 부위와 관련을 맺지 못하거나 동기화되지 못함으로써 행동이 불가능해지는 상태. 이것은 마비나 히스테리성 장애가 아니라 두뇌의 고급 기능의 특수한 장애다.

심박급속증tachycardia/느린 맥박 심장박동 속도가 지나치게 빠르거나 지나치게 느린 경우를 말한다.

심신성psychosomatic 정신 또는 정서적인 자극에 대한 육체적인 반응을 말한다. 예를 들면, 물론 편두통도 그렇지만 위궤양과 천식은 지나치게 예민한 감정이나 스트레스와 관련이 있다.

쓸개염cholecystitis 쓸개에 염증이 생긴 상태.

아드레날린과 노르아드레날린adrenalin and nor-adrenalin 신경계에서 자연적으로 생기는 신경 전달 물질로 특히 교감신경의 흥분성 활동을 돕는다.

아세틸콜린acetylcholne 자연적으로 생기는 신경 전달 물질로 부교감신경과 억제 시스템을 돕는 역할을 한다. 아드레날린이나 도파민과 반대되는 역할을 한다.

아우라aura 이 용어는 대개 편두통 두통이 시작되기 전에 나타나는 이상하고 놀라운 증상을 가리킬 때 쓴다. 갈레노스의 주인이었던 펠롭스가 맨 먼저 사용한 말이다. 그는 발작이 시작되기 전에 나타나는 이 현상에 매혹되었다. 그에게 이 현상을 설명한 환자들은 이를 '차가운 증기'라고 불렀다. 그는 이

것이 정말로 공기를 머금고 혈관을 지나가는 것일 수 있다고 제안하면서, 그리스어로 '영성의 증기'라고 이름 붙였다.

안검하수ptosis 눈꺼풀이 처지는 것을 가리킨다.

안내섬광phosphenes 편두통의 초기 단계에서 아주 일반적으로 나타나는 작고 주관적인 빛이나 불꽃. 암점이 한창일 때 훨씬 더 일반적이다.

암점scotoma(낱말의 뜻은 어두움 또는 그림자다) 시야와 시력에 드라마틱한 교란이 생기는 것을 가리킨다. 이상하고 반짝이며 찬란한 형태를 띠거나(섬광암점), 시력을 잃거나 묘하게 눈이 멀게 되기도 한다. 암점은 편두통에서 두통을 제외하면 가장 일반적인 모습임에 틀림없다. 어쩌면 두통보다 더 일반적일지도 모른다(3장을 보라).

앙고르 아니미angor animi 죽음이 닥쳐왔다는 느낌 때문에, 죽게 될 것이라는 생각에서 생겨나는 엄청난 공포감. 특별하고 끔찍한 형태의 두려움으로 아마도 기질성 질병(편두통, 협심증 등)에서만 볼 수 있을 것이다.

어떤 질병에 특징적인 증상pathognomonic 특정 질병의 아주 특징적인 것으로 여겨지는 (또는 특정 질병으로 진단되는) 증상이나 징후.

얼굴인식불능증prosopagnosia 얼굴을 인식하지 못하는 특이한 장애. 얼굴과 몸짓의 표현도 인식하지 못한다. 이 증상은 또한 방향감각상실을 일으키기도 하는데 심하면 이인증, 현실감 상실 등을 일으키기도 한다.

영양에 관한trophic 신경과 피의 영양에 관한 작용을 이르는 낱말이다. 이 기능이 불충분하면 영양실조나 혈액 부족으로 생기는 신체 부위에 위축증이 나타난다. 편두통에서 이런 변화는 드물고 대개 일시적이다. 그리고 대체로 피부나 손톱이나 발톱, 머리카락과 같은 신체 끄트머리에서 주로 생긴다.

영역field 대뇌가 감각기관에서 전달된 감각을 보여주고 관리하는 경로. 가장 일반적으로 쓰는 것은 시야visual fields 같은 낱말이다. 영역에 있는 간격, 결손, 또는 틈새는 암점이 된다(암점을 보라). 영역 결손의 특별한 형태는 특별한 이름을 가지고 있다. 예를 들면 반맹을 보라.

오줌 감소증oliguria 오줌이 적게 만들어지는 증상.

유전적인genetic, 유전자gene 등 정신적이고 육체적인 특징의 유전, 체질의 유전, 특이체질의 유전 등은 한 사람의 유전적인 특성을 이루는 토대가 된다고 여겨진다. 그것은 한 사람을 이루는 유전적인 요소의 군집 또는 유전자다. 이런 유전자 또는 유전자 집단들은 특성을 결정하는(또는 미리 결정하는) 힘에 따라 우성, 열성, 이러저러한 유전자 침투 등이 있다고 여겨진다.

율동 장애, dysrhythmia(뇌파검사를 보라) 뇌파검사로 기록되는 뇌파의 모습을 묘사하기 위해 만들어진 특수 용어다. 정상적인 뇌파는 대단히 리드미컬하고 규칙적인 모습을 보인다. 그런 적당한 리듬감이 부족한 상황을 율동 장애라고 한다. 간질에서 또는 편두통 아우라에서도 가끔 지나치게 흥분하면 파동이 높고 날카롭고 가파르게 나타날 수 있으며, 스파이크 같은 모양에서 최고조에 이른다. 잠자거나 기면상태일 때, 부주의할 때, 그리고 가끔 편두통이 있을 때 특징적인 변화가 나타난다.

의주감蟻走感, formication 피부에 개미가 기어가고 있는 듯한 느낌.

이뇨, diuresis 오줌을 지나치게 많이 만드는 것을 말한다.

이인증depersonalization, 현실감 상실derealization, 자아 상실ego dissolution 자아감 그리고 자기 세계, 또는 현실감(166~167쪽을 보라)을 상실한 상태. 정신분열증만이 아니라 심한 편두통, 그리고 다른 기질적 질병에서도 일반적으로 나타난다.

인식불능증AGNOSIA 지각 기관과 관련된 뇌심惱心의 무력함, 또는 뇌심이 지각 기관을 통합하지 못해서 생기는 인식불능 상태다. 마비도 히스테리성 장애도 아니며, 뇌의 고급 기능에 생긴 특별한 장애다.

자동증automatism 사람이 단순한 습관성 행동을 하게 되는 가수면 같은 상태 또는 반복적으로, 자동적으로 아무런 의식 없이, 다음에 어떻게 하겠다는 생각 없이 행동하는 상태.

자아 상실ego dissolution 자아감 상실을 보라.

자율신경autonomic(vegetative) 두뇌의 중심에 있는 신경계의 한 부분이다. 온몸의 신경과 신경망에 퍼져 있으며 혈관, 샘腺, 불수의성 근육 등의 활동과 긴장을 통제한다. 그리고 이것은 완전히 자동이며 무의식적으로 작동하며, 가끔 식물성 신경계라는 이름으로 불리기도 한다. 일반 편두통 증상 가운데 가장 주된 것이, 특히 자율신경기능장애라고 말할 수 있다. 일반 편두통은 근본적으로 자율신경의 병이다(교감신경[부교감신경]을 보라).

잠재성latent, dormant 등 잠재성latent은 '숨어 있는'이라는 뜻이고, dormant는 '잠든 상태'라는 뜻이다. 이는 편두통이 갑자기 찾아오게 되지는 않지만 잠 재적으로, 또는 잠복해 있으면서 편두통을 일으키는 상황이 되면 실제로 나타날 수 있는 상태라는 뜻이다.

재채기 유발약sternutatory 코담배처럼 재채기를 유발하는 약. 편두통을 끝내려 고 할 때 가끔 유용하게 쓰인다.

저혈당증hypoglycemia 혈당이 비정상적으로 낮은 상태. 가끔 편두통의 이유가 되기도 하고, 동반 증상으로 나타나기도 한다.

전구증상prodrome(발작하기 전이라는 뜻) 편두통의 초기 또는 시작 단계의 모습. 대개 발작이 곧 시작된다는 것을 경고하는 역할을 한다.

정신생리학적psychophysiological 이 세상에서 가장 단순하고 가장 심층적인 신 비로움을 표현한 낱말로 허세가 섞여 있다. 그 뜻은 영혼과 육체가 관계가 있으며 특히 건강과 질병에는 그 둘이 함께한다는 것이다. 편두통은 모든 신 체적인 변화와 뗄 수 없는 태도와 기분 변화와 관련된 것이기 때문에, 가장 일반적이며 가장 두드러진 심신성 반응으로 설명된다(심신성, '신경심리학 적'을 보라).

종창 감퇴detumescence 울혈 뒤에 진정되는 것. 생식기 반응, 분노, 창조적 광기 또는 편두통과 함께 나타난다.

증후군syndrome 글자 그대로 보면 동시 발생 또는 군집이라는 뜻이다. 편두통을 이해하는 데 핵심적인 낱말이며 핵심적인 개념이다. 물론 다른 의료적인 또 는 '기질적인' 상황에서도 마찬가지다. 증후군은 연합으로, 우연적이거나 기 계적인 관계(중고품 가게처럼)가 아니다. 자연히 함께하는 형태의 유기적인 연합이며, 혼합체 또는 통일체 같은 형태가 된다. 그래서 우리는 편두통증 후군, 파킨슨증후군, 개성증후군, 또다른 증후군처럼 말하게 된다. 우리는 그것을 분석할 수 있게 되기 훨씬 전부터 증후군을, 또는 어떤 것을 증후군 이라고 인식할 수 있다. 생물학이 자연사史이며 유기체를 분류하는 학문이 듯이, 고전 의학(또는 질병분류학)은 이런 증후군의 자연사다.

지각이상증paresthesia 신경계 장애로 생기는 것으로 몸의 어느 부분에서나 따끔 거리는 느낌이 생길 수 있다. 불쾌한 느낌을 주는 따끔거림은 다이세테시아

dysethesia라고 부르고, 정상적인 감각장애로 볼 수 있는 다른 지각장애들(예를 들어 답답한 띠의 느낌, 깁스를 한 느낌, 주관적인 열 또는 차가운 감각)은 모두 지각이상증이라고 부른다. 장애가 아주 복잡하고 이미지 형태로 나타나면 환각이라고 한다. 가장 복잡한 지각이상증과 환각 증상은 편두통 아우라에서만 나타난다(3장을 보라).

체질constitution, 기질(pre)disposition, 특이체질diathesis 오래된 용어지만 아주 일반적인 용어로, 특히 편두통에 걸리기 쉽게 만드는 근본적인(아마도 뿌리 깊은) 심신성 특성 또는 성질을 가리킨다. 이 특성, 또는 성질은 후천적이거나 습득되는 것이라는 데 반대되는 의미에서 선천적이라는 의미를 담고 있다.

췌장염pancreatitis 췌장에 염증이 생긴 상태.

카타르catarrh 코 분비물이 지나친 것을 가리킨다(또는 어디에서든 분비물이 많을 수 있다. 그래서 옛날 의사들은 '방광 카타르' 등으로 사용했다).

크론병Crohn's disease 소장이나 회장回腸에 국소적으로 생긴 염증.

탈력발작脫力發作, cataplexy 근육의 긴장도를 갑자기 잃어버린 상태. 갑작스러운 감정 상태 또는 편두통으로 생긴다. 가끔 기면발작, 수면마비, 그리고 이와 비슷한 것들을 동반하기도 한다.

탈바꿈metamorphoses 변형되는 것. 특히 여기서는 편두통의 형태가 다른 병으로 (또는 다른 병에서 편두통으로) 바뀌는 것을 말한다. 어떤 의미에서는 등가성을 갖는 변형이다(2장을 보라).

특발성idiopathy 저절로 생기는 느낌이나 병. 무슨 이유로 생기는 것인지 분명하지 않다. 그러니까 특발성 편두통은 밑도 끝도 없이 생기는 것이다. 그 전조 증상은 중국 음식을 먹어서, 또는 분노 때문에 생기는 것일 수 있다(7장을 보라).

특이체질diathesis 체질을 보라.

편두통migraine 두통이 대개 머리 한쪽에서만 (가끔은 번갈아가며) 나타난다는 것을 표현하기 위한 용어로, 머리 반쪽이라는 말에서 비롯된 용어다. 이런 말뜻에도 불구하고 두통은 편두통의 유일한 증상이 결코 아니다(39쪽을 보라).

편두통간질migralepsy 편두통과 간질 두 가지 모습을 다 보이는 혼합된 발작 형태를 이르는 합성어.

편두통 환자migraineur/migraineuse 편두통을 앓는 남성/여성 환자.

피그먼트figments 생기다 만 형태, 조각난 소리와 시야 등 인식할 수 있는 수준 아래의 이미지를 말한다. 편두통 아우라의 아주 특징적인 것으로 섬망과 다른 대뇌 흥분 증상이 있다.

항상성恒常性, homeostasis 생리적인 항상성과 안정을 유지하는 것. 클로드 베르나르Claude Bernard가 소개한 개념으로, 그에 따르면 이것은 모든 생리적인 통제의 목적이고, 자유로운 삶의 조건이다. 병에 걸리거나 편두통이 생기면 이 항상성이 교란되고 안정성이 줄어드는데, 그만큼 활동의 자유도 줄어든다.

현기증vertigo 방향감각과 균형을 심하게 잃고 빙빙 도는 느낌이 드는 증상. 욕지기가 나고 참기 힘들다.

혈관미주신경vasovagal 미주신경과 관련된 것으로, 혈관의 긴장도와 관계가 있다. 소위 혈관미주신경성 발작을 일으키며 갑자기 기절한다.

혈관신경성 부종angioneurotic edema 얼굴과 두피조직이 부풀어 오른 상태다. 가끔 혀가 붓기도 한다. 가끔은 알레르기 때문에, 또 가끔은 신경성으로 생기는데 편두통에서도 가끔 나타난다.

호너증후군Horner's syndrome 눈에 대한 교감신경의 억제 또는 마비가 온 상태다. 눈이 처지고 눈물을 흘리게 되며 눈동자가 작아지는 등의 증상이 생긴다. 편두통이 있을 때 일시적으로 생길 수 있는데, 특히 편두통성 신경통에서 나타난다(4장을 보라).

홍진erythema(또는 발적rubor) 붉어진 상태.

후두경련喉頭痙攣, laryngismus 후두에 경련이 생기는 것(질경련증vaginismus, 이급후중tenesmus, 그리고 비슷한 형태의 경련과 비교해보라).

흥분제analeptic 신경계를 흥분시킨다(강직증은 엄밀히 말하면 신경계가 억압된 상태다. 진정제와 기분 전환제는 가끔 신경이완제라고도 부른다).

히스타민histamine 신경계와 다른 조직에 나타나는 아민의 한 종류. 신경 충동을 전달하는 물질로서의 역할을 한다(4장에서 히스타민 두통을 보라).

참고문헌

ABERCROMBIE, J. (1829). *Local Affections of Nerves.* Churchill, London.

AIRY, G. B. (1865). "The Astronomer Royal on Hemiopsy." *Philosophical Magazine* 30:19~21.

AIRY, HUBERT. (1870). "On a Transient Form of Hemianopsia." *Phil . Trans. R. Soc. London* 160:247~270.

ALAJOUANINE, T., (1963). "Dostoievski? Epilespsy." *Brain* 86:209~21.

ALEXANDER, F. (1948). "Fundamental Concepts of Psychosomatic Research," pp. 3~13, in *Studies in Psychosomatic Medicine: an approach to the causes and treatment of vegetative disorders.* The Ronald Press, New York.

ALEXANDER, F. and FRENCH, T. M. (1948). *Studies in Psychosomatic Medicine: an Approach to the Causes and Treatment of Vegetative Disorders.* The Ronald Press, New York.

ALEXANDER, FRANS. (1950), *Psychosomatic Medicine: its Principles and Applications.* W. W. Norton & Co., New York.

ALVAREZ, W. C. (1945). "Was There Sick Headache in 3000 BC?" *Gastroenterology* 5:524.

_____. (1959). "Some Characteristics of the Migrainous Woman." *N.Y. State J. Med.* 59:2176.

_____. (1960). "The Migraine Scotoma as Studied in 618 Persons." *Amer. J. Ophth.* 49:489.

ANDERSON, P. G. (1975). "Ergotamine Headache." 15:118~121.

ARETAEUS. (1856). *The Extant Works of Aretaeus the Cappadocian*. (Francis Adam? translation: printed for the Sydenham Society.) Wertheimer & Co., London.

ARING, C. D. (1972). "The Migrainous Scintillating Scotoma." *J.A.M.A.* 220:519~522.

BALYEAT, R. M. (1933). *Migraine: Diagnosis and Treatment.* J. B. Lippincott Co., Philadelphia & London.

BARKLEY, G. L., TEPLEY, N., SIMKINS, R., MORAN, J., and WELCH, K. M. (1990). "Neuromagnetic Fields in Migraine: Preliminary Findings." *Cephalalgia* 10(no.4):171~176.

BARRIE, M. A., FOX, W. R., WEATHERALL, M. and WILKINSON, M. I. P. (1968). "Analysis of Symptoms of Patients with Headache and their Response to Treatment with Ergot Derivatives." *Quart. J. Med.* 37:319. (See also leading article on this subject in *Brit. Med. J.* of 4 January 1969).

BEAUMONT, G. E. (1952). *Medicine.* (6th ed.) J. & A. Churchill, London.

BICKERSTAFF, E. R. (1961). "Basilar Artery Migraine." *Lancet* 1:15.

_____. (1961). "Impairment of Consciousness in Migraine." *Lancet* 2:1057.

BLAU, J. N. ed. (1987). *Migraine: Clinical, Therapeutic, Conceptual and Research Aspects.* London, Chapman and Hall Medical.

BLAU, J, N. and WHITTY, C. W. M. (1955). "Familial Hemiplegic Migraine." *Lancet* 2:1115.

BLEULER, E. (1958). *Dementia Praecox, or the Group of Schizophrenias.* International Universities Press, New York.

BOISMONT, A. BRIERRE DE. (1853). *Hallucinations: Or, the Rational History of Apparitions, Visions, Dreams, Ecstasy, Magnetism and Somnambulism.* Lindsay & Blakiston, Philadelphia.

BRADLEY, W. G., HUDGSON, P., FOSTER, J. B. and NEWELL, D. J. (1968). "Double-blind Controlled Trial of a Micronized Preparation of Preparation of Flumedroxone (Demigran) in Prophylaxis of Migraine." *Brit. Med. J.* 2:531.

BRADSHAW, P. and PARSONS, M. (1963). "Hemiplegic Migraine: A Clinical Study." *Quart. J. Med.* 34:65.

BREWSTER, D. (1865). "On Hemiopsy, of Half-Vision," reprinted in *Trans. Roy. Soc. Edinburgh* 24:15~18, 1867.

BRUYN, G. W. (1968), "Complicated Migraine," in *Handbook of Clinical Neurology,* ed. P. J. Vinken and G. W. Bruyn. Amsterdam: Elsevier Science Publishing Co.

_____. (1986). "Migraine Equivalents", in Handbook of Clinical Neurology, 48:115~171, ed. by F. C. Rose. Amsterdam: Elsevier.

BURN, J. H. (1963). *The Autonomic Nervous System.* Blackwell, Oxford.

CANNON, W. B. (1920). *Bodily Changes in Pain, Hunger, Fear, and Rage,* (2nd ed.) D. Appleton & Co., New York.

CAPLAN, L., CHEDRU, F., LHERMITTE F., and MAYMAN, C. (1981). "Transient Global Amnesia and Migraine." *Neurology* 31:1167~1170.

CHARCOT, J. -M. (1892). *Clinique des Maladies du Systeme Nerveux,* pp. 71~89. Paris, Babe et Cie.

COHN, R. (1949). *Clinical Electroencephalography.* McGraw-Hill Book Co. Inc., New York.

CRITICHLEY, MACDONALD. (1936). "Prognosis in Migraine." *Lancet* 1:35.

_____. (1963). "What is Migraine?" *J. Coll. Gen. Pract.* 6 (Supp. 4):5.

_____. (1964). "The Malady of Anne, Countess of Conway: a case for commentary," pp. 91~97, in *The Black Hole and Other Essays.* Pitman Medical Publ. Co., London, 1964.

_____. (1966). "Migraine: From Cappadocia to Queen Square," in *Background to Migraine. Heinemann,* London.

CROWELL, G. F., et al. (1984). "The Transient Global Amnesia-Migraine Connection." *Archives of Neurology.* 41:75~79.

DARWIN, CHARLES. (1890). *The Expression of the Emotions in Man and Animals.* (2nd ed.) Murray, London.

DAVIES, PAUL. (1989). *The Cosmic Blueprint: New Discoveries in Nature? Ability to Order the Universe.* Simon and Schuster, New York.

DEUTSCH, F. (1959). *On the Mysterious Leap from the Mind to the Body.* International Universities Press, New York.

DEXTER, J. D., and RILEY, T. L. (1975). "Studies in Nocturnal Migraine." *Headache* 15:51~62.

DIAMOND, SEYMOUR, and DALESSIO, DONALD J. (1982). *The Practicing Physician? Approach to Headache* (3rd ed.) Williams & Wilkins, Baltimore.

DOW, D. J. and WHITTY, C. W. M. (1947). "Electroencephalographic Changes in Migraine." *Lancet* 2:52.

DUNNING, H. S. (1942). "Intracranial and Extracranial Vascular Accidents in Migraine." *Arch. Neurol. Psychiatr.* 48:396.

EDELMAN, G. M. (1990). *The Remembered Present: A Biological Theory of Con-*

sciousness, New York, Basic Books.

EKBOM, K. A. (1987). "Treatment of Cluster Headache: Episodic and Chronic," in *Migraine,* ed. J. N. Blau, pp. 433~448. London, Chapman and Hall Medical.

ELKIND, A. H., FRIEDMAN, A. P., BACHMAN, A., SIEGELMAN, S. S., and SACKS, O. W. (1968). "Silent Retroperitoneal Fibrosis Associated with Methysergide Therapy." *Journal of the American Medical Association* 206:1041~1044.

ELLERTSON, B., et Al. (1987). "Psychophysiological Response Patterns in Migraine Before and After Temperature Biofeedback." *Cephalalgia* 7: 109~124.

ENGEL, G. L., FERRIS, E. B. and ROMANO, J. (1945). "Focal Electroencephalographic Changes during the Scotomas of Migraine." *Amer. J. Med.* Sc. 209:650.

ERMENTROUT, G. B., and COWEN, J. D. (1979). "A Mathematical Theory of Visual Hallucination Patterns." *Biological Cybernetics* 34:137~150.

FARQUHAR, H. G. (1956). "Abdominal Migraine in Children." *Brit. Med. J.* 1:1062.

FEIGENBAUM, MITCHELL J. (1980). "Universal Behavior in Non-Linear Systems." *Los Alamos Science* 1:4~27.

FITZ-HUGH, T. JR. (1940). "Praecordial Migraine: an Important Form of 'Angina Innocens.'" *New Int. Clinics* 1(series 3):143.

FLATAU, E. (1912). *Die Migräne.* Monogr. Gesamtgeb., Neurol, Psychiat., Heft II. Berlin, Spring.

FOUCAULT, M. (1965). *Madness and Civilization.* Random House, New York.

FREUD, SIGMUND. (1952)(1920). *A General Introduction to Psychoanalysis.* Reprinted by Washington Square Press, New York.

FRIEDMAN, A. P., HARTER, D. H. and MERRITT, H. H. (1961). "Ophthalmoplegic Migraine." *Trans. Amer. Neur. Ass.* 86:169.

FROMM-REICHIMANN, F. (1937). "Contributions to the Psychogenesis of Migraine." *Psychoanal. Rev.* 24:26.

FULLER, G. N., and GALE, M. V. (1988). "Migraine Aura as Artistic Inspiration," *British Medical Journal* 297:1670~1672, December 24, 1988.

FURMANSKI, A. R. (1952). "Dynamic Concepts of Migraine: A Character Study of One Hundred Patients" *Arch. Neurol. Psychiat.* 67:23.

GARDENER, J. W., MOUNTAIN, G. E. and HINES, E. A. (1940). "The Relationship of Migraine to Hypertension Headache." *Amer. J. Med.* Sc. 200:50.

GARRETT, ELIZABETH. (1870). "Sur la Migraine," doctoral thesis, Paris. (This thesis has been translated into English by Marcia Wilkinson.)

GELLHORN, ERNST. (1967). *Principles Of Autonomic-Somatic Integration.* University of Minnesota Press, Minneapolis.

GIBBS, E. L. and GIBBS, F. A. (1951). "Electroencephalographic Evidence of Thalamic and Hypothalamic Epilepsy" *Neurology* 1:136.

GIBBS, F. A., and GIBBS, E. L. (1941). *Atlas of Electroencephalography.* Lew A. Commings Co., Cambridge, Mass. Reprinted by Addison-Wesley Press Inc., Cambridge, Mass., 1950.

GILLES DE LA TOURETTE, G. (1898). *Leçons de Clinique Thérapheutique sur les Maladies du Système Nerveux.* Balliere, Paris.

GILLES DE LA TOURETTE, G., and BLOCQ, P. (1887). "Sur le Traitment de la Migraine Ophtalmique Accompagnée." *Prog. Med.,* 2me ser. 5:476~477.

GOODELL, H., LEWONTIN, R. and WOLFF, H. G. (1954). "The Familial Occurrence of Migraine Headache: a Study of Heredity." *Ass. Research Nerv. Ment. Dis.* 33:346.

GOODMAN, L. S., and GILMAN, A. (1955). *The Pharmacological Basis of Therapeutics.* (2nd ed.) Macmillan, New York.

GOWERS, W. R., SIR. (1964)[1881]. *Epilepsy and Other Chronic Convulsive Diseases: their Causes, Symptoms, and Treatment.* Dover Publications Reprint, New York.

————. (1988). *A Manual of Diseases of the Nervous System.* Vol. 2:776~795. J. & A. Churchill, London.

————. (1895). "Subjective Visual Sensations." *Trans. Ophthalmol. Soc. U. K.* 15:20~44.

————. (1904). *Subjective Sensations of Sight and Sound: Abiotrophy, and Other Lectures.* P. Blakiston's Son & Co., Philadelphia.

————. (1907). *The Borderland of Epilepsy: Faints, Vagal Attacks, Vertigo, Migraine, Sleep Symptoms, and their Treatment.* P. Blakiston's Son & Co., Philadelphia.

GRAHAM, J. R. (1952). "The Natural History of Migraine: Some Observations and a Hypothesis." *Trans. Amer. & Clin. Climat. Ass.* 64:61.

GREENE, R. (1963). "Migraine—the Menstrual Aspect." *J. Coll. Gen. Pract.* 6 (Supp. 4): 15.

GREPPI, E. (1955). "Migraine Ground." *Int. Archiv. Allergy App. Immun.* 7:305.

GRIMES, E. (1931). "The Migraine Instability." *Med. J. Rec.* 134:417.

GRODDECK, GEORGE. (1949). *The Book of the It.* (Authorised translation of *Das Buch vom Es*, 1923.) Random House, New York.

HACHINSKI, V. C., PORCHAWKA, J., and STEELE, J. C. (1973). "Visual Symptoms in the Migraine Syndrome," *Neurology* 23:570~579.

HEBB, D. O. (1954). "The Problem of Consciousness and Introspection" in *Brain Mechanisms and Consciousness*, edited by J. F. Delafresnaye. Charles C. Thomas, Springfield, Ill.

_____. (1968). "Concerning Imagery," *Psychological Review* 75:466~477.

HEBERDEN, WILLIAM. (1802). *Commentaries on the History and Cure of Diseases*. T. Payne, London.

HERSCHEL, J. F. W. (1858). "On Sensorial Vision," reprinted in *Familiar Lectures on Scentific Subjects*. London: Alexander Strahan, 1866.

HEYCK, H. (1956). *Neue Beitäge für klink und Pathogenese der Migräne*. Theime, Stuttgart.

_____. (1964). *Der Kopfschmerz* (3rd ed.) Stuttgart.

HORTON, B. T. (1956). "Histaminic Cephalgia: Differential Diagnosis and Treatment." *Proc. Mayo Clinic* 31:325.

HUBEL, D. H., and WIESEL, T. N. (1963). "Shape and Arrangement of Columns in Cat? Striate Cortex." *J. Physiology* (London) 165:559~568.

JACKSON, J, HUGHLINGS. (1931). *Selected Writings of John Hughlings Jackson*. Editied by James Taylor. Hodder & Stoughton, London.

JANET, P. (1921). "A Case of Sleep lasting Five Years, with Loss of Sense of Reality." *Arch. Neurol. & Psychiat.* 6:467.

JARCHO, SAUL. (1968). "Migraine in Astronomers and 'Natural Philosophers.'" *Bulletin of the New York Academy of Sciences*, v. 44, No. 7:886~891.

JOHNSON, E. S., KADAM, N. P., HYLANDS, D. M., and HYLANDS, P. J. (1985). "Efficacy of Feverfew as Prophylactic Treatment of Migraine." *British Medical Journal* 291:569~573.

JONES, ERNEST. (1949). *On the Nightmare*. Hogarth Press, London.

KEELER, M. H. (1968). "Marihuana-Induced Hallucinations," *Diseases of the Nervous System* 29:314~315.

_____. (1970). "Kluver's Mechanisms of Hallucination as Illustrated by the Paintings of Max Ernst," In *Origin and Mechanisms of Hallucination*, ed. W. Keup. Plenum Press, New York.

KIMBALL, R. W., FRIEDMAN, A. P. and VALLEJO, E. (1960). "Effect of Serotonin in Migraine Patients." *Neurology* 10:107.

KLEE, A. (1968). *A Clinical Study of Migraine with Particular Reference to the Most Severe Cases*. Munksgaard, Copenhagen.

_____. (1975). "Perceptual Disorders in Migraine," in *Modern Topics In Medicine*, ed. J. Pearce, pp. 46~51. London, Heinemann.

KLUVER, HEINRICH (1928 and 1942). *Mescal and Mechanisms of Hallucination*, republished as a single volume, 1966. Chicago, University Of Chicago Press.

KONORSKI, JERZY. (1967). *Integrative Activity of the Brain: an Interdisciplinary Approach*. University of Chicago Press, Chicago.

KUNKLE, E. C. (1959). "Acetylcholine in the Mechanism of Headache of the Migraine Type." *Arch. Neurol. Psychiat.* 81:135.

LANCE, JAMES W. (1982). *Mechanisms and Management of Headache* (4th ed.) Butterworth Scientific, London & Boston.

_____. (1986). *Migraine and Other Headaches*. Scribner's New York.

_____. (1990). "A Concept of Migraine and the Search for the Ideal Headache Drug." *Headache* 30:17.

LANCE, J. W. and ANTHONY, M. (1960). "Some Clinical Aspects of Migraine." *Arch. Neurol.* 15:356.

LANCE, J. W., ANTHONY, M. and HINTERBERGER, H. (1967). "The Control of Cranial Arteries by Humoral Mechanisms and its Relation to the Migraine Syndrome." *Headache* 7:93.

LASHLEY, K. S. (1931). "Mass Action in Cerebral Function." *Science* 73:245~254.

_____. (1941). "Patterns of Cerebral Integration indicated by Scotomas of Migraine." *Arch. Neurol. Psychiat.* 46:331.

LAURITZEN, M. (1987). "Cortical Spreading Depression as a Putative Migraine Mechanism." *TINS* 10:8~13.

LEÃO, A. (1944). "Spreading Depression of Activity in the Cerebral Cortex." *Neurophysiol.* 7:359.

LEES, F. and WATKINS, S. M. (1963). "Loss of Consciousness in Migraine". *Lancet* 2:647.

LENNOX, W. G. (1941). *Science and Seizures: New Light on Epilepsy and Migraine*. Harper & Bros., New York.

LENNOX, W. G. and LENNOX, M. A. (1960). *Epilepsy and Related Disorders*. (2 volumes.) Little, Brown & Co., Boston.

LEROY, R. (1922). "The Syndrome of Lilliputian Hallucinations." *J. Nerv. & Ment. Dis.* 56:325.

_____. (1926). "The Affective State in Lilliputian Hallucinations." *J. Ment. Sci.* 72:179~186.

LIPPMAN, C. W. (1952). "Certain Hallucinations Peculiar to Migraine," *J. Nervous and Mental Disease* 116:346~351.

_____. (1953). "Hallucinations of Physical Duality in Migraine." *J. Nerv. & Ment. Dis.* 117:345.

LIVEING, EDWARD. (1873). *On Megrim, Sick-Headache, and Some Allied Disorders: A Contribution to the Pathology of Nerve-Storms.* Churchill, London.

LURIA, A. P. (1966). *Higher Cortical Functions in Man.* (Translated by Basil Haigh.) Basic Books, New York.

MANDELBROT, BENOIT. (1982). *The Fractal Geometry of Nature.* San Francisco, Freeman.

MASTERS, R. E. L., and HOUSTON, J. (1967). *The Varieties of Psychedelic Experience.* Dell, New York.

_____. (1968). *Psychedelic Art.* Grove Press, New York.

MILES, P. W. (1958). "Scintillating Scotoma: Clinical and Anatomical Significance of Pattern, Size, and Movement." *J.A.M.A.* 167:1810.

MILLER, J. *The Body in Question.* In preparation.

MILLER, W. R. (1936). "Psychogenic Factors in Polyuria of Schizophrenia." *J. Nerv. & Ment. Dis.* 84:418.

MILNER, P.M. (1958) "Note on a Possible Correspondence between the Scotomas of Migraine and the Spreading Depression of Leão." *Electroenceph. Clin. Neurophysiol.* 10:705.

MINGAZZINI, G. (1926). "Klinischer Beitrag zum Studium der cephalalgischen und hemikranischen Psykosen." *Z. ges. Neurol. Psychiatr.* 101:428.

MOBIUS. (1894). Die Migräne. Wien.

MOERSCH, F.P. (1924). "Psychic Manifestations in Migraine." *Amer. J. Psychiat.* 3:697~716.

MOREAU DE TOURS, JACQUES JOSEPH. (1973). *Hashish and Mental Illness.* Raven Press, New York. (Translation of 1845 original "Du Haschisch et de l'alienation mentale, etudes psychologique," Masson, Paris.)

MULLER, STEFAN C., PLESSER, THEO, and HESS, BENNO. (1989). "Structural Elements of Dynamical Chemical Patterns," *Leonardo* 22:3~10.

OLESEN, Jes. (1991). "Cerebral and Extracranial Circulatory Disturbances in Migraine: Pathophysiological Implications." *Cerebrovascular and Brain Metabolism Reviews* 3:1~28. New York, Raven Press.

OLESEN, J., LARSEN, B., and LAURITZEN, M. (1981). "Focal Hyperemia Followed by Spreading Oligemia and Impaired Activation of rCBF in Classical Migraine," *Annals of Neurology* 9:344.

OSTER, G. (1970), "Phosphenes," *Scientific American* 222:83~87.

PAVLOV, I. P. (1928~41). *Lectures on Conditoned Reflexes*. (Translated by W. Horsley Gantt.) International Publishers, New York.

PENFIELD, W. (1958). *The Excitable Cortex in Conscious Man*. Charles C. Thomas, Springfield.

PENFIELD, W. and PEROT, P. (1963). "The Brain's Record of Auditory and Visual Experience—a Final Summary and Discussion." *Brain* 86:595.

PENFIELD. W., and RASMUSSEN, T. (1950). *The Cerebral Cortex of Man*. The Macmillan Co., New York.

PETERS, J. C. (1853). *A Treatise on Headache*. William Radde, New York.

PIORRY, P. (1831). "Memoire sur une des Affections Désignées sous le Nom de Migraine ou Hémicranie." *J. Univ. hebd. Méd Chir*, prat. 2(1831):5~18; *J. Méd Chir.*, prat. Paris, 2e éd. Tome II (1936):33~34; *Traité Méd.*, prat. Tome VII(1850):75.

PLANT, GORDON T. (1986). "The Fortification Spectra of Migraine," *British Medical Journal* 293:1613~1617, December 20, 1986.

PRIGOGINE, ILYA. (1980). *From Being to Becoming*. W. H. Freeman, San Francisco.

PRIGOGINE, ILYA, and STENGERS, ISABELLE. (1984). *Order Out of Chaos*. Bantam Books, New York.

RANSON, R., IGARASHI, H., MACGREGOR, E. A., and WILKINSON, M. (1991). "The Similarities and Differences of Migraine with Aura and Migraine without Aura: A Preliminary Study," *Cephalalgia* II (no.4):189~192, September 1991.

RASCOL, A., CAMBIER, J., GUIRAUD, B., MANELFE, C., DAVID, J., and CLANET, M. (1979). "Accidents Ischemique Cerebraux au Cours de Crises Migraineuses," *Rev. Neurol*(Paris) 135:867.

RASKIN, NEIL HUGH. (1988). *Headache*(2nd ed.) Churchill Livingstone, New York.

_____. (1990). "Conclusions." *Headache* 30:24.

RICHARDS, W. (1971). "The Fortification Illusions of Migraine," *Scientific American* 224:88~96.

ROSE, E. CLIFFORD, and GAWEL, M. (1979). *Migraine: The Facts*. Oxford University Press, Oxford.

RIEFF, P. (1959). *Freud: The Mind of the Moralist*. Doubleday & Co., New York.

SACKS, OLIVER. (1992). "The Last Hippie." *New York Review Of Books* 39, No,6:58~62.

_____. (1987). *A Leg to Stand On.* Harper & Row, New York.

_____. (1987). *The Man Who Mistook His Wife for a Hat and Other Clinical Tales.* Harper & Row, New York.

SCHREIBER, A. O., and CALVERT. P. C. (1986). "Migrainous Olfactory Hallucinations." *Headache* 26:513~514.

SELBY, G., and LANCE, J. W. (1960). "Observations on 500 cases of Migraine and Allied Vascular Headache." *J. Neurol. Neurosurg. Psychiat.* 23:23.

SELYE, H. (1946). "The General Adaptations Syndrome and Diseases of Adaptation." *J. Clinic. Endocrinol.* 6:117.

SICUTERI, F. (1959). "Prophylactic and Therapeutic Properties of Methyl Lysergic Acid Butanolamide in Migrain." *Int. Arch. Allergy* 15:300.

SIEGEL, RALPH. (1990). "Chaos and the Single Neuron in Area VI of the Cat." *Abstracts Soc. Neuroscience* 16:230.

SIEGEL, RONALD K. (1977). "Hallucinations." *Scientific American* 237(no,4):132~140, October 1977.

SIEGEL, RONALD K., and JARVIK, MURRAY E. (1975). "Drug-Induced Hallucinations in Animals and Man," in *Hallucinations,* ed. R. K. Siegel And L. J. West. John Wiley & Sons, New York.

SINGER CHARLES. (1958). "The Visions of Hildegard of Bingen," in *From Magic to Science.* Dover, New York.

STRAUSS, H. and SELINSKY, H. (1941). "EEG Findings in Patients with Migrainous Syndrome." *Trans. Amer. Neurol. Ass.* 67:205.

SYMON, D. N. K., and RUSSELL, G. (1986). "Abdominal Migraine: A Childhood Syndrome Defined." *Cephalalgia* 6:223~228.

SYMONDS, C. (1952). "Migrainous Variations." *Trans. Med. Soc. London* 67:237. Reprinted in Symonds, *Studies in Neurology.* London. Oxford University Press, 1970.

THOMPSON, D'ARCY W. (1942). *On Growth and Form.* Cambridge, Cambridge University Press.

TISSOT, SIMON ANDRÉ (1770). *An Essay on the Disorders of People of Fashion.* (Translated by F. B. Lee.) S. Bladon, London. See also the last volume of *Traité des Nerfs et leurs Maladies,* of which 83 pages are devoted to the subject of migraine. Paris, 1778~1790.

TOURRAINE, G. A. and DRAPER, G. (1934). "The Migrainous Patients: A Constitutional Study." *J. Nerv. & Ment. Dis.* 80:1.

TURING, A. M. (1952). "The Chemical Basis of Morphogenesis." *Philos. Trans. Roy. Soc.* B237:37.

VAHLQUIST, B. and HACKZELL, G. (1949). "Migraine of Early Onset." *Acta Paediatrica* 38:622.

WEIR MITCHELL, S. (1887). "Neuralgic Headache with Apparitions of Unusual Character." *Amer. J. Med. Science* 93~94; 415~419.

WEISS, E., and ENGLISH, O. S. (1957). *Psychosomatic Medicine: A Clinical Study of Psychophysiological Reactions.* W. B. Saunders Co., Philadelphia & London.

WELCH, K. M. A. (1987). "Migraine: A Biobehavioral Disorder." *Archives of Neurology* 44:323~327.

WHITEHOUSE, D., PAPPAS, J. A, ESCALA, P. H. and LIVINGSTON, S. (1967). "Electroencephalographic Changes in Children with Migraine." *New Eng. J. Med.* 276:23.

WHITTY, C. W. M. (1953). "Familial Hemiplegic Migraine." *J. Neurol. Neurosurg. Psychiat.* 16:172.

_____. (1971). "Migraine Variants." *British Medical Journal* 1:38~40.

WHYTT, ROBERT. (1768). *Diseases Commonly called Nervous, Hypochondriac, or Hysteric.* Becket, Pond, & Balfour, Edinburgh.

WILKINSON, M., and BLAU, J. N. (1985). "Are Classical and Common Migraine Different Entities?" *Headache* 25:211~212.

WILLIS THOMAS. (1684). *De Morb. Convuls.* (Amstel, 1670), *De Anima Brutorum* (Oxon, 1672). First English translation (Pordage) in *Dr. Willis' practice of Physick, Being the Whole Works of that Renowned and Famous Physician.* London.

WILSON, S. A. K. (1940). *Neurology.* Vol. 2:1570. Butterworth's.

WOLFF, H. G. (1963). *Headache and other Head-Pain.* Oxford University Press, New York.

The National Headache Foundation
5252 North Western Avenue
Chicago, IL 60625
U.S.A.
800-843-2256

The Migraine Foundation
120 Carlton Street, Suite 210
Toronto, Ontario M5A 4K2
Canada
800-663-3557

The Migraine Trust
45 Great Ormond Street
London WC1 3HD
England
071-278-2676

The British Migraine Association
178a High Road
Bayfleet, Weybridge
Surrey KT14 7ED
England
0932-352-468

찾아보기

편두통

1판 1쇄 펴냄 2011년 9월 27일
2판 1쇄 펴냄 2016년 8월 17일
3판 1쇄 펴냄 2020년 3월 2일
3판 2쇄 펴냄 2020년 5월 12일

지은이 올리버 색스
옮긴이 강창래
감수 안승철
펴낸이 안지미

펴낸곳 (주)알마
출판등록 2006년 6월 22일 제2013-000266호
주소 03990 서울시 마포구 연남로 1길 8, 4~5층
전화 02.324.3800 판매 02.324.7863 편집
전송 02.324.1144

전자우편 alma@almabook.com
페이스북 /almabooks
트위터 @alma_books
인스타그램 @alma_books

ISBN 979-11-5992-289-3 03400

이 도서의 국립중앙도서관 출판시도서목록CIP은 서지정보유통지원시스템 홈페이지
http://seoji.nl.go.kr와 국가자료공동목록시스템 http://www.nl.go.kr/kolisnet에서
이용하실 수 있습니다. CIP제어번호: 2020007268

알마는 아이쿱생협과 더불어 협동조합의 가치를 실천하는 출판사입니다.

종이 표지_비비칼라 185g/㎡ 본문_그린라이트 80g/㎡